The Solid State Basics

STEVEN H. SIMON

고체물리학 기초

스티븐 사이먼 지음

정석민 · 김주진 · 이인호 옮김

고체물리학 교과서는 상당히 많지만 한글로 번역되어 현재 유통되는 교과서로는 Kittel의 고체물리학밖에 없습니다. 대부분의 고체물리학자들은 원서든 한국어판으로든 이 책을 참고서 또는 교재로 공부하였을 것입니다. 이 책이 장점이 많지만 단점도 많이 있습니다. 체계적인 면이 부족하고 분량이 과도하게 많습니다. 따라서 현대적 감각에 맞는 새로운 스타일의 고체물리 교과서가 필요하다고 느낀 가운데 Steven Simon의 책이 눈에 띄었습니다.

이 책은 세 가지 면에서 기존의 고체물리학 교과서와 아주 다른 구성을 택하고 있습니다. 일단 책이 얇습니다. 부록을 제외하면 원서는 260여 페이지밖에 되지 않습니다. 초전도를 제외한 많은 고체물리 개념이 들어 있지만 불필요한 군더더기는 제거되었습니다. 둘째로 결정 구조와 역격자가 맨 처음에 나오지 않습니다. 사실 기하학적 지식이 요구되고 대칭성과 군론이 필요한 내용이 처음 나오면 고체물리학을 처음 접하는 학생들로서는 절망감을 느낄 수밖에 없을 것입니다. 그에 비해 이 책은 고체의 구조에 대한 지식이 필요 없이 이해 가능한 물성인 비열과 수송 특성을 먼저 다루면서 자연스럽게 고체물리학에 익숙하게 만듭니다. 셋째로는 주석이 상당히 많이 달려 있는데 이 중 많은 부분이 물리학자의 이야기와 과학사적인 내용을 담고 있기 때문에 지루하지 않게 읽을 수 있습니다. 슈뢰딩거의 사생활 이야기나 '세상의 모든 발견은 첫 발견자의 이름을 따서 명명되지 않는다'는 Stigler의 법칙은 아주 유머러스합니다. 따라서 독자들이 비교적 가벼운 마음으로 고체물리학을 대면할 수 있으리라고 생각합니다.

2013년에 1쇄가 나왔지만 번역은 2019년의 9쇄를 기준으로 하였습니다. 물리 용어는 한국물리학회의 용어집을 대체로 따랐습니다. 최근에 고등학교 화학 교과서에서는 원소의 이름을 미국식으로 바꾸기는 하지만 아직 통일된 것 같지 않아서 대중적으로 익숙하고 여전히 표준어인 이전의 용어를 그대로 사용하였습니다. 번역에 최선을 다하였으나 혹시 실수가 있다면 이는 전적으로 역자들의 책임일 것입니다.

고등학생이 대학에 들어와서 배우는 과목 중에 가장 당황스러움을 느끼는 과목 중의 하나가 고체물리학일 것이기 때문에, 이 책이 부디 고체물리학에 대한 학생들의 편견과 장벽을 극복하는 데 도움이 되면 좋겠습니다. 나아가 학생들이 고체물리학을 더 잘 이해하고 이에 친숙해지기 바랍니다.

2020년 2월
역자 일동

내가 학부생이었을 때, 고체물리학(응집물질물리학의 세부 분야)은 학부생이 배워야 하는 최악의 과목이라고 생각했습니다 – 일반적으로 불렸던 것처럼 지루하고 싫증나는 '지저분한 상태squalid state'.[1] 나는 결정에 대한 성질을 연구해서 우주에 대해 얼마나 많이 배웠을까요? 나는 대체로 이 과정의 수강을 피했습니다. 당시 내 생각은 내용을 반영하는 것이 아니라 오히려 고체물리학이 가르쳐지는 방법을 반영한 것이었습니다.

학부생으로서 생각을 감안하면, 내가 응집물질물리학자가 된 것은 다소 아이러니합니다. 그러나 일단 그 주제를 적절하게 접한 후, 나는 다양성과 흥분, 깊은 아이디어로 가득 찬 응집물질물리학이 모든 물리학에서 가장 좋아하는 과목이 되었다는 것을 깨달았습니다. 슬프게도, 주제에 대한 첫 소개는 응집물질의 광범위한 분야를 조금도 건드리지 못하였습니다.

작년 옥스퍼드 대학 3학년생에게 응집물질물리학을 가르치기 위한 새로운 코스가 준비되었다고 들었을 때, 나는 이것을 가르치는 기회를 잡았습니다. 학부생들이 배울 다른 어떤 과목보다 흥미롭고 흥분되는 응집물질물리학 과정을 가르치는 것이 *가능해야 한다*고 느꼈습니다. 본연의 응집물질물리학에 대한 감동을 학부생들에게 전달할 수 있어야 합니다. 나는 이 일에 성공할 수 있기를 바랍니다. 당신 스스로 판단할 수 있습니다.

제가 다루도록 요청받은 주제는 고체물리학 과정에서 특이하지 않습니다. 이 주제 중 일부는 온라인에서 찾을 수 있는 표준 고체물리 참고서 또는 다른 책에서 잘 다루어져 있습니다. 내가 이 책을 쓰는 (그리고

[1] 고체물리학에 대한 이 조롱은 쿼크 발견자인 노벨상 수상자 머리 겔만Marray Gell-Mann에게 거슬러 올라갈 수 있는데, 그는 입자 물리학을 제외한 어떠한 것도 재미없다고 생각한 것으로 유명합니다. 흥미롭게도, 그는 거의 현재 응집물질에서 유래한 분야인 복잡성을 연구합니다. (겔만은 2019년 5월 24일 사망하였습니다: 역자 주)

학생들에게 표준 참고서를 읽으라고 말하지 않는) 이유는 응집물질물리/고체물리는 수년간의 강의가 필요한 거대한 주제이기 때문입니다. 그리고 주제의 어떤 부분이 가장 중요한지 결정하는 가이드가 필요합니다(적어도 옥스퍼드 시험위원회의 관점에서는). 여기에 포함된 자료는 옥스퍼드에서 중요하게 여기는 특정 주제뿐만 아니라 영국 물리연구소(UK Institute of Physics, IOP)에서 위임한 주제를 반영하기 위해 일부 주제에서는 다른 주제보다 깊이있게 다루고 더 돋보이게 합니다.

이미 현존하는 고체물리학과 응집물질물리학에 대해 훌륭한 책들이 충분히 많습니다. 또한 훌륭한 자료가 (브리트니 스피어스(Britney Spears[2])를 놀리는 것이지만 진짜로는 반도체에 대한 훌륭한 참고자료인 '반도체 물리학에 대한 브리트니 스피어스 가이드'를 포함하여) 온라인에 많이 있습니다. 이 책에서 나는 다른 좋은 참고자료를 적절히 소개하도록 노력할 것입니다.

이제 우리는 응집물질로 여행을 시작합니다. 당신과 나, 모두 출발합시다.

영국 옥스퍼드, 2011년 1월

이 책에 대하여

About this Book

이 책은 고학년 학부생을 대상으로 고체물리학과 응집물질물리학에 대한 최초의 소개로 의도되었습니다. 이 과정에 필요한 몇 가지 주요 전제 조건이 있습니다. 첫째, 학생들은 기본적인 양자역학에 익숙해야 합니다(우리는 때때로 브라와 켓 표기법을 사용합니다). 둘째, 학생들은 열역학과 통계역학에 대해 어느 정도 알아야 합니다. 기본적인 역학과 기본적인 전자기학도 알아야 합니다. 매우 우수한 학생은 모든 전제 조건 없이 자료를 다룰 수 있지만 그 학생은 덤으로 추가적인 공부를 할 의향이 있을지 모릅니다.

각 장의 끝에서 나는 다른 책들을 유용한 참고자료로 제공합니다. 적절한 참고자료와 설명과 함께 인용된 모든 책의 전체 목록은 부록 B에 나와 있습니다.

대부분의 장에는 연습문제도 포함되어 있습니다. 연습문제가 어려우면 *로 표시됩니다(훨씬 더 어려우면 여러 개의 *로 표시). ‡로 표시된 연습문제는 (적어도 옥스퍼드에서) 핵심 교과과목의 기본으로 간주됩니다.

부록 A에 샘플 시험이 제공됩니다(답 포함). 현재 옥스퍼드 교과과정은 반도체소자물리에 관한 18장과 (상호작용과 자성의) 허바드 모델에 관한 23장을 제외하고 이 책 전체를 아우르고 있습니다.

감사의 말

Appreciative Words

말할 것도 없이, 나는 이 책의 지적인 내용 중 상당 부분을 다른 책(부록 B에서 주로 언급됨)의 일부에서 슬쩍했습니다. 이 책들의 저자들은 위대한 생각과 노력을 저술에 넣었습니다. 나는 내 앞에 온 이 거인들에게 깊은 빚을 지고 있습니다. 또한 나는 옥스퍼드에서 응집물질물리 과정을 수년간 가르쳐 온 사람들로부터 이 책이 어떻게 구성되어야 하는지에 대한 많은 아이디어를 얻었습니다. 가장 최근에는 Mike Glazer, Andrew Boothroyd, Robin Nicholas가 있습니다. 또한 옥스퍼드 교과과정이나 오래된 옥스퍼드 시험에서 많은 예와 연습을 (허락을 얻고) 가져온 사실에 대해 고백합니다.

나는 또한 이 책을 읽고 교정하고, 다르게 조정할 수 있도록 도와준 모든 사람들에게 매우 감사합니다. 이들은 Mike Glazer, Alex Hearmon, Simon Davenport, Till Hackler, Paul Stubley, Stephanie Simmons, Katherine Dunn, Joost Slingerland, Radu Coldea, Stanislav Zavjalov, Nathaniel Jowitt, Thomas Elliott, Ali Khan, Andrew Boothroyd, Jeremy Dodd, Marianne Wait, Seamus O'Hagan, Simon Clark, Joel Moore, Natasha Perkins, Christiane Riedinger, Deyan Mihaylov, Philipp Karkowski, William Bennett, Francesca Mosely, Bruno Balthazar, Richard Fern, Dmitry Budker, Rafe Kennedy, Sabine Müller, Carrie Leonard-McIntyre, and Nick Jelley입니다(이 목록에서 다른 사람의 이름을 빠뜨렸다면 사과드립니다). 저는 아스펜 물리센터(Aspen Center for Physics), 노르딕 이론물리연구소(Nordic Institute for Theoretical Physics), 아일랜드 메이

누스국립대학교(National University of Ireland Maynooth), 갈릴레오 갈릴레이 이론물리연구소(Galileo Galilei Institute for Theoretical Physics), 이 책의 많은 부분을 작업한 139 Edgeview Lane[1]과 대서양 횡단 유나이티드 항공의 이코노미석의 환대에 대해서도 매우 감사드립니다.

끝으로, 이 메모를 교정하고 개선하는 데 도움을 주신 아버지, 그리고 백만 가지 다른 것들에 감사드립니다.

[1] 미국 뉴욕주 로체스터시의 장소(역자주).

차 례

Contents

CHAPTER 01   응집물질물리학에 대하여   1

   1.1   응집물질물리학이란 무엇인가?   1
   1.2   왜 우리는 응집물질 물리를 연구하는가?   2
   1.3   왜 고체물리학인가?   4

PART 01 미세구조를 고려하지 않은 고체의 물리학: 고체 상태의 초창기

CHAPTER 02   고체의 비열: 볼츠만, 아인슈타인, 디바이   9

   2.1   아인슈타인의 계산   10
   2.2   디바이의 계산   12
     2.2.1   주기(보른-폰 카르만) 경계 조건   13
     2.2.2   플랑크를 따라가는 디바이의 계산   14
     2.2.3   디바이의 사이값 채우기   17
     2.2.4   디바이 이론의 몇 가지 단점   18
   2.3   2장 부록: $\zeta(4)$ 20
   연습문제   21

CHAPTER 03   금속 안의 전자: 드루드 이론   25

   3.1   장 속의 전자   26
     3.1.1   전기장 속의 전자   26
     3.1.2   전기장과 자기장 속의 전자   27
   3.2   열 수송   29
   연습문제   33

CHAPTER 04 금속 안의 전자의 심화: 조머펠트(자유 전자) 이론   37

    4.1 기초 페르미-디랙 통계   37
    4.2 전자의 열용량   40
    4.3 자기 스핀 감수율(파울리 상자성)   44
    4.4 드루드 이론은 왜 잘 맞는가?   46
    4.5 자유 전자 이론의 단점   47
    연습문제   50

물질의 구조   PART 02

CHAPTER 05 주기율표   55

    5.1 화학, 원자, 그리고 슈뢰딩거 방정식   55
    5.2 주기율표의 구조   57
    5.3 주기율 경향   59
        5.3.1 유효 핵전하   60
    연습문제   62

CHAPTER 06 고체를 붙들고 있는 것: 화학 결합   65

    6.1 이온 결합   65
    6.2 공유 결합   68
        6.2.1 상자안입자 묘사   68
        6.2.2 분자 오비탈 또는 꽉묶음 이론   70
    6.3 판데르발스, 요동 쌍극자 힘 또는 분자 결합   75
    6.4 금속 결합   77
    6.5 수소 결합   77
    연습문제   79

CHAPTER 07 물질의 종류   83

1차원에서 고체의 장난감 모형   PART 03

CHAPTER 08 압축률과 소리, 열팽창에 대한 1차원 모형   91

    연습문제   95

CHAPTER 09   1차원 단원자 사슬의 진동   99

9.1   역격자에 대한 첫째 대면   101
9.2   1차원 사슬의 분산 특성   103
9.3   양자 모드: 포논   105
9.4   결정 운동량   109
연습문제   111

CHAPTER 10   1차원 이원자 사슬의 진동   115

10.1   이원자 결정 구조: 몇 가지 유용한 정의   115
10.2   이원자 고체의 정규 모드   116
연습문제   124

CHAPTER 11   꽉묶음 사슬(막간과 예습)   127

11.1   1차원에서 꽉묶음 모형   127
11.2   꽉묶음 사슬의 해   130
11.3   띠를 채우는 전자에 대한 소개   133
11.4   다중 띠   134
연습문제   138

PART 04   고체의 구조

CHAPTER 12   결정 구조   145

12.1   격자와 단위 낱칸   145
12.2   3차원에서 격자   150
   12.2.1   체심입방(bcc)격자   151
   12.2.2   면심입방(fcc)격자   153
   12.2.3   공 채우기   155
   12.2.4   3차원의 다른 격자들   156
   12.2.5   몇몇 실제 결정들   157
연습문제   159

CHAPTER 13   역격자, 브릴루앙 영역, 결정 내의 파동   161

13.1   3차원에서 역격자   161
   13.1.1   1차원의 복습   161

13.1.2 역격자 정의   162

13.1.3 푸리에 변환으로서 역격자   164

13.1.4 격자면 무리로서 역격자점   166

13.1.5 격자면과 밀러 지수   167

13.2 브릴루앙 영역   170

13.2.1 1차원 분산과 브릴루앙 영역의 복습   170

13.2.2 일반적인 브릴루앙 영역 작도   170

13.3 3차원 결정에서 전자파동과 진동파   172

연습문제   174

중성자와 X-선 회절   PART 05

CHAPTER 14   결정에 의한 파동 산란   179

14.1 라우에와 브래그 조건   179

14.1.1 페르미 황금률 접근법   179

14.1.2 회절 접근 방식   181

14.1.3 라우에와 브래그 조건의 동등성   181

14.2 산란 진폭   182

14.2.1 간단한 예제   186

14.2.2 체계적 부재와 더 많은 예   187

14.2.3 선택 규칙의 기하학적 해석   190

14.3 산란 실험 방법   190

14.3.1 고급 방법   191

14.3.2 가루 회절   191

14.4 산란에 관한 추가 정보   197

14.4.1 변형: 액체와 비정질 고체에서 산란   197

14.4.2 변형: 비탄성 산란   198

14.4.3 실험 장치   198

연습문제   201

고체 속의 전자   PART 06

CHAPTER 15   주기적인 퍼텐셜 속의 전자들   207

15.1 준자유 전자 모형   207

15.1.1 겹침 미동 이론 209

15.2 블로흐의 정리 215

연습문제 218

CHAPTER 16 **절연체, 반도체, 또는 금속** 221

16.1 1차원에서 에너지 띠 221

16.2 2차원과 3차원에서 에너지 띠 223

16.3 꽉묶음 225

16.4 금속과 절연체에서 띠구조 묘사의 실패 227

16.5 띠구조와 광학적 성질 228

16.5.1 절연체와 반도체의 광학적 성질 228

16.5.2 직접 진이와 간접 전이 229

16.5.3 금속의 광학적 성질 230

16.5.4 불순물의 광학적 효과 231

연습문제 232

CHAPTER 17 **반도체 물리** 235

17.1 전자와 정공 235

17.1.1 드루드 수송: 돌아가기 239

17.2 불순물로 전자 또는 정공을 더하기: 도핑 241

17.2.1 불순물 상태 242

17.3 반도체의 통계물리 245

연습문제 250

CHAPTER 18 **반도체 소자** 253

18.1 띠구조 공학 253

18.1.1 띠틈 설계 253

18.1.2 균일하지 않은 띠틈 254

18.2 *p-n* 접합 256

18.3 트랜지스터 261

연습문제 264

PART 07

자성과 평균장 이론

CHAPTER 19 원자의 자기적 성질: 상자성과 반자성 269

19.1 자성의 종류에 대한 기초 정의 270

19.2 원자물리: 훈트 규칙 271

    19.2.1 왜 모멘트는 정렬하는가? 274

19.3 외부 자기장과 원자 속 전자의 결합 276

19.4 자유 스핀 (퀴리 또는 랑주뱅) 상자성 278

19.5 라모어 반자성 281

19.6 고체 속의 원자 282

    19.6.1 금속의 파울리 상자성 283

    19.6.2 고체의 반자성 283

    19.6.3 고체의 퀴리 상자성 284

연습문제 287

CHAPTER 20 자발적 자기 질서: 강자성, 반강자성, 준강자성 289

20.1 (자발적) 자기 질서 290

    20.1.1 강자성체 291

    20.1.2 반강자성체 291

    20.1.3 준강자성체 292

20.2 깨진 대칭성 293

    20.2.1 이징 모형 294

연습문제 295

CHAPTER 21 자기 구역과 히스테리시스 299

21.1 강자성체의 거시적 효과: 자기 구역 299

    21.1.1 구역 벽 구조와 블로흐/네엘 벽 301

21.2 강자성의 히스테리시스 303

    21.2.1 무질서 고정 303

    21.2.2 단일-구역 미소결정 304

    21.2.3 구역 고정과 히스테리시스 305

연습문제 308

CHAPTER 22 평균장 이론 311

22.1 강자성 이징 모형을 위한 평균장 방정식 312

22.2 자체일관성 방정식의 해 313

    22.2.1 상자성 감수율 316

    22.2.2 추가적으로 드는 생각 316

연습문제 318

CHAPTER 23 상호작용으로부터의 자기학: 허바드 모형 323

23.1 떠도는 강자성   324
  23.1.1 허바드 강자성 평균장 이론   325
  23.1.2 스토너 기준   326
23.2 모트 반강자성   328
23.3 부록: 수소 분자에 대한 허바드 모형   331
연습문제   335

APPENDIX A 샘플 시험과 해답   337

시 험   337
해 답   340

APPENDIX B 좋은 책들의 목록   355

색 인   359
  사람들 색인   360
  주제들 색인   366

응집물질물리학에 대하여
About Condensed Matter Physics

이 장은 왜 이 주제가 흥미로운지에 대한 나의 개인적인 견해입니다. 여러분이 이 책을 왜 공부해야한다고 생각하는지 이유가 명확하지 않다면 그 이유를 알아내는 것이 좋습니다.

1.1 응집물질물리학이란 무엇인가?

위키피디아에서 인용한 설명:

> 응집물질물리학은 물질의 거시적, 미시적 성질을 다루는 물리학의 한 분야입니다. 특히, 계의 구성요소의 수가 엄청나게 많고 구성요소들 간의 상호작용이 강한 '응집된' 상과 관계 있습니다. 응집상의 가장 친숙한 예는 원자들 간의 전자기력으로 발생하는 고체와 액체입니다.

'응집물질'이라는 용어의 사용은 단순히 고체를 연구한다는 말보다는 훨씬 더 보편적인 의미를 가지고 있습니다. 이 용어는 노벨상 수상자인 필립 앤더슨Philip W. Anderson에 의해 만들어지고 널리 퍼지게 되었습니다.

응집물질물리학은 지금까지 가장 큰 물리학 분과입니다. 미국의 응집물질물리학회의 연례 학회에는 매년 6,000명 이상의 물리학자들이 참석합니다. 이 분야에 포함된 주제는 매우 실용적인 것에서 아주 추상적인 것까지, 하늘부터 땅까지, 공학부터 끈 이론에 기초를 둔 수학적 주제까지 망라합니다. 이 모든 주제들의 공통점은 물질의 기본적인 속성과 관련된다는 것입니다.

1.2 왜 우리는 응집물질 물리를 연구하는가?

이 질문에 대한 여러 가지 좋은 답변이 있습니다.

(1) 우리 주변의 세상이기 때문에

우리가 보는 거의 모든 물리적 세계는 사실 응집물질입니다. 우리는 다음과 같은 질문을 할 수 있습니다.

- 왜 금속이 반짝이고 차갑게 느껴질까요?
- 왜 유리는 투명할까요?
- 왜 물은 유체이고 젖은 느낌이 날까요?
- 왜 고무는 부드럽고 늘어날까요?

이러한 질문은 모두 응집물질물리학의 영역에 있습니다. 사실 여러분 주변의 세상에 대해 물어볼 만한 거의 모든 질문은, 태양이나 별에 대해 묻지 않는 한, 아마도 어떤 식으로든 응집물질 물리와 관련이 있습니다.

(2) 쓸모가 있기 때문에

지난 세기 동안 응집물질물리학에 대한 인간의 장악능력은 우리 인간이 놀라운 일을 할 수 있게 해주었습니다. 물리학 지식은 새로운 물질을 가공하고, 그들의 성질을 활용하여, 우리의 세계와 사회를 완전히 변화시켰습니다. 아마도 가장 주목할 만한 사례는 고체에 대한 이해가 반도체 기술을 이용하는 새로운 발명을 가능하게 했고 이는 컴퓨터, 휴대폰, 그 밖의 모든 것들을 당연한 것으로 여기도록 만들었습니다.

(3) 심오하기 때문에

응집물질 물리에서 생기는 질문은 여러분들이 어디선가에서 찾으려고 하는 질문만큼 깊습니다. 진짜로, 물리학의 다른 분야에서 사용되는 많은 아이디어의 근원을 추적하면 응집물질물리학에서 찾을 수 있습니다.

재미있는 몇 가지 예:
- 최근에 CERN에서 관측된 유명한 힉스 보존은 초전도체에서 발생

하는 현상과 다르지 않습니다(응집물질물리학자의 영역). 기본 입자에 질량을 주는 힉스 메커니즘은 자주 '앤더슨-힉스' 메커니즘이라고 불리는데, 고에너지 물리학자 피터 힉스Peter Higgs 이전에 응집물질물리학자 필립 앤더슨[1]이 많은 부분을 먼저 기술하였습니다.

- 재규격화군renormalization group의 아이디어(1982년 케네스 윌슨 Kenneth Wilson에 노벨상 수여)는 고에너지 물리와 응집물질 물리 분야에서 동시에 개발되었습니다.
- 위상 양자장topological quantum field 이론의 아이디어는 양자 중력 quantum gravity을 연구하는 끈 이론가들이 발명하였으나, 응집물질 물리학자에 의해 실험실에서 발견되었습니다!
- 지난 몇 년 동안 (N차원에서!) 블랙홀black hole 물리학을 적용하는 끈 이론가들이 실제 물질의 상전이 분야로 대량 이탈하였습니다. 같은 일들이 (아마도!) 우주 어딘가의 실험실에서 일어나고 있겠지요.

이런 종류의 물리학이 깊이가 있다는 것은 단지 제 의견이 아닙니다. 노벨상위원회는 나와 의견을 같이합니다. 이 책에서 노벨상 수상자 50명 이상의 업적에 대해 논의할 것입니다! (이 책의 끝에 있는 과학자들의 색인을 보십시오.)

(4) 환원주의가 적용되지 않기 때문에

{호언장담 시작} 만약 당신이 계속해서 '이것은 무엇으로 이루어져 있는지' 묻는다면, 여러분들은 무언가에 대해 더 많이 배울 거라는 느낌을 종종 가지게 됩니다. 이러한 지식 접근 방식을 *환원주의 reductionism*라고 합니다. 예를 들어 물이 무엇으로 이루어져 있는지 물어 보면, 누군가가 물은 분자들로 이루어져있고, 분자는 원자들로, 원자는 전자와 양성자로, 양성자는 쿼크들로, 쿼크는 아무도 모르는 뭔가로 이루어져 있다고 말하겠지요. 그러나 이 정보들은 당신에게 물이 축축한 이유, 왜 양성자와 중성자가 결합하여 원자핵을 형성하고, 원자들이 물을 형성하기 위해 결합하는 이유 등등에 관하여 아무것도 알려주지 않습니다.[2] 물리를 이해한다는 것은 많은 객체들이 어떻게 서로 상호작용하는지에 대한 이해와 필연적으로 관련이 있습니다. 그

[1] '응집물질'이란 용어를 만든 사람과 같은 사람

[2] 필 앤더슨은 "모든 것을 단순한 기본법칙으로 환원하는 능력은 그 법칙에서 출발하여 우주를 재구성하는 능력을 의미하지는 않는다. 사실 소립자 물리학자들이 우주의 기본 법칙에 대해 말하면 말할수록, 그것들은 관련성이 더 작아지는 것 같은데..."라고 도발적으로 썼습니다.

리고 이곳이 문제가 매우 급속히 어려워지는 지점입니다. 슈뢰딩거 방정식은 한 입자 문제에 매우 잘 맞고, 4개 이상의 입자에 대해서는 원칙적으로 해결은 가능하지만, 실제로는 너무 어려워서 풀 수 없습니다 – 세계에서 가장 큰 컴퓨터조차도. 물리학은 그때 무엇을 해야 할지 알아내는 것과 관련이 있습니다. 만약 우리가 다체many body 슈뢰딩거 방정식을 풀 수 없다면, 쿼크가 어떻게 핵을 형성하는지, 또는 전자와 양성자가 어떻게 원자를 형성하는지를 이해할 수 있을까요?

더욱 흥미로운 사실은 우리가 계의 미시적 이론을 잘 이해하지만, 거시적 특성은 우리가 예상하지 못한 계로부터 *창발한다*emerge는 것입니다. 개인적으로 가장 좋아하는 예는 많은 전자들을 (각각은 전하 $-e$ 를 띠고 있습니다) 한데 모을 때, 새로운 입자가 나타나고, 각각은 선사 전하량의 3분의 1을 가지게 되는 경우입니다![3] 환원주의는 결코 이것의 비밀을 들춰내지 못할 것입니다 – 핵심을 완전히 놓쳐버립니다. {**호언장담 끝**}

(5) 실험실이기 때문에

응집물질물리학은 아마도 양자역학과 통계역학을 연구하기 위한 최상의 실험실일 것입니다. 양자역학과 통계역학에 매료된 사람들은 때때로 이 두 주제에 깊이 뿌리 내리고 있는 응집물질물리학을 결국 마지막으로 공부하게 됩니다. 응집물질은 물리학자들이 기묘한 양자역학적, 통계역학적 효과를 테스트할 수 있는 무한히 다양한 놀이터입니다.

나는 이 책 전체를 여러분들이 이미 양자물리와 통계물리에서 배웠던 것의 연장으로 봅니다. 만약 여러분들이 그 수업들을 즐겼다면, 이것 또한 즐길 수 있을 것입니다. 만약 잘하지 못했더라면, 같은 내용이 여기에서도 많이 나올 것이므로 돌아가서 그것들을 다시 공부하고 싶을지도 모릅니다.

1.3 왜 고체물리학인가?

응집물질물리학은 너무 범위가 넓어서, 아마도 한 권의 책으로 모든 것을 공부할 수 없을 것입니다. 대신 '고체물리학'으로 알려진 하나의 특정한 세부 분야에 집중할 것입니다. 이름에서 알 수 있듯이(액체 상

[3] 이런 일이 진짜로 일어납니다. 1998년의 노벨상은 분수 양자홀 효과fractional quantum Hall effect로 알려진 이 현상의 발견에 대하여 댄 추이Dan Tsui, 호르스트 슈퇴르머Horst Störmer, 밥 로플린Bob Laughlin에게 수여되었습니다.

태, 기체 상태, 초유체 상태 또는 다른 물질 상태와 비교하여) 고체 상태의 물질에 대한 연구입니다. 고체 상태에 집중하기로 결정한 몇 가지 이유가 있습니다. 우선, 고체물리학은 응집물질물리학의 단일분야로서 가장 큰 세부 분야입니다.[4] 둘째, 응집물질물리학에서 고체물리학이 가장 성공적이고 기술적으로 가장 유용한 세부 분야입니다. 여러분들이 다른 유형의 물질에 대해 알고 있는 것보다 고체에 대해 훨씬 더 많이 알고 있을 뿐만 아니라, 다른 유형의 물질보다 훨씬 유용합니다. 산업용으로 응용되는 거의 모든 재료는 고체 상태입니다. 이러한 재료 중 가장 중요한 것은 전체 전자 산업의 기초가 되는 반도체로 알려진 고체입니다. 실제로 전자산업을 종종 '고체 상태' 산업[5]으로 부르기도 합니다. 더욱더 중요한 것은 고체의 물리학은 물리학에서 다른 주제를 배우는 데 필요한 패러다임을 제공합니다. 고체물리학 공부에서 배우는 것들은 응집물리 분야 안과 밖의 다른 주제를 공부하는 데 주춧돌이 될 것입니다.

[4] 아마도 세상에 얼마나 많은 고체로 된 물질들이 있는지 고려하면 놀라운 일이 아닙니다.

[5] 이 용어는 전자가 고체 내에서 이동하는 모든 전자 소자를 나타내는 '고체 상태 전자공학'라는 용어에서 유래합니다. 이것은 전자가 *진공에서*in vacuo 실제로 이동하는 이전 진공관 기반 전자계와 비교됩니다. 예전 스타일의 진공관은 몇 개의 예외를 제외하고는 거의 모든 응용에서 대체되었습니다. 흥미로운 예외 중 하나는 많은 오디오 애호가와 음악가가 고체 상태 전자제품보다 진공관을 사용하여 소리를 증폭하는 것을 더 좋아한다는 것입니다. 그들이 선호하는 것은 진공관이 음악가들이 매력적으로 느끼는 특징적인 왜곡을 가진 소리를 증폭시키는 것입니다. 왜곡이 없는 순수한 증폭을 위해서는 고체 소자가 훨씬 더 좋습니다.

PART

01

미세구조를 고려하지 않은 고체의 물리학: 고체 상태의 초창기

Physics of Solids without Considering Microscopic
Structure: The Early Days of Solid State

고체의 비열: 볼츠만, 아인슈타인, 디바이

Specific Heat of Solids: Boltzmann, Einstein, and Debye

응집물질물리학의 이야기는 지난 세기로 접어드는 무렵에 시작됩니다. 단원자 (이상)기체의 열용량heat capacity[1]은 $C_v = (3k_B/2)/$ 원자 라는 것이 잘 알려져 있었습니다(이전의 통계물리학 공부에서 기억해야합니다). 여기서 k_B는 볼츠만 상수입니다. 기체의 통계이론으로 왜 그렇게 되는지 잘 설명됩니다.

또한 1819년 이전까지 많은 고체의 열용량이

$$C = 3k_B/원자$$

$$또는 \ C = 3R$$

와 같이 주어진다는 것이 알려져 있었습니다.[2] 이것은 뒬롱–프티의 법칙[3]으로 알려져 있고 R은 기체 상수입니다. 이 법칙은 항상 옳지는 않지만, 종종 사실에 가까웠습니다. 예를 들어, 실온과 대기압에서 열용량의 표 2.1을 참조하십시오. 다이아몬드를 제외하고는, $C/R = 3$ 법칙은 실온에서 매우 잘 맞는 것으로 보이지만, 저온에서는 모든 물질이 이 법칙에서 벗어나기 시작하고, 일반적으로 C는 특정 온도 아래에서 급격히 감소합니다(온도가 올라가면 다이아몬드의 경우도 열용량이 $3R$로 증가합니다. 그림 2.2를 참조하십시오).

[2] 여기에서는 C_p(정압 비열)와 C_v(정적 비열)를 구별하지 않습니다. 왜냐하면 그 값들은 거의 같기 때문입니다. $C_p - C_v = VT\alpha^2/\beta_T$를 생각해 봅시다. 여기서 β_T는 등온 압축률isothermal compressibility이고 α는 열팽창 계수입니다. 고체의 경우, α는 상대적으로 작습니다.

[3] 피에르 뒬롱Pierre Dulong과 알렉시스 프티Alexis Petit 모두 프랑스 화학자입니다. 이 법칙 외에 다른 업적으로 기억되지는 않습니다.

---

[1] 물질의 원자당 열용량 C와 거의 항상 관련이 있습니다. 아보가드로수를 곱하면 몰열량 또는 몰당 열용량molar heat capacity이 됩니다. 비열specific heat (C보다는 c로 종종 표시됩니다)은 단위 질량당 열용량입니다. 그러나 '비열'이라는 말은 몰열량을 설명하는 데 비슷하게 사용됩니다. 왜냐하면 (총 열용량은 질량에 비례하는 크기extensive 변수임과 비교하여) 둘 다 세기intensive 변수이기 때문입니다. 언어로 명확하게 정의하려고 노력합니다만, 빈번하게 이러한 것들이 정확하지 못한 방식으로 쓰이고 있으므로, 여러분들은 그것이 무엇을 의미하는지 알아내려고 해야 합니다. 예를 들어, 실제로 $C_v = (3k_B/2)/$ 원자 가 아니라 $C_v/$원자 $= 3k_B/2$라고 해야 하고, 비슷하게 $C/$몰 $= 3R$이라고 말해야 합니다. 좀 더 정확하게 말하자면, '고체의 비열'이 아닌 '고체의 원자당 열용량'이라는 제목을 붙이고 싶었습니다. 그러나 한 세기가 넘도록 사람들은 '아인슈타인의 비열 이론'과 '디바이의 비열 이론'에 대해 이야기해 왔으므로, 이 문구를 사용하지 않는 것이 이상하게 보이게 될 것입니다.

1896년 볼츠만Ludwig Boltzmann은 이 법칙을 잘 설명하는 모형을 만들었습니다. 그의 모형에서는, 고체의 각 원자는 이웃하는 원자와 결합하고 있습니다. 하나의 특정 원자에 초점을 맞추면, 그 원자가 이웃과 상호작용에 의해 형성되는 조화 퍼텐셜harmonic potential 우물에 있다고 생각합니다. 이러한 고전적인 통계역학 모형에서, 원자 진동의 열용량은 원자당 $3k_B$이고, 이것은 뒬롱–프티의 법칙과 잘 일치합니다. (여러분들은 통계역학 또는 에너지 등분배 법칙에 대한 지식을 가지고 이것을 보여줄 수 있어야 합니다. 연습문제 2.1을 보십시오).

몇 년 후인 1907년 아인슈타인은 왜 이 법칙이 낮은 온도에서 잘 맞지 않는지에 대해 궁금해 했습니다(다이아몬드에서는 '실온'이 저온으로 보입니다!). 그가 깨달은 것은 양자역학이 중요하다는 것입니다!

아인슈타인의 가정은 볼츠만의 가정과 비슷했습니다. 그는 모든 원자가 이웃과 상호작용에 의해 만들어지는 조화 퍼텐셜 우물에 있다고 가정했습니다. 더 나아가, 그는 모든 원자가 동일한 조화 퍼텐셜 우물에 있고 진동수 ω('아인슈타인' 진동수로 알려져 있습니다)를 가지고 있다고 가정했습니다.

단조화 진동자simple harmonic oscillator에 대한 양자역학 문제의 해답은 우리가 이미 알고 있습니다. 이제 이 지식을 사용하여 단조화 진동자의 열용량을 결정합니다. 이 전체 계산은 통계물리 수업을 통해 익숙해져야 합니다.

표 2.1 실온과 대기압에서 고체의 열용량.

물질	C/R
알루미늄 (Al)	2.91
안티모니 (Sb)	3.03
구리 (Cu)	2.94
금 (Au)	3.05
은 (Ag)	2.99
다이아몬드 (C)	0.735

2.1 아인슈타인의 계산

1차원에서 단일 조화 진동자의 에너지 고윳값은

$$E_n = \hbar\omega(n + 1/2) \tag{2.1}$$

입니다. 여기서 ω는 조화 진동자의 진동수('아인슈타인' 진동수)입니다. 분배 함수는[4]

$$
\begin{aligned}
Z_{1D} &= \sum_{n \geqslant 0} e^{-\beta\hbar\omega(n+1/2)} \\
&= \frac{e^{-\beta\hbar\omega/2}}{1 - e^{-\beta\hbar\omega}} = \frac{1}{2\sinh(\beta\hbar\omega/2)}
\end{aligned}
$$

[4] 표준 표기법 $\beta = 1/(k_B T)$를 종종 사용합니다.

가 됩니다. 그러면 에너지 기댓값은

$$\langle E \rangle = -\frac{1}{Z_{1D}}\frac{\partial Z_{1D}}{\partial \beta} = \frac{\hbar\omega}{2}\coth\left(\frac{\beta\hbar\omega}{2}\right) = \hbar\omega\left(n_B(\beta\hbar\omega) + \frac{1}{2}\right) \quad (2.2)$$

입니다(식 2.1과 비교해 보십시오). 여기서 n_B는 보스 점유인자Bose occupation factor[5]

$$n_B(x) = \frac{1}{e^x - 1}$$

입니다. 이 결과는 쉽게 해석할 수 있습니다. 모드 ω는 평균적으로 n_B번째 준위까지 들뜨는 들뜸입니다. 또는 등가적으로 n_B개의 보존에 의해 '점유된' '보존' 오비탈이 있습니다.

에너지 표현을 미분하면 단일 진동자의 열용량

$$C = \frac{\partial \langle E \rangle}{\partial T} = k_B(\beta\hbar\omega)^2\frac{e^{\beta\hbar\omega}}{(e^{\beta\hbar\omega} - 1)^2}$$

을 얻을 수 있습니다. 이 식의 고온 영역에서 수렴값은 $C = k_B$입니다 (명확하지 않을 경우 확인하십시오!).

3차원의 경우로 일반화하면,

$$E_{n_x,n_y,n_z} = \hbar\omega[(n_x + 1/2) + (n_y + 1/2) + (n_z + 1/2)]$$

이고,

$$Z_{3D} = \sum_{n_x,n_y,n_z \geqslant 0} e^{-\beta E_{n_x,n_y,n_z}} = [Z_{1D}]^3$$

입니다. 결과적으로 $\langle E_{3D} \rangle = 3\langle E_{1D} \rangle$입니다. 따라서

$$C = 3k_B(\beta\hbar\omega)^2\frac{e^{\beta\hbar\omega}}{(e^{\beta\hbar\omega} - 1)^2}$$

을 얻게 됩니다. 그래프로 그리면, 그림 2.1과 같습니다.

고온 극한 $k_BT \gg \hbar\omega$에서 뒬롱–프티 법칙이 되는 것에 주의하십시오. 즉 원자당 $3k_B$ 열용량입니다. 하지만, 저온 영역($T \ll \hbar\omega/k_B$)에서는 자유도가 '얼어붙고', 계는 단지 바닥상태의 고유상태에 갇히게 되며 열용량은 빠르게 감소합니다.

아인슈타인 이론은 단지 하나의 매개 변수인 아인슈타인 진동수 ω

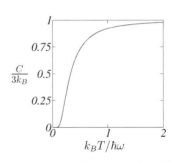

그림 2.1 3차원에서 원자당 아인슈타인 열용량

[5] 사티엔드라 보스Satyendra Bose는 1924년에 보스 통계에 대한 아이디어를 제안했지만, 아인슈타인이 이 아이디어를 지지할 때까지 출판할 수 없었습니다.

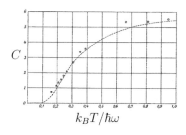

그림 2.2 아인슈타인 원본 논문에서 다이아몬드의 몰 열용량 그래프. 점선은 아인슈타인 이론에 따른 것입니다. y축은 C이고, 단위는 cal/(K·mol)입니다. 이 단위에서 $3R \approx 5.96$ 입니다. 피팅 변수 $T_{\text{Einstein}} = \hbar\omega/k_B$는 대략 1320 K입니다. A. Einstein, Ann. Phys., **22**, 180, (1907)에서 가져왔습니다. Wiley–VCH Verlag GmbH & Co. KGaA의 허가를 받아서 재현했습니다.

[6] 아인슈타인은 꽤 명석한 사람이었습니다.

[7] 명백하지는 않지만 이 편차는 단순한 실험적 오류가 아니라, 실제인 것으로 판명됩니다.

[8] VII부에서 자성을 논의할 것입니다.

[9] 디바이는 나중에 전혀 다른 업적으로 노벨 화학상을 수상하게 됩니다.

(때로는 이 진동수는 아인슈타인 온도 $\hbar\omega = k_B T_{\text{Einstein}}$로 표시됩니다)를 이용하여 온도에 따른 열용량의 거동을 합리적으로 정확하게 설명했습니다. 그림 2.2는 다이아몬드의 열용량 실험값과 아인슈타인 이론을 비교하는 원본 논문을 보여주고 있습니다.

대부분의 물질에서 아인슈타인 진동수 ω는 실온에 비해 낮기 때문에, 뒬롱-프티 법칙은 상당히 잘 맞습니다(실온은 아인슈타인 진동수에 비해 상대적으로 높은 온도입니다). 그러나 다이아몬드의 경우 ω가 실온에 비해 높기 때문에 열용량은 실온에서 값 $3R$보다 작게 됩니다. 다이아몬드가 높은 아인슈타인 진동수를 갖는 이유는 다이아몬드 내의 원자 사이의 결합이 매우 강하고 다이아몬드를 포함하는 탄소 원자의 원자량이 상대적으로 작기 때문에, 높은 진동수 $\omega = \sqrt{\kappa/m}$ 를 가집니다. 여기서 κ와 m은 각각 용수철 상수와 질량입니다. 또한 이러한 강한 결합은 다이아몬드가 특별히 단단한 소재가 되게 합니다.

아인슈타인의 결과는 열용량의 온도 의존성을 설명한다는 점에서 놀라울 뿐만 아니라, 더 중요한 것은 양자역학에 대해 근본적인 무언가를 말해 줍니다. 아인슈타인은 슈뢰딩거 방정식이 발견되기 19년이나 전에 이 결과를 얻었다는 것을 명심하십시오![6]

2.2 디바이의 계산

아인슈타인의 비열 이론은 대단히 성공적이었지만, 실험값은 예측된 방정식과 비교하여 명확한 편차가 존재하였습니다. 그의 첫 번째 논문 (그림 2.2)의 그래프에서도 저온에서 실험 결과가 이론적인 곡선 위쪽에 놓여있는 것을 볼 수 있습니다.[7] 이 결과는 상당히 중요한 것으로 밝혀집니다. 실제로, 저온에서 대부분의 물질은 T^3에 비례하는 열용량을 가지고 있는 것으로 알려졌습니다. 예를 들어, 그림 2.3을 보십시오(금속은 또한 T에 비례하는 매우 작은 추가항을 가지는데 4.2절에서 논의할 것입니다. 자성 재료는 또 다른 추가항을 가집니다.[8] 비자성 절연체는 T^3 거동만을 갖습니다). 여하튼, 아인슈타인의 공식은 저온에서 T에 대해 지수 함수적으로 작아지게 되어, 실제 실험과는 전혀 맞지 않게 됩니다.

1912년 피터 디바이Peter Debye[9]는 원자 진동의 양자역학을 더 잘 다루는 방법을 발견하고, 비열의 T^3 의존성을 설명하게 됩니다. 디바이는 원자의 진동은 소리와 같고, 소리는 파동임을 깨달았습니다. 따라서 플랑크[10]가 1900년 빛의 파동을 양자화한 것과 같은 방식으로 양자화해야 합니다. 빛의 속도는 소리의 속도보다 훨씬 빠릅니다. 빛과 소리 사이에는 단지 하나의 사소한 차이가 있습니다. 빛에 대해서는, 각 파수벡터 **k**에 대해 두 개의 편광이 있습니다. 반면에 소리에는 각 **k**에 대해 세 가지 모드가 있습니다(원자 운동과 같은 방향의 **k**를 가지는 종파 모드, 원자운동이 **k**에 수직인 두 개의 횡파 모드, 빛은 횡파 모드만 갖습니다[11]). 여기서 편의상, 실제로 종파 속도는 일반적으로 횡파 속도보다 다소 크기는 하지만, 횡파 모드와 종파 모드는 동일한 속도를 갖는다고 가정할 것입니다.[12]

플랑크의 빛에 대한 계산이 본질적으로 반복됩니다. 이 계산은 또한 통계물리 수업으로부터 익숙해져야 합니다. 그러나 먼저 파동에 대한 예비지식이 필요합니다.

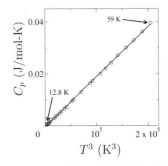

그림 2.3 다이아몬드의 열용량은 저온에서 T^3에 비례합니다. 이 그림에 표시된 온도는 아인슈타인 온도보다 훨씬 낮으므로 그림 2.2의 왼쪽 맨 아래 모서리에 해당합니다. Desnoyehs and Morrison, Phil. Mag., **3**, 42 (1958)에서 가져왔습니다.

[10] 플랑크는 자신의 빛 양자화 계산을 좋아하지 않았습니다. 그는 나중에 그것을 '절망의 행위'라고 불렀습니다. 그는 양자 물리학이라는 새로운 분야의 혁명적인 시작이 아니라 실험 결과에 맞추어 해답을 얻기 위해 얼렁뚱땅 계산한 것으로 주로 생각한 것 같습니다.

[11] 유체 내에서의 소리파는 종파만 존재합니다.

[12] 횡파와 종파의 속도가 다르다는 사실을 추적하는 것은 그리 어렵지 않습니다. 여기서 우리는 소리파의 속도가 모든 방향에서 동일하다고 가정하지만, 실제 물질에서 꼭 그럴 필요는 없습니다. 디바이의 이론에서 그러한 이방성을 넣는 것은 별로 어렵지 않습니다. 연습문제 2.6을 참조하십시오.

2.2.1 주기(보른-폰 카르만) 경계 조건

이 책에서 주기 경계 조건 또는 '보른–폰 카르만' 경계 조건을 가진 파동을 여러 번 고려할 것입니다. 먼저 1차원에서 설명하는 것이 가장 쉽습니다. 두 개의 끝을 가지는 길이가 L인 1차원 시료 대신에, 두 끝을 서로 연결하여 원으로 만든 시료를 상상합시다. 주기 경계 조건은 이 시료에 존재하는 임의의 파동 e^{ikr}의 r에서 값이 $r+L$에서도 동일한 값을 가져야한다는 것을 의미합니다(원을 따라서 쭉 진행하였습니다). 그러면 k의 가능한 값은

$$k = \frac{2\pi n}{L}$$

와 같이 제한됩니다. 단 n은 정수값을 가집니다. k가 가질 수 있는 모든 가능한 값에 대해 더하려고 한다면, 아주 큰 L값의 경우는

$$\sum_k \to \frac{L}{2\pi} \int_{-\infty}^{\infty} dk$$

와 같은 적분 형태로 대체할 수 있습니다. 이 관계를 이해하는 방법은 k공간에서 허용되는 점 사이의 간격이 $2\pi/L$이므로, 적분 $\int dk$는 k점의 수 곱하기 k점 사이의 간격에 대한 합으로 대체할 수 있다는 것을

알아차리는 것입니다.[13]

3차원에서, 전개방법은 매우 비슷합니다. L^3 크기를 가지는 시료에 대해, 시료의 양 끝단을 구별할 수 있고, x, y, z 각각의 방향으로 거리 L만큼 진행하면, 출발했던 곳으로 다시 돌아옵니다.[14] 결과적으로 k값들은

$$\mathbf{k} = \frac{2\pi}{L}(n_1, n_2, n_3)$$

와 같은 값들만을 가질 수 있습니다. n_i는 정수 값만을 가지고, 각각의 $\mathbf{k}$점은 부피 $(2\pi/L)^3$를 채우게 됩니다. $\mathbf{k}$는 불연속적인 값을 가지기 때문에, 모든 가능한 k값에 대해 합을 구하려면,

$$\sum_{\mathbf{k}} \to \frac{L^3}{(2\pi)^3}\int d\mathbf{k}$$

와 같은 3차원 $\mathbf{k}$–공간의 적분 형태로 구할 수 있습니다(그래서 $d\mathbf{k}$를 굵은 글씨로 썼습니다). 시료를 하이퍼 토러스로 감싸는 것이 실제 경계 조건을 가진 계를 고려하는 것과 비교할 때 매우 부자연스러운 것이라고 생각할 수도 있습니다. 그러나 이러한 경계 조건은 계산을 단순화하는 경향이 있고, 측정할 수 있는 대부분의 물리량은 시료의 경계에서 멀리 떨어진 곳에서 측정되며, 경계 조건을 사용하여 수행한 작업과는 상관이 없습니다.

2.2.2 플랑크를 따라가는 디바이의 계산

디바이는 고체의 진동 모드는 진동수 $\omega(\mathbf{k}) = v|\mathbf{k}|$의 파동이어야 한다고 결론을 내렸습니다. 여기서 v는 소리의 속도이고 각 $\mathbf{k}$에 대해 3가지 가능한 진동 모드가 있으며, 각 운동방향에 하나씩입니다. 따라서 그는 아인슈타인과 전적으로 유사한 표현

$$\begin{aligned}\langle E \rangle &= 3\sum_{\mathbf{k}} \hbar\omega(\mathbf{k})\left(n_B(\beta\hbar\omega(\mathbf{k})) + \frac{1}{2}\right)\\&= 3\frac{L^3}{(2\pi)^3}\int d\mathbf{k}\,\hbar\omega(\mathbf{k})\left(n_B(\beta\hbar\omega(\mathbf{k})) + \frac{1}{2}\right)\end{aligned}$$

을 쓰게 됩니다(식 2.2와 비교하십시오). 각 들뜸모드는 보존의 진동수 $\omega(\mathbf{k})$를 가지고 있고 평균 분포 $n_B(\beta\hbar\omega(\mathbf{k}))$만큼 채워져 있습니다.

구면 대칭성에 의해, 3차원 적분을

$$\int \mathbf{dk} \to 4\pi \int_0^\infty k^2 dk$$

와 같이 1차원 적분으로 바꿀 수 있습니다($4\pi k^2$은 반지름 k를 가진 구의 표면적[15]입니다). 또한 $k = \omega/v$ 관계식을 사용하면

$$\langle E \rangle = 3\frac{4\pi L^3}{(2\pi)^3} \int_0^\infty \omega^2 d\omega (1/v^3)(\hbar\omega) \left(n_B(\beta\hbar\omega) + \frac{1}{2} \right) \qquad (2.3)$$

을 얻게 됩니다. n을 원자 밀도라고 할 때, $nL^3 = N$으로 치환하면 편리합니다. 그러면

$$\langle E \rangle = \int_0^\infty d\omega \, g(\omega)(\hbar\omega) \left(n_B(\beta\hbar\omega) + \frac{1}{2} \right) \qquad (2.4)$$

와 같은 식을 얻게 됩니다. 여기서 *상태밀도*density of states는

$$g(\omega) = L^3 \left[\frac{12\pi\omega^2}{(2\pi)^3 v^3} \right] = N \left[\frac{12\pi\omega^2}{(2\pi)^3 n v^3} \right] = N \frac{9\omega^2}{\omega_d^3} \qquad (2.5)$$

와 같이 주어지고[16] 여기서

$$\omega_d^2 = 6\pi^2 n v^3 \qquad (2.6)$$

입니다. 이 진동수가 *디바이 진동수*Debye frequency로 알려질 것이고, 다음 절에서 왜 인자 9가 제거된 모양으로 정의하게 되는지 알게 될 것입니다.

　여기서 상태밀도의 의미는[17] 진동수 ω와 $\omega + d\omega$ 사이에 존재하는 진동모드의 총수를 말하고, $g(\omega)d\omega$로 주어집니다. 따라서 식 2.4의 해석은 간단하게 진동수당 얼마나 많은 모드가 존재하는가(g로 주어짐) 계산하고, 그리고 나서 모드당 에너지 기댓값(식 2.2와 비교해 보십시오)을 곱하고, 마지막으로 모든 진동수에 대해 적분하는 것입니다. 소리의 양자역학적 에너지를 나타낸 식 2.3은 빛의 양자 에너지에 대한 플랑크의 결과에서 단지 $2/c^3$을 $3/v^3$으로 바꾸기만 하면(2개의 빛 모드를 3개의 소리 모드로) 놀라울 만큼 유사합니다. 플랑크의 고전적인 결과와 또 다른 차이는 진동자의 영점 에너지로부터 유래되는 $+1/2$입니다.[18] 아무튼 영점 에너지는 온도에 의존하지 않는 값을 줍니

[15] 또는 현학적으로 하면, $\int \mathbf{dk} \to \int_0^{2\pi} d\phi \int_0^\pi d\theta \sin\theta \int_0^\infty k^2 dk$이고, 각도에 대한 적분을 수행하면 4π가 나옵니다.

[16] 원자수 N과 원자밀도 n이 적절한 변수인 것처럼 보이지만 사실이 두 요소는 상쇄되며, 원래 L^3만이 이 절의 답을 구하는 데 필요합니다! 이러한 상쇄 요소를 도입한 이유는 이 방법으로 결과를 작성하면 N이 L^3와 달리 중요한 물리적 변수가 되는 다음 절(2.2.3)을 준비할 수 있기 때문입니다!

[17] 앞으로 상태밀도라는 개념을 여러 번 접하게 될 것이기 때문에 이것에 익숙해지는 것이 좋습니다!

[18] 플랑크 또한 이 에너지를 채택했어야 했지만, 그는 영점 에너지에 대해 알지 못했습니다. 실제로 양자역학이 완전히 이해되기 이전이었기 때문에, 디바이 모형에서도 이 항이 들어있지 않습니다.

[19] 영점 에너지의 기여는 온도에 무관하고 또한 무한합니다. 이처럼 무한대를 다루는 것은 수학자들에게 악몽을 자아내는 일입니다. 하지만 물리학자들은 무한대가 진짜로 물리적이 아니라는 것을 알게 되면 행복하게 일을 처리합니다. 2.2.3절에서 이 무한대가 디바이 진동수에 의해 어떻게 잘려나가게 되는지 볼 것입니다.

표 2.2 몇 가지 물질의 디바이 온도.

물질	T_{Debye} (K)
다이아몬드 (C)	1850
베릴륨 (Be)	1000
실리콘 (Si)	625
구리 (Cu)	315
은 (Ag)	215
납 (Pb)	88

다이아몬드와 같은 단단한 재료는 높은 디바이 온도를 가지지만, 납 같은 부드러운 재료는 낮은 디바이 온도를 가집니다. 이 데이터는 표준 온도와 압력에서 측정되었습니다(소리속도와 밀도가 이 온도와 압력에서 측정되었음을 나타냅니다). 실제 재료는 환경에 따라 변하기 때문에(온도 등에 따라 늘어납니다), 디바이 온도는 실제 주변 환경에 아주 약하게 변하는 함수입니다.

다.[19] $C = \partial \langle E \rangle / \partial T$ 식으로 비열을 구할 때, 이 항은 사라질 것이므로, 이것을 분리해 낼 것입니다. 따라서,

$$\langle E \rangle = \frac{9N\hbar}{\omega_d^3} \int_0^\infty d\omega \, \frac{\omega^3}{e^{\beta \hbar \omega} - 1} \qquad + \qquad T \text{ independent constant}$$

와 같은 식을 얻게 됩니다. 변수 $x = \beta \hbar \omega$로 정의하면,

$$\langle E \rangle = \frac{9N\hbar}{\omega_d^3 (\beta \hbar)^4} \int_0^\infty dx \, \frac{x^3}{e^x - 1} \qquad + \qquad T \text{ independent constant}$$

와 같이 됩니다. 이 다루기 어려운nasty 적분은 숫자로 된 결과를 줍니다[20] – 실제 이 수는 $\pi^4/15$ 입니다. 따라서

$$\langle E \rangle = 9N \frac{(k_B T)^4}{(\hbar \omega_d)^3} \frac{\pi^4}{15} \qquad + \qquad T \text{ independent constant}$$

와 같은 결과를 얻게 됩니다. 플랑크의 광자의 T^4 에너지 복사 법칙과 유사성에 주목하십시오. 결과적으로, 열용량은

$$C = \frac{\partial \langle E \rangle}{\partial T} = N k_B \frac{(k_B T)^3}{(\hbar \omega_d)^3} \frac{12 \pi^4}{5} \sim T^3$$

입니다. 원하던 T^3 비열 관계를 정확하게 얻게 됩니다. 또한, T^3의 앞쪽 항은 소리속도와 같이 이미 알려진 양들로 계산할 수 있습니다. 이 식의 디바이 진동수는 때때로

$$k_B T_{\text{Debye}} = \hbar \omega_d$$

와 같이 *디바이 온도*Debye temperature(표 2.2를 보십시오)로 알려진 온도로 대체됩니다. 따라서 이 식은

[20] 이 다루기 어려운 적분을 계산하고 싶다면, 이를 리만 제타Riemann zeta 함수로 변환하는 전략을 씁니다.

$$\int_0^\infty dx \, \frac{x^3}{e^x - 1} = \int_0^\infty dx \, \frac{x^3 e^{-x}}{1 - e^{-x}} = \int_0^\infty dx \, x^3 e^{-x} \sum_{n=0}^\infty e^{-nx} = \sum_{n=1}^\infty \int_0^\infty dx \, x^3 e^{-nx}$$

로 쓰면서 시작합시다. 이 적분은 계산 가능하고, 식은 $3! \sum_{n=1}^\infty n^{-4}$로 쓸 수 있습니다. 결과는 $\zeta(p) = \sum_{n=1}^\infty n^{-p}$로 정의된 유명한 리만 제타 함수의 특수한 경우입니다. 여기에서 우리의 경우 $\zeta(4)$의 값과 관련이 있습니다. 제타 함수는 모든 수학에서 가장 중요한 함수 중 하나이기 때문에(이 장의 주석 24를 보십시오), 테이블에서 값을 $\zeta(4) = \pi^4/90$을 찾기만 하면 됩니다. 우리는 이 다루기 어려운 적분이 $\pi^4/15$라고 결과를 얻었습니다. 그러나 드물게 사막 지대에 좌초되어 적분 테이블에 접근할 수 없을 경우, 이 적분을 정확하게 계산할 수도 있습니다. 이 장의 부록을 참조하십시오.

$$C = \frac{\partial \langle E \rangle}{\partial T} = N k_B \frac{T^3}{T_{\text{Debye}}{}^3} \frac{12\pi^4}{5}$$

와 같이 쓰이게 됩니다.

2.2.3 디바이의 사이값 채우기

불행히도, 하지만 디바이 계산은 문제가 있습니다. 방금 유도된 표현에서, 열용량은 임의의 고온까지 T^3에 비례합니다. 그러나 우리는 열용량이 높은 T에서 $3k_B N$으로 안정되게 될 것이라는 것을 알고 있습니다. 디바이는 그의 근사와 관련된 문제는 무한대의 소리 모드까지(아주 큰 k까지) 허용한다는 점을 이해하고 있었습니다. 이것은 전체 계의 원자들보다 더 많은 소리 모드가 있다는 것을 의미합니다. 디바이는 계에 있는 자유도만큼 모드가 존재하여야 한다고 (올바르게) 추측했습니다. 9~13장에서 이것이 중요한 일반 원칙임을 알게 될 것입니다. 이 문제를 해결하기 위해 디바이는 특정 최고 진동수, ω_{cutoff} 이상의 소리의 모드는 고려하지 않고, 차단하기로 결정했습니다. 이 진동수는 계에서 정확히 $3N$ 소리 파동 모드(3차원 운동 곱하기 N개 입자)가 되도록 선택됩니다. 따라서 ω_{cutoff}를

$$3N = \int_0^{\omega_{\text{cutoff}}} d\omega \, g(\omega) \tag{2.7}$$

와 같이 정의합니다. 이에 따라 식 2.4를 에너지에 대해 다시 쓰면(영점 에너지 항을 빼고)[21]

$$\langle E \rangle = \int_0^{\omega_{\text{cutoff}}} d\omega \, g(\omega) \, \hbar\omega \, n_B(\beta\hbar\omega) \tag{2.8}$$

가 됩니다. 아주 낮은 온도에서 이러한 차단은 전혀 문제가 되지 않습니다. 왜냐하면 큰 β의 경우 보스 분포 n_B는 최고 진동수보다 훨씬 낮은 진동수에서 매우 빠르게 0이 될 것이기 때문입니다.

이제 이 차단이 우리에게 고온 영역에서도 정확한 답을 주는지 확인합시다. 고온에서

$$n_B(\beta\hbar\omega) = \frac{1}{e^{\beta\hbar\omega} - 1} \rightarrow \frac{k_B T}{\hbar\omega}$$

[21] 여기서, 적분은 상한이 정해졌으므로, 영점 에너지를 유지하더라도, 이제는 유한한 값을 줄 것입니다(그리고 온도는 여전히 상관이 없습니다).

으로 수렴합니다. 따라서 고온 영역에서, 식 2.7과 2.8을 이용하면

$$\langle E \rangle = k_B T \int_0^{\omega_{\mathrm{cutoff}}} d\omega\, g(\omega) = 3 k_B T N$$

와 같은 식을 얻게 됩니다. 고온영역의 원자당 열용량이 $C = \partial \langle E \rangle / \partial T$ $= 3 k_B N$, 즉 원자당 $3 k_B$인 뒬롱–프티의 법칙이 나옵니다. 완전하게 하기 위해, 차단 진동수를 구해봅시다:

$$3N = \int_0^{\omega_{\mathrm{cutoff}}} d\omega\, g(\omega) = 9N \int_0^{\omega_{\mathrm{cutoff}}} d\omega\, \frac{\omega^3}{\omega_d^3} = 3N \frac{\omega_{\mathrm{cutoff}}^3}{\omega_d^3}$$

차단 진동수는 디바이 진동수 ω_d와 정확하게 일치합니다. $k = \omega_d / v$ $= (6\pi^2 n)^{1/3}$(식 2.6으로부터)은 고체 원자 간격의 역수 정도의 크기를 가지고 있음을 유의하기 바랍니다.

더 일반적으로 (고온 또는 저온 극한영역이 아님), 해석학적으로 계산할 수 없는 적분(식 2.8)을 계산해야 합니다. 그럼에도 불구하고 이것은 수치적으로 행할 수 있고, 그 후에 그림 2.4에서 보이는 것처럼 실제 실험 데이터와 비교할 수 있습니다. 피팅 변수로서 미지의 아인슈타인 진동수 ω를 갖는 아인슈타인 이론과 비교하여, 디바이 이론은 임의의 피팅 변수 없이 예측한다는 것을 강조합니다.

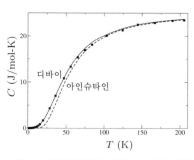

그림 2.4 은의 열용량에 대한 디바이와 아인슈타인 모형 비교. 고온 점근선은 $C = 3R$ $= 24.945\,\mathrm{J/(mol\cdot K)}$을 나타냅니다. 전체 실험 범위에서 디바이 이론이 월등하게 잘 맞습니다. 낮은 T에서 T^3 의존도를 올바르게 회복하고 T가 높을 때 뒬롱–프티의 법칙에 수렴합니다. 아인슈타인 이론은 매우 낮은 온도에서 확실히 부정확합니다. 디바이 온도는 대략 215 K이고, 아인슈타인 온도는 대략 151 K입니다. 데이터는 C. Kittel, *Solid State Physics*, 2ed Wiley (1956)에서 가져왔습니다.

2.2.4 디바이 이론의 몇 가지 단점

디바이의 이론은 대단히 성공적이지만, 몇 가지 문제점이 있습니다.

- 차단 진동수의 도입은 매우 임시변통같이 보입니다. 이것은 실제 물리라기보나는 성공적인 속임수처럼 보입니다.
- 매우 큰 k 값(역격자 간격의 크기 정도)조차도 소리 파동이 $\omega = vk$ 법칙을 따르는 것으로 가정했지만, 소리 파동의 전체 개념은 장파장의 아이디어이며, 충분히 높은 진동수와 짧은 파장에 대해서는 의미가 없는 것처럼 보입니다. 여하튼, 충분히 높은 진동수에서 $\omega = vk$의 법칙이 더 이상 적용되지 않는다는 것이 알려져 있습니다.
- 실험적으로 디바이 이론은 매우 정확하지만 중간 온도에서는 정확하지 않습니다.

- 금속은 또한 T에 비례하는 열용량의 항을 가지므로 전체 열용량은 $C = \gamma T + \alpha T^3$이고, 온도가 충분히 낮으면 선형 항이 지배하게 됩니다.[22] 그림 2.4에서는 이러한 기여를 볼 수 없습니다만, 아주 낮은 온도에서는 그림 2.5처럼 명백하게 됩니다.

이 단점들 중에서 물질의 결정 구조에 대한 세부 사항을 정확하게 취급함으로써 처음 세 가지를 훨씬 더 적절하게 처리할 수 있습니다(9장에서 시작할 것입니다). 마지막 문제는 선형 T항의 근원을 발견하기 위해 금속에서 전자의 거동을 신중하게 연구할 필요가 있습니다(4.2절 참조).

그럼에도 불구하고, 이러한 문제점들과 상관없이, 디바이의 이론은 아인슈타인의 이론보다 엄청나게 개선되었습니다.[23]

[22] 자성 재료에서 자기적인 자유도에 저장된 에너지를 반영하는, 열용량에 대한 다른 기여도가 있을 수 있습니다. VII부, 특히 연습문제 20.3을 참조하십시오.

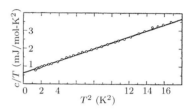

그림 2.5 아주 낮은 온도에서 온도로 나눈 은의 열용량을 온도의 제곱에 대해 그렸습니다. 충분히 낮은 온도에서 열용량이 실제로 $C = \gamma T + \alpha T^3$의 형태임을 알 수 있습니다. 온도 의존성이 순수하게 T^3인 경우에는, 0에서 만납니다. 세제곱 항은 비열에 대한 디바이 이론으로부터 나온 것입니다. 선형 항은 금속에서 특이하게 나타나고, 4.2절에서 논의될 것입니다. Corak et al., Phys. Rev. **98**, 1699 (1955), http://prola.aps.org/abstract/PR/v98/i6/p1699_1에서 가져왔습니다. American Physical Society의 허가를 받아서 사용하였습니다.

[23] 디바이도 꽤 명석했습니다, 화학자였음에도 불구하고.

요약

- 물질의 열용량(비열)의 (대부분이) 원자 진동에 기인합니다.
- 볼츠만과 아인슈타인 모형은 N개의 단조화 진동자의 진동을 고려합니다.
- 볼츠만의 고전적 분석으로부터 뒬롱-프티 법칙 $C = 3Nk_B = 3R$을 얻게 됩니다.
- 아인슈타인의 양자역학적인 분석은 진동자의 진동수보다 낮은 온도에서, 자유도가 얼어붙고, 열용량이 지수 함수적으로 떨어지게 됩니다. 아인슈타인 진동수는 피팅 변수입니다.
- 디바이 모형은 진동을 피팅 변수가 없는 소리파로 취급합니다.
  - $\omega = v|k|$, 빛과 비슷합니다(그러나 두 개가 아니라 세 개의 편극)
  - 양자화는 빛에 대한 프랑크 양자화와 비슷합니다.
  - 최대 진동수 차단($\hbar\omega_{\text{Debye}} = k_B T_{\text{Debye}}$)은 총 $3N$ 자유도를 구하기 위해 필요합니다.
  - 고온에서 뒬롱-프티를, 저온에서 $C \sim T^3$를 얻습니다.
- 금속은 (비록 작지만) 부가적인 선형 T항을 가집니다.

참고자료

거의 모든 고체물리학 책은 이 장에서 소개된 자료를 다루지만, 종종 포논에 대한 개념이 도입된 후에 책의 뒷부분에서 다룹니다. 9장에서 포논에 도달할 것입니다. 거기에 도달하기 전에, 아래 참고자료들은 포논에 대한 논의 없이 이 문제를 다루고 있습니다.

- Goodstein, 3.1~3.2절
- Rosenberg, 5.1~5.13절
- Burns, 11.3~11.5절

일단 우리가 포논에 도달하면, 우리는 이 문제를 다시 볼 수 있습니다. 논의는 아래 책에도 있습니다.
- Dove, 9.1~9.2절
- Ashcroft and Mermin, 23장
- Hook and Hall, 2.6절
- Kittel, 5장 초반

2.3 2장 부록: $\zeta(4)$

리만 제타 함수는

$$\zeta(p) = \sum_{n=1}^{\infty} n^{-p}$$

와 같이 정의 됩니다.[24] 이 함수는 고체의 디바이 이론뿐만 아니라, 금속 전자의 조머펠트 이론, 또한 보스 응축 연구 등, 물리학에서 종종 나타납니다(4장을 보십시오).

이 부록에서는 $\zeta(4)$ 값을 구하는 문제에 관심이 있습니다. 이것을 계산하기 위하여 구간 $[-\pi, \pi]$에서 함수 x^2에 대한 푸리에 급수를 이용합니다. 이 급수는

$$x^2 = \frac{a_0}{2} + \sum_{n>0} a_n \cos(nx) \qquad (2.9)$$

와 같이 주어집니다. 상수는

$$a_n = \frac{1}{\pi} \int_{-\pi}^{\pi} dx\, x^2 \cos(nx)$$

와 같이 주어집니다. 직접 계산하면

$$a_n = \begin{cases} 2\pi^2/3 & n = 0 \\ 4(-1)^n/n^2 & n > 0 \end{cases}$$

[24] 모든 수학에서 가장 중요한 입증되지 않은 추측 중 하나는 리만 가설로 알려져 있고, $\zeta(p) = 0$을 결정하는 p의 값과 관련이 있습니다. 이 가설은 1869년 베른하르트 리만Bernhard Riemann(일반 상대성 이론에 결정적인 기여를 한 리만 기하학을 발명한 사람과 같은 사람)에 의해 언급되었고, 그 이후로 아무도 증명하지 못했습니다. 클레이 수학 연구소는 성공적인 증명을 위해 백만 달러를 제공했습니다.

와 같습니다. 이제 두 가지 방법으로 적분을 계산합니다. 먼저 직접 계산할 수 있습니다.

$$\int_{-\pi}^{\pi} dx (x^2)^2 = \frac{2\pi^5}{5}$$

다른 방법으로 x^2의 푸리에 분해법을 사용하면,

$$\int_{-\pi}^{\pi} dx (x^2)^2 = \int_{-\pi}^{\pi} dx \left(\frac{a_0}{2} + \sum_{n>0} a_n \cos(nx) \right) \left(\frac{a_0}{2} + \sum_{m>0} a_m \cos(mx) \right)$$
$$= \int_{-\pi}^{\pi} dx \left(\frac{a_0}{2} \right)^2 + \int_{-\pi}^{\pi} dx \sum_{n>0} (a_n \cos(nx))^2$$

와 같이 쓸 수 있습니다. 여기서 교차된 항을 제거하기 위해서 푸리에 직교 조건을 사용하였습니다. 이 적분은

$$\int_{-\pi}^{\pi} dx (x^2)^2 = \pi \left(\frac{a_0^2}{2} + \sum_{n>0} a_n^2 \right) = \frac{2\pi^5}{9} + 16\pi\zeta(4)$$

와 같이 정리됩니다. 이 적분은 $2\pi^5/5$가 되고, 최종 결과는 $\zeta(4) = \pi^4/90$가 됩니다.

CHAPTER 02 연습문제

2.1 아인슈타인 고체

(a) *고전적 아인슈타인(또는 볼츠만) 고체:*
질량 m과 용수철 상수 k를 갖는 3차원 단조화 진동자를 고려합시다(즉, 질량은 세 방향 모두에서 동일한 용수철 상수로 원점으로 끌립니다). 해밀토니언은 보통의 경우처럼

$$H = \frac{\mathbf{p}^2}{2m} + \frac{k}{2}\mathbf{x}^2$$

와 같이 주어집니다.

▶ 고전 분배함수

$$Z = \int \frac{\mathbf{dp}}{(2\pi\hbar)^3} \int \mathbf{dx}\, e^{-\beta H(\mathbf{p},\mathbf{x})}$$

를 계산하시오.

주의: 이 문제에서, $\mathbf{p}$와 $\mathbf{x}$는 3차원 벡터입니다.

▶ 분배함수를 이용하여, 열용량 $3k_B$를 계산하시오.

▶ 조화 우물 속의 N개의 원자로 이루어진 고체라면, 열용량은 $3Nk_B = 3R$이 되고, 뒬롱-프티 법칙과 일치함을 보이시오.

(b) *양자 아인슈타인 고체*

이제 같은 해밀토니언을 양자역학적으로 다루겠습니다.

▶ 양자 분배함수

$$Z = \sum_j e^{-\beta E_j}$$

를 계산하시오. 여기서 모든 j에 대한 합은 모든 고유상태에 대하여 더하는 것을 말합니다.

▶ 보스 통계와의 관계를 설명하시오.

▶ 열용량에 대한 표현식을 구하시오.

▶ 고온 영역에서 뒬롱–프티 법칙과 일치함을 보이시오.

▶ 온도의 함수로 열용량을 그려 보시오.

(같은 주제에 대해 좀 더 공부하려면 연습문제 2.7을 보십시오)

2.2 디바이 이론 I

(a)‡ 고체의 열용량 모형인 디바이 모형의 가정을 기술하시오.

▶ 온도의 함수로 디바이 열용량을 유도하시오(해석적으로 계산할 수 없는 적분 형태로 최종 결과를 구하시오).

▶ 최종 결과로부터 해석적으로 열용량의 고온과 저온 극한을 구하시오.

아래 적분이 유용할 것입니다.

$$\int_0^\infty dx \frac{x^3}{e^x - 1} = \sum_{n=1}^{\infty} \int_0^\infty x^3 e^{-nx}$$
$$= 6 \sum_{n=1}^{\infty} \frac{1}{n^4} = \frac{\pi^4}{15}$$

부분 적분을 수행하면, 또한 아래와 같이 쓸 수 있습니다.

$$\int_0^\infty dx \frac{x^4 e^x}{(e^x - 1)^2} = \frac{4\pi^4}{15}$$

(b) 다음 표는 아이오딘화칼륨(KI)의 열용량 C를 온도의 함수로 나타냅니다.

$T(\mathrm{K})$	$C(\mathrm{J\ K^{-1} mol^{-1}})$
0.1	8.5×10^{-7}
1.0	8.6×10^{-4}
5	0.12
8	0.59
10	1.1
15	2.8
20	6.3

▶ 디바이 이론을 참고하여 논의하고 디바이 온도를 추정하시오.

2.3 디바이 이론 II

온도의 함수로서 2차원 고체의 열용량을 결정하기 위해 디바이 근사를 사용합니다.

▶ 가정을 기술하시오.
해석적으로 계산할 수 없는 적분의 형태로 답을 구하시오.

▶ 높은 온도 T에서, 열용량이 일정한 값을 가지게 됨을 보이고, 그 상수를 구하시오.

▶ 낮은 온도 T에서 $C_v = KT^m$임을 보이고, n을 구하시오, 적분 꼴로 K를 구하시오.

여러분이 용감하다면 이 적분을 계산할 수는 있지만, 리만 제타 함수의 형태로 결과를 남겨 두어도 됩니다.

2.4 디바이 이론 III

물리학자들은 영리한 추측을 하는 것에 능숙해야 합니다. 가장 높은 디바이 온도를 가진 원소를 맞춰보세요. 가장 낮은 것은 무엇일까요? 절대적으로 최고 온도 또는 최저 온도를 가진 원소들을 추측하지 못할 수도 있지만, 근접할 수 있어야 합니다.

2.5 디바이 이론 IV

그림 2.3으로부터 다이아몬드의 디바이 온도를 추정하시오. 표 2.2의 결과와 일치하지 않는 이유는 무엇입니까?

2.6 디바이 이론 V*

본문에서 종파와 횡파의 소리속도가 같고, 소리속도가 소리파가 전파하는 방향과 독립적이라는 가정하에 저온 디바이 열용량을 유도했습니다.

(a) 횡파 속도가 v_t이고, 종파 속도가 v_l이라고 가정하십시오. 이것은 어떻게 디바이 결과를 바꿉니까? 여러분들이 한 가정을 말해 보시오.

(b) 대신 속도가 이방적이라고 가정합시다. 예를 들어, $\hat{x}$, $\hat{y}$ 및 $\hat{z}$ 방향에서 소리속도는 각각 v_x, v_y 및 v_z입니다. 이것이 디바이의 결과를 어떻게 바꾸나요?

2.7 이원자 아인슈타인 고체*

연습문제 2.1에서 공부했던 대로, 이제는 이원자 분자로 이루어진 고체를 고려해 봅시다. 이것을 조화 우물의 바닥에 용수철로 서로 연결된, 3차원의 두 개의 입자로 (매우 조악하게) 모델링할 수 있습니다.

$$H = \frac{\mathbf{p_1}^2}{2m_1} + \frac{\mathbf{p_2}^2}{2m_2} + \frac{k}{2}\mathbf{x_1}^2 + \frac{k}{2}\mathbf{x_2}^2 + \frac{K}{2}(\mathbf{x_1} - \mathbf{x_2})^2$$

여기서 k는 우물 바닥에서 두 입자를 가두고 있는 용수철 상수, 그리고 K는 두 입자를 서로 붙들고 있는 용수철 상수입니다. 두 입자는 구별 가능한 원자라고 합시다.
(만약 이 문제가 어렵다고 생각되면, 간단하게 $m_1 = m_2$라고 가정하시오)

(a) 연습문제 2.1과 유사하게 고전적인 분배 함수를 계산하고 열용량이 입자당 $3k_B$(즉, 총 $6k_B$)임을 보이시오.

(b) 연습문제 2.1과 유사하게, 양자 분배 함수를 계산하고 열용량에 대한 표현식을 찾으시오. $K \gg k$인 경우 온도의 함수로 열용량을 그려 보시오.

(c)** 원자를 구별할 수 없다면 결과는 어떻게 바뀔까요?

2.8 아인슈타인 대 디바이*

아인슈타인 모형과 디바이 모형 모두에서 고온 열용량은

$$C = 3Nk_B(1 - \kappa/T^2 + \ldots)$$

와 같은 형태로 표시됩니다.

▶ 아인슈타인 모형에서 κ를 아인슈타인 온도로 계산하시오.
▶ 디바이 모형에서 κ를 디바이 온도로 계산하시오.

여러분들이 구한 결과에서 대략적인 $T_{\text{Einstein}} / T_{\text{Debye}}$ 비율을 얻을 수 있습니다. 이 결과를 그림 2.4에 주어진 은의 값과 비교하십시오. (여러분이 계산한 비율이 그림 설명에 명시된 비율에 가까워야 합니다. 그러나 정확히 같지는 않습니다. 왜 그렇게 되지 않을까요?)

2.9 아인슈타인과 디바이*

보통 몇 가지 다른 종류의 원자로 이루어진 어떤 물질들에서, 열용량은 속도 v의 소리파에서 나오는 디바이 형태에서 어느 정도 유래하고, 또한 고정 진동수 ω의 국소진동 들뜸에서 오는 아인슈타인 형태의 열용량에서 어느 정도 유래합니다. (10장에서는 이 상황을 더 잘 이해할 것입니다.) 두 열용량이 고온에서 기여가 같다고 가정합시다. 이러한 계의 열용량을 온도의 함수로 유도하시오. 계의 총 자유도를 추적하는 데 매우 주의를 기울여야 합니다.

2.10 녹는점에 대한 린데만 기준

제 1대 옥스포드의 처웰Cherwell 자작인 프레드릭 린데만Fredrick Lindemann은 원자의 진동 변위의 제곱평균제곱근root mean square이 주변 원자 사이 거리(물질의 특정한 미세 구조에 의존하는 정확한 수)의 약 0.07일 때 고체가 녹아야 한다고 제안했습니다. 다이아몬드에 있는 이웃 원자 사이의 거리가 대략 1.5 옹스트롬이고, 원자량은 12, 아인슈타인 온도는 1320 K로 주어질 때, 녹는점을 추정하시오. 실제 녹는점은 대략 3800 K입니다.

금속 안의 전자: 드루드 이론

Electrons in Metals: Drude Theory

아주 오래전에도 어떤 물질(현재 금속으로 알려짐)이 세상에 존재하는 여느 물질들과 다르다는 것을 이해하고 있었습니다.[1] 금속을 정의하는 특징은 전기가 흐른다는 것입니다. 어떤 수준에서는 전도의 이유는 전자가 물질에서 이동할 수 있다는 사실로 모아집니다. 뒷장에서 우리는 모든 물질은 내부에 전자를 가지고 있음에도, 어떤 물질에서는 움직일 수 있지만 다른 물질에서 그렇지 않은지 하는 문제에 관심을 기울이게 될 것입니다! 지금은 움직일 수 있는 전자가 있다는 것을 주어진 것으로 받아들이고, 그 성질을 이해하려고 합니다.

J. J. 톰슨Joseph John Thomson의 1896년 전자(금속에서 끄집어낸 '전하의 미립자')의 발견은 이 전하 운반자가 금속 내에서 어떻게 움직일 수 있는지에 대한 의문을 제기하게 됩니다. 1900년 폴 드루드Paul Drude[2]는 볼츠만의 기체 운동론을 금속 내의 전자 운동을 이해하는 데 적용할 수 있음을 깨닫게 되었습니다. 이 이론은 매우 성공적이었고, 금속 전도에 대한 첫 번째 이해를 제공하였습니다.[3]

이전 수업에서 기체 운동론을 공부하였다면, 드루드 이론은 이해하기 쉽습니다. 여기서 우리는 전자의 운동에 대해 세 가지 가정을 할 것입니다.

(1) 전자는 산란 시간scattering time[4] τ를 가집니다. 시간 간격 dt에 산란할 확률은 dt/τ입니다.
(2) 일단 산란 사건이 일어나면, 전자는 운동량 $\mathbf{p} = 0$ 상태로 돌아온다고 가정합니다.
(3) 산란 사건 사이에, 전하가 $-e$인 전자는 외부에서 작용하는 전기장 $\mathbf{E}$와 자기장 $\mathbf{B}$에 반응합니다.

[1] 구리(BC 8000년경), 청동(BC 3300년경), 철(BC 1200년경)과 같은 금속에 대한 인간의 숙달은 농업과 무기, 인간의 거의 모든 삶의 방식을 완전히 바꿔 놓았습니다.

[2] '드루드-아'라고 발음합니다.

[3] 안타깝게도 볼츠만과 드루드는 누구도 이 이론이 진짜로 얼마나 많은 영향을 미치게 되는지 보지 못했습니다. 연관 없는 비극적 사건으로 두 사람 다 1906년 자살했습니다. 볼츠만의 유명한 학생인 에렌페스트Paul Ehrenfest도 몇 년 후 자살했습니다. 왜 그렇게 많은 성공을 거둔 통계물리학자들이 목숨을 끊게 되었는지 약간 수수께끼입니다.

[4] 기체 운동론에서, 기체 분자의 속도, 밀도, 산란 단면적에 기초하여 산란 시간을 추정할 수 있습니다. 드루드 이론에서, τ의 추정은 몇 가지 이유로 훨씬 더 어렵습니다. 첫째, 전자는 장거리 쿨롱힘을 통해 상호작용 하기 때문에 산란 단면적을 정의하기가 어렵습니다. 둘째, 다른 전자 외에도 전자는 고체 내부에 충돌할 수 있는 많은 것들이 존재합니다. 따라서 단순하게 τ를 현상학적 매개 변수로 취급할 것입니다.

이 가정들 중 처음 두 가지는 정확히 기체의 운동 이론에서 만들어진 것들입니다.⁵ 세 번째 가정은 기체 분자와 달리 전자가 전하를 띠고 있어 전자기장에 반응해야한다는 사실을 설명하기 위한 논리적 일반화일 뿐입니다.

시간 t에서 운동량 $\mathbf{p}$를 갖는 전자를 고려하고, 이 전자가 시간 $t + dt$에서 어떤 운동량을 가질 것인지를 질문해 봅시다. 대답에는 두 가지 항이 있습니다. 산란 후 운동량이 0이 될 확률은 dt/τ입니다. 만약 운동량 0으로 산란되지 않는다면($1 - dt/\tau$의 확률로), $d\mathbf{p}/dt = \mathbf{F}$의 일반적인 운동방정식에 따라 단순하게 가속됩니다. 두 항을 합치면

$$\langle \mathbf{p}(t + dt)\rangle = \left(1 - \frac{dt}{\tau}\right)(\mathbf{p}(t) + \mathbf{F}dt) + \mathbf{0}\, dt/\tau$$

와 같은 식을 얻습니다. 또는 각 항들을 dt에 대한 선형 항만 유지하고, 다시 정리하면,⁶

$$\frac{d\mathbf{p}}{dt} = \mathbf{F} - \frac{\mathbf{p}}{\tau} \tag{3.1}$$

가 됩니다. 여기서 전자에 작용하는 힘 $\mathbf{F}$는 당연히 로런츠 힘입니다.

$$\mathbf{F} = -e(\mathbf{E} + \mathbf{v} \times \mathbf{B})$$

산란항 $-\mathbf{p}/\tau$는 전자에 대한 저항력으로 생각할 수 있습니다. 외부에서 작용하는 장이 없다면 이 미분 방정식의 해는 지수 함수적으로 감소하는 운동량일 뿐입니다.

$$\mathbf{p}(t) = \mathbf{p}_{\text{initial}}\, e^{-t/\tau}$$

산란에 의해서 운동량을 잃어버리는 입자에 대해 예상한 결과입니다.

3.1 장 속의 전자

3.1.1 전기장 속의 전자

전기장이 0이 아니지만, 자기장이 0인 경우를 고려하여 시작합시다. 운동방정식은

$$\frac{d\mathbf{p}}{dt} = -e\mathbf{E} - \frac{\mathbf{p}}{\tau}$$

와 같습니다. 정상상태에서는, $d\mathbf{p}/dt = 0$이고, 따라서

$$m\mathbf{v} = \mathbf{p} = -e\tau\mathbf{E}$$

를 얻습니다. m은 전자의 질량, $\mathbf{v}$는 전자의 속도입니다.

이제, 금속 안에 밀도 n이고, 전하 $-e$를 가진 전자들이 있고, 전자들은 모두 속도 $\mathbf{v}$로 움직인다면, 전류는

$$\mathbf{j} = -en\mathbf{v} = \frac{e^2\tau n}{m}\mathbf{E}$$

와 같이 주어집니다. 또는 다르게 쓰면, $\mathbf{j} = \sigma\mathbf{E}$로 정의된 전기 전도도는

$$\sigma = \frac{e^2\tau n}{m} \tag{3.2}$$

와 같습니다.[7] (전자의 전하와 질량을 모두 알고 있다고 가정하고) 금속의 전도도를 측정함으로써 전자의 밀도와 산란 시간의 곱을 결정할 수 있습니다.

3.1.2 전기장과 자기장 속의 전자

드루드 이론에서 나온 다른 예측이 무엇인지 이야기를 이어 나갑시다. 전기장과 자기장 모두 존재하는 계에 대한 수송 방정식(식 3.1)을 고려하면,

$$\frac{d\mathbf{p}}{dt} = -e(\mathbf{E} + \mathbf{v} \times \mathbf{B}) - \mathbf{p}/\tau$$

와 같은 식을 얻습니다. 다시 정상상태에서 $d\mathbf{p}/dt = 0$으로 놓고, $\mathbf{p} = m\mathbf{v}$와 $\mathbf{j} = -ne\mathbf{v}$를 사용하면, 정상상태 전류에 대한 방정식

$$0 = -e\mathbf{E} + \frac{\mathbf{j} \times \mathbf{B}}{n} + \frac{m}{ne\tau}\mathbf{j}$$

또는

[7] 또 다른 관계된 양은 $\mathbf{v} = -\mu\mathbf{E}$에 의해 정의된 *이동도mobility*이고, 드루드 이론에서 $\mu = e\tau/m$으로 주어집니다. 이동도는 항상 양의 값을 가집니다. 17.1.1에서 이동도에 대해 좀 더 논의할 것입니다.

$$\mathbf{E} = \left(\frac{1}{ne}\mathbf{j} \times \mathbf{B} + \frac{m}{ne^2\tau}\mathbf{j} \right)$$

을 얻게 됩니다. 아래와 같이 전류 벡터와 전기장 벡터로 연결된 3×3 비저항 행렬 ϱ를 정의합니다.

$$\mathbf{E} = \varrho\mathbf{j}$$

이 행렬의 성분은

$$\rho_{xx} = \rho_{yy} = \rho_{zz} = \frac{m}{ne^2\tau}$$

와 같이 주어집니다. 자기장 $\mathbf{B}$가 $\hat{z}$ 방향이라고 가정하면,

$$\rho_{xy} = -\rho_{yx} = \frac{B}{ne}$$

이고 ρ의 다른 모든 성분은 0이 됩니다. 비저항에서 비대칭 항은 1879년 자기장이 전류의 방향과 수직으로 작용할 때, 전류와 자기장 모두에 수직인 전압이 유도된다는 것을 발견한 에드윈 홀Edwin Hall의 이름을 따서 홀 *비저항*Hall resistivity으로 알려져 있습니다(그림 3.1을 보십시오). 여러분들이 드루드 이론을 교류 전도도로 더 일반화할 정도로 모험심이 있다면, 흥미 있는 (종종 정확한) 예측 결과를 얻게 될 것입니다 (연습문제 3.1.e를 보십시오).

홀 상수 R_H는

$$R_H = \frac{\rho_{yx}}{|B|}$$

와 같이 정의됩니다. 그리고 드루드 이론에 따라,

$$R_H = \frac{-1}{ne}$$

와 같이 쓸 수 있습니다. 이 식은 금속 내의 전자 밀도를 측정하게 해줍니다.

여담: 이 실험을 뒤집어 보는 것도 고려해 볼 수 있습니다. 시료의 전자 밀도를 알고 있는 경우 홀 측정을 이용하여 자기장을 결정할 수 있습니다. 이를 홀 센서Hall sensor라고 합니다. 작은 전압을 측정하

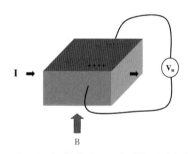

그림 3.1 에드윈 홀의 1879년 실험. 자기장과 전류 모두에 수직인 방향에서 측정된 전압은 (적어도 드루드 이론에서는) B에 비례하고 전자 밀도에 반비례하는 홀 전압으로 알려져 있습니다.

기가 어렵기 때문에 홀 센서는 일반적으로 전자 밀도가 낮아 R_H 즉 측정 전압이 큰 반도체와 같은 물질을 사용합니다.

다양한 금속에 대해 $n = -1/(eR_H)$를 계산하고 이것을 원자 밀도로 나눕니다(표 3.1을 보십시오). 이것은 원자당 자유 전자의 수를 나타냅니다. 나중에 계에서 전자의 수를 추정하는 것이 종종 그렇게 어렵지는 않다는 것을 알게 될 것입니다. 짧은 설명은 원자 핵심 껍질에 갇힌 전자는 결정을 통해 자유롭게 움직일 수는 없지만, 외부 껍질의 전자는 자유롭다는 것입니다(어떤 전자들은 자유롭고, 그렇지 않은 경우에 대한 것은 16장에서 논의할 것입니다). 가장 바깥쪽 껍질에 있는 전자의 수를 원자의 '*가전자수valence*'라고 합니다.

표 3.1에서 볼 수 있듯이 많은 금속에서 드루드 이론 분석은 잘 맞는 것처럼 보입니다 – 리튬, 나트륨(또는 소듐), 칼륨(또는 포타슘)(Li, Na, K)의 '가전자수'가 모두 1이고, 이는 측정된 원자당 전자수와 대략 일치합니다. 구리(Cu)의 유효 가전자수 또한 1이므로, 놀랄만한 것은 아닙니다. 그러나 베릴륨(Be)과 마그네슘(Mg)은 심각하게 잘못되었습니다. 이 경우 홀 계수의 부호가 반대로 나온 것입니다. 이 결과로부터, Be와 Mg의 전하 운반자는 전자와 반대 전하를 띠고 있다고 결론지을 수 있습니다! 우리는 17.1.1절에서 이것이 진짜로 사실이며 이 물질들의 소위 띠구조 때문이라는 것을 알게 될 것입니다. 그러나 많은 금속에서 단순한 드루드 이론은 상당히 합리적인 결과를 줍니다. 우리는 17장에서 드루드 이론이 반도체를 기술하는 데 특별히 좋다는 것을 알게 될 것입니다.

식 3.2를 사용하여 금속의 전자 밀도에 대한 홀 효과 측정을 믿는다면, 전도도 식에서 산란 시간을 추출할 수 있습니다. 실온 근처에서 드루드 산란 시간은 대부분의 금속에서 $\tau \approx 10^{-14}$ 초 범위에 있게 됩니다.

3.2 열 수송

드루드는 용감하게도 볼츠만의 운동론을 사용하여 움직이는 전자로 인한 열 전도도 κ를 계산하려고 시도하였습니다.[8] 유도 결과를 재탕하

표 3.1 측정된 홀 계수로부터 예측된 가전자수와 원자의 가전자수 비교.

물질	$\dfrac{1}{-eR_H\,n_{\text{atomic}}}$	가전자수
Li	0.8	1
Na	1.2	1
K	1.1	1
Cu	1.5	1
Be	-0.2^*	2
Mg	-0.4	2
Ca	1.5	2

여기서 n_{atomic}은 금속 내의 원자 밀도이고 R_H는 측정된 홀 계수입니다. 드루드 이론에서 가운데 열은 원자당 전자수, 즉 가전자수를 나타내야합니다. 1가 원자에 대해서는 상당히 잘 맞습니다. 그러나 2가 원자의 경우 부호가 반대로 나오는 경우도 있습니다! Be 다음의 *는 홀 계수가 이방성임을 나타냅니다. 어느 각도로 전류를 흐르게 하는가에 따라 홀 계수의 부호가 달라집니다!

[8] 어떤 실험이든지 물질의 구조적 진동으로부터 소위 포논 열 전도도(제9장에서 포논을 만날 것입니다)라고 하는 작은 양의 열 전도도가 생깁니다. 그러나 대부분의 금속에서 열 전도도는 주로 진동이 아닌 전자의 운동으로 인한 것입니다.

지 않으려면, 이전의 공부했던 기체 운동론과 익숙해 져야합니다.[9]

$$\kappa = \frac{1}{3} n c_v \langle v \rangle \lambda \qquad (3.3)$$

여기서 c_v는 입자당 열용량, $\langle v \rangle$는 평균 열속도, 그리고 $\lambda = \langle v \rangle \tau$는 산란 길이입니다. 일반적인 (단원자) 기체에 대해 입자당 열용량은

$$c_v = \frac{3}{2} k_B$$

이고,

$$\langle v \rangle = \sqrt{\frac{8 k_B T}{\pi m}} \qquad (3.4)$$

입니다. 이 관계식들이 모두 전자에 대해 만족한다면,

$$\kappa = \frac{4}{\pi} \frac{n \tau k_B^2 T}{m}$$

을 얻게 됩니다. 이 양은 미지의 매개 변수 τ를 가지고 있지만, 전기 전도도 (식 3.2)에서 나오는 것과 같은 양입니다. 따라서 우리는 로렌스 수Lorenz number로 알려진 전기 전도도에 대한 열 전도도의 비율

$$L = \frac{\kappa}{T \sigma} = \frac{4}{\pi} \left(\frac{k_B}{e} \right)^2 \approx 0.94 \times 10^{-8} \text{ WattOhm/K}^2$$

을 살펴볼 수 있습니다.[10,11] 우리의 계산에 $\langle v \rangle^2$를 사용했다는 것을 깨닫게 된다면, 약간 다른 예측을 할 수 있습니다. 반면 $\langle v^2 \rangle$를 대신 사용했을 수도 있고, 그러면

$$L = \frac{\kappa}{T \sigma} = \frac{3}{2} \left(\frac{k_B}{e} \right)^2 \approx 1.11 \times 10^{-8} \text{ WattOhm/K}^2$$

와 같은 결과를 줍니다.[12] 이 결과는 거의 반세기 동안 거의 모든 금속이 거의 같은 비율 지닌 것으로 알려져 있었기 때문에 큰 성공으로 간주되었습니다 - 비데만-프란츠Wiedemann-Franz 법칙으로 알려졌습니다. 실제로 이 비율에 대해 예측된 값은 실험적으로 측정된 값과 상당히 가깝습니다(표 3.2 참조). 결과는 약 2 정도 차이가 있는 것처럼 보이나, 드루드 이전에 이 비율이 일정해야 한다는 생각을 가진

사람이 전혀 없었다는 것을 고려하면, 매우 훌륭한 결과임을 알 수 있습니다.

되돌아보면 (성공적인 결과에도 불구하고) 이 계산이 완전히 잘못된 것임을 알 수 있습니다. 여기에 문제가 있다고 하는 이유는 실제로 금속에서 전자당 비열이 $c_v = \frac{3}{2}k_B$로 측정되지 않기 때문입니다(전자의 밀도가 매우 낮은 특정 계의 경우는 매우 작고, 실제로 이 정도의 비열이 측정되지만, 그러나 금속에서는 아닙니다). 사실, 대부분의 금속에서 격자 진동에 의한 비열(디바이)과 여기에 더하여 저온에서 온도 T에 선형적으로 비례하는 아주 작은 비열도 함께(그림 2.5 참조) 측정됩니다. 그렇다면 이 계산은 왜 이렇게 좋은 결과를 줄까요? 우리가 서로 상쇄되는 두 가지 실수를 저질렀다는 것이 밝혀졌습니다(4장에서 보게 될 것입니다). 너무 큰 비열을 사용했고, 또한 너무 작은 속도를 사용했습니다. 우리는 나중에 이 두 가지 실수가 (우리가 지금까지 무시한) 전자의 페르미 통계와 파울리 배타 원리에 기인한다는 것을 알게 될 것입니다.

다른 물리량에서 훨씬 더 명확하게 이 문제를 볼 수 있습니다. 소위 *펠티어 효과Peltier effect*는 물질을 통과하는 전류가 열도 운반한다는 사실을 알려줍니다. 펠티어 계수 Π는

$$\mathbf{j}^q = \Pi \mathbf{j}$$

와 같이 정의됩니다. 여기서 $\mathbf{j}^q$는 열전류 밀도이고, $\mathbf{j}$는 전류 밀도입니다.

여담: 펠티어 효과는 열전 냉각장치에 사용됩니다. 열전 재료를 통해 전기를 흐르게 하면 열이 재료를 통해 전달됩니다. 따라서 한 물체에서 다른 물체로 열을 전달할 수 있습니다. 우수한 열전소자는 높은 펠티에 계수를 갖지만 저항이 R인 재료를 통해 전류를 흐르게 하면 전력이 $I^2 R$로 소모되어, 뜨거워지기 때문에 저항이 작아야 합니다.

기체 운동론에 따르면 열전류는

$$\mathbf{j}^q = \frac{1}{3}(c_v T)n\mathbf{v} \tag{3.5}$$

입니다. 여기서 $c_v T$는 입자 한 개가 전달하는 열이고(입자당 열용량은

표 3.2 여러 물질의 로렌스 수 $\kappa/(T\sigma)$. 단위는 1×10^{-8} WattOhm/K^{2}입니다.

물질	L
리튬 (Li)	2.22
나트륨 (Na)	2.12
구리 (Cu)	2.20
철 (Fe)	2.61
비스무트 (Bi)	3.53
마그네슘 (Mg)	2.14

드루드 이론의 예측은 로렌스 수는 1×10^{-8} WattOhm/K^2 정도가 되어야 한다는 것입니다.

$c_v = 3k_B/2$), n은 입자 밀도입니다(어느 방향으로도 갈 수 있으므로, 기하학적 인자는 대략 1/3입니다). 비슷하게, 전류는

$$\mathbf{j} = -en\mathbf{v}$$

입니다. 따라서 펠티어 상수는

$$\Pi = \frac{-c_v T}{3e} = \frac{-k_B T}{2e} \tag{3.6}$$

가 됩니다. 따라서 비 $S = \frac{\Pi}{T}$(열전력 또는 제벡Seebeck 계수로 알려져 있습니다)는 드루드 이론에서

$$S = \frac{\Pi}{T} = \frac{-k_B}{2e} = -0.43 \times 10^{-4} \ \text{V/K} \tag{3.7}$$

와 같이 주어집니다. 대부분의 금속의 경우 이 비의 실제 값은 대략 100배 정도 작습니다! (표 3.3을 참조하십시오.) 이것은 우리가 $c_v = 3k_B/2$를 사용했다는 사실을 반영하고 있지만, 입자당 실제 비열은 훨씬 더 작습니다(다음 장에서 페르미 통계를 보다 신중하게 고려할 때 이해할 수 있습니다). 또한 (홀 계수와 비슷하게) 특정 금속의 경우 제벡 계수의 부호도 잘못 예측됩니다.

제벡 계수의 크기는 식 3.7의 드루드 이론에 의해 예측된 값의 대략 100분의 1입니다. Cu와 Be의 경우 부호가 틀리게 나옵니다!

표 3.3 실온에서 측정된 여러 물질의 제벡 계수, 단위는 10^{-6} V/K 입니다.

물질	S
나트륨 (Na)	−5
칼륨 (K)	−12.5
구리 (Cu)	1.8
베릴륨 (Be)	1.5
알루미늄 (Al)	−1.8

요약

- 드루드 이론은 기체 운동론에 기초를 두고 있습니다.
- 산란 시간 τ를 고려하면, 전기 전도도가 $\sigma = ne^2\tau/m$이 됩니다.
- 홀 계수는 전자의 밀도를 측정합니다.
- 드루드 이론의 성공 사례
  - 비데만–프란츠 비 $\kappa/(\sigma T)$는 대부분의 물질에서 올바르게 나옵니다.
  - 많은 다른 수송 특성이 올바르게 예측됩니다(예: 교류 전도도).
  - 밀도에 대한 홀 계수 측정은 많은 금속에서 합리적인 것처럼 보입니다.
- 드루드 이론의 실패 사례:
  - 홀 계수는 종종 잘못된 부호를 가지는 것으로 측정되는데, 이것은 전자와 반대 전하를 가진 전하 운반자를 나타냅니다.

> – 금속 내의 전자에 대해 측정된 입자당 $3k_B/2$ 열용량은 존재하지 않습니다. 이는 펠티어와 제벡 계수가 100배만큼 잘못 계산되게 합니다.

두 가지 실패 사례 중 뒤에 있는 것은 다음 장에서 다루겠지만, 앞에 있는 것은 17장에서 다루어지며 여기서 띠 이론에 대해 논의할 것입니다.

드루드 이론은 단점에도 불구하고, (조머펠트 이론으로 개선될 때까지) 사반세기 동안 금속 전도에 관한 유일한 이론이었고 오늘날에도 꽤 유용한 이론으로 남아있습니다. 특히 반도체와 전자 밀도가 낮은 계의 경우에는 여전히 유용합니다(17장을 보십시오).

참고자료

많은 책들이 비슷한 수준으로 드루드 이론을 다룹니다.

- Ashcroft and Mermin, 1장
- Burns, 9장의 파트 A
- Singleton, 1.1~1.4절
- Hook and Hall, 3.3절, 그 외

Hook and Hall은 주로 자유 전자(조머펠트) 이론(다음 장)을 목표로 하지만, 어쨌든 드루드 이론을 다룹니다(그들은 '드루드'라는 단어를 사용하지 않습니다).

CHAPTER 03 연습문제

3.1 금속의 드루드 수송 이론

(a)‡ 산란 시간 τ를 가정하고 드루드 이론을 이용하여 금속의 전도도 표현을 유도하시오.

(b) 비저항 행렬 ρ를 $\mathbf{E} = \rho\mathbf{j}$로 정의하시오. 드루드 이론을 사용하여 자기장 속에서 금속에 대한 행렬 ρ에 대한 표현을 유도하시오. (자기장 $\mathbf{B}$가 z축과 평행하다고 가정하시오. 아래 물결 무늬는 ρ이 행렬임을 의미합니다.) 이 행렬의 역행렬을 구하여 전도도 행렬 σ에 대한 표현식을 얻으시오.

(c) 홀 계수를 정의하시오.

▶ 장축에 수직인 1 T의 자기장에서, 장축을 따라 1 A 의 전류가 흐르는 5 mm × 5 mm 직사각형 단면의 막대 형태로 된 나트륨 시료에 대한 홀 전압의 크기를 추정하시오. 나트륨 원자 밀도는 약 1 g/cm³이 고 나트륨은 대략 23의 원자량을 가지고 있습니다. 나트륨은 원자당 1개의 자유 전자가 있다고 가정할 수 있습니다(나트륨의 가전자수는 1).

▶ 시료의 홀 전압과 저항을 측정할 때 실제 어려운 점들이 있을 것입니다. 이러한 어려움을 어떻게 해 결할까요?

(d) 드루드 이론이 잘 설명하지 못하는 금속의 특성은 무엇입니까?

(e)* 교류 전류 $\mathbf{j} \sim e^{i\omega t}$를 유도하는 교류 전기장 $\mathbf{E} \sim e^{i\omega t}$를 생각합시다. 복소수 교류 전도도 행렬 $\sigma(\omega)$에 대한 표현식을 얻기 위해 위 계산을(자기장이 있는 상태에서) 수정하시오. 문제를 단순화하기 위해 금속은 매우 깨끗하다고 가정하고, 이것은 $\tau \to \infty$를 의미하며 $\mathbf{E} \perp \mathbf{B}$라고 가정할 수 있습니다. 다시 $\mathbf{B}$축을 z축과 평행하게 가정하면 편리합니다. (이 연 습문제는 어려워 보일지 모르지만, 조금 생각해보면 위에 있는 문제들보다 훨씬 더 어렵지는 않습니다!)

▶ 어떤 진동수에서 전도도가 발산합니까? 이 발산은 무엇을 의미합니까? (τ가 유한할 때, 발산은 차단 됩니다.)

▶ 전자의 질량을 측정하기 위해 어떻게 이 발산(사이 클로트론 공명이라고도 함)을 사용할 수 있는지 설 명하시오. (실제로, 금속에서 측정된 전자의 질량은 일반적으로 잘 알려진 값인 $m_e = 9.1095 \times 10^{-31}$ kg 과 같지 않습니다. 이것은 금속의 *띠구조*의 결과입 니다. VI부에서 설명할 것입니다.)

3.2 산란 시간

다음 표는 은과 리튬 금속에 대한 비저항 ρ, 밀도 n, 원자량 w를 나타냅니다.

	$\rho(\Omega\text{m})$	$n(\text{g/cm}^3)$	w
Ag	1.59×10^{-8}	10.5	107.8
Li	9.28×10^{-8}	0.53	6.94

▶ Ag, Li가 모두 1가(즉, 원자당 하나의 자유 전자를 가짐)인 것을 감안할 때, 이들 두 종류의 금속에서 전자에 대한 드루드 산란 시간을 계산하시오. 기체 운동론을 이용한 아래 식을 이용하여 산란 시간을 추정할 수 있습니다.

$$\tau = \frac{1}{n \langle v \rangle \sigma}$$

여기서 n은 기체 밀도, $\langle v \rangle$는 평균속도(식 3.4를 참조하십시오), σ는 기체 분자의 산란 단면적이고, 직경 d를 가지는 분자는 대략 πd^2입니다. 실온에서 질소 분자의 경우, $d = 0.37$ nm를 사용할 수 있습 니다.

▶ 실온에서 질소 기체의 산란 시간을 계산하고, 그 결과를 Ag, Li 금속의 전자에 대한 드루드 산란 시 간과 비교하시오.

3.3 이온 전도와 두 종류의 운반자

특정 물질, 특히 고온에서, 양이온은 가해진 전기장 에 반응하여 시료 전체를 이동하여 이온 전도로 알려 진 결과를 줍니다. 이 전도는 일반적으로 약하기 때문 에 전류를 운반할 자유 전자가 없는 물질에서 주로 볼 수 있습니다. 그러나 때로는 물질이 전기 전도와 거의 같은 크기의 이온 전도를 모두 가지고 있을 수도 있습니다. 이러한 물질은 이온–전자 혼합 전도체로 알려져 있습니다. 자유 전자가 밀도 n_e와 산란 시간 τ_e를 가지고 있다고 가정합시다(그리고 보통의 전자 질량 m_e와 전하 $-e$를 가집니다). 자유 이온이 밀도 n_i, 산란 시간 τ_i, 질량 m_i, 전하 $+e$를 갖는다고 가정 하십시오. 드루드 이론을 사용하여,

(a) 전기 비저항을 계산하시오.
(b) 열 전도도를 계산하시오.
(c)* 홀 저항을 계산하시오.

3.4 플라스마 진동*

$\hat{x}$ 방향으로 놓여있는 두께 d인 (그리고 이것에 수직인 면의 넓이는 임의인) 금속 평판을 고려합시다. 금속의 전자 밀도가 $+\hat{x}$ 방향으로 이동하면, 평판의 경계에 전하가 쌓이고 전기장이 평판 내에 생기게 됩니다(평행판 축전기처럼). 금속 내의 전자는 전기장에 반응하여 원래 위치로 돌아가게 됩니다. 이 복원력(후크의 법칙을 따르는 용수철처럼)은 플라스마 진동으로 알려진 전자 밀도의 진동을 일으킵니다.

(a)* 금속이 매우 깨끗하다고 가정합시다. 자기장이 없을 때 유한한 진동수에서 드루드 전도도를 사용하여(B를 0으로 놓았을 때 연습문제 3.1.e를 참조하시오), 금속의 플라스마 진동수를 계산하시오.

(b)** 산란 시간이 무한하지 않은 경우를 고려합시다. 플라스마 진동수는 어떻게 되나요? 이걸 어떻게 해석해야 합니까?

(c)** 산란 시간을 다시 ∞로 설정하되, 자기장은 0이 아니게 합니다. 이제 플라스마 진동수는 어떻게 되나요?

금속 안의 전자의 심화: 조머펠트(자유 전자) 이론

More Electrons in Metals: Sommerfeld (Free Electron) Theory

1925년 파울리는 배타 원리를 발견했는데, 두 전자가 똑같은 상태에 있을 수는 없다는 것을 의미합니다. 1926년 페르미와 디랙은 우리가 지금 페르미-디랙 통계라고 부르는 것을 독립적으로 유도하였습니다.[1] 이러한 발전에 대해 알게 된 조머펠트[2]는 드루드의 금속 이론이 페르미 통계를 사용하여 쉽게 일반화될 수 있다는 것을 깨닫게 되었습니다. 이것이 우리가 지금 하려고 하는 것입니다.

4.1 기초 페르미-디랙 통계

화학 퍼텐셜[3]이 μ인 자유[4] 전자계에서, 에너지가 E인 고유상태가 점유될[5] 확률은

$$n_F(\beta(E - \mu)) = \frac{1}{e^{\beta(E-\mu)} + 1} \qquad (4.1)$$

와 같은 페르미 인자로 주어집니다(그림 4.1을 보십시오). 저온에서 페르미 함수는 계단 모양이 됩니다(화학 퍼텐셜 아래의 상태는 채워지고, 화학 퍼텐셜 위는 비어있게 됩니다). 반면에 고온에서는 계단 모양이 무너져 퍼지게 됩니다.

[1] 페르미-디랙 통계는 1925년에 파스쿠알 요르단Pascual Jordan에 의해 처음으로 유도되었습니다. 불행히도, 논문심사 위원이었던 막스 보른Max Born은 그것을 잘못 놓아두었고 출판되지 못하였습니다. 요르단이 나중에 나치당에 가입하지 않았더라면, 그는 보른과 발터 보테Walther Bothe와 함께 노벨상을 수상했을 것이라고 많은 사람들은 믿고 있습니다.

[2] 조머펠트Arnold Sommerfeld는, 어떤 다른 물리학자보다 더 많이, 84번이나 노벨상 후보로 지명되었지만 수상하지 못했습니다. 그는 또한 하이젠베르크Heisenberg, 파울리Pauli, 디바이Debye, 베테Bethe, 폴링Pauling, 라비Rabi를 포함한 역사상 다른 누구보다도 많은 노벨상 수상자의 지도교수research advisor였습니다.

[3] 통계물리 수업에서 화학 퍼텐셜에 대해 제대로 알지 못했을 경우에는, 식 4.1로 다음과 같이 정의할 수 있습니다. μ는 이 식이 실제로 적용될 수 있도록 식에 포함시켜야만 하는 상수입니다. 이것은 또한 $\mu = \partial U/\partial N|_{V,S}$ 또는 $\mu = \partial G/\partial N|_{T,P}$와 같이 적절한 열역학적 미분으로 정의할 수 있습니다. U는 총 에너지, N은 입자 수, G는 깁스 퍼텐셜입니다. 그러나 입자수가 불연속적인 것을 걱정할 경우(N이 정수여야 하므로), 이런 정의는 까다로울 수 있습니다. 미분이 잘 정의되지 않을 수 있습니다. 결과적으로 식 4.1에 있는 정의가 대체로 제일 좋습니다(즉, μ를 라그랑주 곱수로 취급합니다).

[4] 여기에서 '자유'는 서로 상호작용하지 않는다는 것을 의미하며, 배경 결정 격자, 불순물, 또는 그와 관련한 다른 어떤 것과도 상호작용하지 않는다는 것을 말합니다.

[5] 특정 N개의 오비탈 세트가 전자에 의해 점유되어 있다고 말할 때, 실제 의미는 계의 전체 파동함수가 N개의 단일 전자 파동함수의 슬레이터 행렬식으로 표현되는 반대칭 함수라는 것을 말합니다. 다소 어려운 23.3절을 제외하고는 슬레이터 행렬식 파동함수를 실제로 쓸 필요는 없습니다.

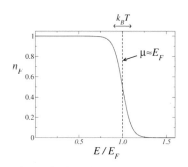

그림 4.1 $k_BT \ll E_F$에 대한 페르미 분포. 점선은 값이 약 E_F인 화학 퍼텐셜을 표시합니다. $T = 0$에서 분포는 계단 모양이지만, 유한한 T의 경우 k_BT의 몇 배 폭의 에너지 범위에 걸쳐 퍼지게 됩니다.

[6] 2.2.1절에서 언급했듯이, 고체의 대부분의 특성은 우리가 선택한 경계 조건의 유형과 독립적이어야 합니다. 의심스러운 점이 있다면 무한장벽 경계 조건을 사용하여 전체 계산을 반복해 보십시오. 그러면 같은 결과를 얻을 수 있습니다(더 다루기는 힘들어지지만, 아주 어렵지는 않습니다!).

[7] 네, 많은 것들에 페르미라는 이름을 붙여 있습니다. 명성을 널리 알리기 위해 이 절을 '기초 페르미 통계' 대신 '기초 페르미-디랙 통계'라고 하였습니다.

전자가 부피 $V = L^3$의 상자 안에 있다고 생각하고, 2.2.1절의 논의와 같이 상자에 주기 경계 조건[6]이 있다고 가정하는 것이 가장 쉽습니다. 평면파의 파동함수는 $e^{i\mathbf{k}\cdot\mathbf{r}}$ 형태이고, 경계 조건 $\mathbf{k}$는 값 $(2\pi/L)(n_1, n_2, n_3)$을 가져야 합니다. 여기서 n_i는 정수입니다. 이 평면파에 상응하는 에너지는

$$\epsilon(\mathbf{k}) = \frac{\hbar^2|\mathbf{k}|^2}{2m} \tag{4.2}$$

와 같습니다. m은 전자의 질량입니다. 따라서 계의 전자의 총수는

$$N = 2\sum_{\mathbf{k}} n_F(\beta(\epsilon(\mathbf{k}) - \mu)) = 2\frac{V}{(2\pi)^3}\int d\mathbf{k}\, n_F(\beta(\epsilon(\mathbf{k}) - \mu)) \tag{4.3}$$

와 같이 주어집니다. 여기서 앞인자prefactor 2는 각각의 가능한 파수벡터 $\mathbf{k}$에 대한 두 개의 스핀 상태를 나타냅니다. 사실, 금속에서 N값은 일반적으로 주어질 것이고, 이 방정식에 의해 화학 퍼텐셜을 온도의 함수로 정의하게 될 것입니다.

이제 유용한 개념 하나를 정의합시다.

정의 4.1 *페르미 에너지*, E_F*는* $T = 0$*에서 화학 퍼텐셜입니다.*

이것은 때로는 *페르미 준위*라고도 합니다. $T = 0$에서 점유하고 있는 상태는 때때로 *페르미 바다*라고 부릅니다. 종종 *페르미 온도* $T_F = E_F/k_B$를 정의하고, 또한 페르미 파수벡터 k_F를

$$E_F = \frac{\hbar^2 k_F^2}{2m} \tag{4.4}$$

을 통해 정의합니다. 따라서 *페르미 운동량* $p_F = \hbar k_F$도, 그리고 *페르미 속도*[7]도

$$v_F = \hbar k_F/m \tag{4.5}$$

와 같이 정의됩니다.

여담: 종종 사람들은 페르미 에너지를 계에서 점유된 전자상태 중 가장 큰 에너지라고 생각합니다. 이것은 연속적인 상태를 채우는 경

우에는 적합하지만, 에너지 고유상태가 불연속인 경우 오류가 발생할 수 있습니다(이 장의 관련 각주 3을 참조하십시오). 즉 간격이 있을 때 오류가 발생할 수 있습니다. 더 구체적으로는 계에서 가장 큰 에너지로 점유되어 있는 전자상태와 가장 작은 에너지로 비어있는 전자상태 사이에 간격이 있을 경우입니다. 보다 정확하게 페르미 에너지, 즉 $T = 0$에서의 화학 퍼텐셜은 가장 에너지가 큰 점유 전자 상태와 가장 에너지가 작은 비어있는 전자 상태 사이의 중간에 위치할 것입니다(연습문제 4.6 참조).

이제 우리는 N개의 전자가 있는 (3차원) 금속에서 페르미 에너지를 계산합시다. $T = 0$에서, 페르미 함수(식 4.1)는 계단 함수가 됩니다 ($x \geq 0$의 경우 $\Theta(x) = 1$, $x < 0$의 경우 $\Theta(x) = 0$), 따라서 식 4.3은

$$N = 2\frac{V}{(2\pi)^3} \int d\mathbf{k}\, \Theta(E_F - \epsilon(\mathbf{k})) = 2\frac{V}{(2\pi)^3} \int^{|k| < k_F} d\mathbf{k}$$

와 같이 됩니다. 여기서의 최종 적분 항은 반경 k_F인 구에 대한 적분입니다. 따라서 이 적분은 구의 부피 값($4\pi/3$ 곱하기 반지름의 세제곱)이 되므로

$$N \;= 2\frac{V}{(2\pi)^3} \left(\frac{4}{3}\pi k_F^3\right) \tag{4.6}$$

가 됩니다. 즉, $T = 0$에서 전자는 반경 k_F의 k 공간에서 구를 채울 뿐입니다. 이 반경 k_F인 구('페르미 구')의 표면은 *페르미 면Fermi surface*으로 알려져 있습니다. 이 용어는 더 일반적으로 절대온도 0에서 채워지지 않은 상태와 채워진 상태를 나누는 면으로 정의됩니다.

밀도가 $n = N/V$로 정의된다는 사실을 이용하고, 식 4.6을 재정리하면

$$k_F = (3\pi^2 n)^{1/3}$$

와 같이 됩니다. 마찬가지로,

$$E_F = \frac{\hbar^2 (3\pi^2 n)^{2/3}}{2m} \tag{4.7}$$

입니다. 대략 얼마나 많은 자유 전자가 금속에 존재하는지(즉, 나트륨 또는 구리와 같은 1가 금속에 대해 원자당 1개씩)를 알기 때문에, 페르

미 에너지를 추정할 수 있는데, 구리의 페르미 에너지는 7 eV 정도이고, 이것은 약 80,000 K(!)의 페르미 온도에 해당합니다. 이토록 놀라운 높은 에너지는 페르미 통계와 금속의 전자 밀도가 매우 높기 때문에 생긴 결과입니다. 모든 금속에 대해 실온 근처에서 $T_F \gg T$라는 것을 기억하는 것이 매우 중요합니다. 실제로 금속은 페르미 온도보다 훨씬 낮은 온도에서 녹습니다(심지어 기화되기도 합니다!).

마찬가지로, 페르미 속도를 계산할 수 있는데, 이는 구리와 같은 전형적인 금속의 경우 광속의 1% 정도로 큰 값을 가집니다! 다시 말하지만, 이 엄청난 속도는 파울리 배타 원리에 기인합니다 – 낮은 운동량 상태는 모두 채워지므로, 전자 밀도가 매우 높으면, 속도도 그만큼 빨라집니다.

매우 큰 페르미 에너지와 아주 깊은 페르미 바다로 인해, (엄청나게 높지 않은 한) 임의의 온도에서 페르미 면에 매우 가까운 곳에 위치한 전자만 들뜰 수 있습니다(즉, 아주 작은 에너지 증가만으로도 전자는 페르미 면 바로 아래에서 위로 뛰어 오를 수 있습니다). 페르미 바다 ($\mathbf{k} = 0$ 근처) 안 깊은 곳에 있는 전자들을 낮은 에너지 변동으로 움직이게 할 수 없습니다. 왜냐하면 아주 많은 양의 에너지를 흡수하지 않는 한, 그들을 위해 준비된 빈 상태가 없기 때문입니다.

4.2 전자의 열용량

이제 금속 내의 전자의 열용량에 대해 알아보겠습니다. 식 4.3과 비슷하게, 전자계의 총 에너지는

$$
\begin{aligned}
E_{\text{total}} &= \frac{2V}{(2\pi)^3} \int \mathbf{dk}\, \epsilon(\mathbf{k})\, n_F(\beta(\epsilon(\mathbf{k}) - \mu)) \\
&= \frac{2V}{(2\pi)^3} \int_0^\infty 4\pi k^2 dk\, \epsilon(\mathbf{k})\, n_F(\beta(\epsilon(\mathbf{k}) - \mu))
\end{aligned}
$$

와 같이 주어집니다. 여기서 화학 퍼텐셜은

$$
\begin{aligned}
N &= \frac{2V}{(2\pi)^3} \int \mathbf{dk}\, n_F(\beta(\epsilon(\mathbf{k}) - \mu)) \\
&= \frac{2V}{(2\pi)^3} \int_0^\infty 4\pi k^2 dk\, n_F(\beta(\epsilon(\mathbf{k}) - \mu))
\end{aligned}
$$

와 같이 정의됩니다. 두 방정식에서 일차원 적분을 얻기 위하여, 구면 좌표계로 변환하고, $4\pi k^2$ 항을 앞으로 보냈습니다.

식 4.2 또는 아래 식을 이용하여 이 방정식에서 k를 에너지 ϵ로 대체하면 편리합니다.

$$k = \sqrt{\frac{2\epsilon m}{\hbar^2}}$$

따라서

$$dk = \sqrt{\frac{m}{2\epsilon\hbar^2}} \, d\epsilon$$

가 됩니다. 이제 위의 식들을

$$E_{\text{total}} = V \int_0^\infty d\epsilon \, \epsilon \, g(\epsilon) \, n_F(\beta(\epsilon - \mu)) \tag{4.8}$$

$$N = V \int_0^\infty d\epsilon \, g(\epsilon) \, n_F(\beta(\epsilon - \mu)) \tag{4.9}$$

와 같이 다시 쓸 수 있습니다. 여기서

$$
\begin{aligned}
g(\epsilon)d\epsilon &= \frac{2}{(2\pi)^3} 4\pi k^2 dk = \frac{2}{(2\pi)^3} 4\pi \left(\frac{2\epsilon m}{\hbar^2}\right) \sqrt{\frac{m}{2\epsilon\hbar^2}} \, d\epsilon \\
&= \frac{(2m)^{3/2}}{2\pi^2\hbar^3} \epsilon^{1/2} d\epsilon
\end{aligned}
\tag{4.10}
$$

는 *단위 부피당 상태밀도* 입니다. $g(\epsilon)d\epsilon$가 에너지 ϵ와 $\epsilon + d\epsilon$ 사이에 있는 고유상태의 (두 개의 스핀상태를 포함하여) 총수가 되도록 이 양을 정의[8]합니다.

식 4.7로부터, $(2m)^{3/2}/\hbar^3 = 3\pi^2 n/E_F^{3/2}$를 간단하게 유도할 수 있고, 따라서 상태밀도 표현을

$$g(\epsilon) = \frac{3n}{2E_F} \left(\frac{\epsilon}{E_F}\right)^{1/2} \tag{4.11}$$

와 같이 간단하게 쓸 수 있습니다. 이 식은 꽤나 간단합니다. 상태밀도는 밀도(부피의 역수) 나누기 에너지의 차원을 가지고 있음을 유의하십시오. 예들 들어 식 4.9에 주어진 대로, 이것이 반드시 그렇게 되어야하는 차원이라는 점은 분명합니다.

[8] 이 정의의 물리적 의미를 식 2.5에 주어진 소리파의 상태밀도의 물리적 의미와 비교해 보십시오.

식 4.9는 계에서 주어진 전자수와 온도에 따라 화학 퍼텐셜이 정의되는 것으로 생각해야합니다. 일단 화학 퍼텐셜이 고정되면 식 4.8은 계 전체의 운동에너지를 줍니다.

이 양을 미분하면 열용량이 됩니다. 불행히도 해석적으로 이를 계산할 방법이 없습니다. 그러나 적절한 온도 영역 $T \ll T_F$를 사용함으로써, 페르미 인자 n_F가 계단 함수에 가까워지도록 할 수 있습니다. 이러한 확장은 조머펠트에 의해 처음 사용되었지만 대수적으로 다소 복잡합니다[9](자세한 내용을 알려면 Ashcroft and Mermin의 책 2장을 보십시오). 그러나 우리가 지금 하려고 하는 계산을 대략적으로 추정하는 것은 그렇게 어려운 일은 아닙니다.

$T=0$일 때, 페르미 함수는 계단 함수이고 화학 퍼텐셜은 (정의에 의해) 페르미 에너지입니다. 작은 T의 경우, 그림 4.1에서 보듯이 계단 함수가 무너집니다. 그러나 이 무너짐 현상에서 화학 퍼텐셜 아래에서 없어지는 상태의 수는 화학 퍼텐셜 위에 추가된 상태의 수와 거의 똑같습니다[10]. 따라서 작은 T에 대해, 식 4.9에 고정된 입자의 수를 유지하기 위해 페르미 에너지로부터 화학 퍼텐셜을 많이 이동시킬 필요는 없습니다. 어떤 낮은 온도에서도 $\mu \approx E_F$라고 결론을 내릴 수 있습니다. (더 자세하게는 $\mu(T) = E_F + \mathcal{O}(T/T_F)^2$입니다. Ashcroft and Mermin의 2장을 참조하십시오).

$\mu = E_F$로 가정하고, 식 4.8을 살펴봅시다. $T=0$에서 계의 운동에너지[11]를 $E(T=0)$라 합시다. 유한 온도에서는 식 4.8의 계단 함수 대신에, 그림 4.1에서와 같이 계단이 무너지게 됩니다. 그림에서 페르미 면의 대략 $k_B T$의 에너지 범위 내에 있는 전자들만이 들뜰 수 있음을 알 수 있습니다 – 일반적으로 약 $k_B T$의 에너지만큼 페르미 면 위로 들뜨게 됩니다. 따라서 우리는 근사적으로

$$E(T) = E(T=0) + (\tilde{\gamma}/2)[Vg(E_F)(k_B T)](k_B T) + \dots.$$

와 같이 쓸 수 있습니다. 여기서 $Vg(E_F)$는 페르미 면 가까이의 상태밀도입니다(g는 단위 부피당 상태밀도라는 것을 다시 떠올리십시오). 그래서 페르미 면 충분히 가까이에서 들뜨는 전자의 수는 $Vg(E_F)(k_B T)$이고, 마지막 항 $k_B T$는 들뜰 때 전자 1개가 가지는 대략적인 에너지입니다. 여기서 $\tilde{\gamma}$는 우리가 사용하는 근사 방법으로 바로 얻을 수 없는 상수입니다. (그러나 더 꼼꼼히 유도될 수 있고, $\tilde{\gamma} = \pi^2/3$인 것으로

밝혀졌습니다. Ashcroft and Mermin을 참조하십시오).

따라서 열용량에 대한

$$C = \partial E / \partial T = \tilde{\gamma} k_B g(E_F) k_B T V$$

식을 유도할 수 있습니다. 식 4.11을 이용하면,

$$C = \tilde{\gamma} \left(\frac{3 N k_B}{2} \right) \left(\frac{T}{T_F} \right) \quad (4.12)$$

와 같이 다시 쓸 수 있습니다. 괄호 안에 있는 첫 번째 항은 기체의 열용량에 대한 고전적인 결과이지만, T/T_F는 아주 작습니다(0.01 이하). 이것은 전자의 열용량에서 위에서 정해진 선형 T 항이고(그림 2.5를 참조하십시오), 이는 고전 기체에서 얻어진 값보다 훨씬 작습니다.

금속의 열용량에 대한 전자의 (선형 T) 기여에 대한 조머펠트의 예측은 실제 값과 그렇게 많은 차이를 보이지는 않습니다(표 4.1 참조). 그러나 몇 가지 금속은 이 예측에서 10배 이상 벗어나는 열용량을 가지고 있습니다. 이러한 오류는 금속 안에서 전자의 질량이 변하는 것과 관련이 있음을 나타내는 다른 측정들이 있다는 것에 유의하십시오. 나중에 (주로 17 장에서) 띠 이론을 공부할 때 이러한 차이의 이유를 발견하게 될 것입니다.

전자 기체의 열용량이 고전기체의 열용량보다 $T/T_F \lesssim 0.01$만큼 작게 된다는 것을 알게 됨에 따라, 위의 드루드 열전달 계산 일부를 다시 검토할 수 있습니다. 드루드 이론이 열전력 $S = \Pi/T = -c_v/(3e)$을 100배 정도 너무 크게 예측한다는 것을 발견했습니다. (식 3.5-3.7 참조). 이 오류의 원인은 우리가 이 계산(식 3.6 참조)에 사용한 고전 기체의 전자당 열용량은 대략 $T_F/T \approx 100$ 만큼 크기 때문이라는 것이 이제 명백해집니다. 올바른 열용량을 사용하여 계산을 반복하면, 많은 금속에 대한 실험에서 실제로 측정된 값과 크기가 상당히 비슷한 열전력 값을 얻게 됩니다(표 3.3 참조). 제벡 계수(및 홀 계수)의 부호가 때때로 잘못 나오는 이유에 대한 질문에 대해서는 아직 답을 하지 못하고 있다는 것을 유의하기 바랍니다.[12]

또한 열 전도도 $\kappa = \frac{1}{3} n c_v \langle v \rangle \lambda$에 대한 드루드 계산에서 입자당 열용량을 사용했습니다. 이 경우, 드루드가 사용한 c_v는 T_F/T 비로 너무 컸지만, 다른 한편으로는 그가 사용했던 $\langle v \rangle^2$의 값은 대략 같은

표 4.1 일부 금속에 대한 저온 열용량 계수. 이들 금속은 모두 저온에서 $C = \gamma T + \alpha T^3$의 열용량을 가집니다. 이 표는 10^{-4} J/(mol · K) 단위로 계수 γ에 대한 측정된 실험(exp) 값과 조머펠트의 이론(th) 값을 제시합니다.

물질	γ_{exp}	γ_{th}
리튬 (Li)	18	7.4
나트륨 (Na)	15	11
칼륨 (K)	20	17
구리 (Cu)	7	5.0
은 (Ag)	7	6.4
베릴륨 (Be)	2	2.5
비스무트 (Bi)	1	5.0
망간 (Mn)	170	5.2

이론값은 전자 밀도를 원자밀도와 가전자 수의 곱(원자당 자유 전자의 수)과 같게 설정한 다음, 밀도와 식 4.12를 이용하여 페르미 온도를 계산하였습니다. Mn은 복수의 가전자 상태를 가지고 있음에 유의하십시오. 이론적인 계산에서 가장 큰 γ_{th}의 예측값을 주는 가전자수를 가정하였습니다.

[12] 사실 제벡 계수에 대한 완전한 정량적 이론은 매우 어렵습니다. 이 책에서는 그런 것을 시도하지 않을 것입니다.

비율로 너무 작았습니다(고전적으로 $mv^2/2 \sim k_B T$를 사용합니다. 조
머펠트 모형의 경우는, 페르미 속도 $mv_F^2/2 \sim k_B T_F$를 사용해야 합니
다). 따라서 드루드의 열전도율에 대한 예측은 대략 정확하게 나옵니다
(따라서 비데만–프란츠 법칙이 올바르게 적용됩니다).

4.3 자기 스핀 감수율(파울리 상자성)[13]

자유 전자 기체에 대해 검토할 수 있는 또 다른 성질은 외부에서 가해진
자기장에 대한 반응입니다. 전자가 자기장에 반응하는 방식이 몇 가지
있습니다. 첫째로, 전자의 운동은 로렌츠 힘으로 인해 휘어질 수 있습니다.
이전에 이 문제에 대해 이야기했고 19.5절[14]에서 어떻게 (오비탈) 자기
모멘트가 발생하는지에 대해 다시 논의할 것입니다. 둘째로, 전자 스핀은
가해진 자기장으로 뒤집어질 수 있으며, 이는 또한 전자 기체의 자기
모멘트를 변화시킵니다 – 이것이 우리가 여기서 집중할 효과입니다.

대략, 해밀토니언(자기장에 의한 로렌츠 힘을 무시하고, 자세한 내
용은 19.3절을 참조하십시오)은

$$\mathcal{H} = \frac{\mathbf{p}^2}{2m} + g\mu_B \mathbf{B} \cdot \boldsymbol{\sigma}$$

와 같습니다.[15] 여기서 $g = 2$는 전자의 g-인자,[16] $\mathbf{B}$는 자기장,[17] $\boldsymbol{\sigma}$는
고윳값 $\pm 1/2$를 갖는 전자의 스핀입니다. 여기서 나는 유용한 (그리고
다른 곳에서도 사용할) 보어 마그네톤을

$$\mu_B = e\hbar/2m_e \approx 0.67 k_B (\text{Kelvin/Telsa})$$

와 같이 정의합니다. 따라서 자기장에서 위 스핀 또는 아래 스핀 상태
일 때 전자의 에너지는 (위가 의미하는 것은 가해진 자기장과 같은
방향을 가리킨다는 것을 의미하고, $B = |\mathbf{B}|$입니다)

$$\epsilon(\mathbf{k}, \uparrow) = \frac{\hbar^2 |\mathbf{k}|^2}{2m} + \mu_B B$$

$$\epsilon(\mathbf{k}, \downarrow) = \frac{\hbar^2 |\mathbf{k}|^2}{2m} - \mu_B B$$

와 같이 주어집니다. 계의 가해진 자기장 방향의 스핀 자기화(단위 부
피당 모멘트)는

[13] 이 책의 VII부는 전적으로 자기적 성질에
대한 내용을 다룹니다. 따라서 지금 자기
적 성질을 논의하기에는 약간 맞지 않는
것처럼 보일 수 있습니다. 그러나 이 계산
은 자유 전자와 페르미 통계에만 관계하
는 중요한 결과이므로, 여기에서 논의하
는 것이 적절할 것으로 보입니다. 대부분
의 학생들은 이미 자기화magnetization
와 감수율susceptibility 같은 양에 대한
필수 정의에 익숙할 것이므로 혼동을 일
으키지 않아야 합니다. 그러나 이 계획에
동의하지 않거나 이 절에서 완전히 혼란
스러워하는 사람들은 이 부분을 건너뛰
고, VII부를 약간 읽은 후에 다시 돌아오
면 좋습니다.

[14] 자유 전자 기체의 경우, 전자의 오비탈 운
동에 기인한 자화율 항은 란다우 반자성으
로 알려져 있고 $\chi_{\text{Landau}} = -(1/3)\chi_{\text{Pauli}}$
값을 가집니다(이 효과는 유명한 러시
아의 노벨 수상자인 레프 란다우Lev
Landau[18]의 이름을 따서 명명되었습니
다). 19장에서 반자성에 대해 더 논의할
것입니다. 불행히도, 이 반자성을 계산
하는 것은 상대적으로 까다롭습니다(예
를 들어, 자기에 관한 Blundell의 책 7.6
절을 참조하십시오).

[15] 마지막 항, 소위 제이만 커플링Zeeman
coupling의 부호는 약간 혼란을 줍니다.
전자의 전하가 음이기 때문에, 전기 쌍
극자 모멘트는 실제로 전자 스핀의 방향
과 반대입니다(전류는 전자가 회전하는
방향과 반대 방향으로 회전합니다). 따
라서 자기장과 반대 방향일 때, 스핀은
더 낮은 에너지 상태가 됩니다! 이것은
비단으로 문질러서 유리 막대 위에 남은
전하가 양이라고 선언한 벤자민 프랭클
린Benjamin Franklin 때문에 생긴 성가
신 일입니다.

$$M = -\frac{1}{V}\frac{dE}{dB} = -([\#\text{ up spins}] - [\#\text{ down spins}])\,\mu_B/V \qquad (4.13)$$

와 같습니다. 그래서 자기장이 가해질 때, 스핀이 아래 방향을 가리키면 에너지가 낮아지게 될 것이고. 그래서 더 많은 스핀들이 아래를 가리키게 될 것입니다. 따라서 자기화는 가해진 자기장과 같은 방향으로 일어나게 됩니다. 이것이 *파울리 상자성*Pauli paramagnetism으로 알려져 있습니다. 여기에서 상자성은 자기화가 가해준 자기장의 방향으로 일어난다는 것을 의미합니다. 파울리 상자성은 자유 전자 기체의 스핀 자기화를 특별히 일컫는 말입니다(우리는 19장에서 좀 더 자세히 상자성에 대해 논의합니다).

[16] 문자 'g'가 상태밀도와 전자의 g-인자 둘 다에 사용되는 것은 끊임없는 또 다른 고민거리입니다. 혼동을 피하기 위해 우리는 즉시 g-인자를 2로 정했고 이후 이 장의 g는 상태밀도를 위해 사용할 것입니다. 비슷한 고민거리는 $H = B/\mu_0$가 자유 공간의 투자율 μ_0인 자기장으로 자주 사용되기 때문에, 해밀토니언을 $\mathcal{H}$로 써야한다는 것입니다.

[17] 실제 전자가 느끼는 자기장을 사용하는 데 주의해야 합니다. 이것은 시료 자체가 자화를 생성하는 경우 시료에 가해진 자기장과 다를 수 있습니다.

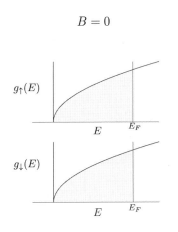
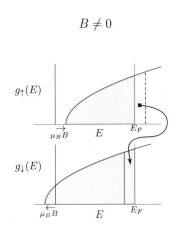

$B = 0$

$B \neq 0$

그림 4.2 페르미 에너지까지의 전자 상태 채움. **왼쪽**: 자기장이 가해지기 전에 위 스핀, 아래 스핀 상태의 밀도는 $g_\uparrow(E) = g_\downarrow(E) = g(E)/2$로 똑같습니다. 이 함수들은 곡선의 모양인 $E^{1/2}$에 비례하므로(식 4.11를 참조하십시오) 음영 영역은 채워진 상태를 나타냅니다. **오른쪽**: 자기장이 가해질 때, 위 스핀, 아래 스핀을 갖는 상태는 그림에서 나타난 바와 같이, 같이 각각 $+\mu_B B$, $-\mu_B B$만큼 에너지가 벌어집니다. 따라서 페르미 에너지 위로 밀려 올라간 스핀은 뒤집어 지면서 에너지를 낮출 수 있습니다. 뒤집어진 스핀의 수는 (대략 사각형 면적) 대략 $g_\uparrow(E_F)\mu_B B$ 입니다.

[18] 란다우는 다양한 물리학자들이 얼마나 똑똑한지를 로그함수 척도로 평가한 순위를 매겼습니다. 아인슈타인은 0.5점으로 1등을 차지했습니다. 보스, 위그너와 뉴턴은 모두 1점을 받았습니다. 슈뢰딩거, 하이젠베르크, 디랙은 2점이었고, 란다우는 자신에게 2.5점 부여했지만, 노벨상을 받은 후 2점을 부여했습니다. 4점 이하를 받은 사람은 언급할 가치가 없다고 말했습니다.

이제 $T = 0$에서 자유 전자 기체의 파울리 상자성을 계산해 봅시다. 가해진 자기장이 0이면 위 스핀과 아래 스핀 상태 모두 페르미 에너지까지 채워집니다(즉, 페르미 파수벡터를 반지름으로 하는 페르미 구를 채웁니다). 페르미 준위 근처에서 위 스핀 전자에 대한 단위 부피당 상태의 밀도는 $g(E_F)/2$이고, 마찬가지로 아래 스핀 전자에 대한 단위 부피당 상태의 밀도는 $g(E_F)/2$입니다. B가 가해질 때, 위 스핀 전자들은 에너지가 $\mu_B B$만큼 높아질 것입니다. 따라서 화학 퍼텐셜이 변하지 않는다고 가정하면, 위 스핀 전자의 수는 단위 부피당 $(g(E_F)/2)\mu_B B$만큼 적을 것입니다. 마찬가지로, 아래 스핀 전자들은 같은 양만큼 에너지가 낮아지기 때문에 단위 부피당 $(g(E_F)/2)\mu_B B$만큼 더 많을 것입니다. 계의 총 전자 수는 변하지 않았으므로 화학 퍼텐셜이 변하지 않았다는

표 4.2 파울리의 이론적 예측인 χ_{Pauli}와 비교
하여 실험으로 측정된 다양한 금속의 자기 감
수율 χ_{exp}. 두 경우 모두 감수율은 차원이 없고
10^{-6} 단위로 나열됩니다(예를 들어, Li은 χ_{exp}
$= 3.4 \times 10^{-6}$입니다).

물질	χ_{exp}	χ_{Pauli}
리튬 (Li)	3.4	10
나트륨 (Na)	6.2	8.3
칼륨 (K)	5.7	6.7
구리 (Cu)	−9.6	12
베릴륨 (Be)	−23	17
알루미늄 (Al)	21	16

이론적인 계산에는 식 4.14, 4.11, 4.7을
사용하였고, m은 전자의 맨질량입니다.

가정이 정확합니다(화학 퍼텐셜은 항상 계의 올바른 총 전자수를 제공
하도록 조정됩니다). 이 과정은 그림 4.2에 묘사되어 있습니다.

식 4.13을 사용하여 $g(E_F)\mu_B B/2$만큼의 위 스핀을 아래 스핀으로
이동시켰을 때, 자기화(단위 부피당 자기 모멘트)는

$$M = g(E_F)\mu_B^2 B$$

와 같이 주어집니다. 따라서 자기 감수율 $\chi = \lim_{H \to 0} \partial M/\partial H$은

$$\chi_{\text{Pauli}} = \frac{dM}{dH} = \mu_0 \frac{dM}{dB} = \mu_0 \mu_B^2 g(E_F) \tag{4.14}$$

와 같습니다.[19] μ_0는 진공의 투자율입니다. 사실, 표 4.2에서 볼 수
있듯이, 이 결과는 Li, Na 또는 K와 같은 간단한 금속에서는 크게 틀리
지 않습니다. 그러나 다른 금속들에 대해서 또다시 부호가 잘못된 것을
봅니다! VII부에서 자기적 특성을 다시 논의할 것입니다.

4.4 드루드 이론은 왜 잘 맞는가?

돌이켜 보면 드루드 이론이 왜 그렇게 성공적이었는지 조금 더 이해할
수 있습니다. 이제 페르미 통계 때문에 전자를 고전적인 기체로 취급하
는 것은 부정확하다는 것을 깨닫게 됩니다 – 결과적으로, 입자당 열용
량을 엄청나게 과대평가하고, 입자의 속도를 엄청나게 과소 평가했습
니다. 4.2절의 끝 부분에서 설명한 것처럼, 이 두 가지 오류는 때때로 서
로 상쇄되어 합리적인 결과를 주게 됩니다.

그러나 드루드가 전도도와 홀 계수와 같은 수송 특성의 계산에 성공
한 이유는 무엇인지 물을 수 있습니다. 이 계산에는 입자의 속도도
비열도 들어가지 않습니다. 그러나 여전히, 단일입자가 일정시간 동안
자유롭게 가속되고, 산란한 후 다시 0의 운동량으로 가게 됩니다. 0의
운동량에 있는 상태는 항상 완전히 점유되기 때문에 맞지 않은 가정입
니다. 우리가 풀 수 있는 수송 방정식(식 3.1)

$$\frac{d\mathbf{p}}{dt} = \mathbf{F} - \frac{\mathbf{p}}{\tau} \tag{4.15}$$

은 드루드 이론에서 각 입자의 운동을 기술합니다. 그러나 전체 페르미
바다의 질량 중심의 움직임을 기술하기 위해 똑같은 방정식을 사용할

수도 있습니다! 그림 4.3의 위쪽에 반지름 k_F의 페르미 구 그림이 있습니다. 전형적인 전자는 페르미 속도 v_F 크기의 매우 큰 속도를 가지지만, 모든 (벡터)속도의 평균은 0입니다. 그림 4.3 아래쪽 그림에서와 같이 전기장이 가해지면 계의 모든 전자가 $\hat{x}$ 방향으로 함께 가속되고 페르미 바다 중심이 이동합니다. (그림에서 전기장은 $-\hat{x}$ 방향이고, 전자의 전하량이 $-e$이므로 힘은 $+\hat{x}$ 방향입니다.) 이동된 페르미 바다에는 유동 속도 $\mathbf{v}_{\mathrm{drift}}$라고 알려진 0이 아닌 평균 속도가 있습니다. 이동된 페르미 바다의 운동에너지가 평균 속도가 0인 페르미 바다의 에너지보다 높기 때문에, 전자는 운동에너지를 낮추기 위해 (산란율 $1/\tau$로) 원래 상태로 산란하려고 할 것이며, 0의 유동속도을 가진 원래 페르미 바다 상태로 되돌아갈 것입니다. 우리는 전체 페르미 바다 평균 속도 (운동량)의 움직임을 묘사하는 것으로 드루드 수송 방정식(식 4.15)을 이해할 수 있습니다.

조머펠트 모형에서 이 산란이 실제로 어떻게 일어나는지 생각해 볼 수 있습니다. 여기서, 낮은 에너지(낮은 $|\mathbf{k}|$)를 갖는 이용 가능한 모든 $\mathbf{k}$ 상태가 이미 채워져 있기 때문에, 대부분의 전자는 아무 곳에도 산란되지 않습니다. 그러나 이동된 페르미 바다와 이동하지 않은 페르미 바다 사이의 얇은 초승달 모양의 페르미 표면 근처에 있는 소수의 전자들은 페르미 바다의 반대 면에서 채워지지 않은 얇은 초승달 모양으로 흩어져 에너지를 낮추게 됩니다(그림 4.3을 참조하십시오). 이러한 산란 과정은 극소수의 전자에만 일어나지만, 이 산란은 운동량의 변화가 매우 크다는 점에서 매우 맹렬히 일어납니다(페르미 바다를 건너 사방으로 흩어집니다[20]).

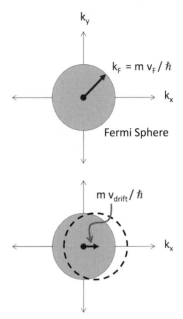

그림 4.3 유동 속도와 페르미 속도. 유동 파수벡터는 전체 페르미 영역의 변위(일반적으로 매우 작음)이고, 페르미 파수벡터는 페르미 영역의 반경이고, 이것은 매우 클 수 있습니다. 드루드 이론을 전체 페르미 영역의 질량 중심에 대한 수송 방정식으로 생각하면 의미가 있습니다. 즉, 이것이 유동속도를 설명합니다. 전자의 산란은 이동된 페르미 영역과 이동되지 않은 페르미 영역의 차이인 얇은 초승달 사이에서만 발생합니다.

[20] 실제로, 초승달의 가장자리를 따라 일어나는 많은 작은 산란이, 효과적인 산란을 만들게 됩니다.

4.5 자유 전자 이론의 단점

조머펠트(자유 전자) 모형이 금속에 대해 꽤 잘 설명하지만, 여전히 불완전합니다. 조머펠트 이론에서 잘 설명되지 않은 몇 가지 항목이 있습니다.

- 전자의 속도 v_F가 매우 크고, 산란 시간 τ를 측정할 수 있다는 것을 알게 된 후, 실온에서 산란 길이 $\lambda = v_F \tau$가 100 Å 정도임을 알게 되고, 낮은 온도에서는 심지어 1 mm까지 도달 가능하다는

사실을 알게 됩니다. 금속에 몇 Å 마다, 원자가 있고, 따라서 원자 핵이 있는데, 왜 전자가 이 원자들로 부터 산란되지 않는지 궁금해 할 것입니다(15장에서 이 문제를 논의할 것이고 해결책은 블로흐 의 정리의 결과입니다).

- 결과의 많은 부분이 금속의 전자수에 의존하고 있습니다. 이 수를 계산하기 위해 원자의 가전자수를 항상 사용했습니다(예를 들어, Li 원자당 하나의 자유 전자를 가정합니다). 그러나 실제로 수소를 제외하고 원자당 많은 전자가 존재합니다. 페르미 에너지 또는 속 도를 계산할 때 안쪽 핵심 전자가 '중요'하지 않는 이유는 무엇입니 까? 자유 전자가 없는 절연체는 어떨까요?

- 전하 운반자가 전자에서 기대하는 음수가 아닌 양수가 되는 것처 럼, 왜 홀 효과가 때때로 잘못된 부호가 나오는 지에 대한 의문점을 아직도 해결하지 못했습니다.

- 금속의 광학 스펙트럼에는 많은 특징이 있습니다(어떤 진동수에서 는 높은 흡수율, 또 다른 진동수에서는 낮은 흡수율). 이러한 특징 은 금속에 특정한 색상을 부여합니다(예를 들어, 금은 노란색을 띠게 만듭니다). 조머펠트 모형은 이러한 특징을 전혀 설명하지 못합니다.

- 측정된 전자의 비열은 드루드 이론보다 훨씬 정확하지만, 일부 금속의 경우 여전히 10배 정도 큰 값만큼 여전히 차이가 있습니다. 금속에서 전자의 질량을 측정할 때 가끔 비슷한 비율로 실제 질량 과 다른 답을 줍니다.

- 자성: 철과 같은 일부 금속은 외부 자기장이 가해지지 않아도 자성 이 있습니다. VII부에서 자성에 대해 논의할 것입니다.

- 전자 상호작용: 전자를 상호작용하지 않는 페르미 입자로 취급했 습니다. 사실 전자 사이의 전형적인 상호작용 에너지 $e^2/(4\pi\epsilon_0 r)$ 는 매우 크고, 대략 페르미 에너지와 크기와 같습니다, 여기서 r은 전자들 사이의 거리입니다. 그러나 우리는 전자들 간의 쿨롱 상호 작용을 완전히 무시했습니다. 왜 이런 것이 가능한지를 이해하는 것은 굉장히 어려운 문제입니다. 1950년대 후반에서야 다시 란다 우(란다우에 대한 이 장의 각주 18을 참조하십시오)의 명석함으로

인해서 이 문제를 이해하기 시작하였습니다. 이것을 설명하는 이론은 종종 '란다우 페르미 액체 이론Landau Fermi liquid theory'으로 알려져 있지만, 이 책에서 공부하지는 않을 것입니다. 그러나 우리는 23장에서 조금 더 진지하게 전자-전자 상호작용을 공부할 것입니다.

마지막 두 가지(자기 및 전자 상호작용)를 제외하고는, 11장, 15장, 특히 17장에서 전자 *띠-구조*를 공부하게 되면, 이러한 모든 문제가 해결될 것입니다. 간단히 말해서, 물질 내의 원자의 주기적인 구조를 진지하게 고려하지 않았다는 것입니다.

요약

- 조머펠트 이론은 전자가 페르미 입자라는 사실을 적절히 다루고 있습니다.
- 높은 전자 밀도는 아주 높은 페르미 에너지와 페르미 속도를 줍니다. 열적, 전기적 들뜸은 페르미 면 주위에 있는 전자의 작은 재분포를 말합니다.
- 드루드 이론과 비교할 때, 조머펠트 이론은 ~100배 큰 전자 속도를 주고, ~100배 작은 전자당 열용량을 줍니다. 이로써 비데만-프란츠 비는 드루드의 값과 거의 변함이 없지만, 열적 성질에 대한 예측에 존재하던 문제점을 해결합니다. 드루드 수송 방정식은 속도를 개별 전자 속도가 아닌, 유동 속도라고 간주하면 의미가 있습니다.
- 비열과 (파울리) 상자성 자화율은 실험과 잘 일치하고 정확하게 계산할 수 있습니다(이것을 유도하는 방법을 알아야합니다!).
- 많은 성공에도 불구하고, 조머펠트 이론의 심각한 단점은 여전히 존재합니다.

참고자료

자유 전자(조머펠트) 이론에 대한 좋은 참고자료는 다음과 같습니다.
- Ashcroft and Mermin, 2~3장
- Singleton, 1.5~1.6절
- Rosenberg, 7.1~7.9절
- Ibach and Luth, 6~6.5절
- Kittel, 6장
- Burns, 9B장 (9.14과 9.16은 제외)
- Hook and Hall, 3장 (드루드와 조머펠트를 섞어 놓았습니다.)

4.1 금속 자유 전자(조머펠트) 이론에서 페르미 면

(a)‡ 페르미 에너지, 페르미 온도 그리고 금속의 페르미 면이 무엇을 의미하는지 설명하시오.

(b)‡ 3차원에서 전자 기체에 대한 페르미 파수벡터와 페르미 에너지에 대한 표현을 구하시오.

▶ 페르미 면에시 상태밀도 dN/dE_F가 $3N/2E_F$로 표현됨을 보이시오.

(c) 나트륨에 대한 E_F의 값을 추정하시오. 나트륨 원자의 밀도는 약 1 g/cm^{3}이고 나트륨의 원자량은 대략 23입니다. 나트륨 원자당 하나의 자유 전자가 있다고 가정합니다(나트륨의 가전전수는 1입니다).

(d) 이제 2차원 페르미 기체를 생각해 봅시다. 페르미 면에서 상태밀도에 대한 식을 구하시오.

4.2 자유 전자 이론에서 속도

(a) 자유 전자 이론이 적용 가능하다고 가정하면, 금속의 페르미 면에서 전자의 속도 v_F는 $v_F = \frac{\hbar}{m}(3\pi^2 n)^{1/3}$임을 보이시오. 여기서 n은 전자 밀도입니다.

(b) 전기장 E가 가해진 경우 전자의 평균 유동속도 v_d는 $v_d = |\sigma E/(ne)|$이고(σ는 전기 전도도), 전자의 평균 자유 거리 λ를 이용하여 전기 전도도가 $\sigma = ne^2\lambda/(mv_F)$로 표시됨을 보이시오.

(c) 자유 전자 이론이 구리에 적용된다고 가정합시다.
  (i) 온도 300 K에서 1 V/m의 전기장하에 있는 구리의 v_d와 v_F의 값을 계산하고 상대적인 크기에 대해 의견을 말하시오.
  (ii) 300 K에서 구리에 대한 λ를 추정하고 구리 원자 사이의 평균 간격과 비교하여 그 값에 대해 의견을 말하시오.

다음 정보가 필요할 것입니다. 구리의 가전자수가 1이라는 의미는 1개의 원자당 1개의 자유 전자가 있음을 말합니다. 구리의 원자 밀도는 $n = 8.45 \times 10^{28}$ m^{-3}입니다. 구리의 전기 전도도는 300 K에서 $\sigma = 5.9 \times 10^7$ Ω^{-1}m^{-1}입니다.

4.3 자유 전자 기체의 물리적 성질

(a), (b) 둘 다에서 항상 온도가 페르미 온도보다 훨씬 낮다고 가정합니다.

(a)‡ 금속에서 전도 전자의 열용량에 대한 페르미 기체에서 예측을 간단하지만 근사적으로 유도하시오.

(b)‡ 금속에서 전도 전자의 감수율에 대한 페르미 기체에서 예측을 간단히 (대략적이지 않게) 유도하십시오. 여기에서 감수율은 작은 H에서 $\chi = dM/dH = \mu_0 dM/dB$이고, 전자 스핀의 자화만을 고려해야 합니다.

(c) (a)와 (b)의 결과는 고전적인 전자 기체의 것과 어떻게 다른가요?

▶ 금속의 다른 성질은 고전적인 예측과 다를 수 있습니까?

(d) 저온에서 칼륨 금속의 실험 비열은
$$C = \gamma T + \alpha T^3$$
와 같은 형태를 갖습니다. 여기서
$$\gamma = 2.08 \text{ mJ mol}^{-1} \text{ K}^{-2}$$
$$\alpha = 2.6 \text{ mJ mol}^{-1} \text{ K}^{-4}$$
입니다.

▶ 이 표현에서 두 항 각각의 원인을 설명하시오.
▶ 칼륨 금속에 대한 페르미 에너지를 추정하시오.

4.4 자유 전자 이론의 또 다른 검토

▸ 금속의 자유 전자 모형은 무엇입니까?

▸ 페르미 에너지와 페르미 온도를 정의하시오.

▸ 왜 실온에서 유지되는 금속은 페르미 온도가 실내 온도보다 훨씬 높은데도 차갑다고 느낄까요?

(a) 부피가 L^d인 d차원 시료는 N개의 전자를 포함하고 자유 전자 모형으로 설명될 수 있습니다. 페르미 에너지가

$$E_F = \frac{\hbar^2}{2mL^2}(Na_d)^{2/d}$$

와 같이 주어짐을 보이시오. $d = 1, 2, 3$에 대한 a_d 수치 값을 구하시오.

(b) 페르미 에너지에서의 상태밀도는

$$g(E_F) = \frac{Nd}{2L^d E_F}$$

와 같이 주어짐을 보이시오.

▸ 자유 전자 모형을 적용할 수 있다고 가정하고, 단위 낱칸 길이가 0.8 nm인 1차원 유기 전도체의 페르미 에너지와 페르미 온도를 추정하시오. 여기서 각 단위 낱칸은 하나의 이동 전자를 줍니다.

(c) $E = c|\mathbf{p}|$인 상대론적 전자를 고려합시다. $d = 1, 2, 3$에 있는 전자에 대해서 밀도의 함수로서 페르미 에너지를 계산하시오. 그리고 각 경우의 페르미 에너지에서 상태밀도를 계산하시오.

4.5 2차원 전자의 화학 퍼텐셜

2차원 자유 전자 기체의 화학 퍼텐셜 μ가 $k_B T \ll \mu$인 영역에서 온도와 무관함을 보이시오.
힌트: 먼저 이차원에서 상태밀도를 조사해 보시오.

4.6 $T = 0$에서 화학 퍼텐셜

N개의 서로 상호작용하지 않는 전자계를 생각해 봅시다.

$T = 0$에서 N개의 가장 낮은 에너지 고유상태가 채워질 것이고, 높은 에너지 고유상태는 모두 비어있을 것입니다. $T = 0$에서 화학 퍼텐셜 에너지가 가장 높은 에너지로 채워진 고유상태와 가장 낮은 에너지로 채워지지 않은 고유상태 사이의 가운데에 있음을 보이시오.

4.7 자유 전자의 열역학(심화)

(a) 3차원에서 자유 전자 기체의 운동 에너지가 $E = \frac{3}{5}E_F N$임을 보이시오.

(b) 압력 $P = -\partial E/\partial V$과 부피 탄성율 $B = -V\partial P/\partial V$를 계산하시오.

(c) 나트륨의 원자 밀도가 2.53×10^{22} cm^{-3}이고 칼륨의 밀도가 1.33×10^{22} cm^{-3}인 것을 고려할 때, 이들 두 금속이 모두 1가(원자당 1개의 자유 전자를 가짐)인 경우, 이 물질에서 전자와 관련된 부피 탄성율 결과와 측정된 값 6.3 GPa과 3.1 GPa을 각각 비교하시오.

4.8 자유 전자 기체의 열용량*

연습문제 4.3.a에서 우리는 자유 전자 기체의 열용량을 근사적으로 계산했습니다.

(a)* 저온에서 2차원 금속의 열용량의 정확한 식을 계산하시오.

(b)** 저온에서 3차원 금속의 열용량의 정확한 식을 계산하시오.

아래 적분

$$\int_{-\infty}^{\infty} dx \frac{x^2 e^x}{(e^x + 1)^2} = \frac{\pi^2}{3} = \zeta(2)/2$$

은 이 계산에 유용하게 쓰입니다. 3차원의 경우 화학 퍼텐셜이 온도의 함수로 변한다는 사실을 고려해야 합니다. 2차원의 경우에는 왜 이런 현상이 생기지 않을까요?

물질의 구조

Structure of Materials

CHAPTER
05

주기율표
The Periodic Table

2장에서 우리는 디바이 모형이 고체의 열용량에 대해 합리적으로 유익한 설명을 한다는 것을 배웠습니다. 그러나 이 이론의 여러 가지 단점도 발견했습니다. 이러한 단점은 기본적으로 고체가 실제로는 주기성을 가진 구조로 이루어진 개별 원자들로 구성된다는 사실을 진지하게 고려하지 않은 데서 비롯되었습니다.

비슷하게, 4장에서 조머펠트 모형은 금속에 대해 꽤 많은 것을 설명하지만, 단점 또한 많이 가지고 있음을 알게 되었습니다 – 이들 중 많은 것들은 고체가 주기적인 구조로 이루어진 개별 원자들로 구성되어 있다는 것을 인식하지 못하였기 때문입니다.

따라서, 이 책의 많은 부분을 할애하여 전자의 주기적인 배열, 고체의 진동, 그리고 이들 각 원자들에 의한 효과를 이해하는 데 집중할 것입니다. 즉, 물질의 구조에 대해 미시적으로 생각할 때입니다. 이를 위해 몇 가지 기본적인 원자물리학과 기초 화학에 대한 복습으로 시작하려 합니다.

이 책의 이 부분은 여러분들이 기초 화학에 대해 알아야 할 모든 것을 요약해서 제공해 줄 것입니다.[1] 만약 여러분들이 화학 수업을 열심히 들었다면, 많은 부분이 익숙할 것입니다. 원컨대, 물리학자의 관점에서 똑같은 화학을 바라볼 때 뭔가를 깨닫게 되는 것이 있기를 바랍니다.

[1] 호두 정도에 들어갈 수 있는 모든 것, 아마도 들어가야 하는 것. (crammed into a nutshell이라는 표현에서 따온 말장난: 역자 주)

5.1 화학, 원자, 그리고 슈뢰딩거 방정식

한 개의 원자에 대한 물리에 대해 생각할 때, 또는 왜 두 개의 원자가 서로 붙어 있는지 묻는다면, 그것은 어떤 면에서 고체에서 많은 전자와 많은 핵을 기술하는 다체 슈뢰딩거[2] 방정식에 대한 해를 구하려고 노력한다는 말이 됩니다. 최소한 방정식은

$$H\Psi = E\Psi$$

와 같이 적을 수는 있습니다. 여기서 Ψ는 모든 전자와 핵의 위치와 스핀 상태를 기술하는 파동함수입니다. 해밀토니언에 있는 항은 운동 에너지(전자와 핵의 질량을 가지는)와 모든 전자와 핵 사이의 쿨롱 상호작용을 포함합니다.[3] 화학에 대한 이런 유형의 기술은 분명 맞지만, 이것은 또한 거의 쓸모가 없습니다.[4] 누구도 슈뢰딩거 방정식을 한 번에 몇 개의 입자 이상에 대해 풀려고 시도하지 않습니다. 진짜 큰 원자에서 수십 개의 전자에 대해 계산하려고 시도하였지만, 고체 내의 10^{23} 개의 전자에 대한 문제를 해결하려고 시도하는 것은 완전히 터무니없습니다. 정성적인 이해를 얻기 위해서는 단순화된 모형으로부터 원자의 거동에 대한 유용한 정보를 뽑아내야 합니다. (이것은 제1장에서 제가 호언장담한 것에 대한 훌륭한 예입니다–환원주의는 작동하지 않습니다. 슈뢰딩거 방정식이 해결책이라고 말하는 것은 정말 잘못된 것입니다.) 더 정교한 기법은 이러한 정성적인 이해를 정량적인 예측으로 바꾸려고 노력하는 것입니다.[5]

우리가 여기에서 (그리고 다음 장에서) 하려고 하는 것은 물리학자의 관점에서 화학의 많은 것을 이해하려고 시도하는 것입니다. 원자와 그들이 서로 붙어있는 이유를 이해하기 위해 간단한 장난감 모형을 만들 것입니다. 그러나 결국 우리는 단순화된 모형을 더 믿지 못하게 될 것이고, 이트륨이 탄산염을 형성할 것인가와 같은 실질적인 화학적 질문에 답하고 싶다면 화학을 더 많이 공부해야 합니다.

[3] 모든 화학, 생물학, 그리고 우리에게 중요한 대부분(게다가 태양과 원자력을 포함하여)에 관련된 '모든 것의 이론Theory of Everything'이 완전히 작동하기 위해서는 해밀토니언에 쿨롱 상호작용과 운동 에너지 항만 있으면 됩니다. 여기에 약간의 (상대론적 효과인) 스핀-궤도 상호작용을 더합니다.

[4] 화학자 친구(또는 적)를 괴롭히기를 원한다면, 그들이 슈뢰딩거 방정식을 실제로 공부하고 있다고 반복해서 말하십시오.

[5] 1장에서 강조한 것처럼 세계 최대 컴퓨터조차도 몇 개 이상의 전자계에 대한 슈뢰딩거 방정식을 풀 수 없습니다. 매우 정확한 근사치를 얻을 수 있는 계산 방법을 개발한 공로로 월터 콘Walter Kohn과 존 포플John Pople에게 노벨 화학상이 수여되었습니다. 이러한 접근법은 현대 양자 화학의 기초를 형성하였습니다. 이런 컴퓨터 접근 방식의 막대한 노력에도 불구하고 간단한 모형은 여전히 이해를 증진시키는 데 매우 중요합니다. 노벨상 수상자인 유진 위그너Eugene Wigner의 말을 인용하면 "컴퓨터가 문제를 이해하고 있다는 것을 아는 것은 좋은 일입니다. 하지만 나도 또한 문제를 이해하길 원합니다."

[2] 에르빈 슈뢰딩거Erwin Schrödinger는 1933년부터 1938년까지 옥스퍼드 막달렌 칼리지의 펠로우fellow였지만, 그는 조금 독특한 '개인적인 삶'을 살고 있었기 때문에 그곳에서 별로 환영받지 못하였습니다 – 그는 그의 부인 애니와 정부 힐데와 함께 살았습니다. 힐데는 비록 다른 사람과 결혼했지만 슈뢰딩거의 자식 루쓰를 낳았습니다. 옥스퍼드 생활 이후, 슈뢰딩거는 이 비정상적인 관계가 완전히 용인될 것이라는 생각 하에 아일랜드에서 생활하도록 권유받았습니다. 놀랍게도 1946년까지 모두 상당히 만족스러워했지만 슈뢰딩거가 두 명의 다른 아일랜드 여성과 두 자녀를 낳았습니다. 그래서 힐데는 그녀의 법적인 남편과 살기 위해 오스트리아로 루쓰를 다시 데려가기로 결정했습니다. 애니는 이러한 상황의 진전에 전혀 동요하지 않았고 그녀 또한 자신의 연인들을 두었지만, 에르빈이 죽을 때까지 그의 친밀한 동반자로 남았습니다.

5.2 주기율표의 구조

고립된 원자에서 전자가 가진 몇 가지 기본 원리로 시작합니다. 기초 양자역학으로부터 원자 오비탈의 전자가 4개의 양자수 $|n, l, l_z, \sigma_z\rangle$에 의해 분류될 수 있다는 것을 상기해보면,

$$
\begin{aligned}
n &= 1, 2, \ldots \\
l &= 0, 1, \ldots, n-1 \\
l_z &= -l, \ldots, l \\
\sigma_z &= -1/2 \text{ or } +1/2
\end{aligned}
$$

입니다. 여기서 n은 주양자수, l은 각운동량, l_z는 각운동량의 z축 성분, σ_z는 스핀의 z 성분[6]입니다. $l = 0, 1, 2, 3 \cdots$ 각운동량 껍질은 종종 원자물리 용어로 각각 $s, p, d, f, \cdots$로 알려져 있습니다.[7] 이 껍질은 두 개의 스핀 상태를 포함하여 각각 2, 6, 10, 14개의 전자를 수용할 수 있습니다.

한 개의 원자에 여러 개의 전자를 고려하면, 어떤 오비탈이 차있는지, 어떤 오비탈이 비었는지 결정해야 합니다. 첫 번째 법칙은 쌓음 원리Aufbau principle[8]로 알려져 있으며, 두 번째 법칙은 종종 마델룽 법칙이라 불립니다.

> **쌓음Aufbau 원리**(다른 말로 바꾸면): 가능한 가장 낮은 에너지 상태에서 시작하여 껍질을 채워야 합니다. 또 다른 껍질이 시작되기 전에 전체 껍질이 채워집니다.[9]

> **마델룽Madelung 법칙**: 에너지 순서는 가장 작은 $n+l$부터 가장 큰 $n+l$까지입니다. 두 개의 껍질에서 $n+l$의 값이 같을 때는, 더 작은 n을 먼저 채웁니다.[10]

이 순서 법칙은 껍질이 다음 순서로 채워져야 한다는 것을 의미합니다.[11]

$$1s, 2s, 2p, 3s, 3p, 4s, 3d, 4p, 5s, 4d, 5p, 6s, 4f, \cdots$$

이 순서에 대한 간단한 기억 방법은 그림 5.1에 표시된 다이어그램을 통해서 가능합니다. 예를 들어, 원자번호 7(즉, 7개의 전자)을 갖는

---

[6] 여러분들은 아마도 수소 원자의 고유상태와 관련한 양자수에 대해 공부했을 것입니다. 임의의 원자의 오비탈도 비슷하게 표시할 수 있습니다.

[7] 이 순서에 대한 기억 방법은 'Some Poor Dumb Fool'입니다. 또 다른 하나는 (당신이 더 높은 오비탈로 가고 싶다면) 'Smart Physicist Don't Find Giraffes Hiding'입니다.

[8] Aufbau는 독일어로 '건축' 또는 '쌓음'을 의미합니다.

[9] 주어진 오비탈이 원자에 따라 다르다는 것을 깨닫는 것이 중요합니다. 예를 들어, 질소 원자의 $2s$ 오비탈은 철 원자의 $2s$ 오비탈과 다릅니다. 그 이유는 핵의 전하가 다르다는 것, *그리고 또한* 원자 안의 다른 모든 전자와 오비탈에 있는 전자와의 상호작용을 고려해야 한다는 것입니다.

[10] 여러분들의 국적에 따라, 마델룽 법칙 대신 클레치코프스키Klechkovsky 법칙으로도 알려져 있을 수도 있습니다.

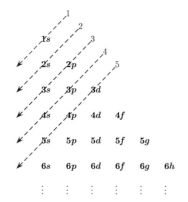

그림 5.1 원자의 오비탈 채움 순서(마델룽 법칙).

[12] 이 지루하게 긴 전자 배치는 $[Xe]6s^2 4f^3$로 줄여서 표시할 수 있습니다. 여기서 $[Xe]$는 완전히 채워진 껍질로 만들어진, 불활성 기체인 제논의 전자 배치를 나타냅니다.

고립된 질소 원자를 생각해 봅시다. 질소(N)는 채워진 $1s$ 껍질(2개의 전자, 하나의 위 스핀, 하나의 아래 스핀 포함)을 가지며, 채워진 $2s$ 껍질(2개의 전자, 하나의 위 스핀, 하나의 아래 스핀 포함)이 있고, 나머지 3개의 전자는 $2p$ 껍질에 있습니다. 원자 표기법에서 이것을 $1s^2 2s^2 2p^3$으로 씁니다.

더 복잡한 예를 들기 위해 원자번호 59번인 희토류 원소인 프라세오디뮴(Pr)을 생각해 보십시오. 마델룽의 법칙에 따라,

$$1s^2 2s^2 2p^6 3s^2 3p^6 4s^2 3d^{10} 4p^6 5s^2 4d^{10} 5p^6 6s^2 4f^3$$

와 같은 전자[12] 배치를 얻습니다. '지수'는 올바르게 더해져서 59가 됨을 유의하십시오.

순서(마델룽) 규칙을 위반하는 원자가 몇 개 있습니다. 일례로 구리는 전형적으로 (추정적으로 낮은 에너지의) $4s$ 껍질에서 전자를 '빌려서' $3d$ 껍질을 채웁니다. 또한 원자가 분자의 일부이거나 고체 내에 있을 때 순서가 조금 변할 수 있습니다. 그러나 이 규칙이 제시하는 일반적인 추세는 상당히 강력합니다.

이 껍질 채움 순서는 실제로 일부 특정 껍질 채움을 나타내는 주기율표의 각 '네모 상자'로 주기율표의 전체구조를 정의하는 규칙입니다(그림 5.2의 주기율표 참조). 예를 들어, 주기율표의 첫 번째 줄에는 원소 H와 He가 있는데, 전자의 채움은 $1s^x$입니다($x = 1, 2$). ($1s$ 껍질에는 최대 2개의 전자가 있을 수 있습니다.) 표의 두 번째 줄 왼쪽에는 $1s^2 2s^x (x = 1, 2)$로 채워져 있는 Li, Be이 포함되어 있습니다. 표의 두 번째 줄 오른쪽에 B, N, C, O, F, Ne가 표시되어 있으며 전자 채우기가 $1s^2 2s^2 2p^x$이고 $x = 1, \cdots, 6$입니다. $2p$ 껍질은 최대 6개까지 전자를 채울 수 있다는 것을 명심하십시오. 이 방법으로 전체 주기율표를 계속해서 재구성할 수 있습니다!

[11] 단순한 수소 원자 오비탈 에너지가 n과 함께 증가하고 l(미세구조는 무시합니다)과는 무관하므로, 껍질이 이 순서로 채워지는 것은 놀라운 일입니다. 그러나 수소 이외의 모든 원자에서는 각 전자와 다른 모든 전자와의 상호작용을 고려해야 합니다. 이 효과를 상세히 처리하는 것은 상당히 복잡하므로 이 순서(마델룽) 규칙을 간단히 경험적이라고 간주하는 것이 가장 좋습니다. 그럼에도 불구하고, 여러 가지 근사 방법으로 이해할 수 있습니다. 일반적인 근사 방법은 핵의 쿨롱 퍼텐셜을 핵과 모든 다른 전자의 전하를 나타내는 가려진screened 퍼텐셜로 대체합니다(예를 들어, R. Ladder, Phys. Rev. **99**, 510, 1955 참조). 특히 우리가 $1/r$ 쿨롱 형태의 퍼텐셜을 가려진 퍼텐셜로 바꿔주면 주어진 n에 대해 다른 l 상태들의 에너지 겹침을 즉시 깨뜨리게 됩니다. 주어진 n에 대해서 더 낮은 l값이 먼저 채워져야 한다고 주장하는 것은 무척 쉽지만(예: L. D. Landau and E. M. Lifshitz, Quantum Mechanics, Pergamon, 1974), 완전한 순서를 이끌어내는 간단한 논증은 없습니다. (자세한 내용은 Pauling의 책을 참조하십시오.)

5.3 주기율 경향

1869년 드미트리 멘델레예프Dmitri Mendeleev[13]에 의해 제안된 주기율표는 비슷한 화학적 성질을 지닌 원소가 같은 열에 놓이도록 만들어져 있습니다. 예를 들어, 탄소, 실리콘, 게르마늄의 화학적 특성은 서로 매우 유사하고, 이 세 원소는 모두 IV열에 있습니다. 특정 원소들이 비슷한 화학적 성질을 가지는 이유는 원자 오비탈 껍질 채움의 세부 결과에 기인하고, 따라서 마델룽 법칙의 결과입니다. 화학적 성질은 대체로 원자의 가장 바깥쪽 껍질에 있는 전자에 의해 결정된다는 것을 알 수 있습니다. 예를 들어, C, Si, Ge의 화학적 성질이 비슷하다는 사실은 (마델룽의 법칙을 통해) 각각 부분적으로 채워진 p-껍질에 두 개의 전자만을 가지고 있기 때문입니다.[14]

[13] 노벨상 역사에서 추문 중 하나는 스웨덴 화학자이자, 노벨위원회에 큰 영향을 미치는 스반테 아레니우스Svante Arrhenius의 강력한 반대에 의해 멘델레예프가 여러 번 탈락했다는 것입니다. 멘델레예프는 아레니우스의 이론 중 하나를 비판했고, 아레니우스는 원한을 품는 유형의 인간이었습니다.

[14] 탄소는 $2p$ 껍질에 2개의 전자를 가지고 있습니다. 실리콘(Si)은 $3p$ 껍질에 2개의 전자를 가지고 있습니다. 게르마늄(Ge)은 $4p$ 껍질에 2개의 전자를 가지고 있습니다.

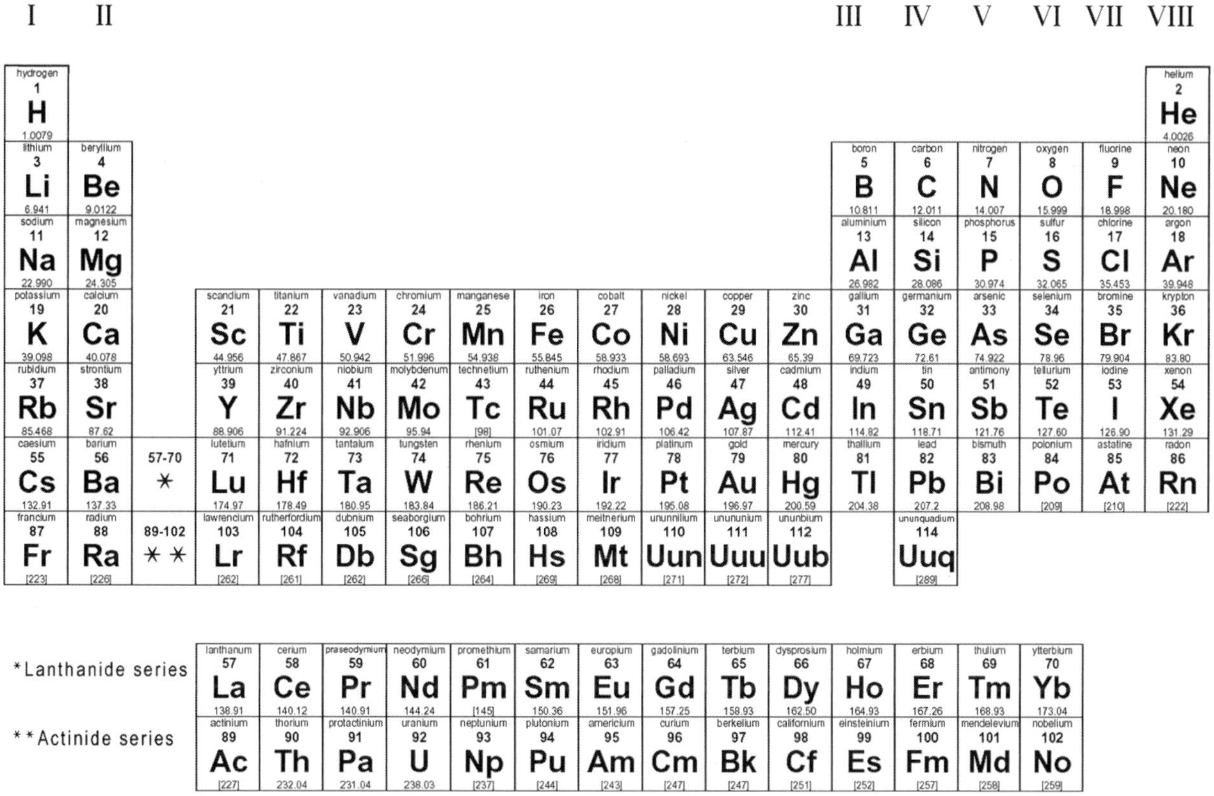

그림 5.2 원소의 주기율표. 주기율표의 구조는 마델룽의 규칙에 따라 껍질이 채워지는 순서를 반영합니다. 표의 각 열은 비슷한 화학적 성질을 갖게 구성되어 있습니다. 각 원소는 원자 번호와 원자량으로 나열됩니다.

주기율표는 원자의 화학적 경향을 설명합니다. 예를 들어, 주기율표의 왼쪽에서 오른쪽으로 갈 때 원자반경은 항상 감소하는 경향이 있습니다. 왼쪽에서 오른쪽으로 가면, 원자에서 전자를 제거하는 데 필요한 에너지, 소위 *이온화 에너지*ionization energy도 증가합니다. 비슷하게 원자에 전자를 추가함으로써 얻어지는 에너지, 이른바 *전자 친화도* electron affinity 역시 왼쪽에서 오른쪽으로 가면 증가합니다(6.1절에서 이온화 에너지와 전자 친화도를 더 자세히 공부할 것입니다. 그림 6.1을 참조하십시오). 전자는 주기율표의 왼쪽에 있을 때보다 오른쪽에 있을수록 원자핵에 더 강하게 결합되어있는 것으로 나타났습니다. 이것이 왜 그런지 이해하기 위해서는 원자에 있는 전자가 핵뿐만 아니라 다른 전자와도 상호작용한다는 것을 기억해야 합니다.

5.3.1 유효 핵전하

대체로 전자들 간의 상호작용은 핵을 다른 전자가 막음으로써 감소된 '유효 핵전하'를 산출하는 방식으로 이해할 수 있습니다. 예를 들어, 11개의 전자를 가진 나트륨(Na) 원자의 경우를 생각해 봅시다. $1s$, $2s$, $2p$ 껍질을 채운 다음 $3s$ 껍질에 하나의 전자를 채웁니다. 실제 핵은 전하 +11을 가지지만, $3s$ 껍질에 있는 한 개의 전자에 대해 핵은 단지 +1의 전하(핵으로 부터 +11, 안쪽 껍질의 전자의 전하 −10)를 가진 것처럼 보입니다. 그림 5.3에서 볼 수 있듯이, 내부 오비탈의 전자는 $3s$ 전자의 반지름보다 훨씬 작은 반지름을 가지므로, $3s$ 전자에게는 다른 전자가 핵의 일부처럼 보입니다. 그 결과, 나트륨 원자는 작은 유효전하 +1의 핵에 묶여있는 $3s$ 껍질의 전자와 매우 비슷합니다. 따라서 마지막 전자의 결합이 약하고, 원자 반지름이 크고, 마지막 전자는 쉽게 이온화되며, 원자에 또 다른 전자를 추가하는 경우 많은 결합 에너지가 필요하지 않습니다.

반면에 전자 9개가 있는 플루오린(F)의 경우를 생각해 봅시다. 이 경우 내부 $1s$ 껍질에는 2개의 전자가 있고 외부 $n = 2$($2s$와 $2p$) 껍질에는 7개의 전자가 있습니다. $2s$, $2p$ 껍질은 서로 거의 동일한 반지름에 있으므로 단순화를 위해 단일 껍질로 그립니다. 그림 5.4에서 보듯이 내부 껍질의 두 전자는 마치 핵의 일부인 것처럼 보입니다. 매우 조심스럽게 외부 껍질의 각 전자가 이제 내부 껍질의 전자로부터 +7의 유효 핵전하(= +9(핵으로부터) −2 (안쪽 껍질로부터))를 가진다 생각

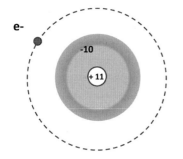

그림 5.3 나트륨 원자의 경우 가장 바깥쪽 껍질(이 경우 $3s$ 껍질에 전자가 하나밖에 없기 때문에 그 하나의 전자가 보는 유효 핵전하는 +1입니다.

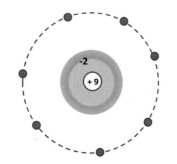

그림 5.4 플루오린 원자의 경우, 가장 바깥쪽 껍질($2s$와 $2p$)에 전자가 많기 때문에, 유효 핵전하가 상당히 큽니다. 우리가 같은 껍질에 있는 전자의 가림을 어떻게 다루느냐에 따라, 약 +4에서 +7까지의 유효 핵전하를 얻을 수 있습니다.

할 수 있습니다. 그래서 플루오린의 경우 바깥 전자의 결합 에너지는 매우 크다는 것을 알 수 있습니다. 그러나 유효 핵전하가 +7이라고 말하는 것은 약간 과대평가된 것입니다. 가장 바깥쪽 껍질에 있는 7개의 전자는 핵으로부터 서로를 가려서 유효 핵전하를 좀 더 줄입니다. 일반적인 규칙은 핵으로부터 작은 반지름에 있는 전자가 더 큰 반지름에 있는 전자의 핵전하를 가린다는 것입니다.[15] 두 개의 전자가 대략 같은 반경에 있다면(예를 들어 $n = 2$ 껍질에서 두 개의 전자 모두) 각각 약 절반 정도 서로 가리게 됩니다(50%의 전하 밀도는 '내부'이고, 50%는 외부입니다). 좀 더 정확한 플루오린에 대한 유효 핵전하 추정 값은 +4입니다(= 내부 핵에서 +9, 내부의 2개의 전자로부터 -2, 가장 바깥쪽 껍질에 있는 각각의 전자는 6개의 다른 전자를 보게 되고, 또한 같은 반경 내에 있는 전자들은 반에 해당하는 전하 -3을 주게 됩니다). 실제 값은 두 가지 추정값 +4 와 +7 사이에 있습니다(물론 유효 핵전하의 아이디어는 어쨌든 근사적인 방법입니다. 정말로 우리는 한꺼번에 모든 전자에 대한 슈뢰딩거 방정식을 풀고 싶습니다!)

이 생각으로 추론할 수 있는 일반적인 경향은 주기율표의 행에서 왼쪽에서 오른쪽으로 갈수록 가장 바깥쪽 전자의 결합 에너지가 증가한다는 것입니다 – 즉, 가장 바깥쪽 껍질에 더 많은 전자를 넣으면, 같은 반경에 있는 전자들은 핵으로부터 서로를 효과적으로 가리지 못하기 때문에 유효 핵전하가 증가하게 됩니다. 더 큰 유효 핵전하로 인한 강한 결합은 주기율표의 주요 특징을 설명합니다. 주기율표에서 원자의 반경이 왼쪽에서 오른쪽으로 갈수록 작아지고, 원자를 이온화하는 데 필요한 에너지가 왼쪽에서 오른쪽으로 갈수록 증가하고, 전자(전자 친화성)를 더함으로써 얻어지는 에너지도 왼쪽에서 오른쪽으로 갈수록 증가합니다(껍질이 채워진 불활성 기체는 포함하지 않습니다). 이 일반적인 주기적인 경향을 화학자들은 다음과 같이 요약합니다. 원자 껍질은 채워지기를 '갈망'한다, 또는 채워진 껍질은 특별히 안정하다. 사실 이것이 의미하는 바를 간단하게 말하면 바깥 껍질에 있는 전자의 수가 증가함에 따라, 전자는 점점 더 단단하게 결합한다는 뜻입니다.

[15] 뉴턴의 껍질 정리(가우스Gauss 법칙): 만약 구면 대칭인 전하 분포가 존재한다면, 전하 분포의 바깥쪽 어느 지점에서든, 모든 전하가 구의 중심에 있다고 생각할 수 있습니다.

참고자료

어떤 화학책도 유용한 참고자료가 됩니다. 아래는 내가 좋아하는 몇 가지 책입니다(입문서는 아닙니다).

- Pauling, 1~3장
- Murrel *et al.*, 1~5장

CHAPTER 05 연습문제

5.1 마델룽 법칙

▶ 마델룽 법칙을 사용하여 원자 번호 74를 가진 원소 텅스텐(기호 W)의 원자 껍질 채움 배치를 추정하시오.

▶ 118번 원소는 최근에 발견되었고, 불활성 기체일 것으로 예상됩니다. 즉, VIII족에 속합니다. (원자 핵이 매우 빨리 붕괴하기 때문에 아직 화학 실험이 수행되지 않았습니다.) 마델룽 법칙이 계속 유지된다고 가정하면, 이 원소 다음에 오는 불활성 기체의 원자 번호는 몇 번이 될까요?

5.2 유효 핵전하와 이온화 에너지

(a) 원자의 n번째 껍질(즉, 주양자 수 n)의 전자를 유효 핵전하 Z를 갖는 수소 원자의 n번째 껍질에 있는 전자와 같다고 가정합시다. 수소 원자에 대한 지식을 사용하여 Z와 n의 함수로 이 전자의 이온화 에너지(즉, 원자에서 전자를 떼어내는 데 필요한 에너지)를 계산하시오.

(b) 유효 핵전하를 추정하기 위하여 본문에서 논의한 두 가지 근사를 고려하시오.

▶ 근사 1
$$Z = Z_{\text{nuc}} - N_{\text{inside}}$$

▶ 근사 2
$$Z = Z_{\text{nuc}} - N_{\text{inside}} - (N_{\text{same}} - 1)/2$$

여기서 Z_{nuc}는 실제 핵전하(또는 원자 번호)이고, N_{inside}는 n의 내부 껍질 안에 있는 전자의 수(즉, 주양자 수 $n' < n$를 가진 전자들)이고 N_{same}은 n번째 주 껍질의 총 전자 수입니다(우리가 원자에서 제거하려고 하는 전자를 포함하고 있기 때문에 -1을 해야 합니다).

▸ 이 두 근사의 추론을 설명하시오.

▸ 이 근사를 사용하여 원자번호 1에서 21까지의 원자의 이온화 에너지를 계산하시오. 결과를 그래프로 그리고 실제 이온화 에너지와 비교하시오(문헌에서 이것을 찾아야합니다).

▸ 여러분들이 구한 결과는 정성적으로 매우 잘 맞아야 합니다. 더 높은 원자번호에 대해 이것을 시도하면, 이 간단한 근사는 잘 맞지 않게 됩니다. 왜 이렇게 될까요?

5.3 마델룽 법칙의 예외

전자 껍질을 채우는 데 대한 마델룽 법칙은 아주 잘 맞지만, 이 법칙에는 예외가 많이 있습니다. 다음은 그 중 몇 가지입니다.

$$Cu = [Ar] \, 4s^1 3d^{10}$$

$$Pd = [Kr] \, 5s^0 4d^{10}$$

$$Ag = [Kr] \, 5s^1 4d^{10}$$

$$Au = [Xe] \, 6s^1 4f^{14} 5d^{10}$$

▸ 이 원소들이 마델룽 법칙과 쌓음 원리를 따랐다면 전자 구성은 어떻게 되어야 할까요?

▸ '$3d$가 $4s$의 안에 있다'는 말이 구리에서 이 예외를 정당화하는 데 어떻게 도움이 되는지 설명하시오.

5.4 멘델레프의 노벨상

주기율표를 만든 멘델레프를 노벨상 후보로 지명하는 노벨위원회에 편지를 쓰는 것을 상상해보시오. 주기율표가 왜 그렇게 중요한지 설명하시오. 주기율표(1869)는 수소 원자의 구조가 이해되기 오래 전에 고안된 것임을 기억하시오. (만약 여러분들이 화학에 대한 배경 지식이 없다면, 이 연습문제를 시작하기 전에 다음 장을 읽어보시오.)

5.5 에너지 준위의 순서*

주석 11에서 언급한 바와 같이 수소 원자의 에너지 준위가 각운동량 L과 무관하다는 사실은 $1/r$ 쿨롱 상호작용의 매우 독특한 특징입니다. 수소 원자에 대한 지식을 이용하여, $2s$와 $2p$ 오비탈의 파동함수 모양을 기억해 내십시오.

(a) 쿨롱 인력에 의한 퍼텐셜에 $V = V_{Coulomb} + \delta V$ 와 같은 약한 미동을 추가하는 것을 고려합시다. 여기서 $\delta V = \epsilon e^{-\alpha r}$는 이른바 유카와Yukawa 모양입니다. 1차 미동이론을 사용하여, 이 미동으로 인한 $2s$와 $2p$ 에너지의 변화를 계산하고, 이들이 같은 값이 아님을 보이시오.

(b) 유카와 대신 약한 상호작용 $\delta V = \epsilon / r$을 추가합시다. $2s$와 $2p$의 오비탈이 계속 겹쳐 있음을 보이시오.

고체를 붙들고 있는 것: 화학 결합

What Holds Solids Together: Chemical Bonding

주기율표의 몇 가지 특징에 대해 논의했으니, 원자가 함께 붙어 고체를 형성하는 이유를 스스로에게 물어볼 가치가 있습니다.

화학자의 관점에서, 우리는 관련된 원자의 유형과, 특히 주기율표상의 원자의 위치(원자의 *전기음성도*—전자를 끌어들이는 경향)에 따른 화학 결합bond[1]의 *종류*에 대해 종종 생각합니다. 이 장에서는 이온 결합, 공유 결합, 판데르발스(변동하는 쌍극자 또는 분자) 결합, 금속 결합, 수소 결합에 대해 논의할 것입니다. 물론, 이것들은 모두 슈뢰딩거 방정식의 다른 측면이며, 어떤 물질에서는 여러 유형의 결합이 함께 나타날 수 있습니다. 그럼에도 불구하고, 정성적으로 화학 결합이 어떻게 일어나는지에 대한 직관을 얻기 위해 여러 종류의 결합에 대해 논의하는 것이 매우 유용합니다. 여러 유형의 결합에 대한 간략한 설명은 이 장의 마지막 표 6.1에 요약되어 있습니다. 많은 종류의 물질이 제시된 목록에서 중간 속성을 가지고 있기 때문에, 표를 단순한 규칙 정도로 생각해야 합니다.

[1] 007(James Bond: 역자 주)에 대한 의무적인 말장난을 넣었습니다.

6.1 이온 결합

이온 결합의 일반적인 개념은 특정 화합물(예를 들어, I족과 VII족의 두 종류의 원소로 이루어진 화합물인 NaCl)의 경우 전자가 물리적으로 하나의 원자에서 다른 한쪽으로 전달되는 것이 에너지적으로 유리하고, 반대로 대전된 두 개의 남겨진 이온이 서로를 끌어당기게 됩니다. 이러한 화학적인 '반응'을

$$Na + Cl \rightarrow Na^+ + Cl^- \rightarrow NaCl$$

와 같이 씁니다. 이런 반응이 일어나는지 알려면, 전자이동과 관련된 에너지론을 알아야 합니다.

에너지론을 더 꼼꼼히 조사하기 위해, 중성원자, 양이온, 음이온의 에너지를 결정하기 위해 단일원자에 대한 슈뢰딩거 방정식을 푸는 것을 상상하는 것은 *그다지* 어렵지 않습니다. 슈뢰딩거 방정식을 푸는 것이 너무 어렵다면, 원자(또는 이온)의 에너지 준위를 일종의 분광법으로 측정할 수 있는 방법이 많이 있습니다. 우리는 다음을 정의합니다.

이온화 에너지 = 전자 한 개를 제거하여 중성원자를 양이온으로 만들기 위해 필요한 에너지

전자 친화도 = 전자 하나를 더해 중성원자를 음이온으로 만들 때 얻는 에너지 이득

정확하게 말하자면, 두 경우 모두 무한대 또는 원자 위치에 있는 전자가 가진 에너지를 비교하고 있습니다. 더욱이, 만약 우리가 단 하나의 전자만을 제거하거나 추가한다면, 이를 *1차* 이온화 에너지, *1차* 전자 친화도라 부릅니다(각각 *2번째* 전자를 제거 또는 추가하는 에너지를 유사하게 정의할 수 있습니다). 마지막으로 우리는 화학자들이 일반적으로 고정된 (실내)온도와 (대기)압 상태의 계에서 작업한다는 것을 주목해야 합니다. 이 경우에는 순수한 에너지가 아닌, 깁스 자유 에너지에 더 관심을 가질 것입니다. 항상 관심을 가지고 있는 실험에 적절한 자유 에너지를 사용하고 있다고 가정할 것입니다(우리는 엄격하지 않을 것이고 늘 에너지 E 라 부를 것입니다.)

5.3절에서 자세히 설명한 주기적인 추세는 이온화 에너지가 주기율표의 왼쪽(그룹 I과 II)에서 가장 작고, 오른쪽(VII족과 VIII족)에서 가장 크다는 것입니다. 정도는 덜하지만 이온화 에너지는 주기율표 하단으로 갈수록 감소하는 경향이 있습니다(그림 6.1 참조). 비슷하게, 전자 친화도는 주기율표의 오른쪽과 상단에서 가장 크고, 전자를 전혀 끌어들이지 않는 VIII족 불활성 기체는 포함하지 않았습니다(그림 6.1 참조).

전자 한 개가 원자 A에서 B로 넘어갈 때 총 에너지 변화는

$$\triangle E_{A+B \rightarrow A^+ + B^-} = (\text{이온화에너지})_A - (\text{전자친화도})_B$$

1차 이온화 에너지

1차 전자 친화도

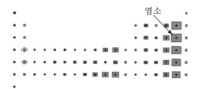

그림 6.1 그림으로 나타낸 1차 이온화 에너지(위)와 1차 전자 친화도(아래)의 주기율표. 여기서 '1차'라는 단어는 중성원자에서 첫 번째 전자를 잃거나 얻는 에너지를 측정한다는 것을 의미합니다. 각 상자의 크기는 에너지의 크기를 나타냅니다(두 그림의 눈금은 다릅니다). 참고로 가장 큰 이온화 에너지를 갖는 원자는 헬륨이며, 원자당 대략 24.58 eV입니다. 가장 낮은 이온화 에너지를 갖는 원소는 세슘이며, 3.89 eV입니다. 가장 큰 전자 친화도를 갖는 원소는 추가 전자와 결합할 때 3.62 eV를 얻는 염소입니다. 옅은 음영 십자로 표시된 (Ca, Sr을 포함하는) 몇몇 원소는 음의 전자 친화력을 갖습니다.

와 같습니다. 부호에 유의하십시오. 이온화 에너지는 반드시 넣어줘야 하는 양의 에너지이고, 전자 친화도는 나오는 에너지입니다.

그러나 이 ΔE는 아주 멀리 떨어져 있는 두 원자 사이로 전자를 이동시키는 데 필요한 에너지입니다. 게다가,

응집 에너지 $= A^+ + B^- \rightarrow AB$ 과정에서 생기는 에너지 이득

와 같이 쓸 수 있습니다.[2] 이 응집 에너지는 대부분 이온들이 서로 가깝게 될 때, 이온들 사이에 생기는 쿨롱 상호작용의 고전적 효과입니다.[3] 두 개의 개별 원자가 분자를 형성할 때 생기는 에너지 이득은

$$\Delta E_{A+B \rightarrow AB} = (\text{이온화에너지})_A - (\text{전자친화도})_B$$
$$- (AB\text{의 응집에너지})$$

와 같습니다. 만약 총 에너지 ΔE가 영보다 작다면 이온 결합이 형성됩니다.

전자가 한 원자와 다른 원자 사이에서 이동하기 쉬운 정도를 결정하기 위해, 전자가 얼마나 많은 양의 전자를 원하고 있는지 또는 원자가 얼마나 많이 전자를 끌어당기는지를 나타내는 *전기음성도electronegativity*를 사용하는 것이 편리합니다. 전기 음성도의 다양한 정의가 사용되지만, 간단하고 유용한 정의는 멀리컨 전기음성도로 알려진

$$(\text{멀리컨})\text{전기 음성도} = \frac{\text{전자 친화도} + \text{이온화 에너지}}{2}$$

입니다.[4,5] 5.3절에서 논의한 주기적인 경향에 따르면, 전기 음성도는 주기율표 오른쪽 위의 원소들(불활성 기체는 포함하지 않습니다)에서 아주 큽니다.

[2] '응집 에너지'라는 용어는 모호할 수 있습니다. 때로는 이온을 결합시켜 화합물로 만드는 에너지를 의미하기도 하고, 중성 원자를 함께 결합시키는 에너지라고 할 수도 있기 때문입니다. 여기서는 앞쪽 정의를 의미합니다. 더욱, 두 원자를 결합하여 이원자 분자를 만들 때 원자당 응집 에너지(즉, NaCl 분자)는 많은 원자들을 결합하여 고체를 만드는 경우의 원자당 응집 에너지는 다르므로 주의해야 합니다(즉, NaCl 고체).

[3] 고체에 대한 총 응집에너지에 대한 간단한 고전적인 방정식은

$$E_{\text{cohesive}} = -\sum_{i < j} \frac{Q_i Q_j}{4\pi\epsilon_0 |\mathbf{r}_i - \mathbf{r}_j|}$$

와 같습니다. 여기서 Q_i는 i번째 이온의 전하이고 $\mathbf{r}_i$는 그것의 위치입니다. 이 합은 종종 *마델룽 에너지Madelung energy*로 알려져 있습니다. 두 이온을 같은 위치에 놓아서 응집력을 무한히 크게 할 수 있는 것처럼 보일 수도 있습니다! 그러나 원자가 대략 원자 반경 내에서 서로 접근하면 원자를 점전하로 가정한 근사가 무너집니다. 따라서 두 개의 반대 전하를 띤 이온이 서로 얼마나 가까이 갈 수 있는지 *제일원리ab initio*로 알기 위해 더 많은 양자역학적 계산이 필요합니다.

[4] 이 전기 음성도는 다음을 통해 대략 화학 퍼텐셜의 음의 값으로 생각할 수 있습니다.

$$\frac{1}{2}(E_{\text{affinity}} + E_{\text{ion}}) = \frac{1}{2}([E_N - E_{N+1}] + [E_{N-1} - E_N]) = \frac{E_{N-1} - E_{N+1}}{2}$$
$$\approx -\frac{\partial E}{\partial N} \approx -\mu$$

불연속 에너지 준위와 전자 수를 갖는 계의 화학 퍼텐셜의 정의에 대해서는 4.1절의 주석 4를 참조하십시오.

[5] 로버트 멀리컨Robert Mulliken과 라이너스 폴링Linus Pauling은 모두 전기 음성도의 개념을 포함하여 화학결합을 이해하는 데 기여한 업적으로 노벨 화학상을 수상했습니다. 폴링은 핵무기 실험 금지에 대한 공로로 두 번째 노벨상, 평화상을 수상했습니다. (노벨상을 두 번 수상한 사람은 마리 퀴리Marie Curie, 라이너스 폴링, 존 바딘John Bardeen, 프레드릭 생어Frederick Sanger, 칼 샤플리스Karl Sharpless(역자 주) 단 5명뿐입니다. 이 모든 이름을 알아야합니다!) 말년에 폴링은 암과 다른 질병을 예방하기 위해, 과학적인 사실에 명백하게 부합하지 않음에도 불구하고, 고용량의 비타민 C를 권장하여 비판을 받게 됩니다.

결합에서, 전자는 항상 더 낮은 전기 음성도의 원자에서 더 높은 전기 음성도로 옮겨 갑니다. 두 원자 사이의 전기 음성도의 차이가 클수록, 전자는 한 원자에서 다른 원자로 더 완벽하게 옮겨집니다. 전기 음성도의 차이가 작은 경우, 전자는 한 원자에서 다른 원자로 부분적으로만 옮겨갑니다. 다음 절에서 전기 음성도의 차이가 없어, 전자의 알짜 이동이 없는 2개의 동일한 원자들 사이에서조차 공유 결합을 형성한다는 것을 보게 될 것입니다. 이온 결합의 주제를 떠나기 전에 이온성 고체의 전형적인 물리학에 대해 논의할 필요가 있습니다. 우선, 반대 전하를 띤 이온 사이의 쿨롱 상호작용이 강하기 때문에 이 물질은 대개 딱딱하고 녹는점이 높습니다. 그러나 물은 강한 극성을 띠고 있어, 이온성 고체를 용해시킬 수 있습니다. 이것은 분자의 음극 쪽이 양이온에 가깝게, 분자의 양극 쪽이 음이온에 가까워지도록 물 분자를 배열함으로써 일어납니다(그림 6.2). 또한, 이온성 고체에서 전하는 이온에 강하게 결합되어 있으므로, 이 물질들은 전기가 통하지 않는 절연체입니다(16장에서 물질을 절연체로 만드는 원인에 대해 더 자세히 다룰 것입니다).

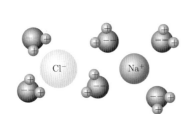

그림 6.2 물에 녹은 소금, NaCl. 이온 화합물은 일반적으로 극성의 물 분자가 큰 전하를 띤 이온을 가리고 있기 때문에, 물에 쉽게 녹습니다. 그렇지 않으면 안정된 화합물을 형성합니다.

6.2 공유 결합

공유 결합은 전자가 두 원자 사이에서 거의 동일하게 공유되는 결합입니다. 공유 결합을 설명하는 데 사용할 수 있는 여러 가지 묘사가 있습니다.

6.2.1 상자안입자particle in a box 묘사

전자에 대하여 수소 원자를 크기 L의 상자로 생각해 봅시다(단순화를 위해 1차원 계에 대해 생각해 봅시다). 상자 안에 있는 단일 전자의 에너지는(이것은 익숙할 것입니다!)

$$E = \frac{\hbar^2 \pi^2}{2mL^2}$$

입니다. 이번에는 두 개의 원자가 가까이에 있다고 가정해 봅시다. 두 원자 사이에서 공유되는 전자는 이제 두 원자의 위치 주변 어디에나 퍼져 있을 수 있으므로, 크기가 $2L$인 상자에 들어 있게 되며 더 낮은 에너지를 가지게 됩니다.

$$E = \frac{\hbar^2\pi^2}{2m(2L)^2}$$

전자의 퍼짐에 의해 발생하는 이러한 에너지 감소는 화학 결합을 형성하는 원동력이 됩니다. 새로운 기저상태 오비탈은 *결합bonding* 오비탈로 알려져 있습니다.

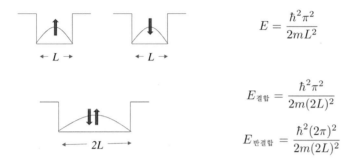

$$E = \frac{\hbar^2\pi^2}{2mL^2}$$

$$E_{결합} = \frac{\hbar^2\pi^2}{2m(2L)^2}$$

$$E_{반결합} = \frac{\hbar^2(2\pi)^2}{2m(2L)^2}$$

그림 6.3 공유 결합의 상자 개념에서의 입자. 두 개의 분리된 수소 원자는 가장 낮은 고유상태에서 하나의 전자를 가진 두 개의 다른 상자와 같습니다. 두 개의 상자를 밀어서 하나로 합치면 더 큰 상자가 만들어지고 – 그리하여, 가장 낮은 고유상태의 에너지를 낮추게 됩니다 – *결합 오비탈bonding orbital*이라고 불리는 상태가 됩니다. 2개의 전자는 반대의 스핀 상태를 가질 수 있게 되고, 둘 다 결합 오비탈에 들어갈 수 있습니다. 첫 번째 들뜸 상태는 *반결합 오비탈 antibonding orbital*로 알려져 있습니다.

각각의 원자가 한 개의 전자를 가진 경우로 시작한다면(즉, 수소 원자) 두 원자가 결합되어 더 낮은 에너지(결합) 오비탈을 형성할 때 두 전자는 서로 반대 스핀 상태를 가질 수 있으므로, 동일한 바닥상태 오비탈에 들어갈 수 있습니다. 이 결합 과정은 그림 6.4의 위에 있는 분자 오비탈 다이어그램에 나타나 있습니다. 물론 두 전자의 에너지 감소는 두 핵 사이의 쿨롱 반발과 두 전자 상호 간의 쿨롱 반발에 대항하여 경쟁해야만 합니다. 이는 훨씬 더 복잡한 계산입니다.

이제 두 개의 헬륨 원자로 시작했다고 가정합니다. 각 원자는 두 개의 전자를 가지고 있고 두 개의 원자가 함께 다가오게 되면, 단일 바닥상태 파동 함수가 들어갈 충분한 여유가 없습니다. 이 경우 4개의 전자 중 2개는 첫째 들뜬 오비탈을 채워야 하고 – 이 경우 원래 원자의 바닥상태 오비탈과 동일한 전자 에너지를 가지게 됩니다. 두 전자가 함께 있을 때 이러한 전자에 의해 에너지 이득이 없기 때문에, 이 들뜬 오비탈은 *반결합antibonding* 오비탈로 알려져 있습니다. (사실 핵 사이에 쿨롱 반발을 포함하다면, 두 원자를 결합시킬 때 에너지가 필요합니다.) 이것은 그림 6.4의 가운데에 있는 분자 오비탈 다이어그램에 나타나 있습니다.

그림 6.4 결합의 분자 오비탈 그림. 이런 종류의 그림에서는 맨 왼쪽과 맨 오른쪽은 서로 멀리 떨어져 있을 때의 개별 원자 오비탈 에너지입니다(수직축은 에너지를 나타냅니다). 다이어그램의 가운데에는 원자가 결합하여 형성된 분자의 오비탈 에너지가 있습니다. **위**: 두 개의 수소 원자(위 스핀 전자가 하나, 아래 스핀을 가지는 전자 하나)가 H_2 분자를 형성합니다. '상자안입자' 묘사에서, 원자가 함께 모이고, 두 전자 모두 이 결합 오비탈에 들어갈 때 가장 낮은 고유상태의 에너지가 감소합니다. **가운데**: 헬륨의 경우, 원자당 2개의 전자가 있기 때문에 결합 오비탈이 채워지고 반 결합 오비탈도 채워져야 합니다. 총 에너지는 두 개의 헬륨이 결합하더라도 줄어들지 않습니다(따라서 헬륨은 He_2를 형성하지 않습니다). **아래**: LiF의 경우 리튬과 플루오린 오비탈의 에너지가 다릅니다. 결과적으로 결합 오비탈은 대부분 F 원자에 있는 오비탈로 구성됩니다 – 즉 결합 전자가 대부분 Li에서 F로 이동한다는 의미 – 이온성이 더 강한 결합을 형성합니다. 연습문제 6.3을 참조하십시오.

[6] 막스 보른(Max Born; 보른–폰 카르만 경계 조건에 있는 보른과 같은 사람)은 양자 물리학의 창시자 중 한 명이었고, 1954년 노벨상을 받았습니다(4장의 주석 1을 참조하십시오). 그의 딸이자 전기 작가인 아이린은 뉴튼–존 가문과 결혼하여, 1970년에 팝의 아이콘과 영화배우가 된 올리비아라는 이름의 딸을 낳았습니다. 그녀의 가장 유명한 배역은 *그리스*라는 영화에서 존 트라볼타의 상대역으로 연기한 것이었습니다. 내가 어렸을 때, 그녀는 모든 십대 남자의 꿈의 아이돌(그녀 또는 파라 포셋)이었습니다.

[7] 로버트 오펜하이머Robert Oppenheimer는 제2차 세계 대전 당시 미국의 원자 폭탄 프로젝트의 수석 과학 관리자가 되었습니다. 이 거대한 과학적 군사적 대성공 후, 그는 핵무기 통제를 강조하여 1950년대 공산주의 공포 속에서 동조자로 비난받았고, 결국 그의 보안 허가가 취소당하는 처지가 되었습니다.

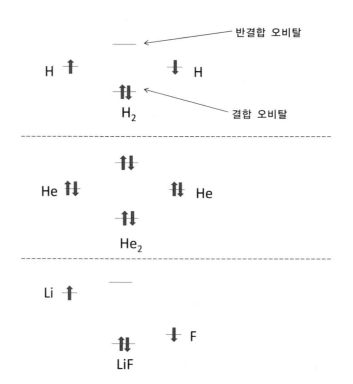

6.2.2 분자 오비탈 또는 꽉묶음 이론

이 절에서는 앞 절의 아이디어를 약간 더 정량적으로 설명합니다. 두 개의 수소 원자에 대해 해밀토니언을 씁시다. 핵은 전자에 비해 무겁기 때문에 핵의 위치를 고정시키고 전자들에 대한 슈뢰딩거 방정식을 핵 사이의 거리의 함수로 풀 수 있습니다. 핵의 위치를 고정시키는 것을 '보른–오펜하이머' 근사라 부릅니다.[6,7] 양의 전하를 띤 핵 사이의 거리의 함수로 계의 고유 에너지를 계산하려고 합니다.

단순화를 위해 한 개의 전자와 두 개의 동일한 양의 전하를 가진 핵을 고려해 보겠습니다. 해밀토니언을

$$H = K + V_1 + V_2$$

와 같이 씁니다.

$$K = \frac{\mathbf{p}^2}{2m}$$

는 전자의 운동 에너지이고,

$$V_i = \frac{-e^2}{4\pi\epsilon_0|\mathbf{r} - \mathbf{R}_i|}$$

는 $\mathbf{r}$ 위치에 있는 전자와 $\mathbf{R}_i$ 위치에 있는 핵 사이의 쿨롱 에너지입니다.

일반적으로 슈뢰딩거 방정식의 이 유형은 정확하게 풀기가 어렵습니다. (실제로 이 경우 정확히 풀 수 있지만, 그렇게 하는 것이 크게 깨우침을 주지는 못합니다.) 대신에 변분 해법을 시도할 것입니다. 먼저

$$|\psi\rangle = \phi_1|1\rangle + \phi_2|2\rangle \tag{6.1}$$

와 같은 시행 파동함수를 생각해 봅시다. 여기서 ϕ_i는 복소 계수이고, 켓 $|1\rangle$과 $|2\rangle$는 원자오비탈 또는 꽉묶음tight-binding 오비탈로 알려져 있습니다.[8] 식 6.1의 형식은 종종 '원자 오비탈 선형 결합' 또는 LCAO (linear combination of atomic orbitals)[9]로 알려져 있습니다. 우리가 여기에서 사용하는 오비탈 함수는 오직 하나의 핵이 존재할 때 슈뢰딩거 방정식의 기저상태 해로 간주할 수 있습니다.

$$\begin{aligned}(K + V_1)|1\rangle &= \epsilon_0|1\rangle \\ (K + V_2)|2\rangle &= \epsilon_0|2\rangle\end{aligned} \tag{6.2}$$

여기서 ϵ_0는 단일 원자의 바닥상태 에너지입니다.[10] $|1\rangle$은 원자핵 1에 결합된 전자에 대한 바닥상태 오비탈함수이고, $|2\rangle$는 핵 2에 결합된 전자에 대한 바닥상태 오비탈함수입니다.

이제 우리는 $|1\rangle$과 $|2\rangle$가 직교하는 대략적인 근사를 할 것이므로,

$$\langle i|j\rangle = \delta_{ij} \tag{6.3}$$

와 같은 규격화를 선택할 수 있습니다. 두 핵이 매우 가까워지면, 이 직교성은 더 이상 정확하지 않게 됩니다. 연습문제 6.5에서 우리는 직교규격화 조건을 가정하지 않는 곳에서 이 계산을 더 정확하게 반복합니다.[11] 그러나 운 좋게도 우리가 배운 대부분은 오비탈함수가 직교인지 아닌지에 의존하지 않습니다. 따라서 단순화를 위해 직교규격화된 오비탈함수를 가정합니다.

변분 파동함수에 대한 유효 슈뢰딩거 방정식은

$$\sum_j H_{ij}\phi_j = E\phi_i \tag{6.4}$$

[8] '꽉묶음'이라는 용어는 원자 오비탈이 핵에 단단히 묶여 있다는 개념에서 유래합니다.

[9] LCAO 접근법은 더 많은 궤도와 더 많은 변분 계수를 사용함으로써 체계적으로 개선될 수 있고 컴퓨터의 도움으로 최적화될 수 있습니다. 이 일반적인 아이디어는 존 포플의 양자화학 연구의 기초를 형성했습니다. 앞 장의 주석 5를 참조하십시오.

[10] 여기서 ϵ_0는 유전 상수 또는 진공의 유전율이 아니라 오비탈에 있는 전자의 에너지입니다(어느 시점에서 우리는 새로운 양으로 사용할 새로운 기호가 부족하게 됩니다!).

[11] 대신 직교규격화 조건을 취할 수는 있지만, 그 대가로 하나의 핵에 대한 슈뢰딩거 방정식의 해가 아닌 오비탈함수를 사용해야 합니다.

와 같은(별 놀랍지는 않지만) 고윳값 문제의 꼴을 가집니다.[12] 여기서

$$H_{ij} = \langle i | H | j \rangle$$

는 2×2 행렬입니다(이 방정식은 두 개 이상의 오비탈함수가 있는 경우에도 같은 방식으로 일반화됩니다).

$|1\rangle$가 $K + V_1$의 기저 상태로 정의된 것을 생각하면,

$$H_{11} = \langle 1 | H | 1 \rangle = \langle 1 | K + V_1 | 1 \rangle + \langle 1 | V_2 | 1 \rangle = \epsilon_0 + V_{\text{cross}} \quad (6.5)$$

$$H_{22} = \langle 2 | H | 2 \rangle = \langle 2 | K + V_2 | 2 \rangle + \langle 2 | V_1 | 2 \rangle = \epsilon_0 + V_{\text{cross}} \quad (6.6)$$

$$H_{12} = \langle 1 | H | 2 \rangle = \langle 1 | K + V_2 | 2 \rangle + \langle 1 | V_1 | 2 \rangle = 0 - t \quad (6.7)$$

$$H_{21} = \langle 2 | H | 1 \rangle = \langle 2 | K + V_1 | 1 \rangle + \langle 2 | V_2 | 1 \rangle = 0 - t^* \quad (6.8)$$

와 같이 쓸 수 있습니다.[13] 첫 번째 두 줄에서

$$V_{\text{cross}} = \langle 1 | V_2 | 1 \rangle = \langle 2 | V_1 | 2 \rangle$$

는 핵 2로 인해 오비탈 $|1\rangle$이 느끼는 쿨롱 퍼텐셜 또는 등가적으로 핵 1로 인해 오비탈 $|2\rangle$가 느끼는 쿨롱 퍼텐셜을 말합니다. 두 번째 두 줄(식 6.7과 6.8)에서 소위 깡충뛰기 항을

$$t = -\langle 1 | V_2 | 2 \rangle = -\langle 1 | V_1 | 2 \rangle$$

와 같이 정의합니다.[14,15] '깡충뛰기hopping'라고 부르는 이유는 잠시 후에 분명해질 것입니다. 두 번째 두 행(식 6.7과 6.8)에서 첫 번째 항은 $|1\rangle$과 $|2\rangle$의 직교 조건 때문에 없어진다는 것을 주목하십시오.

이제 슈뢰딩거 방정식은 2×2 행렬 방정식으로 변형됩니다.

$$\begin{pmatrix} \epsilon_0 + V_{\text{cross}} & -t \\ -t^* & \epsilon_0 + V_{\text{cross}} \end{pmatrix} \begin{pmatrix} \phi_1 \\ \phi_2 \end{pmatrix} = E \begin{pmatrix} \phi_1 \\ \phi_2 \end{pmatrix} \quad (6.9)$$

이 방정식의 해석은 대체로 같은 에너지 ϵ_0를 가진 오비탈함수 $|1\rangle$과 $|2\rangle$가 다른 핵의 존재로 인해 V_{cross}만큼 이동된 에너지 갖는다는 것입니다. 또한 전자는 비대각 t항 때문에 하나의 오비탈에서 다른 오비탈로 뛸 수 있게 됩니다. 이 해석을 보다 완전하게 이해하기 위해, 우리는 *시간-의존* 슈뢰딩거 방정식에서 행렬이 대각항만 포함하면, $|1\rangle$ 오비탈에서 시작된 파동함수는 항상 그 오비탈에 머물러 있다는 것을 알

수 있습니다. 그러나, 비대각항이 존재하면, 시간에 의존하는 파동함수는 두 오비탈 사이를 진동하게 될 것입니다.

2×2 행렬을 대각화하면

$$E_\pm = \epsilon_0 + V_{\text{cross}} \pm |t|$$

와 같은 에너지 고윳값을 얻습니다. 여기서 낮은 에너지 오비탈은 결합 오비탈, 반면에 높은 에너지는 반결합 오비탈에 해당합니다. 각각에 대응하는 파동함수는

$$|\psi_{\text{bonding}}\rangle \;=\; \frac{1}{\sqrt{2}}(\,|1\rangle \pm |2\rangle\,) \tag{6.10}$$

$$|\psi_{\text{antibonding}}\rangle \;=\; \frac{1}{\sqrt{2}}(\,|1\rangle \mp |2\rangle\,) \tag{6.11}$$

와 같습니다.[16] 즉, 이들은 오비탈함수의 대칭 중첩과 반대칭 중첩입니다. 기호 $\pm$와 $\mp$는 t의 부호에 따라 달라지는데, 낮은 에너지는 항상 결합 오비탈이라고 부르고, 높은 에너지는 반결합 오비탈이라 부릅니다. 엄밀하게 $t > 0$에서는 $(\,|1\rangle + |2\rangle\,)/\sqrt{2}$ 가 낮은 결합 오비탈이 됩니다. 대략적으로 이 두 파동함수는 가장 낮은 두 개의 '상자안입자' 오비탈이라고 생각할 수 있습니다. 최저 에너지 파동 함수는 위치의 함수로 부호가 바뀌지 않지만, 첫 번째 들뜸상태는 기호가 한번 바뀝니다. 즉, 하나의 노드를 가지고 있습니다($t > 0$의 경우 유추가 정확합니다).

결합된 두 개의 핵이 동일하지 않은 경우 어떤 일이 발생하는지 간단히 고려해 볼 가치가 있습니다. 이 경우 전자가 오비탈 1에 있을 때의 에너지 ϵ_0은 오비탈 2에 있을 때의 전자의 에너지와 다릅니다(그림 6.4의 아래 참조). 행렬 방정식, 식 6.9는 대각선을 따라 더 이상 같은 값을 가지지 않을 것이고, ϕ_1과 ϕ_2의 크기는 식 6.10에서와 같이 더 이상 동일하지 않게 됩니다. 대신, 바닥상태에서 낮은 에너지 오비탈이 더 많이 채워질 것입니다. 두 오비탈의 에너지가 점차 다르게 되면서, 전자는 보다 낮은 에너지 오비탈로 완전히 전이되어 본질적으로 이온 결합이 됩니다.

여담: 23.3절에서 우리는 계에서 하나 이상의 전자와 전자들 사이의 쿨롱 상호작용을 가진 더 일반적인 꽉묶음 근사 모형을 고려할 것입니다

[16] 결합 파동함수는 $\phi_1 = 1/\sqrt{2}$ 과 $\phi_2 = \pm 1/\sqrt{2}$ 이고, 반결합 파동함수는 $\phi_1 = 1/\sqrt{2}$ 과 $\phi_2 = \mp 1/\sqrt{2}$ 입니다. 식 6.1을 보십시오.

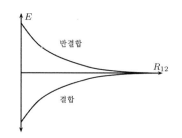

그림 6.5 원자 사이의 거리에 따른 꽉묶음 근사 에너지 준위

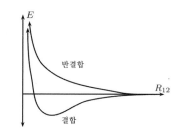

그림 6.6 원자 사이의 거리에 따른 더 현실적인 에너지 준위

다. 이 계산은 더 복잡하지만 아주 비슷한 결과를 보여줍니다. 그 계산은 훨씬 더 수준이 높을 것이지만, 모험적인 사람들은 재미있게 읽을 것입니다.

V_{cross}는 오비탈 1의 전자가 핵 2로부터 느끼는 에너지인 것에 다시 한 번 유의하십시오. 그러나 두 핵이 상호작용한다는 사실을 포함하지 않았습니다. 일차 근사로, 두 핵 사이의 쿨롱 반발이 핵과 그 반대쪽 핵의 오비탈에 있는 전자 사이의 인력 에너지를 상쇄시킬 것입니다.[17] 따라서 이 에너지를 포함하여,

$$\tilde{E}_{\pm} \approx \epsilon_0 \pm |t|$$

와 같은 식을 얻게 됩니다. 핵이 가까워질수록 깡충뛰기 항 $|t|$는 증가하여, 그림 6.5와 같은 에너지 준위 다이어그램을 제공합니다. 이 그림은 분명히 비현실적입니다. 왜냐하면 두 원자가 핵 사이의 거리가 0일 때 서로 결합하는 것을 시사하기 때문입니다. 여기에서 문제는 핵이 가까워짐에 따라 우리의 가정과 근사가 깨지기 시작한다는 것입니다 (예를 들어, 우리의 오비탈은 더 이상 직교가 아니고, V_{cross}는 핵 사이의 쿨롱 에너지를 정확히 상쇄하지 않습니다).

결합과 반결합 상태에 대한 더욱 현실적인 에너지 준위 다이어그램이 그림 6.6에 제시되어 있습니다. 원자핵이 서로 붙으면 에너지가 발산한다는 것에 주의하십시오(이것은 핵 사이의 쿨롱 반발에서 오는 것입니다). 이와 같이, 핵이 서로 0이 아닌 거리에 있을 때 계의 최소 에너지가 존재하고, 그 결과 생성된 분자는 핵의 바닥상태 거리를 가지게 됩니다.

여담: 그림 6.6에서 핵이 특정 거리만큼 떨어지면 결합 에너지는 최소가 됩니다. 이 최적 거리는 두 원자 사이의 결합 거리입니다. 그러나 유한 온도에서, 거리는 이 최소 주위에서 진동합니다(유한 온도에서 조화 우물에 있는 입자를 생각하십시오). 퍼텐셜 우물은 유한 온도에서 다른 쪽보다 한쪽이 더 가파르기 때문에 우물 안의 '입자'는 한쪽에서는 더 작은 거리로 진동하고, 다른 한쪽에서 좀 더 큰 거리까지 진동할 수 있습니다. 결과적으로 평균 결합 거리는 유한 온도에서 증가합니다. 이 열팽창은 8장에서 자세히 다룰 예정입니다.

공유 결합된 물질은 강하고, 전기적으로 반도체[18]나 절연체가 되는 경향이 있습니다(전자는 국소적인 결합에 묶여있습니다 – 무엇 때문에 물질이 절연체가 되는 것에 대한 자세한 설명을 16장에서 하게 될 것입니다). 오비탈 함수의 방향성은 이 물질의 모양이 잘 유지되도록 하고(연성이 없음) 부서지기 쉽게 만듭니다. 이온성 물질이 녹는 물과 같은 극성 용매에 녹지 않습니다.

6.3 판데르발스, 요동 쌍극자 힘 또는 분자 결합

두 원자(또는 두 분자)가 서로 아주 멀리 떨어져있을 때, 때로는 요동 쌍극자fluctuating dipole 힘 또는 분자 결합으로 알려진 판데르발스[19] 힘으로 인해 이들 사이에 인력이 있습니다. 요약하면, 두 원자는 평균적으로 0일 수 있는 쌍극자 모멘트를 갖지만, 양자역학[20]에 의해 '순간적으로' 요동할 수 있습니다. 첫 번째 원자가 순간적인 쌍극자 모멘트를 얻는다면, 두 번째 원자는 분극화 될 수 있으며–또한 에너지를 낮추기 위한 쌍극자 모멘트를 얻게 됩니다. 결과적으로 두 원자(순간적으로 쌍극자)가 서로 끌어당기게 됩니다.[21]

원자 사이의 이러한 결합 유형은 전자가 공유 결합이나 이온 결합에 참여하지 않는 불활성 원자(불활성 기체: He, Ne, Kr, Ar, Xe)에서 나타납니다. 이것은 분자 사이의 공유 결합이나 이온 결합을 형성할 가능성이 없는 질소분자 N_2와 같은 불활성 분자[22] 사이의 결합에도 전형적으로 나타납니다. 이 결합은 공유 결합이나 이온 결합보다 약하나, 전자가 원자 사이를 도약할 필요가 없으므로 거리가 멉니다.

더 정량적이기 위해서 핵(양성자)을 '도는' 전자를 생각해 봅시다. 전자가 고정된 위치에 있다면, 쌍극자 모멘트 $\mathbf{p} = e\mathbf{d}$는 영이 아닙니다. 여기서 $\mathbf{d}$은 전자에서 양성자까지의 거리 벡터입니다. 전자가 '오비탈을 돌고' 있을 때는(즉, 교란되지 않은 고유상태에서), 평균 쌍극자 모멘트는 0이 됩니다. 그러나 전기장이 원자에 가해지면, 원자에 분극이 생길 것입니다(즉, 전자는 핵의 한쪽 편에서보다 다른 편에서 발견될 확률이 크게 됩니다). 따라서

$$\mathbf{p} = \chi \mathbf{E}$$

와 같이 씁니다. 여기서, χ는 편극율(전기 감수율로도 알려져 있습니

---

[18] '반도체'라는 단어를 아직 정의하지 않았지만, 나중에 깊이 있게 (예를 들어, 17장에서) 다시 설명할 것입니다.

[19] J. D. 판데르발스Johannes Diderik van der Waals는 액체와 기체의 구조에 관한 연구로 1910년 노벨 물리학상을 받았습니다. 여러분들은 열역학 수업에서 배운 판데르발스 상태 방정식을 기억할 것입니다. 달의 반대편에 그의 이름을 딴 분화구가 있습니다.

[20] 이것은 약간 부정확하지만 유용하게 양자역학적인 불확정성을 일시적인 요동으로 해석합니다.

[21] 어떤 사람들은 두 영구permanent 쌍극자 – 또한 하나의 영구 쌍극자와 유도된 (또는 순간적인) 쌍극자 – 사이에 작용하는 힘을 판데르발스 힘이라고 부르기도 합니다. 우리는 이것들을 판데르발스 힘이라 부르는 것에 대해 동의할 수도 있고 하지 않을 수도 있지만, 그것을 뭐라 부르든, 우리 모두 힘이 존재한다는 것에는 동의해야만 합니다!

[22] 불활성 기체는 원자 오비탈 껍질을 채웠으므로 불활성이지만, 질소분자는 *분자* 오비탈에 채워진 껍질을 가지고 있기 때문에 본질적으로 불활성입니다. 모든 결합 오비탈은 채워지고, 반결합 오비탈과는 큰 에너지 틈이 있습니다.

[23] 이것은 양자역학의 좋은 연습문제입니다. 예를 들어 E. Merzbacher, Quantum Mechanics, Wiley (1961)를 보십시오. 또한 연습문제 6.6을 보십시오.

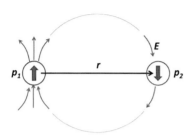

그림 6.7 분극 p_1을 갖는 원자는 두 번째 원자에 분극 p_2를 유도합니다.

[24] 원자들 간의 거리 방향에 수직이 아닌 분극화를 선택했다면, $(1+3\cos^2\theta)$의 추가 항을 가지게 될 것입니다. θ는 $\mathbf{p}_1$과 $\mathbf{r}$ 사이의 각도입니다.

다)로 알려져 있습니다. 이 편극율은 수소 원자에 대해 정확하게 계산할 수 있습니다.[23] 어쨌든, 이것은 양의 값을 가집니다.

이제 $\hat{x}$ 방향으로 거리 r만큼 떨어진 두 개의 원자가 있다고 가정해 봅시다(그림 6.7 참조). 한 원자가 순간적으로 쌍극자 모멘트, $\mathbf{p}_1$을 갖고 있고, 이 쌍극자 모멘트가 $\hat{z}$ 방향이라고 가정해 봅시다. 그러면 두 번째 원자는 $-\hat{z}$ 방향으로

$$E = \frac{p_1}{4\pi\epsilon_0 r^3}$$

와 같은 전기장을 느낄 것입니다. 그러면, 그런 다음 두 번째 원자는 분극화로 인하여, 쌍극자 모멘트 $p_2 = \chi E$를 발생시키고 이는 차례로 첫 번째 원자에 끌립니다. 두 쌍극자 사이의 퍼텐셜 에너지는

$$U = \frac{-|p_1||p_2|}{4\pi\epsilon_0 r^3} = \frac{-p_1\chi E}{(4\pi\epsilon_0)r^3} = \frac{-|p_1|^2\chi}{(4\pi\epsilon_0 r^3)^2} \tag{6.12}$$

와 같습니다.[24] 따라서, 힘 $-dU/dr$는 끄는 힘이고, $1/r^7$에 비례합니다. 쌍극자 모멘트 $\mathbf{p}_1$과 두 원자 사이의 방향에 의존하는 $\mathbf{r}$ 사이의 각도에 의존하는 (비음수) 인자가 있을지라도, 원래의 쌍극자 모멘트의 방향에 관계없이 힘이 항상 인력이고, $1/r^7$에 비례하는지 확인할 수 있습니다.

이 주장은 첫 번째 원자의 쌍극자 모멘트 $\mathbf{p}_1$이 0이 아니라는 사실에 달려 있지만, 평균적으로 원자의 쌍극자 모멘트는 실제로 0입니다. 그러나 식 6.12에 실제로 입력되는 것은 $|\mathbf{p}_1|^2$이고 이것은 0이 아닌 기댓값을 가지고 있습니다(이것은 정확히 수소 원자의 전자에 대해 $\langle x \rangle$는 0이지만 $\langle x^2 \rangle$는 0이 아닌 계산입니다).

요동 쌍극자 힘은 일반적으로 약하지만, 전자가 원자 사이에서 공유되거나 전달될 수 없을 때 발생하는 유일한 힘입니다 – 전자가 화학적으로 활성 상태가 아니거나, 또는 원자가 멀리 떨어져있는 경우. 비록 개별적으로 약하지만, 많은 원자들의 판데르발스 힘을 고려할 때, 전체 힘은 상당히 강할 수 있습니다. 판데르발스 힘의 잘 알려진 예는 게코gecko 같은 도마뱀이 유리창과 같은 매우 매끄러운 벽을 오르는 것을 가능하게 하는 힘입니다. 그들은 발에 벽의 원자와 매우 밀접한 접촉을 하는 섬모를 가지고 있고 거의 판데르발스 힘으로 벽과 붙어있게 됩니다!

6.4 금속 결합

금속 결합을 공유 결합과 구별하기는 어렵습니다. 대략 금속 결합은 금속에서 발생하는 결합으로 정의됩니다. 이러한 결합은 전자가 원자들 사이에서 공유된다는 의미에서 공유 결합과 유사하지만, 이 경우 전자는 결정 전반에 걸쳐 퍼져 있게 됩니다(11.2절에서 어떻게 발생하는지 논의할 것입니다). 널리 퍼져있는 자유 전자가 뒤에 남겨진 양이온을 함께 묶는 접착제 역할을 하고 있다고 생각해야 합니다.

전자가 완전하게 퍼진 상태에 있기 때문에, 금속 내의 결합은 방향성이 없는 경향이 있습니다. 따라서 금속은 대체로 연성이 좋아 잘 늘어납니다. 전자가 자유롭기 때문에, 금속은 열뿐만 아니라 전기의 좋은 전도체입니다.

6.5 수소 결합

수소원자는 크기가 매우 작기 때문에 매우 특별합니다. 결과적으로, 수소 원자와 형성된 결합은 다른 결합과 질적으로 다릅니다. 수소 원자가 큰 원자와 공유 결합 또는 이온 결합을 형성할 때, 수소원자(양성자)는 간단히 그 상대편의 표면에 붙습니다. 그러면 분자(수소와 그 상대편)가 쌍극자가 됩니다. 이러한 쌍극자는 보통 때와 같이 전하 또는 다른 쌍극자를 끌어당깁니다.

수소에 관해서 특별한 것은 결합을 형성하고 전자가 양성자에서 그 상대편에게로(또는 부분적으로) 끌어당겨지면, 결합 방향의 반대쪽 양성자는 가려지지 않은 (핵심 오비탈의 어떠한 전자에 의해서도 가려지지 않은) 양전하로 남게 됩니다. 결과적으로 이 양전하는 다른 전자구름에 효과적으로 끌리게 됩니다.

수소 결합의 좋은 예는 물, H_2O 입니다. 각 산소 원자는 두 개의 수소와 결합하고 있습니다(그러나 원자오비탈 구조 때문에, 이 원자들은 동일 선상에 있지 않습니다). 양전하를 띠는 수소는 다른 물 분자의 산소에 끌려갑니다. 얼음 속에서, 끌어당기는 힘은 물 분자들 사이에서는 약하기는 하지만 안정한 결합을 형성할 정도여서 결정을 형성합니다. 때로는 수소 원자가 두 개의 산소 원자와 '반half' 결합 상태를 형성하여, 두 개의 산소 원자가 서로 붙들고 있다고 생각할 수 있습니다.

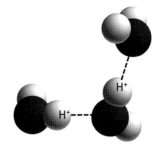

그림 6.8 H_2O 의 수소 결합. 물 분자의 수소는 다른 분자의 산소에 끌려 약한 수소 결합을 형성합니다. 이 결합은 273.15 K 아래에서 얼음을 형성할 정도로 강합니다.

수소 결합은 생물 분자에서도 매우 중요합니다. 예를 들어 수소 결합이 DNA 가닥을 함께 묶는 역할을 합니다.

표 6.1 결합의 종류. 이 표는 대략적인 규칙을 제공하는 것으로 간주되어야 합니다. 많은 물질이 두 개 이상의 결합 사이의 중간 특성을 보여줍니다. 화학자들은 종종 이러한 각각의 결합의 종류를 더 세분화합니다.

결합의 종류	설명	결합하는 물질	일박적인 성질
이온	전자가 한 원자에서 다른 원자로 이동하고, 그 결과 생성된 이온은 서로 끌어당깁니다.	서로 다른 전기음성도를 갖는 원소로 이루어진 이원자 화합물	• 단단하고 깨지기 쉬움 • 높은 녹는점 • 전기 절연체 • 물에 잘 녹음
공유	전자는 결합을 형성하는 두 원자 사이에 공유됩니다. 파동 함수의 퍼짐에 의해 에너지가 낮아집니다.	비슷한 전기음성도를 가진 원소로 이루어진 화합물(GaAs와 같은 III-V족 화합물), 또는 다이아몬드와 같이 단일 원소로 이루어진 고체	• 아주 단단함(부서지기 쉬움) • 높은 녹는점 • 전기 절연체 또는 반도체
금속	전자는 고체 전체에 퍼져 존재하며, 양이온 사이에서 접착제 역할을 합니다.	금속. 주기율표의 왼쪽과 중간	• 연성, 전성이 좋음(결합의 비방향적 특성으로 인해). 특정 불순물을 첨가함으로써 더 단단하게 만들 수 있음 • 조금 낮은 녹는점 • 우수한 전기 및 열 전도체
분자 (판데르발스, 요동 쌍극자)	전자의 이동이 없습니다. 구성 요소의 쌍극자 모멘트는 끄는 힘이 생기도록 배열됩니다. 결합 강도는 분자의 크기 또는 성분의 극성에 따라 증가합니다.	불활성 가스 고체, 서로 붙어있는 비극성 분자로 이루어진 고체(왁스)	• 부드럽고 약함 • 낮은 녹는점 • 전기 절연체
수소	한 원자에 결합되어 있지만 다른 원자에 여전히 끌리는 수소 이온을 포함합니다. H가 너무 작기 때문에 이런 특별한 경우가 생깁니다.	유기물과 생물학적 물질에서 중요. 얼음을 서로 붙잡음	• 약한 결합(판데르발스 결합보다 강함) • DNA와 단백질의 모양을 유지하는 데 중요

화학 결합에 관한 참고자료

- Rosenberg, 1.11~1.19절
- Ibach and Luth, 1장
- Hook and Hall, 1.6절
- Kittel, 3장 elastic strain까지
- Dove, 5장

- Ashcroft and Mermin, 19~20장
- Burns, 6.2~6.6절과 7~8장
- Pauling, 1~3장
- Murrel *et al.*, 1~6장 (LCAO 방법에 대한 상세한 기술이 있습니다.)

이러한 참고자료의 대부분은 여러분들이 알고 싶어하는 것 이상입니다.
목록의 처음 4개가 좋은 출발점입니다.

CHAPTER 06 연습문제

6.1 화학 결합

(a) 다섯 가지 유형의 화학 결합과 왜 그것이 일어나는지 정성적으로 기술하시오.

▸ 어떤 원자들의 조합이 어떤 종류의 결합을 형성할 것인지 기술하시오. (주기율표상의 위치를 참조하시오.)
▸ 이러한 유형의 결합을 갖는 재료의 질적 특성을 설명하시오.
(예, 요약에서 테이블 내용을 복사할 수 있지만, 이 연습문제의 요점은 테이블의 내용을 배우는 것입니다!)

(b) 판데르발스 힘의 현상을 정성적으로 설명하시오. 왜 힘이 끄는 힘이고, R이 두 원자 사이의 거리일 경우, $1/R^7$에 비례하는지 설명하시오.

6.2 공유 결합 세부 사항

(a) *원자 오비탈의 선형 결합*
6.2.2절에서 하나의 원자 오비탈을 가진 두 개의 원자를 고려했습니다. 핵 1 주위의 오비탈을 $|1\rangle$, 핵 2 주위의 오비탈을 $|2\rangle$라고 합시다. 더욱 일반적으로 어떤 파동 함수의 집합 $|n\rangle$을 고려할 수 있습니다, 여기서 $n = 1, \cdots, N$입니다. 간단히, 이 기저는 직교 정규화되어 있다고 합시다. 즉 $\langle n|m\rangle = \delta_{n,m}$이라고

가정합시다. (더 일반적으로는, 오비탈의 기저 집합이 직교정규라고 가정할 수 없습니다. 연습문제 6.5에서는 비직교 정규 기저를 적절하게 고려합니다.)
바닥상태에 대한 시행 파동함수를

$$|\Psi\rangle = \sum_n \phi_n |n\rangle$$

와 같이 씁시다. 이것은 원자 오비탈의 선형 결합, LCAO 또는 꽉묶음 등으로 알려져 있습니다(분자의 수치 시뮬레이션에 많이 사용됩니다).
우리는 이 형태로 구성할 수 있는 최저 에너지 파동함수, 즉 진짜 바닥상태 파동함수에 대한 최상의 근사를 찾기를 원합니다. (이 기저에서 사용하는 상태가 많을수록 일반적으로 결과가 더 정확해질 것입니다.)
우리는 바닥상태가

$$\mathcal{H}\phi = E\phi \qquad (6.13)$$

와 같은 유효 슈뢰딩거 방정식의 해에 의해 주어진다고 주장합니다. 여기서 ϕ는 N개의 계수 ϕ_n를 가지는 벡터이고, $\mathcal{H}$는

$$\mathcal{H}_{n,m} = \langle n|H|m\rangle$$

와 같은 $N \times N$행렬을 말합니다. 여기서 H는 우리가 생각하는 전체 계의 해밀토니언입니다. 이것을 증명하기 위하여, 에너지를

$$E = \frac{\langle \psi | H | \psi \rangle}{\langle \psi | \psi \rangle}$$

와 같이 씁시다.

▶ 각 ϕ_n에 대해 이 에너지를 최소화하면 식 6.13과 동일한 고윳값 방정식이 나옵니다. (주의: ϕ_n은 일반적으로 복소수입니다! 복소수 미분에 익숙하지 않다면, ϕ_n의 실수부와 허수부로 모든 것을 쓰십시오.) 마찬가지로, 유효 슈뢰딩거 방정식의 두 번째 고윳값은 계의 첫 번째 들뜸 상태에 대한 근사값이 됩니다.

(b) 두 오비탈 공유 결합
우리의 기저에 두 개의 오비탈이 있는 경우로 돌아갑시다. 이것은 공유 결합을 형성하기 위해 두 개의 동일한 핵과 단일 전자가 공유되는 경우와 관련이 있습니다. 우리는 전체 해밀토니언을

$$H = \frac{\mathbf{p}^2}{2m} + V(\mathbf{r} - \mathbf{R_1}) + V(\mathbf{r} - \mathbf{R_2}) = K + V_1 + V_2$$

와 같이 씁시다. 여기서 V는 전자와 핵 사이의 쿨롱 상호작용이고, $\mathbf{R}_1$은 첫 번째 핵의 위치이고 $\mathbf{R}_2$는 두 번째 핵의 위치입니다. ϵ를 다른 핵이 없을 때 핵 주위의 원자 오비탈의 에너지라 합시다. 다시 말하면,

$$\begin{aligned} (K + V_1)|1\rangle &= \epsilon|1\rangle \\ (K + V_2)|2\rangle &= \epsilon|2\rangle \end{aligned}$$

입니다. 대각 에너지 성분을

$$V_{\mathrm{cross}} = \langle 1 | V_2 | 1 \rangle = \langle 2 | V_1 | 2 \rangle$$

와 같이 정의하고 깡충뛰기 항의 성분은

$$t = -\langle 1 | V_2 | 2 \rangle = -\langle 1 | V_1 | 2 \rangle$$

입니다. 이들은 오타가 아닙니다!

▶ V_{cross}와 t 식에서 오른쪽에 주어진 두 표현을 동등하게 쓸 수 있는 이유는 무엇입니까?
▶ 슈뢰딩거 방정식의 고윳값 식 6.13은 아래와 같이 주어짐을 보이시오

$$E = \epsilon + V_{\mathrm{cross}} \pm |t|$$

▶ V_{cross}는 핵 사이의 반발을 대략 상쇄시켜야 하므로, 더 낮은 에너지 고유상태에서는 원자가 서로 가까이 있을 때 총 에너지가 진짜로 낮아진다는 사실을 (가우스 법칙을 사용하여) 주장해보시오.
▶ 이 근사는 원자가 충분히 가까워지면 만족하지 않습니다. 어떤 이유가 있을까요?

6.3 LCAO와 이온-공유 교차
연습문제 6.2.b에 대해 이제 원자 오비탈 $|1\rangle$와 $|2\rangle$가 서로 다른 에너지 $\epsilon_{0,1}$과 $\epsilon_{0,2}$일 경우를 고려합시다. 이들 두 에너지의 차이가 증가함에 따라, 결합 오비탈은 저에너지 원자에 더 모이게 됨을 보이시오. 단순화를 위해 직교성을 가정하고, $\langle 1 | 2 \rangle = 0$을 사용할 수 있습니다. 어떻게 이 계산을 사용하여 공유 결합과 이온 결합 사이의 교차를 기술할 수 있는지 설명하시오.

6.4 이온 결합 에너지 수지
나트륨 원자의 이온화 에너지는 약 5.14 eV입니다. 염소 원자의 전자 친화도는 약 3.62 eV 입니다. 단일 나트륨 원자가 단일 염소 원자와 결합할 때, 결합 길이는 약 0.236 nm입니다. 응집 에너지가 순전히 쿨롱 에너지라고 가정하면, 나트륨 원자와 염소 원자가 NaCl 분자를 형성할 때 방출되는 총 에너지를 계산하시오. 결과를 실험값 4.26 eV와 비교하시오. 오류의 원인을 정성적으로 설명하시오.

6.5 LCAO 올바로 하기*
(a)* 연습문제 6.2에서는 원자 오비탈의 선형 결합 방법을 소개했습니다. 그 연습문제에서 오비탈의 기저가 직교규격화되어 있다고 가정했습니다. 이번에는 이 가정을 완화합니다.
임의의 수의 오비탈 N에 대해

$$|\psi\rangle = \sum_{i=1}^{N} \phi_i |i\rangle$$

와 같이 쓸 수 있습니다. 행렬 성분이

$$S_{i,j} = \langle i | j \rangle$$

와 같은 $N \times N$ 겹침 행렬 $\mathcal{S}$를 쓰겠습니다. 이 경우 $\mathcal{S}$가 대각 행렬이라고 가정하지 *마십시오*. 연습문제 6.2에서와 유사한 방법을 사용하여 새로운 '슈뢰딩거 방정식'

$$\mathcal{H}\phi = E\mathcal{S}\phi \qquad (6.14)$$

을 도출하십시오. 연습문제 6.2에서와 같은 $\mathcal{H}$와 ϕ 표기법을 사용합니다. 이 방정식은 오른쪽에 있는 $\mathcal{S}$ 때문에 '일반화된 고윳값 문제'라고 합니다.

(b)** 이제 우리는 두 개의 원자와 각 원자에 오직 하나의 오비탈을 가지지만 단지 $\langle 1|2 \rangle = \mathcal{S}_{1,2} \neq 0$이 되는 상황으로 돌아갑니다. 일반성을 잃지 않고 우리는 $\langle i|i \rangle = 1$과 $S_{1,2}$는 실수라고 가정합니다. 원자 오비탈이 s 오비탈인 경우, t가 실수이고 양수라고 가정할 수 있습니다(이유는 무엇입니까?).
식 6.14를 사용하여 계의 고유 에너지를 유도하시오.

6.6 상세한 판데르발스 결합*

(a) 여기서 두 수소 원자 사이의 판데르발스 힘을 훨씬 더 정확하게 계산할 것입니다. 다음 그림과 같이 두 핵이 벡터 $\mathbf{R}$만큼 떨어져 있고, 핵 1에서 전자 1까지의 벡터를 $\mathbf{r}_1$로 정의하고, 핵 2에서 전자 2까지의 벡터를 $\mathbf{r}_2$로 정의 합니다.

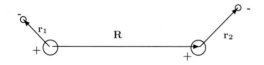

이제 두 원자 모두에 대해 해밀토니언을

$$
\begin{aligned}
H &= H_0 + H_1 \\
H_0 &= \frac{\mathbf{p_1}^2}{2m} + \frac{\mathbf{p_2}^2}{2m} - \frac{e^2}{4\pi\epsilon_0|\mathbf{r}_1|} - \frac{e^2}{4\pi\epsilon_0|\mathbf{r}_2|} \\
H_1 &= \frac{e^2}{4\pi\epsilon_0|\mathbf{R}|} + \frac{e^2}{4\pi\epsilon_0|\mathbf{R}-\mathbf{r}_1+\mathbf{r}_2|} \\
&\quad - \frac{e^2}{4\pi\epsilon_0|\mathbf{R}-\mathbf{r}_1|} - \frac{e^2}{4\pi\epsilon_0|\mathbf{R}+\mathbf{r}_2|}
\end{aligned}
$$

로 써 봅시다(보른–오펜하이머 근사법을 사용하여 핵의 위치가 고정되어 있다고 가정합니다). 여기서 H_0는 두 개의 상호작용하지 않는 수소 원자에 대한 해밀토니언이고, H_1은 원자 사이의 상호작용입니다. 일반성을 잃지 않고, $\mathbf{R}$이 $\hat{x}$ 방향이라고 가정합시다. 큰 $\mathbf{R}$과 작은 $\mathbf{r}_i$에 대해 상호작용 해밀토니언은

$$H_1 = \frac{e^2}{4\pi\epsilon_0|\mathbf{R}|^3}(z_1z_2 + y_1y_2 - 2x_1x_2) + \mathcal{O}(1/R^4)$$

와 같이 쓸 수 있음을 보이시오. 여기서 x_i, y_i, z_i는 $\mathbf{r}_i$의 성분입니다. 이것이 단지 두 쌍극자 사이의 상호작용이라는 것을 보이시오.

(b) *미동 이론Perturbation theory*
H_0의 고윳값은 두 원자 각각의 고윳값으로 개별적으로 주어집니다. 수소의 고유상태는 $|n, l, m\rangle$과 같은 일반적인 표기법으로 쓰이고, 에너지 $E_n = -\text{Ry}/n^2$로 주어짐을 기억하십시오. $\text{Ry} = me^4/(32\pi^2\epsilon_0^2\hbar^2) = e^2/(8\pi\epsilon_0 a_0)$는 뤼드베리Rydberg 상수입니다(여기서, $l \geqslant 0$, $|m| \leqslant l$이고, $n \geqslant l+1$). 따라서 H_0의 고유상태는 $|n_1, l_l, m_1; n_2, l_2, m_2\rangle$이고 에너지는 $E_{n_1, n_2} = -\text{Ry}(1/n_1^2 + 1/n_2^2)$ 입니다. H_0의 바닥상태는 $|1, 0, 0; 1, 0, 0\rangle$입니다.

▶ 상호작용 H_1으로 H_0을 미동시키면, H_1에 대한 1차 근사 에너지에는 변화가 없음을 보여줍니다. 따라서 바닥상태 에너지에 대한 보정은 $1/R^6$에 비례한다는 것으로 결론지을 수 있습니다(따라서 힘은 $1/R^7$에 비례합니다).

▶ 2차 미동 이론에 따라, 총 에너지에 대한 보정은 아래와 같이 주어짐을 보이시오.

$$\delta E = \sum_{\substack{n_1, n_2 \\ l_1, l_2 \\ m_1, m_2}} \frac{|\langle 1, 0, 0; 1, 0, 0|\, H_1\, |n_1, l_1, m_1; n_2, l_2, m_2\rangle|^2}{E_{0,0} - E_{n_1, n_2}}$$

▶ 작용하는 힘이 인력임을 보이시오.

(c)* *결합 에너지의 범위*

먼저, $n_1 = 1$ 또는 $n_2 = 1$인 경우 이 식의 분자가 0임을 보이시오. 따라서 분모에 나타나는 가장 작은 E_{n_1, n_2}가 $E_{2,2}$입니다. 분모의 E_{n_1, n_2}를 $E_{2,2}$로 바꾸면, 우리가 계산한 $|\delta E|$는 정확한 계산의 $|\delta E|$보다 큽니다. 반대로 E_{n_1, n_2}를 0으로 대체하면 $|\delta E|$는 항상 정확한 계산의 δE보다 작습니다.

▶ 이렇게 교체를 하고, 전체 세트를 식별하여 나머지 합을 구하시오. 아래와 같은 부등식을 유도하시오.

$$\frac{6e^2 a_0^5}{4\pi\epsilon_0 R^6} \leqslant |\delta E| \leqslant \frac{8e^2 a_0^5}{4\pi\epsilon_0 R^6}$$

다음과 같은 수소 원자의 행렬 성분이 필요합니다.

$$\langle 1, 0, 0 | x^2 | 1, 0, 0 \rangle = a_0^2$$

여기서 보어 원자의 반지름은 $a_0 = 4\pi\epsilon_0 \hbar^2 / (me^2)$입니다. (이 마지막 식도 수소 원자의 바닥상태 파동함수가 $e^{-r/2a_0}$에 비례한다는 것을 기억하면 쉽게 구할 수 있습니다.)

물질의 종류

Types of Matter

원자들이 어떻게 결합하는지 알게 되면, 어떤 종류의 물질이 만들어질 수 있는지 알게 됩니다. 이 장에서는 이러한 유형의 물질에 대한 *아주 간단하고* 아주 대략적이지만, 필수적인 개요를 제공합니다.

원자는 분명히 결정 형태로 서로 결합할 수 있습니다. 결정은 여러 번 반복된 작은 단위로 만들어져, 배열을 이룹니다. 결정의 거시적 형태는 그것의 기본 구조를 반영합니다(그림 7.1 참조). 이 책의 나머지 부분에서 결정을 연구하는 데 많은 시간을 보낼 것입니다.

그림 7.1 **왼쪽**: 작은 단위가 주기적으로 반복되어 결정을 형성합니다. 이 그림은 큰 구가 염소 이온이고 작은 구가 나트륨 이온인 소금을 나타냅니다. **오른쪽**: 결정의 거시적 모양은 기본 미세 구조를 반영합니다. 이것들은 (암염으로 알려진) 소금의 큰 결정입니다. 피오트르 브워다르치크Piotr Włodarczyk의 사진으로 친절한 허가를 얻어 사용함.

그림 7.2 분자 결정. **왼쪽**: 탄소 원자 60개가 서로 결합하여 버키볼buckyball이라고 알려진 큰 분자를 형성합니다.[1] **오른쪽**: 버키볼은 약한 판데르발스 결합에 의해 서로 붙어 분자 결정을 형성합니다.

---

[1] '버키볼'이라는 이름은 그것과 유사한 것으로 알려진 측지돔의 유명한 개발자인 리차드 벅민스터 풀러Richard Buckminster Fuller의 이름을 따서 명명된 Buckminsterfullerene의 별명입니다(버키볼은 실제로 정확하게 축구공 모양이긴 하지만). 이 이름은 발견자인 해롤드 크로토Harold Kroto, 제임스 히스James Heath, 리차드 스몰리Richard Smalley가 지었는데, 이러한 그들의 명명법에도 불구하고(아마도 '축구공soccerballene'이라는 이름이 더 좋았을 것입니다), 이것의 발견으로 노벨상 화학상을 수상했습니다(노벨상은 로버트 컬Robert Curl과 함께 크로토와 스몰리가 받았습니다: 역자 주).

원자들이 서로 결합하여 분자를 형성할 수도 있고, 분자들은 소위 *분자 결정molecular crystal*을 형성하기 위해 약한 판데르발스 결합을 통해 서로 달라붙을 수도 있습니다(그림 7.2 참조).

물질의 다른 형태는 액체입니다. 여기에서 원자는 서로 끌어당기지만 영구적인 결합을 형성하지는 않습니다(또는 결합을 불안정하게 만들 정도로 온도가 충분히 높습니다). 액체(및 기체)[2]는 분자가 새로운 배열로 자유롭게 움직일 수 있는 무질서한 분자 구조입니다 (그림 7.3 참조).

[2] 우리가 통계물리와 열물리 수업에서 배웠듯이, 액체와 기체의 '근본적인' 차이는 없습니다. 일반적으로 액체는 밀도가 높고 압축이 잘 되지 않는 반면, 기체는 밀도가 낮고 압축이 잘 됩니다. 단일 물질(예: 물)은 기체와 액체상 사이에 상전이(끓음)가 있을 수 있지만, 온도를 올리기 전에 고압으로 가서 임계점 부근('초임계supercritical')으로 가면 끓는 과정 없이 기체에서 액체상으로 연속적으로 이동할 수도 있습니다.

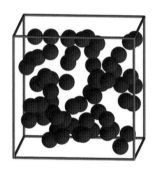

그림 7.3 액체의 그림. 액체에서 분자는 질서정연한 배열이 아니고 자유롭게 움직일 수 있습니다(즉, 액체는 흐를 수 있습니다). 그러나 액체 분자는 서로 끌어당겨서 어떤 순간에도 이웃을 정의할 수 있습니다.

결정의 개념과 액체의 개념 사이의 중간에 (유리를 포함하는) 비정질[3] 고체가 있을 수 있습니다. 이 경우, 원자는 무질서한 형태로 결합됩니다. 액체와 달리 원자는 자유롭게 흐를 수 없습니다(그림 7.4 참조).

[3] '비정질amorphous'이라는 말은 그리스어에서 왔습니다. '형태가 없음'을 의미합니다.

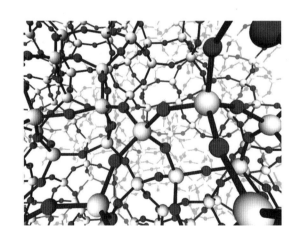

그림 7.4 비정질 고체의 분자 구조: 실리카(SiO_2)는 결정체(석영 등)가 될 수도 있고 비정질(창유리 등)이 될 수도 있습니다. 이 비정질 실리카의 그림에서, Si 원자는 밝은 음영 원자로, 각각 4개의 결합을 가지고 있고 O 원자는 어두운 원자로, 각각 2개의 결합을 가지고 있습니다. 여기서 원자들은 무질서하게 배치되어 있지만, 서로 결합되어 있고 흐를 수는 없습니다.

더 많은 가능성이 존재합니다. 예를 들어, 계가 여러 점에서는 질서를 유지하고 있지만, 다른 점에서는 무질서하게 남아있는 소위 액정이 있습니다. 예를 들어, 그림 7.5.b에서 계는 한 방향으로 결정질(정렬)이지만, 각 평면 내에서 무질서합니다. 분자가 항상 같은 방향으로 향하지만, 완전히 임의의 위치에 있는 경우도 생각할 수 있습니다 ('네마틱nematic'이라고 알려져 있습니다, 그림 7.5.c 참조). 수많은 액정 상태가 있을 수 있습니다. 모든 경우에 원자 배치를 결정하는 것은 바로 분자 사이의 상호작용(약하든지 강하든지 어떤 종류의 '결합')입니다.

또한 규칙적이긴 하지만, 비주기적인 배열인 이른바 준결정이 있습니다. 그림 7.6에 표시된 것과 같은 준결정quasicrystal에서, 구성단위는 주기적 구조를 만드는 것처럼 보이는 규칙을 가지고 구성되지만, 실은 패턴은 반복되지 않습니다.[4] 원자로 이루어진 준결정은 자연계에서는 매우 드물기[5] 때문에, 많은 인공 준결정이 알려져 있습니다.

[4] 화합물이 규칙적이지만 반복되지 않는 구조를 가질 수 있다는 사실은 처음에는 매우 논란의 여지가 있었습니다. 1982년 이 현상을 발견 한 후, 댄 세흐트만Dan Shechtman의 주장은 처음에는 과학계에 의해 거부당했습니다. 위대한 라이너스 폴링이 이 아이디어에 특히 비판적이었습니다(6장의 주석 5를 참조). 결국 세흐트만의 주장은 옳은 것으로 입증되어 2011년에 노벨 화학상을 수상했습니다.

[5] 최초의 자연 발생 준결정은 2009년에 발견되었습니다. 운석의 일부인 것으로 여겨집니다.

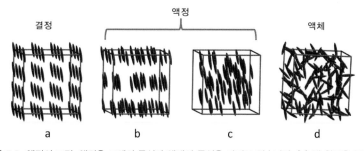

그림 7.5 액정의 그림. 액정은 고체의 특성과 액체의 특성을 가지고 있습니다. **(a)** 맨 왼쪽은 분자의 결정입니다. 모든 분자는 위치가 정해져 있고 모두 같은 방향을 향하고 있습니다. **(b)** 가운데 왼쪽 그림에서 분자는 방향을 유지하고, 위치를 일부는 유지하고 있습니다 – 이것은 층으로 분류됩니다. 따라서 수직 방향으로는 '결정질'입니다. 그러나 각 층 내에서, 이들은 무질서하고, 심지어 층 내로 흐를 수 있습니다(이것은 스멕틱smectic–C 상이라고 합니다). **(c)** 이 그림에서 위치의 규칙성은 없고, 분자의 위치는 마음대로이지만, 분자는 모두 방향을 유지합니다(이것은 네마틱nematic 상으로 알려져 있습니다). **(d)** 맨 오른쪽에서 시스템은 진짜 액체이며 위치 또는 방향의 규칙성이 없습니다.

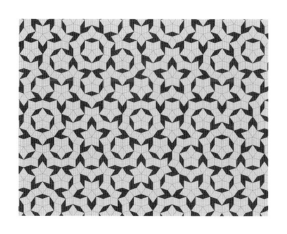

그림 7.6 펜로즈 타일링Penrose tiling으로 알려진 이 준결정은 간단한 규칙을 따라 만들 수 있습니다. 형태는 규칙적으로 보이지만 절대로 반복되지 않으므로 실제로는 비주기적입니다.

또한 원자의 긴 사슬인 고분자(중합체polymer)[6]를 알고 있어야 합니다. 예로는 DNA, 콜라겐(그림 7.7 참조), 폴리프로필렌 등이 있습니다.

그리고 더 많은 유형의 응집물질계가 있지만, 여기서 논의할 시간이 없습니다.[7] 자연적으로 발생하지 않는 인공적인 유형의 규칙성을 만들 수도 있습니다. 이러한 유형의 물질 각각에는 고유의 흥미로운 특성이 있으며, 시간이 더 있으면 자세히 논의할 것입니다! 너무나 많은 종류의 물질이 존재한다는 것을 감안할 때, 이 책의 나머지 부분에서 간단한 결정성을 가진 고체에 전적으로 초점을 맞춘다는 것이 이상하게 보일 수 있습니다. 그러나 이것에는 매우 타당한 이유가 있습니다. 우선, 고체에 대한 연구는 물리학의 가장 성공적인 분야 중 하나입니다 – 우리가 얼마나 완벽하게 그것을 이해하는지, 그리고 또한 우리가 이 이해를 통해 진짜로 무엇을 할 수 있는지 하는 면에서. (예를 들어, 현대의 전체 반도체 산업은 고체에 대한 우리의 이해가 얼마나 성공적인지를 보여주는 증거입니다!) 그러나 더 중요한 것은 우리가 고체를 공부함으로써 배우는 물리학은 세상에 존재하는 물질의 훨씬 더 복잡한 형태를 이해하려고 시도하는 훌륭한 출발점이 됩니다.

[7] 초유체superfluid와 같은 형태가 특히 흥미로운데, 양자역학이 그것의 물리를 지배합니다. 그러나 아아, 우리는 다른 책을 위해 이것에 대한 토론을 남겨 놓아야 합니다.

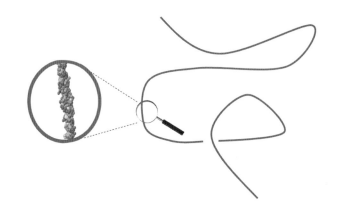

그림 7.7 고분자 그림. 고분자는 긴 원자 사슬입니다. 여기서 보여준 것은 생물 고분자 콜라겐입니다.

[6] 여기에 부엌에서 하는 정말 멋진 실험이 있습니다. 옥수수 전분cornstarch은 긴 원자 사슬인 고분자입니다. 옥수수 전분 상자를 가져와서 대략 절반의 옥수수 전분과 절반의 물로 혼합물을 만드십시오(비율을 가지고 장난칠 수도 있습니다). 혼합물은 흐를 수 있어야 합니다. 손을 넣으면 액체처럼 느껴지고, 끈적거리게 됩니다. 그러나 이것을 한 통 가져가서, 망치로 아주 빠르게 치면 벽돌처럼 느끼게 될 것이고, 심지어 균열이 생길 것입니다(그리고 다시 끈적거리게 됩니다). 실은 여러분들은 이것을 깊은 욕조에 채우고, 그것이 완전히 유체처럼 느껴지더라도, 그 위를 뛰어 다닐 수 있습니다. (실험하기 귀찮은 경우 'Ellen cornstarch'로 구글링해서 YouTube로 실험 영상을 보십시오. 또한 'cornstarch, speaker'를 검색하여 어쿠스틱 스피커 위에 이것을 놓으면 어떤 일이 벌어지는지 확인할 수 있습니다.) 이 혼합물은 닥터 수스Dr. Seuss의 책에 나오는 '우블렉Oobleck'(닥터 수스의 책에 나오는 물질: 역자 주)이라고도 알려져 있으며, '비뉴턴성'유체non-Newtonian fluid의 예입니다 – 유효 점성은 힘이 물질에 얼마나 빨리 가해지는가에 달려 있습니다. 고분자가 이러한 성질을 갖는 이유는 긴 고분자 가닥이 서로 얽혀 있기 때문입니다. 힘이 천천히 가해지면 가닥이 엉키지 않고, 서로 지나갈 수 있습니다. 그러나 힘이 빠르게 가해지면 충분히 빨리 얽히며 재료는 마치 고체처럼 행동합니다.

- Dove, 2장에 물질의 종류에 대한 내용이 있습니다.
- Chaikin and Lubensky의 책에 물질의 종류에 대한 훨씬 더 방대한 내용이 있습니다.

1차원에서 고체의 장난감 모형

Toy Models of Solids in One Dimension

압축률과 소리, 열팽창에 대한 1차원 모형

One-Dimensional Model of Compressibility, Sound, and Thermal Expansion

앞의 몇 장(2~4장)에서 고체 그리고 고체 안에 있는 전자에 대한 간단한 모형은 여러 면에서 충분하지 않다는 것을 알았습니다. 이해를 높이기 위해, 결정의 주기적인 미세구조를 더욱 본격적으로 받아들이기로 하였습니다. 이제 이것을 좀 더 신중하고 미시적으로 고려합니다. 주기 격자의 효과를 정성적으로 이해하기 위해서는 때때로 1차원계의 용어로 생각하면 충분합니다. 이것은 다음의 몇 장에서 취할 방법입니다. 1차원에서 몇 가지 중요한 원리를 도입하기만 하면, 고차원에 관련된 복잡성을 말할 수 있을 것입니다.

6장에서는 원자 사이의 결합에 대해 논의했습니다. 특히 공유 결합의 논의에서는, 원자들이 최적의 거리를 두고 떨어져 있을 때 에너지가 가장 낮은 것을 알았습니다(예를 들어, 그림 6.6을 참조하십시오). 원자들 사이의 거리의 함수인 에너지가 이러한 모양으로 주어지면, 흥미로운 결론에 이를 수 있을 것입니다.

간단히, (한 줄로 늘어진) 1차원 원자계를 생각합니다. 그림 8.1은 인접 원자 사이의 퍼텐셜 $V(x)$를 나타냅니다.

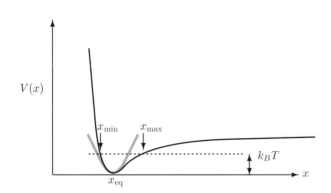

그림 8.1 인접한 원자 사이의 거리의 함수로서 퍼텐셜(가는 검정색). 두꺼운 밝은 회색 곡선은 최솟값에 대한 2차 근사입니다(비뚤어져 보일 수 있지만, 실은 두꺼운 회색 곡선은 대칭이고 가는 검정 곡선은 비대칭입니다). 평형 위치는 x_{eq}입니다. 유한 온도 T에서 계는, 최솟값을 중심으로 대칭이 아닌 x_{min}과 x_{max} 사이에서 진동할 수 있습니다. 따라서 T가 증가함에 따라 평균 위치는 더 큰 거리로 이동하고 계는 팽창합니다.

고전적인 평형 위치는 퍼텐셜 우물의 바닥의 위치입니다(그림에서는 x_{eq}로 표기됨). 그러면 낮은 온도에서 원자 사이의 거리는 x_{eq}이어야 합니다. (양자역학을 이용하면 이 값은 바뀔 수 있고 아주 조금 증가합니다, 연습문제 8.4를 참조하십시오.)

최솟값 주위에서 퍼텐셜을 테일러 전개해 볼까요.

$$V(x) \approx V(x_{eq}) + \frac{\kappa}{2}(x - x_{eq})^2 - \frac{\kappa_3}{3!}(x - x_{eq})^3 + \cdots$$

1차항이 없는 점에 유의하십시오. (1차항이 있을 경우, x_{eq}는 최소가 될 수 없습니다.) 만일 위치 x_{eq}에서 조금만 빗어나면, 고차항은 이차항보다 훨씬 작을 것이므로 이 항들은 버릴 수 있습니다. 이는, *임의의* 매끄러운 퍼텐셜은 최솟값 근처에서는 2차식이 된다는 꽤 중요한 일반 원리입니다.

압축률(또는 탄성율)

따라서 최솟값 주위에서 이차식 퍼텐셜은 단순히 후크의 법칙을 나타냅니다. 계를 압축하기 위해 힘을 가하면(즉, 1차원 모형 고체에 압력을 가하면),

$$-\kappa(\delta x_{eq}) = F$$

가 됩니다. 여기서 부호는 양의 (압축적인) 압력이 원자들 사이의 거리를 줄게 합니다. 이것은 명백히 바로 고체의 압축률compressibility (또는 탄성률elasticity)에 대한 기술입니다. 압축률에 대한 일반적인 기술은

$$\beta = -\frac{1}{V}\frac{\partial V}{\partial P}$$

와 같습니다. (이상적으로는 T와 S(엔트로피)를 고정하여 이것을 측정하였음을 표시하여야 합니다. 여기서는 간단히 $T = S = 0$으로 놓고 계산합니다). 1차원의 경우, 압축률은

$$\beta = -\frac{1}{L}\frac{\partial L}{\partial F} = \frac{1}{\kappa x_{eq}} = \frac{1}{\kappa a} \tag{8.1}$$

와 같이 씁니다.[1] L은 계의 길이이고 x_{eq}는 원자 사이의 간격입니다. 여기서 동일한 원자계에서 원자 사이의 평형 거리(소위 *격자상수lattice constant*)는 관습적으로 a로 씁니다.

소리

유체의 학습으로부터 등방 압축성 유체에서 소리속도는

$$v = \sqrt{\frac{B}{\rho}} = \sqrt{\frac{1}{\rho\beta}} \qquad (8.2)$$

와 같이 예측된다는 것을 기억할 것입니다. 여기서 ρ는 유체의 밀도, B는 부피 탄성률이고, β가 (단열) 압축률이면 $B = 1/\beta$의 관계에 있습니다. 실제 고체에서는 압축률이 비등방이어서 소리속도가 구체적으로 진행 방향에 따라 달라지지만, 우리의 1차원 모형에서는 문제가 되지 않습니다.

각각의 입자의 질량이 m이고 입자들 사이의 평균 거리가 a일 경우 밀도는 m/a가 됩니다. 따라서 앞의 결과(식 8.1과 8.1)를 이용하면, 소리속도는

$$v = \sqrt{\frac{\kappa a^2}{m}} \qquad (8.3)$$

와 같이 예측됩니다. 조만간 (9.2절에서) 우리는 1차원 고체에서 원자에 대한 미시적인 운동방정식으로부터 이 식을 다시 유도할 것입니다.

열팽창

지금까지 우리는 0 K에서 논의해 왔으나 적어도 열팽창에 대해서는 생각할 만합니다. 이것은 6.2.2절 끝의 **여담**에서 언급되었으며 연습문제 8.2~8.4에서 더 완전하고 구체적으로 다룰 것입니다(실은 연습문제서도 열팽창은 매우 조잡하게 다룰 것이나, 이 현상에 대한 일반적인 개념을 주기에는 충분합니다[2]).

이제 유한 온도에서 그림 8.1을 다시 고려하겠습니다. 우리는 원자들 사이의 거리의 함수로서 퍼텐셜을, 퍼텐셜에서 공이 구르는 것과 같이 상상할 수 있습니다. 에너지가 0일 때 공은 최소 위치에 있습니다.

[1] 여기서 β는 온도의 역수가 아닙니다! 불행하게도 두 물리량 모두에 대해 동일한 기호가 관습적으로 사용됩니다.

[2] 불행히도 열팽창을 더 정확하게 설명하는 것은 매우 지저분합니다! 예를 들어 Ashcroft and Mermin의 책을 참조하십시오.

그러나 공에 약간의 온도(즉, 약간의 에너지)를 주면 최솟점 주위에서 진동할 것입니다. 고정된 에너지 $k_B T$에서 공은 $V(x_{\min}) = V(x_{\max}) = k_B T$로 결정되는 두 점 $x_{\min}$과 $x_{\max}$ 사이를 왕복할 것입니다. 그러나 최솟값을 벗어나면 퍼텐셜은 비대칭이므로, $|x_{\max} - x_{eq}| > |x_{\min} - x_{eq}|$이 되어서 평균적인 공의 위치는 $\langle x \rangle > x_{eq}$가 됩니다. 이것이 열팽창의 본질적인 이유입니다! $\kappa_3 > 0$(즉, 작은 x에서 퍼텐셜이 더 가파른)인 모든 계에서는 양의 열팽창을 얻을 수 있는데, 대부분의 실제 고체에 해당합니다.

요약

- 원자들 사이의 힘은 바닥상태 구조를 결정합니다.
- 바닥상태를 교란시키는 이 힘은 탄성, 소리속도, 열팽창을 결정합니다.
- 열팽창은 원자간 퍼텐셜의 2차가 아닌non-quadratic 항 부분에서 나옵니다.

참고자료

소리와 압축률
- Goodstein, 3.2b절
- Hook and Hall, 2.2절
- Ibach and Luth, 4.5절의 도입부 (더 상급 수준)

열팽창. 열팽창을 다루는 대부분의 참고자료들은 깊이 들어갑니다. 다음의 책들은 꽤 간명합니다.
- Kittel, 5장의 열팽창에 대한 부분
- Hook and Hall, 2.7.1절

8.1 원자 사이의 퍼텐셜

열팽창 모형으로서, 그림과 같은 두 개의 최근접 원자 사이 거리의 함수인 퍼텐셜을 학습합니다.

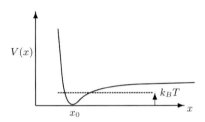

여기서 x는 최근접 원자들 사이 거리를 나타냅니다. 이 퍼텐셜은 최솟점 근처에서

$$V(x) = \frac{\kappa}{2}(x-x_0)^2 - \frac{\kappa_3}{3!}(x-x_0)^3 + \dots \quad (8.4)$$

와 같이 전개할 수 있습니다. 여기서 x_0는 최솟점의 위치이고 $\kappa_3 > 0$입니다. 에너지가 작은 경우, 급수를 3차항에서 끊을 수 있습니다. (에너지의 바닥을 0으로 정의함에 주의하시오.)

원자들 사이의 퍼텐셜에 대한 매우 정교한 근사식(특히 헬륨과 아르곤 같은 비활성 기체에 적용되는)은 소위 레너드-존스Lennard-Jones 퍼텐셜

$$V(x) = 4\epsilon \left[\left(\frac{\sigma}{x} \right)^{12} - \left(\frac{\sigma}{x} \right)^{6} \right] + \epsilon \quad (8.5)$$

로 나타낼 수 있습니다. 여기에서 ϵ과 σ는 원자에 의존하는 상수입니다.

▶ 위의 표현의 둘째항의 지수 6승의 의미는 무엇일까요? (즉, 왜 지수를 부득이 6으로 선택하였을까요?)

▶ 식 8.5를 최솟점 근처에서 전개하여 식 8.4와 비교함으로써, 레너드-존스 퍼텐셜에 대한 x_0, κ, κ_3를 ϵ과 σ로 표현하시오. 이 결과들은 연습문제 8.3에 쓰입니다.

8.2 열팽창에 대한 고전적인 모형

(i) 고전 통계역학에서는 x의 기댓값을

$$\langle x \rangle_\beta = \frac{\int dx \, x \, e^{-\beta V(x)}}{\int dx \, e^{-\beta V(x)}}$$

와 같이 씁니다. 일반적으로 식 8.4와 같은 임의의 형태의 퍼텐셜에 대해서는 적분할 수 없지만, 지수부분을

$$e^{-\beta V(x)} = e^{-\frac{\beta \kappa}{2}(x-x_0)^2} \left[1 + \frac{\beta \kappa_3}{6}(x-x_0)^3 + \dots \right]$$

와 같이 전개할 수 있고, 적분의 끝은 $\pm \infty$로 잡습니다.

▶ 왜 지수부를 이렇게 전개할 수 있고 적분 끝을 무한대로 확장할 수 있나요?

▶ 이 전개를 이용하여 $\langle x \rangle_\beta$를 κ_3의 최소 차수까지 구하시오. 그리고 열팽창 계수가

$$\alpha = \frac{1}{L}\frac{dL}{dT} \approx \frac{1}{x_0}\frac{d\langle x \rangle_\beta}{dT} = \frac{1}{x_0}\frac{k_B \kappa_3}{2\kappa^2}$$

임을 보이시오. 여기서 k_B는 볼츠만 상수입니다.

▶ 어떤 온도 범위에서 위의 전개가 유효합니까?

▶ 단지 두 개의 원자만 있을 경우에 고체에서 이 열팽창 모형은 유효한 반면에, 여러 원자의 사슬에 대하여는 왜 유효하지 않을까요? (그럼에도 진짜로 괜찮은 근사입니다.)

8.3 고체 아르곤의 성질

아르곤의 경우, 식 8.5 레너드-존스 퍼텐셜의 상수 값은 $\epsilon = 10$ meV, $\sigma = 0.34$ nm로 주어집니다. 연습문제 8.1의 결과를 이용할 필요가 있습니다.

▶ *소리*

아르곤의 원자량을 39.9라고 하면, 고체 아르곤에서 소리속도를 어림하시오. 실제로 종파 모드의 속도는 약 1600 m/s입니다.

▶ *열팽창*

연습문제 8.2의 결과를 이용하여 아르곤의 열팽창 계수 α를 어림하시오.

주의: 이 부분은 연습문제 (8.2)를 완전히 이해하지 못하더라도 풀 수 있습니다!

80 K에서 실제 아르곤의 열팽창 계수는 약 $\alpha = 2 \times 10^{-3}$/K입니다. 그러나 더 낮은 온도에서 α의 값은 급격히 떨어집니다. 왜 그런지 이해하기 위해서는 다음 문제에서 더욱 세련된 양자역학적 모형을 사용할 것입니다.

8.4 열팽창에 대한 양자역학적 모형

(a) 양자역학에서 해밀토니언을

$$H = H_0 + \delta V$$

와 같이 쓸 수 있습니다. 여기서

$$H_0 = \frac{p^2}{2m} + \frac{\kappa}{2}(x - x_0)^2 \qquad (8.6)$$

는 자유 조화 진동자의 해밀토니언이고 δV는 미동입니다(식 8.4).

$$\delta V = -\frac{\kappa_3}{6}(x - x_0)^3 + \dots$$

여기서 4차항 이상은 생략하였습니다.

▶ 식 8.6에서 어떤 m의 값을 사용하여야 합니까? 미동 이론을 사용하여 κ_3의 가장 낮은 차수까지 구하면 다음 식이 성립합니다.

$$\langle n|x|n \rangle = x_0 + E_n \kappa_3 / (2\kappa^2) \qquad (8.7)$$

여기서 $|n\rangle$은 조화 진동자의 고유상태이고 $\omega = \sqrt{\kappa/m}$ 일 때 에너지가

$$E_n = \hbar\omega\left(n + \frac{1}{2}\right) + \mathcal{O}(\kappa_3) \qquad n \geqslant 0$$

입니다. (c)에서 식 8.7을 증명할 것이지만, 우선은 이를 받아들이도록 하시오.

▶ 진자가 바닥상태에 있더라도 x의 기댓값은 x_0과 다름에 주의하시오. 물리적으로 왜 그럴까요?

(b)* 식 8.7을 사용하여 임의의 온도에서 x의 양자적 기댓값

$$\langle x \rangle_\beta = \frac{\sum_n \langle n|x|n \rangle e^{-\beta E_n}}{\sum_n e^{-\beta E_n}}$$

을 계산하시오.

▶ 열팽창 계수를 유도하시오.
▶ 고온에서 극한을 조사하고 이것이 연습문제 8.2의 결과와 잘 맞는지 보이시오.
▶ 어떤 온도 범위에서 우리의 미동 전개가 타당합니까?
▶ 양자역학적 계산 관점에서 연습문제 8.2의 고전적인 계산은 언제 타당합니까?
▶ 왜 저온에서 열팽창 계수는 감소합니까?

(c)** 가장 낮은 차수의 미동이론을 사용하여 식 8.7을 증명하시오.

힌트: 올림과 내림 사다리 연산자를 이용하여 계산하는 것이 가장 쉽습니다. a와 $a^\dagger$ 연산자를 다음과 같이 정의할 수 있음을 기억하시오.

$$[a, a^\dagger] = 1$$

$$a^\dagger |n\rangle_0 = \sqrt{n+1}|n+1\rangle_0$$
$$a|n\rangle_0 = \sqrt{n}|n-1\rangle_0$$

이들 켓과 연산자들은 비미동 해밀토니언 H_0에 대한 것임에 주의하시오. $x - x_0$ 연산자는 이들 연산자로

$$x - x_0 = \sqrt{\frac{\hbar}{2m\omega}}(a + a^\dagger)$$

와 같이 표현할 수 있습니다.

8.5 그뤼나이젠Grüneisen 파라미터*

원자 사이의 상호작용의 비조화성의 또 다른 척도는 원자 사이의 거리의 변화에 따른 진동수 변화입니다. 이것이 열팽창과 어떤 관련이 있는지 살펴봅시다. 고체의 아인슈타인 모형의 경우, 추적할 수 있는 것은 진동수 ω 단 하나입니다. 우리는 소위 그뤼나이젠

파라미터

$$\gamma = -\left.\frac{\partial \ln \omega}{\partial \ln V}\right|_T$$

를 정의합니다. 양자 조화진동자의 엔트로피가 $x = \beta \hbar \omega$만의 함수라는 사실을 사용하여

$$\gamma = \left.\frac{\partial \ln S}{\partial \ln V}\right|_T \left.\frac{\partial \ln T}{\partial \ln S}\right|_V = \frac{\alpha}{\beta_T c_V}$$

를 유도하시오. 마지막 단계에서는 열역학적 맥스웰 관계를 사용해야 합니다. 여기서 c_V는 일정한 부피에서 단위 부피당 열용량이고, $\alpha = (\partial \ln V / \partial T)_P$는 팽창계수, $\beta_T = -(\partial \ln V / \partial P)_T$는 등온 압축률입니다.

CHAPTER 09

1차원 단원자 사슬의 진동

Vibrations of a One-Dimensional Monatomic Chain

2장에서는 고체에서 진동에 대한 볼츠만, 아인슈타인, 디바이 모형을 고려했습니다. 이번 장에서는 고체에서 진동에 대한 상세한 모형을, 1단계에는 고전적으로, 2단계에서는 양자역학적으로 살펴볼 것입니다. 우리는 진동을 이해하려는 초기의 시도가 달성한 것들과 그것들의 단점도 더 잘 이해할 수 있게 될 것입니다.

질량 m인 동일한 원자들이 배열되어 있는 1차원 사슬을 고려해 봅시다. 원자 사이의 평형 간격(이 양을 *격자상수*라고 부르기도 합니다)은 a입니다. n번째 원자의 위치를 x_n으로, n번째 원자의 평형 위치를 $x_n^{\text{eq}} = na$로 정의합니다.

일단 우리가 원자의 움직임을 허용하면 x_n이 평형 위치에서 벗어날 것이므로 크기가 작은 변수

$$\delta x_n = x_n - x_n^{\text{eq}}$$

를 정의합니다. 우리의 간단한 모형에서는 질량들의 1차원 운동만 허용하고 있음에 주의하십시오(즉, 사슬은 횡방향 운동이 아닌 종방향 운동만 허용됩니다).

앞 장에서 논의했듯이, 계의 온도가 충분히 낮으면 원자를 묶는 퍼텐셜을 2차식으로 간주할 수 있습니다. 따라서, 우리의 고체 모형은 그림 9.1과 같이 평형 길이 a인 용수철에 묶여있는 질량들의 사슬입니다. 2차식 퍼텐셜 때문에, 그리고 단조화운동과의 관계 때문에 이 모형은 조화 사슬로 알려져 있습니다.

이 2차 퍼텐셜로 사슬의 총위치에너지를

$$V_{\text{tot}} \;=\; \sum_i V(x_{i+1} - x_i) = \sum_i \frac{\kappa}{2}(x_{i+1} - x_i - a)^2$$

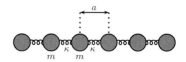

그림 9.1 1차원 단원자 조화 사슬. 각각의 공은 질량이 m이고 각각의 용수철은 용수철상수가 κ입니다. 격자상수 또는 정지해 있는 이웃 질량 사이의 거리는 a입니다.

$$= \sum_i \frac{\kappa}{2} (\delta x_{i+1} - \delta x_i)^2.$$

와 같이 쓸 수 있습니다. 사슬의 n번째 질량이 받는 힘은

$$F_n = -\frac{\partial V_{\text{tot}}}{\partial x_n} = \kappa(\delta x_{n+1} - \delta x_n) + \kappa(\delta x_{n-1} - \delta x_n)$$

와 같이 계산됩니다. 따라서 우리는 뉴턴 운동방정식

$$m\,\ddot{\delta x}_n = F_n = \kappa(\delta x_{n+1} + \delta x_{n-1} - 2\delta x_n) \tag{9.1}$$

을 얻습니다.

여러분에게 상기시키면, 임의의 결합된 계의 *정규 모드*normal mode는 모든 입자가 같은 진동수로 움직이는 집단 진동으로 정의됩니다. 우리는 이제 정규 모드를 파동으로 묘사하는 가설풀이ansatz[1]를 사용하여 뉴턴 방정식에 대한 해를 구하려고 합니다.

$$\delta x_n = A e^{i\omega t - ikx_n^{\text{eq}}} = A e^{i\omega t - ikna}$$

여기서 A는 진동의 진폭이고, k와 ω는 제안된 파동의 파수벡터와 진동수입니다.

이제 여러분은 δx_n의 복소수 값을 고려하는 것이 어찌된 일인가 혼란스러울 수 있습니다. 여기서 편의상 복소수를 사용하지만, 실제로는 실수 부분을 취하는 것을 암묵적으로 의미합니다(이것은 교류의 회로 이론에서 하는 것과 유사합니다). 실수부를 취하기 때문에, $\omega \geq 0$만을 고려하는 것으로 충분하지만, k는 두 가지 부호를 가질 수 있다는 점에 주의해야 합니다. ω가 양수로 지정되면 이 부호의 값들은 동등하지 않습니다.

우리의 가설풀이를 식 9.1에 넣으면

$$-m\omega^2 A e^{i\omega t - ikna} = \kappa A e^{i\omega t}\left[e^{-ika(n+1)} + e^{-ika(n-1)} - 2e^{-ikan}\right]$$

또는

$$m\omega^2 = 2\kappa[1 - \cos(ka)] = 4\kappa \sin^2(ka/2) \tag{9.2}$$

를 얻습니다, 따라서 우리는

[1] 이전에 이 단어를 보지 못했다면, '가설풀이ansatz'는 '나중에 확인될 경험이 있는 추측'을 의미합니다. 이 단어는 '접근' 또는 '시도'를 의미하는 독일어에서 왔습니다.

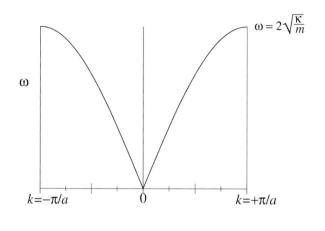

그림 9.2 1차원 단원자 조화 사슬의 진동의 분산 관계. 분산은 $k \to k + 2\pi/a$에 대하여 주기적입니다.

$$\omega = 2\sqrt{\frac{\kappa}{m}}\left|\sin\left(\frac{ka}{2}\right)\right| \qquad (9.3)$$

의 결과를 얻습니다. 일반적으로 진동수(또는 에너지)와 파수벡터(또는 운동량) 사이의 관계는 *분산 관계*dispersion relation로 알려져 있습니다. 이 특별한 분산 관계는 그림 9.2에 나타나 있습니다.

9.1 역격자에 대한 첫째 대면

그림 9.2에서 $-\pi/a \leq k \leq \pi/a$ 구간에서만 분산을 그린 점에 주의하십시오. 그 이유는 식 9.3을 보면 명확합니다 – 분산 관계는 실제로 $k \to k + 2\pi/a$에 대해서 주기적입니다. 실은 이것은 매우 중요한 일반 원리입니다.

원리 9.1 : 실공간에서 주기가 a인 계는 역공간에서 주기는 $2\pi/a$입니다.

이 원리에서 우리는 k-공간을 의미하는 *역*reciprocal공간이라는 단어를 사용했습니다. 다시 말해서, 이 원리에 의하면, 계가 $x \to x + a$에 대하여 동일하게 보인다면 분산은 k-공간에서 $k \to k + 2\pi/a$일 때 동일하게 보입니다. 우리는 이후 장에서 이 원리로 자주 돌아올 것입니다.

k-공간에서 주기 단위('단위 낱칸')는 관례적으로 *브릴루앙 영역*Brillouin zone으로 알려져 있습니다.[2,3] 이것은 브릴루앙 영역 개념에 대

[2] 레옹 브릴루앙Leon Brillouin은 조머펠트의 학생 중 하나였습니다. 그는 'WKB' 근사에서 'B'를 포함하여 많은 것들로 유명합니다. WKB에 대해 공부하지 않았다면 정말로 배워야 합니다!

[3] 영어 사용자에게는 '브릴루앙Brillouin'의 발음은 아주 어렵습니다. 여러분이 프랑스어를 할 줄 알면 이 이름이 도살당하는 방식에 움츠려들 것입니다. (나는 학교에서 프랑스어를 못해서 아마도 가장 최악의 위반자일 것입니다.) 온라인 사전에 따르면, 다음 단어들 br$\bar{e}$wan, breel-wahn, bree(y) lwa(n) 그리고 bree-l-(uh) -wahn 사이 어딘가에서 적당하게 발음됩니다. 어쨌든 'l'과 'n'은 모두 매우 약하게 해야 합니다. 또한 Brie(치즈)와 Rouen(프랑스의 마을)로 생각할 수도 있다고 들었습니다(내가 발음하는 법을 결코 알지 못했기 때문에 그렇게 많은 도움이 되지 않았습니다).

한 첫째 대면이지만, 이후 장에서 이것이 중심 역할을 할 것입니다. '첫째 브릴루앙 영역'은 $k = 0$을 중심으로 한 k-공간의 단위 낱칸입니다. 따라서 분산은 큰 k값에 대해 주기적이라는 조건에서, 그림 9.2는 첫째 브릴루앙 영역만 보여주고 있습니다. $k = \pm\pi/a$인 점들은 *브릴루앙 영역 경계*로 알려져 있고, 이 경우 $k = 0$ 주변에서 대칭으로 정의되고 $2\pi/a$만큼 떨어져 있습니다.

잠시 멈추고 왜 분산 곡선이 $k \to k + 2\pi/a$에 대해 주기적이어야 하는지 의문을 가질 만합니다. 진동 모드를

$$\delta x_n = A e^{i\omega t - ikna} \tag{9.4}$$

의 형태로 정의했다는 것을 기억해 봅시다. $k \to k + 2\pi/a$를 취하면

$$\delta x_n = A e^{i\omega t - i(k + 2\pi/a)na} = A e^{i\omega t - ikna} e^{-i2\pi n} = A e^{i\omega t - ikna}$$

를 얻습니다. 여기서, 임의의 정수 n에 대해

$$e^{-i2\pi n} = 1$$

인 것을 이용했습니다. 여기서 우리가 발견한 것은, $k \to k + 2\pi/a$로 변환하면 k를 변환하기 전과 똑같은 진동 모드를 얻는다는 것입니다. 이 둘은 물리적으로 정확히 동등합니다!

사실, p가 정수일 때,

$$e^{-i2\pi np} = 1$$

이기 때문에 k를 임의의 $k + 2\pi p/a$로 변환하면 동일한 파동을 얻을 수 있음은 분명합니다. 따라서 우리는 k-공간(역공간)에서 점 $k = 0$과 물리적으로 동등한 점들의 집합을 정의할 수 있습니다. 이 점들의 집합은 *역격자reciprocal lattice*로 알려져 있습니다. 원래의 주기적인 점들의 집합 $x_n = na$는 역격자와 구별할 필요가 있을 때는 *실direct격자* 또는 *실공간real-space 격자*로 불립니다.

역격자의 개념은 추후에 극히 중요합니다. 다음과 같이 실격자와 역격자의 유사성을 볼 수 있습니다:

$$
\begin{aligned}
x_n &= \quad \ldots \quad -2a, \quad -a, \quad 0, \quad a, \quad 2a, \quad \ldots \\
G_n &= \quad \ldots \quad -2\left(\tfrac{2\pi}{a}\right), \quad -\tfrac{2\pi}{a}, \quad 0, \quad \tfrac{2\pi}{a}, \quad 2\left(\tfrac{2\pi}{a}\right), \quad \ldots
\end{aligned}
$$

실격자의 점으로 역격자의 성질을

$$e^{iG_m x_n} = 1 \qquad (9.5)$$

와 같이 정의할 수 있다는 것에 유의하십시오. 실격자의 모든 x_n에 대해 식 9.5가 성립하는 것과 점 G_m은 역격자 점이라는 것은 필요충분 조건입니다.

앨리어싱aliasing

파수벡터 k가 파수벡터 $k + G_m$과 동일한 파동을 기술한다는 사실은 많은 혼란을 야기할 수 있습니다. 예를 들어, 우리는 보통 파장을 $2\pi/k$로 생각합니다. 그러나 k가 $k + G_m$과 같으면, $2\pi/k$와 $2\pi/(k + G_m)$ 중에서 무엇을 선택해야 하는지 어떻게 알 수 있을까요? 이 수수께끼 (그리고 많은 관련된 수수께끼[4])의 해결책은 k와 $k + G_m$는 x축 위의 임의의 점이 아니라 격자점 $x_n = na$에서만 동등하다는 것을 인식하는 것입니다. 실제로 우리의 파동 가설풀이, 식 9.4에서, 파동은 이 격자 위치에서만 정의됩니다(즉, 변위는 각 질량에 대해 정의됩니다). 그림 9.3은 어떻게 해서 k와 $k + 2\pi/a$에 해당하는 파동이 격자점 $x_n = na$에서 일치하지만 다른 점에서는 일치하지 않음을 보여줍니다. 결과적으로 둘 다 우리가 사용한 동일한 진동파의 가설풀이를 설명하기 때문에 파장이 $2\pi/k$ 또는 $2\pi/(k + G_m)$인지 묻는 것은 다소 의미가 없습니다. 파장이 다른 두 개의 파동이 격자점에서만 샘플링 되면 동일하게 보일 것이라는 이 현상은 종종 파동의 앨리어싱이라고도 합니다.[5]

9.2 1차원 사슬의 분산 특성

이제 되돌아가서 우리가 계산한 분산(식 9.3)의 성질을 더욱 꼼꼼히 조사합니다.

소리파

소리파[6]는 (원자 간격과 비교할 때) 긴 파장의 진동입니다. 이 장파장 영역에서는 우리가 구한 분산은 속도가

[4] 또 다른 밀접한 질문은 k와 $k + G_m$가 같다면 위상속도 $v_{phase} = \omega/k$를 어떻게 해석하느냐입니다.

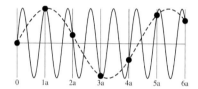

그림 9.3 파동의 앨리어싱. 점선으로 표시된 곡선은 파수벡터가 k이고 반면 실선은 파수벡터가 $k + 2\pi/a$가 됩니다. 이 두 파는 격자점 $x_n = na$에서 동일한 값(굵은 점)을 갖지만 격자점 사이에서는 일치하지 않습니다. 물리적인 파동이 이 격자점에서만 정의된다면 두 파동은 완전히 동등합니다.

[5] 이 용어는 한 파장으로써 다른 파장으로 '변장'할 수 있음을 발견한 라디오 엔지니어들로부터 유래했습니다.

[6] 참고로 사람은 약 1 cm~10 m 파장의 소리파를 들을 수 있다는 것을 기억하면 됩니다. 이것은 원자 간격에 비해 매우 긴 파장입니다.

$$v_{\text{sound}} = a\sqrt{\frac{\kappa}{m}}$$

인 소리파의 파수벡터와 선형 $\omega = v_{\text{sound}}k$임을 알 수 있습니다(이것을 알려면, 식 9.3에서 사인함수를 전개하십시오). 이 소리속도는 식 8.3으로 예측한 속도와 같습니다!

그러나 더 큰 k에서 분산은 더 이상 선형적이지 않은 것에 주의해야 합니다. 이것은 디바이가 2.2절의 계산에서 가정한 것과 일치하지 않습니다. 분명히 이것은 디바이 이론의 단점입니다. 실제로 정규 진동 모드의 분산은 장파장에서만 선형입니다.

더 짧은 파장(더 큰 k)에서는 일반적으로 두 가지 다른 속도를 정의합니다. *군속도group velocity*, 즉 파동 묶음이 움직이는 속도는

$$v_{\text{group}} = d\omega/dk$$

와 같이 주어집니다. 그리고 *위상속도phase velocity*, 즉 각각의 최댓값과 최솟값이 움직이는 속도는

$$v_{\text{phase}} = \omega/k$$

와 같이 주어집니다.[7] 선형 분산의 경우에는 이 둘은 일치하지만, 그렇지 않은 경우에는 다릅니다. 군속도는 브릴루앙 영역 경계 $k = \pm \pi/a$에서 0이 된다(즉, 분산은 편평하다)는 사실에 유의하십시오. 나중에 여러 번 보게 되겠지만 이것은 일반적인 원리입니다!

정규 모드 셈

이제 우리 계에 얼마나 많은 정규 모드가 있는지 알아 봅시다. 순진하게 $-\pi/a \leq k < \pi/a$인 임의의 k를 식 9.3에 넣어서 파수벡터 k와 주파수 $\omega(k)$를 갖는 정규 모드를 얻을 수 있을 것 같습니다. 그러나 이것은 엄밀하게 옳지 않습니다.

우리의 계는 일렬로 정확히 N개의 질량을 가지고 있다고 가정해 봅시다. 그리고 간단히 이 계가 주기 경계 조건을 가지고 있다고 가정해 봅시다. 즉, 입자 x_0는 오른쪽에 입자 x_1이 있고 왼쪽에 입자 x_{N-1}이 있습니다. 이것을 기술하는 또 다른 방법은, $x_{n+N} = x_n$으로 놓는 것입니다, 즉 이 1차원 계는 큰 원을 형성합니다. 이 경우 가설풀이

[7] 군속도와 위상속도 사이의 차이는 종종 혼동을 일으키는 원인이 됩니다. 아직 명확하지 않은 경우 웹에서 검색하는 것이 좋습니다. 이 두 가지에 대한 해설을 보여주는 멋진 사이트가 많이 있습니다.

식 9.4는 우리가 원을 도는 동안 의미가 있습니다. 그러므로

$$e^{i\omega t - ikna} = e^{i\omega t - ik(N+n)a}$$

를 얻습니다. 또는 이와 동등하게

$$e^{ikNa} = 1$$

이어야 합니다. 이 조건으로 가능한 k의 값은

$$k = \frac{2\pi p}{Na} = \frac{2\pi p}{L}$$

의 형식으로 제한됩니다. 여기서 p는 정수이고 L은 계의 전체 길이입니다. 따라서 k는 연속 변수가 아니고 양자화 됩니다(이것은 이전의 2.2.1절에서 보았던 것과 정확히 같은 논리입니다). 이것이 의미하는 바는 그림 9.2의 k축은 실제로 아주 많은 개별 점들의 불연속 집합이라는 것입니다. 두 연속점 사이의 간격은 $2\pi/Na = 2\pi/L$입니다.

이제 정규 모드가 얼마나 많은지 세어 봅시다. 9.1절의 브릴루앙 영역에 대한 논의에서 언급했듯이, k에 $2\pi/a$를 더하면 물리적으로 똑같은 파동으로 되돌아갑니다. 따라서 첫째 브릴루앙 영역 안의 k값만 고려할 필요가 있습니다(즉, $-\pi/a \le k < \pi/a$이고, π/a는 $-\pi/a$와 같기 때문에 둘이 아닌 하나로 간주합니다). 따라서 정규 모드의 총수는

$$\text{총 모드 수} = k\text{의 범위} \,/\, \text{인접한 } k \text{ 사이의 간격}$$
$$= \frac{2\pi/a}{2\pi/Na} = N \tag{9.6}$$

입니다. 계에는 질량당 정확히 하나의 정규 모드가 있습니다. 즉 계 전체의 자유도당 하나의 정규 모드입니다. 이것은 바로 디바이가 통찰력 있게도 2.2.3절에서 발산하는 적분을 차단하기 위해 예측한 것입니다!

9.3 양자 모드: 포논

우리는 이제 고전 물리에서 양자 물리로 다소 중요한 도약을 합니다.

양자 대응quantum correspondence: 고전적인 조화계(즉, 임의의 2차식 해밀토니언)에서 정규 진동 모드의 진동수가 ω라고 하면, 대응하는 양자계의 고유상태의 에너지는

$$E_n = \hbar\omega\left(n + \frac{1}{2}\right) \tag{9.7}$$

와 같습니다.

아마도 여러분들은 단일 조화 진동자의 경우에 이 사실을 잘 알고 있을 것입니다. 여기서 유일하게 다른 것은 우리 조화 진동자가 단일 입자의 움직임뿐만이 아니라는 것입니다. 이 양자 대응 원리는 연습문제 9.1과 9.7의 주제가 될 것입니다.

따라서, 주어진 파수벡터 k에서, 많은 가능한 고유상태들이 존재하고, 바닥상태는 영점 에너지 $\hbar\omega(k)/2$만을 갖는 $n = 0$ 고유상태입니다. $n = 1$인 고유상태인 첫째 들뜬상태는 바닥상태보다 에너지가 $\hbar\omega(k)$보다 더 큽니다. 일반적으로 이 파수벡터에서 모든 들뜸은 $\hbar\omega(k)$의 에너지 단위로 일어나고, 높은 에너지 값은 고전적으로 진폭이 큰 진동에 해당합니다.

조화 진동자의 들뜸 사다리를 한 칸 올라가면서(양자수 n을 증가시키는) 생기는 '정규 모드'의 각각의 들뜸을 '포논phonon'이라고 합니다.

정의 9.1 *포논*은 진동의 불연속적인 양자입니다.[8]

이것은 빛의 단일 양자를 광자로 정의하는 것과 완전히 유사합니다. 광자의 경우와 마찬가지로, 포논을 진짜로 입자라고 생각하거나 또는 양자화된 파동으로 생각할 수도 있습니다.

(광자와 같이) 입자로서 포논에 대하여 생각하면, 같은 상태에 많은 포논을 넣을 수 있다는 것을 알고 있으므로(즉, 식 9.7의 양자수 n은 임의의 값으로 커질 수 있습니다), 광자와 같이 포논도 보존이라고 결론을 내립니다. 광자와 마찬가지로, 유한 온도에서, 주어진 모드를 점유하는 포논의 수는 0이 아닐 것입니다(즉, 평균적으로 n이 0이 아닐 것입니다). 모드의 수는 보스 점유 인자

$$n_B(\beta\hbar\omega) = \frac{1}{e^{\beta\hbar\omega} - 1}$$

[8] 나는 많은 책들이 사용하는 '진동 에너지의 양자'라는 포논의 정의를 좋아하지 않습니다. 진동은 실제로 에너지를 전달하지만, (결정 운동량과 같은) 다른 양자수도 전달합니다. 왜 에너지만 지칭하지요?

에 의해 계산됩니다. 여기에서 $\beta = 1/(k_B T)$이고 ω는 모드의 진동수입니다. 따라서, 파수벡터 k에서 포논 에너지의 기댓값은

$$E_k = \hbar\omega(k)\left(n_B(\beta\hbar\omega(k)) + \frac{1}{2}\right)$$

와 같이 주어집니다. 우리는 이 유형의 표현을 사용하여 1차원 모형의 열용량을 계산할 수 있었습니다.[9]

$$U_{\text{total}} = \sum_k \hbar\omega(k)\left(n_B(\beta\hbar\omega(k)) + \frac{1}{2}\right)$$

여기서 k에 대한 합계는 가능한 모든 정규 모드, 즉 $-\pi/a \leq k < \pi/a$가 되도록 $k = 2\pi p/Na$를 아우릅니다. 따라서 실제로 이것은

$$\sum_k \rightarrow \sum_{\substack{p = -N/2 \\ k=(2\pi p)/(Na)}}^{p=(N/2)-1}$$

을 의미합니다. 큰 계의 경우 k점들이 매우 가깝기 때문에, 불연속 합을 적분으로 바꿀 수 있습니다(2.2.1절부터 지금까지 익숙해야 하는 것입니다).

$$\sum_k \rightarrow \frac{Na}{2\pi}\int_{-\pi/a}^{\pi/a} dk$$

디바이가 예측한 대로 이 연속 적분을 사용하여 계의 총 모드 수

$$\frac{Na}{2\pi}\int_{-\pi/a}^{\pi/a} dk = N$$

을 계산할 수 있음에 유의하십시오.

합을 이 적분 형태로 바꾸면, 총에너지는

$$U_{\text{total}} = \frac{Na}{2\pi}\int_{-\pi/a}^{\pi/a} dk\, \hbar\omega(k)\left(n_B(\beta\hbar\omega(k)) + \frac{1}{2}\right)$$

와 같습니다. 이로부터 열용량 dU/dT을 계산할 수 있습니다.

앞의 이 두 표현은 디바이가 (그의 모형의 1차원 버전의 경우) 계산해서 얻은 것과 똑같습니다. 유일한 차이는 $\omega(k)$에 대한 우리의 표현에

[9] 예민한 독자들은 우리가 계산하는 것은 정적 열용량 $C_V = dU/dT$임을 알 수 있습니다. 왜 일정한 부피일까요? 우리가 열팽창을 공부할 때 보았듯이, (우리 모형에서와 같이) 원자 사이의 퍼텐셜에 3차 항(또는 그 이상)을 포함시키지 않으면 결정이 팽창하지 않습니다!

있습니다. 디바이는 진동수가 파수벡터에 선형 $\omega = vk$인 소리에 대해서만 알고 있었습니다. 반면에 우리는 미시적인 질량-용수철 모형에서 ω가 k에 선형이 아니라는 것을 계산했습니다(식 9.3 참조). 분산 관계의 이러한 변화를 제외하고는 우리의 열용량 계산(이 모형에 대해서는 정확합니다)은 디바이의 접근법과 동일합니다.

사실, 아인슈타인의 비열 계산도 정확히 같은 언어로 표현할 수 있습니다. 아인슈타인의 모형에서는 진동수 ω는 모든 k에 대해 일정합니다(진동수는 아인슈타인 진동수에 고정되어 있습니다). 그래서 아인슈타인의 모형, 디바이의 모형과 우리의 미시적인 조화 모형을 일관된 관점에서 볼 수 있습니다. 이 세 모형 사이의 유일한 차이점은 사용된 분산 관계입니다.

마지막으로 언급할 것은 k에 대한 적분을 진동수에 대한 상태밀도의 적분으로 바꾸는 것이 유용하다는 것입니다(2.2.2절에서 디바이 모형을 공부할 때 이를 수행했습니다). 일반적으로

$$\frac{Na}{2\pi} \int_{-\pi/a}^{\pi/a} dk = \int d\omega\, g(\omega)$$

[10] 앞에 나온 인자 2는 각 ω에 대해 두 개의 $\pm k$가 대응한다는 사실에서 나옵니다.

과 같은 식을 얻을 수 있습니다. 여기서 상태밀도는[10]

$$g(\omega) = 2\frac{Na}{2\pi}|dk/d\omega|$$

로 주어집니다. ω와 $\omega + d\omega$ 사이의 진동수를 갖는 모드의 수는 $g(\omega)d\omega$가 된다는 사실에 의해 상태밀도가 정의된다는 것을 다시 기억하십시오.

(1차원) 디바이 모형에서는 이 상태밀도가 $\omega = 0$에서 $\omega = \omega_{\text{Debye}} = v\pi/a$까지 일정하다는 점에 유의하십시오. 방금 계산한 대로, 우리 모형에서는 상태밀도는 일정하지 않지만 최대 진동수 $2\sqrt{\kappa/m}$보다 큰 진동수에서는 0이 됩니다(연습문제 9.2에서 이 상태밀도를 구체적으로 계산합니다). 마지막으로 아인슈타인 모형에서 상태밀도는 아인슈타인 진동수에서 델타 함수입니다.

9.4 결정 운동량

9.1절에서 언급했듯이, 포논의 파수벡터는 역격자의 모듈로[11]로 정의됩니다. 다시 말해서, $G_m = 2\pi m/a$이 역격자의 한 점인 경우 k는 $k + G_m$과 동일합니다. 이제 우리는 이 포논들을 입자들로 생각해야합니다 – 그리고 우리는 이 입자들이 에너지 $\hbar\omega$와 운동량 $\hbar k$를 가지고 있다고 생각하고 싶습니다. 그러나 포논의 운동량을 이런 식으로 정의할 수 없습니다. 왜냐하면 포논의 운동량을 $\hbar k$ 또는 $\hbar(k + G_m)$로 정의하든 물리적으로 같은 포논이기 때문입니다. 따라서 대신에 우리는 *결정 운동량*crystal momentum으로 알려진 개념을 정의하는데 이는 역격자의 모듈로서 운동량 또는 동등하게 우리는 항상 첫째 브릴루앙 영역 내의 k를 기술해야한다는 데 동의합니다.

사실, 결정 운동량에 대한 이 아이디어는 대단히 효과적입니다. 우리는 포논을 입자라고 생각하기 때문에, 입자와 같은 방식으로 두 개(또는 그 이상)의 포논이 서로 부딪혀서 산란되는 것이 실제로 가능합니다.[12] 그러한 충돌에서 에너지는 보존되고 *결정 운동량이 보존됩니다!* 예를 들어, 결정 운동량이 각각 $\hbar(2/3)\pi/a$인 세 개의 포논이 서로 부딪혀 결정 운동량이 각각 $-\hbar(2/3)\pi/a$인 세 개의 포논을 생성할 수 있습니다. 이는 초기 상태와 최종 상태의 에너지가 같고

$$3 \times (2/3)\pi/a = 3 \times (-2/3)\pi/a \mod (2\pi/a)$$

이기 때문에 허용됩니다. 이러한 충돌에서 운동량은 보존되지 않지만 결정 운동량은 보존됩니다.[13] 실은, 포논이 주기적인 격자에 있는 전자와 산란될 때도 상황은 비슷합니다 – 운동량보다는 결정 운동량이 보존됩니다. 이것은 우리가 반복해서 만나게 될 매우 중요한 원리입니다. 사실, 이것은 고체물리의 주요한 초석입니다.

여담: 결정 운동량의 보존에는 근본적인 이유가 있습니다. 보존량은 대칭의 결과입니다. 이것은 뇌터의 정리로[14] 알려진 심오하고 일반적인 기술입니다. 예를 들어, 운동량의 보존은 공간의 병진 불변성의 결과입니다. 공간이 한 점에서 다른 점까지 동일하지 않다면, 즉 위치에 따라 변하는 퍼텐셜 $V(x)$가 있다면 운동량은 보존되지 않습니다. 상응하여, 결정 운동량의 보존은 a만큼의 병진운동 하에서 공간이

---

[11] '모듈로modulo' 또는 '모듈로mod'이란 단어는 '~의 덧셈항까지'를 의미합니다. 우리는 또한 그것을 '나누어 나머지를 취하는 것'이라고 생각할 수 있습니다. 예를 들어, 7의 덧셈항까지 15와 1은 동일하므로, 15 modulo 7 = 1 입니다. 마찬가지로 우리는 15를 7로 나누면 나머지 1을 얻는다고 말할 수 있습니다.

[12] 조화 모형에서는 서로 산란되지 않는 포논을 고려했습니다. 이것은 포논이 계의 고유상태에서 그들의 점유도는 시간에 따라 변하지 않기 때문입니다. 원자 사이의 퍼텐셜에 비조화(3차 또는 그 이상) 항을 더하면 이것은 포논 해밀토니언을 교란시키는 것에 해당하고 포논 간 산란을 허용하는 것으로 해석할 수 있습니다.

[13] 우리가 정의한 $\hbar k$는 운동량의 차원을 가지고 있지만 보존되지 않습니다. 그러나, 14장에서 논의하겠지만, 입자가 광자와 같이 주어진 운동량을 가지고 결정 안으로 들어가서 운동량이 아닌 결정 운동량을 보존하는 과정을 거치면, 광자가 결정을 빠져 나올 때, 광자가 가지고 있는 운동량의 손실을 고려할 경우, 계의 총운동량은 실제로 보존됨을 알 것입니다. 14.1.1절의 주석 6을 참조하십시오.

[14] 아인슈타인은 에미 뇌터Emmy Noether를 수학 역사상 가장 중요한 여성으로 표현합니다. 유대인인 그녀는 1933년 독일을 탈출하여 브린 모어 칼리지Bryn Mawr College에서 일자리를 얻었습니다 (옥스퍼드의 서머빌 칼리지Somerville College에서도 제안을 받았지만 미국을 선호했습니다). 슬프게도 그로부터 2년 후 그녀는 53세의 비교적 젊은 나이에 갑자기 사망했습니다.

불변하다는 결과로, $2\pi/a$의 모듈로로 운동량이 보존됩니다. 이 대칭은 연속적이지 않기 때문에 이것은 뇌터의 정리의 엄격한 적용은 아니지만 매우 밀접한 관련이 있습니다.

요약

이 절에서는 매우 중요한 새로운 아이디어가 많이 소개되었습니다. 이 중 많은 것이 나중에 반복해서 나옵니다.

- 정규 모드는 모든 입자가 같은 진동수로 움직이는 집단적인 진동입니다.
- 계가 공간에서 $\Delta x = a$의 주기를 가지면, 역공간(k-공간)에서 계는 $\Delta k = 2\pi/a$의 주기를 가집니다.
- $2\pi/a$의 배수만큼 다른 k값은 물리적으로 동일합니다. $k=0$과 동등한 k-공간의 점들의 집합은 역격자로 알려져 있습니다.
- 임의의 k는 첫째 브릴루앙 영역(1차원에서 $-\pi/a \le k < \pi/a$)의 어떤 k와 동등합니다.
- 소리속도는 k가 작은 극한에서 분산의 기울기입니다(이 극한에서는 군속도와 위상속도는 같습니다).
- 진동수가 ω인 고전적인 정규 모드는 양자역학적인 고유상태 $E_n = \hbar\omega\left(n + \dfrac{1}{2}\right)$로 전환됩니다. 모드가 n번째 고유상태에 있다면, n개의 포논에 의해 점유되었다고 말합니다.
- 포논은 광자와 같이 보스 통계를 따르는 입자라고 생각할 수 있습니다.

참고자료

대부분의 고체물리학 과정에서 단원자 사슬의 정규 모드에 대해 논의할 것이고 확실히 모두 포논에 대해서도 논의할 것입니다. 다음 참고자료가 상당히 좋다고 생각합니다.

- Kittel, 4장의 도입부
- Goodstein, 3.3절의 도입부
- Hook and Hall, 2.3.1절
- Burns, 12.1~12.2절
- Ashcroft and Mermin, 22장의 도입부
- Dove, 8.3절

9.1 고전적인 정규 모드에서 양자 고유상태로

9.3절에서 우리는 증거도 없이 고전적인 정규 모드가 양자 고유상태가 된다고 언급했습니다. 여기서 퍼텐셜 우물에 있는 간단한 이원자 분자에 대해 이 사실을 증명합니다(좀 더 어려운 경우는 연습문제 2.7을 보고, 이 원리가 더 일반적으로 입증된 연습문제 9.7을 참조하십시오).

용수철 상수 K로 연결되어 있고 각각의 질량이 m인 두 개의 입자가 1차원 퍼텐셜 우물의 바닥에 있습니다. 우리는 퍼텐셜 에너지를

$$U = \frac{k}{2}(x_1^2 + x_2^2) + \frac{K}{2}(x_1 - x_2)^2$$

와 같이 쓸 수 있습니다.

▶ 고전적인 운동방정식을 적으시오.
▶ 상대 좌표 $x_{rel} = x_1 - x_2$와 질량중심 좌표 $x_{cm} = (x_1 + x_2)/2$로 변환하시오.

(a) 이 변환된 좌표에서 정규 진동수가

$$\omega_{cm} = \sqrt{k/m}$$
$$\omega_{rel} = \sqrt{(k+2K)/m}$$

인 두 계로 분리된다는 것을 보이시오. 처음에 두 개의 자유도가 있으므로 두 개의 정규 모드가 있음에 주목하시오.

이제 같은 문제의 양자역학적 버전을 생각해 보시오. 해밀토니언은

$$H = \frac{p_1^2}{2m} + \frac{p_2^2}{2m} + U(x_1, x_2)$$

입니다.

▶ 다시 상대 좌표와 질량 중심 좌표로 변환합니다. 상응하는 운동량 $p_{rel} = p_1 - p_2$와 $p_{cm} = (p_1 + p_2)/2$를 정의합니다.

(b) $[p_\alpha, x_\gamma] = -i\hbar\delta_{\alpha,\gamma}$임을 보이시오. 여기서 α와 γ는 cm 또는 rel 값을 갖습니다.

(c) 이 새로운 좌표에서, 해밀토니언은 ω_{rel}와 ω_{cm}와 동일한 고유진동수를 갖는 두 개의 독립적인 조화 진동자로 분리됨을 보이시오. 이 계의 스펙트럼은

$$E_{n_{rel}, n_{cm}} = \hbar\omega_{rel}\left(n_{rel} + \frac{1}{2}\right) + \hbar\omega_{cm}\left(n_{cm} + \frac{1}{2}\right)$$

임을 결론 맺으시오. 여기서 n_{rel}과 n_{cm}은 음이 아닌 정수입니다.

(d) 온도 T에서 이 계의 에너지 기댓값은 얼마입니까?

9.2 1차원 단원자 사슬의 정규 모드

(a)‡ '정규 모드'와 '포논'이 무엇을 의미하는지 설명하시오.
▶ 포논이 보스 통계를 따르는 이유를 간략히 설명하시오.

(b)‡ 질량이 m이고 격자 간격이 a인 N개의 동일한 원자들이 용수철 상수 κ를 갖고 있습니다. 이 1차원 질량-용수철 결정의 평행 진동에 대한 분산 관계를 유도하시오(원자의 움직임은 1차원으로 제한됩니다).

(c)‡ 파수벡터 k인 모드는 파수벡터 $k + 2\pi/a$인 모드와 같은 변위 패턴을 갖는 것을 보이시오. 따라서 분산 관계는 역공간(k-공간)에서 주기적임을 보이시오.
▶ 서로 다른 정규 모드는 얼마나 많이 존재합니까?

(d)‡ 위상속도와 군속도를 유도하고 k의 함수로 스케치하시오.
▶ 소리속도는 얼마입니까?
▶ 소리속도가 $v_s = 1/\sqrt{\beta\rho}$임을 보이시오. 여기서 ρ는 사슬의 밀도이고 β는 압축률입니다.

(e) 각 진동수당 모드의 상태밀도인 $g(\omega)$에 대한 표현을 찾으시오.

▶ $g(\omega)$를 스케치하시오.

(f) 이 일차원 사슬의 열용량에 대한 표현을 쓰시오. 필연적으로 여러분은 해석적으로 계산할 수 없는 적분을 만날 것입니다.

(g)* 그러나 고온에서 지수를 전개하여 근사식을 얻을 수 있습니다. 고온 극한에서 열용량이 $C/N = k_B$이어야 한다는 것이 분명합니다(1차원에서 뒬롱-프티 법칙). 비자명한 다음 차수까지 전개함으로써

$$C/N = k_B(1 - A/T^2 + \cdots)$$

임을 보이시오. 여기서

$$A = \frac{\hbar^2 \kappa}{6mk_B^2}$$

입니다.

9.3 진동(심화)

결정에 대한 1차원 용수철-질량 모형을 고려하시오. 이 모형을 최근접 이웃뿐만 아니라 둘째 최근접 이웃을 포함하도록 일반화하시오. 최근접 이웃 간의 용수철 상수를 κ_1이라고 하고 둘째 최근접 이웃 간의 용수철 상수를 κ_2라고 합시다. 각 원자의 질량을 m이라고 합시다.

(a) 이 모형의 분산 곡선 $\omega(k)$를 계산하시오.
(b) 소리속도를 결정하시오. 브릴루앙 영역 경계에서 군속도가 0이 됨을 보이시오.

9.4 소멸파evanescent wave

조화 사슬의 분산 곡선(식 9.3)에서, 최대로 가능한 진동수 $\omega_{\max}$가 있습니다. 진동수 $\omega > \omega_{\max}$로 사슬을 구동하면, '파동'은 사슬을 따라 전파되지 않고, 오히려 구동되는 곳에서 멀어질수록 쇠퇴합니다(이것은 때로 '소멸evanescent'파라고 알려져 있습니다). 복소 k에 대하여 $\omega > \omega_{\max}$일 경우 식 9.3을 풀어서, 이

소멸파의 감쇠 길이를 결정하시오. $\omega \to \omega_{\max}$일 때 이 길이는 어떻게 됩니까?

9.5 계면에서 반사*

동일한 질량 m이 균일한 간격으로 놓여있는 조화 사슬을 고려해 보시오. 그림과 같이, $n = 0$의 왼쪽은 용수철 상수가 κ_L이고, $n = 0$의 오른쪽은 용수철 상수가 κ_R입니다.

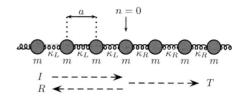

진폭 I인 파가 왼쪽에서 이 계면에 입사하는데, 진폭 T로 투과되거나 진폭 R로 다시 반사될 수 있습니다. 다음 가설풀이

$$\delta x_n = \begin{cases} Te^{i\omega t - ik_R na} & n \geqslant 0 \\ Ie^{i\omega t - ik_L na} + Re^{i\omega t + ik_L na} & n < 0 \end{cases}$$

를 사용하여, 주어진 ω, κ_L, κ_R과 m에 대해 T/I와 R/I를 유도하시오.

9.6 불순물 포논 모드*

모든 용수철 상수가 같고 $n = 0$을 제외한 위치의 모든 질량이 같은 조화 사슬을 생각해 봅시다. 그림과 같이 $n = 0$의 질량은 $M < m$입니다.

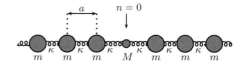

진행파 해와 함께 불순물 근처에 국소된 정지파 정규 모드가 있을 수 있습니다.

$$\delta x_n = Ae^{i\omega t - q|n|a}$$

와 같은 가설풀이를 사용하여, 실수인 q에 대하여 불순물 모드의 진동수를 구하시오. 연습문제 9.4의 맥락에서 결과를 살펴보시오.

9.7 정규 모드가 양자 고유상태가 된다는 일반적인 증명*

이 증명은 연습문제 9.1에 주어진 논증을 일반화합니다. 퍼텐셜

$$U = \frac{1}{2}\sum_{a,b} x_a\, V_{a,b}\, x_b$$

로 상호작용하는 질량 m_a인 N개의 입자를 생각합니다($a = 1, \cdots, N$). 여기서 x_a는 입자 a의 평형 위치에서 벗어난 위치이고 V는 (일반성을 잃지 않고) 대칭 행렬로 잡을 수 있습니다. (여기서 우리는 1차원의 상황을 고려하지만, 3차원으로 가려면 세 배나 많은 좌표를 추적하기만 하면 됩니다.)

(i) $y_a = \sqrt{m_a}\,x_a$로 정의하여 운동의 고전적 방정식이

$$\ddot{y}_a = -\sum_b S_{a,b}\, y_b$$

로 쓰여질 수 있음을 보이시오. 여기서

$$S_{a,b} = \frac{1}{\sqrt{m_a}} V_{a,b} \frac{1}{\sqrt{m_b}}$$

입니다. 따라서 해는

$$y_a^{(m)} = e^{-i\omega_m t} s_a^{(m)}$$

임을 보이시오. 여기서 ω_m^2은 S 행렬의 m번째 고윳값인데 해당 고유벡터는 $s_a^{(m)}$입니다. 이것들은 시스템의 N개의 정규 모드입니다.

(ii) 에르미트 행렬의 고유벡터에 대한 직교 관계

$$\sum_a [s_a^{(m)}]^*[s_a^{(n)}] = \delta_{m,n} \qquad (9.8)$$

$$\sum_m [s_a^{(m)}]^*[s_b^{(m)}] = \delta_{a,b} \qquad (9.9)$$

를 생각해 보시오. S는 대칭일 뿐만 아니라 에르미트이기 때문에, 고유벡터는 실수 값으로 취할 수 있습니다. 좌표를 다음과 같이 변환하여

$$Y^{(m)} = \sum_a s_a^{(m)} x_a \sqrt{m_a} \qquad (9.10)$$

$$P^{(m)} = \sum_a s_a^{(m)} p_a / \sqrt{m_a} \qquad (9.11)$$

바른틀 교환 관계canonical commutation

$$[P^{(m)}, Y^{(n)}] = -i\hbar\delta_{n,m} \qquad (9.12)$$

를 가지고 있음을 보이시오. 그리고 이 새로운 좌표의 관점에서 해밀토니언은

$$H = \sum_m \left[\frac{1}{2}[P^{(m)}]^2 + \frac{1}{2}\omega_m^2 [Y^{(m)}]^2 \right] \qquad (9.13)$$

와 같이 다시 쓸 수 있음을 보이시오. 시스템의 양자 고유진동수도 또한 ω_m이라고 결론을 내리시오. (앞의 두 방정식에서 이 결과를 도출할 수 있습니까?)

9.8 2차원에서 포논*

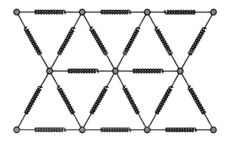

그림에서 볼 수 있듯이 2차원 삼각형 격자의 질량-용수철 모형을 고려하시오(격자가 모든 방향으로 무한히 확장되어 있다고 가정합니다). 동일한 질량 m이 용수철 상수(κ)와 길이가 같은 여섯 개의 이웃에 각각 붙어있다고 가정하시오. 분산곡선 $\omega(\mathbf{k})$를 계산하시오. 2차원 구조는 이 장에서 다룬 1차원 예제보다 훨씬 어렵습니다. 12장과 13장에서는 2차원과 3차원 결정을 공부합니다. 이 장들을 먼저 읽고 이 문제로 돌아와서 다시 시도하는 것이 유용할 수 있습니다.

1차원 이원자 사슬의 진동

Vibrations of a One-Dimensional Diatomic Chain

CHAPTER 10

앞 장에서 우리는 모든 원자가 서로 같은 고체의 1차원 모형을 상세하게 공부했습니다. 그러나 실제 물질에서 모든 원자가 같지는 않습니다 (예를 들어, 염화나트륨, 즉 NaCl에서는 두 종류의 원자가 있습니다!). 우리는 1차원 고체에 대한 이전의 논의를 두 종류의 원자를 갖는 1차원 고체로 일반화하고자 합니다. 그러나 복잡한 것을 다루기 위해 이것을 학습하는 것은 아닙니다. 사실 좀 더 일반적인 이 상황에서 몇 가지 근본적으로 새로운 특성이 등장할 것입니다.

10.1 이원자 결정 구조: 몇 가지 유용한 정의

두 종류의 원자가 주기적으로 배열된 모형 계를 고려하십시오(그림 10.1). 여기서 1차원 사슬을 따라 번갈아 질량 m_1과 m_2를 부여합니다. 원자들을 연결하는 용수철들은 교대로 용수철 상수 κ_1과 κ_2를 가집니다.

두 종류 이상의 원자를 가진 이 상황에서, 반복적으로 배열되는 모티프인 소위 *단위 낱칸*unit cell을 먼저 확인하고 싶습니다. 그림 10.2에 단위 낱칸 주위에 상자를 그려 넣었습니다. 1차원에서 단위 낱칸의 길이는 *격자상수*lattice constant로 알려져 있고 a로 표시합니다.

그러나 단위 낱칸의 정의는 결코 유일하지 않습니다. (예를 들어) 그림 10.3과 같은 단위 낱칸을 선택했을 수도 있습니다.

주기적인 계를 정의할 때 중요한 것은 *어떤* 단위 낱칸을 선택하고, 동일한 단위 낱칸을 계속 복제하여 전체 계를 만드는 것입니다(다시 말해 단위 낱칸을 정의하고 그 정의를 고수하십시오).

그림 10.1 두 종류의 원자(즉, 두 개의 서로 다른 질량)와 두 가지 다른 용수철 상수를 가진 일반적인 이원자 사슬.

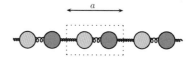

그림 10.2 이원자 사슬의 단위 낱칸.

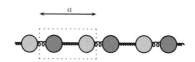

그림 10.3 이원자 사슬의 다른 단위 낱칸도 가능합니다.

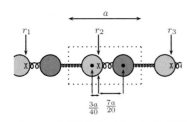

그림 10.4 결정 안에서 *기저basis*는 물체들을 기준의 위치에 대하여 표현합니다. 여기서 기준점(위치 r_n)은 X로 표시되어 있습니다.

때로는 각 단위 낱칸의 내부에 기준점을 고르는 것이 유용합니다. 이 기준점들의 집합은 단순 *격자lattice*를 만듭니다(12장에서 '격자'라는 용어를 더 엄밀하게 정의하겠지만, 당분간 격자는 두 종류의 점이 아닌 한 종류의 점만을 가진다고 생각하십시오). 그래서 그림 10.4에서 각 단위 낱칸(위치 r_n)의 기준점을 X로 표시했습니다(또다시 이 기준점의 선택은 임의적입니다).

단위 낱칸에서 기준 격자점이 주어지면, 이 기준점에 대한 단위 낱칸의 모든 원자의 표현을 *기저basis*라고 합니다. 그림 10.4의 경우, 기저를

> 연한 회색 원자: 기준 격자점 왼쪽으로 $3a/40$에 있음
>
> 어두운 회색 원자: 기준 격자점 오른쪽으로 $7a/20$에 있음

와 같이 표현할 수 있습니다. 따라서 단위 낱칸 n의 기준 격자점을 r_n이라고 한다면(격자점 사이의 간격은 a입니다),

$$r_n = an$$

으로 놓을 수 있습니다. 그러면 연한 회색 원자의 n번째 단위 낱칸에서 (평형) 위치는

$$x_n^{\text{eq}} = an - 3a/40$$

인 반면에 어두운 회색 원자의 n번째 단위 낱칸에서 (평형) 위치는

$$y_n^{\text{eq}} = an + 7a/20$$

가 됩니다.

10.2 이원자 고체의 정규 모드

그림 10.5 *교대 사슬*은 모두 질량이 동일하지만 용수철 상수 값이 교대로 나타납니다.

간단히 그림 10.5의 경우를 살펴봅시다. 여기서 사슬의 모든 질량은 동일($m_1 = m_2 = m$)하지만 두 용수철 상수 κ_1과 κ_2는 다릅니다(격자 상수는 여전히 a입니다). 연습문제 10.1에서는 질량이 다르지만 용수철 상수는 동일한 경우를 고려할 것입니다. 두 경우의 물리는 매우 비슷하지만 여기서 다루는 경우가 대수적으로 좀 더 쉽습니다. 지금의

경우는 *교대alternating* 사슬로 알려져 있습니다(아마도 용수철 상수가 교대로 나타나기 때문일 것입니다).

그림에서 용수철 상수가 주어지면, 평형위치에서 벗어난 질량들의 위치에 대한 뉴턴의 운동방정식을 적을 수 있습니다. 우리는

$$m\,\delta\ddot{x}_n = \kappa_2(\delta y_n - \delta x_n) + \kappa_1(\delta y_{n-1} - \delta x_n) \tag{10.1}$$
$$m\,\delta\ddot{y}_n = \kappa_1(\delta x_{n+1} - \delta y_n) + \kappa_2(\delta x_n - \delta y_n) \tag{10.2}$$

를 얻습니다. 단원자의 경우와 유사하게 파동의 형태를 가진 이 양들에 대하여

$$\delta x_n = A_x e^{i\omega t - ikna} \tag{10.3}$$
$$\delta y_n = A_y e^{i\omega t - ikna} \tag{10.4}$$

의 형태의 가설풀이들ansätze[1]을 제안합니다. 앞 장과 같이, 암묵적으로 복소수의 실수 부분을 취합니다. 따라서, k를 양수 또는 음수로 간주하는 한, 항상 $\omega > 0$를 선택할 수 있습니다.

앞 장에서 보았듯이, $2\pi/a$만큼 다른 k의 값은 물리적으로 동일합니다. 따라서 우리는 $-\pi/a \le k < \pi/a$인 첫째 브릴루앙 영역에만 집중합니다. 첫째 브릴루앙 영역 외부의 모든 k는 영역 내의 다른 어떤 k와 중복됩니다. 여기에서 중요한 길이는 단위 낱칸 길이 또는 격자상수임에 유의하십시오.

앞 장에서 발견했듯이, 우리 계가 N개의 단위 낱칸을 가지고 있다면 (따라서 $L = Na$), (계에 주기 경계 조건을 가하면) k는 $2\pi/Na = 2\pi/L$의 단위로 양자화될 것입니다. 여기서 중요한 양은 원자의 수($2N$)가 아니라 단위 낱칸의 수인 N임에 유의하십시오.

첫째 브릴루앙 영역의 범위를 인접한 k 사이의 간격으로 나누면 식 9.6에서 했듯이 정확히 다른 N개의 가능한 값을 얻을 수 있습니다. 다시 말해, 단위 낱칸당 정확히 하나의 k값이 대응됩니다.

이 시점에서 우리는 디바이가 사용한 직관 – 즉 계의 자유도당 정확히 하나의 가능한 들뜸모드가 있어야 합니다 – 을 떠올릴지도 모릅니다. 여기서 단위 낱칸당 분명히 두 개의 자유도가 있습니다. 그러나 단위 낱칸당 하나의 가능한 k값만 얻을 수 있습니다. 우리가 곧 보게 될 해결책은 각 파수벡터 k에 대해 두 가지 가능한 진동 모드가 있을 것이라는 것입니다.

우리는 운동방정식(식 10.1과 10.2)에 가설풀이(식 10.3과 10.4)를

---

[1] 이것은 ansatz의 적절한 복수형입니다. 앞 장의 주석 1을 참조하십시오. 'Ansätze'는 헤비메탈 밴드의 위대한 이름이 되기도 합니다.

대입합니다.

$$-\omega^2 m A_x e^{i\omega t - ikna} =$$
$$\kappa_2 A_y e^{i\omega t - ikna} + \kappa_1 A_y e^{i\omega t - ik(n-1)a} - (\kappa_1 + \kappa_2) A_x e^{i\omega t - ikna}$$

$$-\omega^2 m A_y e^{i\omega t - ikna} =$$
$$\kappa_1 A_x e^{i\omega t - ik(n+1)a} + \kappa_2 A_x e^{i\omega t - ikna} - (\kappa_1 + \kappa_2) A_y e^{i\omega t - ikna}$$

를 얻을 수 있는데 이것들은

$$
\begin{aligned}
-\omega^2 m A_x &= \kappa_2 A_y + \kappa_1 A_y e^{ika} - (\kappa_1 + \kappa_2) A_x \\
-\omega^2 m A_y &= \kappa_1 A_x e^{-ika} + \kappa_2 A_x - (\kappa_1 + \kappa_2) A_y
\end{aligned}
$$

로 간소화됩니다. 이것은 편리하게

$$
m\omega^2 \begin{pmatrix} A_x \\ A_y \end{pmatrix} = \begin{pmatrix} (\kappa_1 + \kappa_2) & -\kappa_2 - \kappa_1 e^{ika} \\ -\kappa_2 - \kappa_1 e^{-ika} & (\kappa_1 + \kappa_2) \end{pmatrix} \begin{pmatrix} A_x \\ A_y \end{pmatrix} \quad (10.5)
$$

고유방정식으로 다시 쓸 수 있습니다.

이것의 해는 특성 행렬식characteristic determinant

$$
\begin{aligned}
0 &= \begin{vmatrix} (\kappa_1 + \kappa_2) - m\omega^2 & -\kappa_2 - \kappa_1 e^{ika} \\ -\kappa_2 - \kappa_1 e^{-ika} & (\kappa_1 + \kappa_2) - m\omega^2 \end{vmatrix} \\
&= \left| (\kappa_1 + \kappa_2) - m\omega^2 \right|^2 - \left| \kappa_2 + \kappa_1 e^{ika} \right|^2
\end{aligned}
$$

의 0을 찾음으로써 얻어집니다.[2]

이 방정식의 근은

$$m\omega^2 = (\kappa_1 + \kappa_2) \pm \left| \kappa_1 + \kappa_2 e^{ika} \right|$$

입니다. 여기에서 두 번째 항은

$$
\begin{aligned}
\left| \kappa_1 + \kappa_2 e^{ika} \right| &= \sqrt{(\kappa_1 + \kappa_2 e^{ika})(\kappa_1 + \kappa_2 e^{-ika})} \\
&= \sqrt{\kappa_1^2 + \kappa_2^2 + 2\kappa_1 \kappa_2 \cos(ka)}
\end{aligned}
$$

로 간단히 할 수 있습니다. 그래서 우리는 마침내

$$
\begin{aligned}
\omega_\pm &= \sqrt{\frac{\kappa_1 + \kappa_2}{m} \pm \frac{1}{m}\sqrt{\kappa_1^2 + \kappa_2^2 + 2\kappa_1\kappa_2 \cos(ka)}} \\
&= \sqrt{\frac{\kappa_1 + \kappa_2}{m} \pm \frac{1}{m}\sqrt{(\kappa_1 + \kappa_2)^2 - 4\kappa_1\kappa_2 \sin^2(ka/2)}} \quad (10.6)
\end{aligned}
$$

[2] 특성 행렬식은 때때로 '장기 누적secular (역자 주: 원래는 세속적의 의미) 행렬 식'이라고 불립니다. 이 구식 명명법은 종교와는 관련이 없고 오히려 세속적인 천문학적 현상 즉 100년 단위의 의미를 지칭합니다. 행렬식은 행성 궤도에 대한 약한 미동 효과를 계산하기 위해 사용되었고, 따라서 이런 장기 누적(세속) 현상을 설명했습니다.

를 얻습니다. 특히 각 k에 대해 두 개의 정규 모드 – 대개 분산의 두 가지 *갈래branch*라고 일컫습니다 – 를 얻습니다. 따라서 N개의 서로 다른 k값이 있기 때문에, 전체 시스템에 N개의 단위 낱칸이 있는 경우 총 $2N$개의 모드를 얻습니다. 이것은 우리 계에서 자유도당 정확히 하나의 정규 모드를 가져야한다는 디바이의 직관과 일치합니다. 이 두 모드의 분산은 그림 10.6과 같습니다.

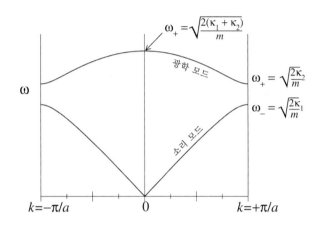

그림 10.6 1차원 이원자 사슬의 진동에 대한 분산 관계. 분산은 $k \to k + 2\pi/a$에 대해 주기적입니다. 여기서는 $\kappa_2 = 1.5\,\kappa_1$인 경우의 분산을 나타냅니다. 분산을 그리는 이러한 방식–모든 정규 모드를 첫째 브릴루앙 영역에 두는 방식–은 축약 영역 방식reduced zone scheme입니다. 이것을 그림 10.8과 비교하십시오.

이 분산에 대해 주의해야 할 몇 가지. 우선 우리는 선형 분산을 가진 장파장 저에너지 들뜸갈래가 있는 것에 주목합니다(식 10.6에서 ω_-에 해당). 이것은 소리파 또는 소리 모드입니다. 일반적으로 *소리 모드acoustic mode*의 정의는 $k \to 0$일 때 선형 분산을 갖는 모든 모드입니다.

k가 작을 때 식 10.6을 전개함으로써, 소리속도가

$$v_{\text{sound}} = \frac{d\omega_-}{dk} = \sqrt{\frac{a^2\kappa_1\kappa_2}{2m(\kappa_1 + \kappa_2)}} \tag{10.7}$$

임을 쉽게 확인할 수 있습니다. 사실, 우리는 식 8.2와 8.3에서 했던 것과 비슷한 일반적인 원리에 따라 소리속도를 계산할 수도 있었습니다. 사슬의 밀도는 $2m/a$입니다. 직렬로 연결된 두 용수철 κ_1과 κ_2의 유효 용수철 상수는 $\tilde{\kappa} = \kappa_1\kappa_2/(\kappa_1 + \kappa_2)$이므로 사슬의 압축률은 $\beta = 1/(\tilde{\kappa}a)$가 됩니다(식 8.1을 참조). 그런 다음, 식 8.2에 대입하면 식 10.7에서 계산한 것과 꼭 같은 소리속도를 얻습니다.

고에너지 들뜸갈래는 *광학 모드optical mode*로 알려져 있습니다. 이 경우 $k = 0$에서 광학 모드의 진동수가 $\sqrt{2(\kappa_1 + \kappa_2)/m}$가 되고 또한

$k = 0$에서 군속도가 0이 됨을 쉽게 확인할 수 있습니다. '광학'이라는 용어의 이유는 빛이 고체로부터 산란하는 방법과 관련이 있습니다(14장에서 고체로부터 산란을 훨씬 더 깊게 공부할 예정입니다). 지금은 왜 이렇게 이름이 붙여졌는지에 대해 아주 간단하게 설명합니다. 빛에 노출된 고체를 생각해 봅시다. 빛은 고체에 흡수될 수 있지만, 에너지와 운동량은 둘 다 보존되어야 합니다. 그러나 빛은 매우 빠른 속도인 c로 진행하므로 $\omega = ck$는 매우 큽니다. 포논은 최대 진동수를 가지고 있기 때문에, 이는 매우 작은 k를 가진 광자만 흡수될 수 있음을 의미합니다. 그러나 작은 k의 경우 소리 포논의 에너지는 $vk \ll ck$이어서 에너지와 운동량이 보존될 수 없습니다. 한편, 광학적 포논은 작은 k에 대해 유한한 에너지 ω_{optical}을 가지므로, 작은 k의 어떤 값에서 $\omega_{\text{optical}} = ck$가 되고 광자의 에너지와 운동량을 포논의 에너지와 운동량에 일치시킬 수 있습니다.[3] 따라서 포논이 빛과 상호작용할 때는 언제나 필연적으로 광학적 포논이 관여합니다.

$k \to 0$일 때 소리 모드와 광학 모드를 좀 더 자세히 살펴봅시다. 식 10.5의 고윳값 문제를 검토해 보면, 이 극한에서 대각화될 행렬은

$$\omega^2 \begin{pmatrix} A_x \\ A_y \end{pmatrix} = \frac{\kappa_1 + \kappa_2}{m} \begin{pmatrix} 1 & -1 \\ -1 & 1 \end{pmatrix} \begin{pmatrix} A_x \\ A_y \end{pmatrix} \tag{10.8}$$

와 같은 간단한 형태를 띕니다. (진동수가 0인) 소리 모드는

$$\begin{pmatrix} A_x \\ A_y \end{pmatrix} = \begin{pmatrix} 1 \\ 1 \end{pmatrix}$$

의 고유벡터에 해당합니다. 이것은 장파장 극한에서 소리 모드의 경우, 단위 낱칸(x와 y위치에서)에 있는 두 개의 질량은 함께 움직인다는 것을 말해줍니다. 이는 소리파를 장파장의 압축과 희박으로 이해한다면 놀라운 일은 아닙니다. 이것은 그림 10.7에 묘사되어 있습니다. 그림에서 압축의 진폭은 천천히 변조되지만 단위 낱칸의 두 원자는 항상 정확히 같은 방향으로 움직입니다.

다른 한편, $k = 0$에서 진동수 $\omega^2 = \dfrac{2(\kappa_1 + \kappa_2)}{m}$의 광학 모드는

$$\begin{pmatrix} A_x \\ A_y \end{pmatrix} = \begin{pmatrix} 1 \\ -1 \end{pmatrix}$$

의 고유벡터를 갖습니다. 이것은 반대 방향으로 움직이는 단위 낱칸의

[3] 이 소박한 논증에서는, 포논을 방출하면서 진동수 ω_{optical}인 광자 하나가 흡수되는 과정은 허용된 과정이라고 생각할 수 있습니다. 그런데 광자는 스핀을 가지고 있는 반면 포논은 스핀을 가지고 있지 않습니다. 스핀이 보존되어야하기 때문에 이렇게 생각할 수는 없습니다. 훨씬 더 일반적으로, 광자와 포논 사이의 상호작용은 광자가 흡수되고 포논을 방출하면서 광자가 다른 진동수로 다시 방출되는 것입니다. 즉, 광자는 비탄성적으로 산란합니다. 이 문제는 나중에 14.4.2절에서 논의할 것입니다.

그림 10.7 교대 사슬에서 장파장 소리 모드.

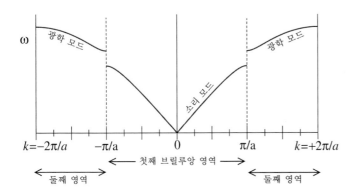

그림에서의 텍스트 레이블:
ω / 광학 모드 / 광학 모드 / 소리 모드 / $k=-2\pi/a$ / $-\pi/a$ / 0 / π/a / $k=+2\pi/a$ / 첫째 브릴루앙 영역 / 둘째 영역 / 둘째 영역

그림 10.8 확장 영역 방식에서 1차원 이원자 사슬의 진동에 대한 분산 관계(마찬가지로 $\kappa_2 = 1.5\,\kappa_1$). 그림 10.6과 비교하십시오. 이것은 각각의 k에 대하여 하나의 들뜸만 존재하도록 분산을 펼치는 것으로 생각할 수 있습니다. 첫째 브릴루앙 영역과 둘째 브릴루앙 영역이 표시되어 있습니다.

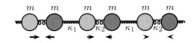

그림 10.9 교대 사슬에서 장파장 광학 모드

두 질량을 기술합니다. 이것은 그림 10.9에 묘사되어 있습니다. 이 그림에서 압축의 진폭은 천천히 변조되지만 단위 낱칸의 두 원자는 항상 *정반대로* 움직입니다.[4]

소리 모드와 광학 모드에서 동작이 어떻게 일어나는지 더 잘 이해하려면 웹에서 찾을 수 있는 애니메이션을 보는 것이 좋습니다.[5] 이 보기에서 단위 낱칸당 두 개의 원자가 있고, k값마다 두 개의 모드를 얻었습니다. 이 모드 중 하나는 소리 모드이고 하나는 광학 모드입니다. 보다 일반적으로, (1차원에서) 단위 낱칸 M개의 원자가 존재한다면, k값마다 M개의 모드(즉 M개의 갈래)를 얻을 것입니다. 이 중 하나는 $k=0$일 때 에너지가 0이 되는 소리 모드이고 나머지 모든 모드는 광학적입니다($k=0$에서 에너지가 0으로 가지 않습니다).

주의 : 원자가 1차원 선만을 따라 움직이는 것이 허용되는 진정한 1차원 계에 대해 논의해 왔습니다. 따라서 각 원자는 단 하나의 자유도만 갖습니다. 그러나 원자를 다른 방향(1차원 선에 수직인 방향)으로 움직이게 하면 각 원자는 더 많은 자유도를 갖게 됩니다. 3차원 고체에서는, 원자당 세 개의 자유도가 예상됩니다 — 장파장에서 각 k마다 3개의 서로 다른 소리 모드가 있어야 합니다. 3차원에서 단위 낱칸 당 n개의 원자가 있다면 $3(n-1)$개의 광학 모드가 있지만 항상 3개의 소리 모드가 있는데 전체적으로 단위 낱칸당 $3n$개의 자유도가 있습니다.

우리가 면밀히 살펴봐야 할 하나는 브릴루앙 영역 경계에서 거동입니다. 영역 경계 $k=\pm\pi/a$에서 진동수 $\omega_\pm$는 $\sqrt{2\kappa_1/m}$과 $\sqrt{2\kappa_2/m}$가 되고 이 중 큰 것은 ω_+임을 쉽게 확인할 수 있습니다. 또한 두 모드의

---

[4] 이 절의 시작 부분에서 언급했듯이, 많은 책에서는 두 용수철 상수는 동일하지만 두 질량이 다른 이종 사슬에 대해 논의합니다(연습문제 10.1 참조). 많은 참고자료에서 질량의 움직임을 잘못 설명하고 있음에 주의하여야 합니다. 이 경우, 아주 긴 파장의 소리 모드를 제외하고는 두 질량의 운동 진폭은 같지 않습니다!

[5] 현재 내 웹 사이트에서 링크를 찾을 수 있지만, 다른 곳도 많이 있습니다!

군속도 $d\omega/dk$가 구역 경계에서 0이 되는 것을 확인할 수 있습니다(광학 모드에서도 마찬가지입니다).

그림 10.6에서 첫째 브릴루앙 영역 내의 각각의 k에 두 개의 모드를 나타냈습니다. 이것을 *축약 영역 방식reduced zone scheme*이라고 합니다. 똑같은 분산을 그리는 또 다른 방법은 그림 10.8에 나와 있는데 *확장 영역 방식extended zone scheme*으로 알려져 있습니다. 본질적으로 이것은 각 k의 값에 하나의 모드만 존재하도록 분산을 '펼치는' 것으로 생각할 수 있습니다.

그림 10.8에서 (처음으로) *둘째 브릴루앙 영역*을 정의했습니다. 1차원에서 첫번째 영역은 $|k| \leq \pi/a$로 정의됩니다. 유사하게 둘째 브릴루앙 영역은 이제 $\pi/a \leq |k| \leq 2\pi/a$입니다. 13장에서는 브릴루앙 영역을 좀 더 일반적으로 정의할 것입니다.

다음은 확장 영역 방식을 사용하여 생각하는 것이 매우 유용한 예입니다. 우리는 $\kappa_2 > \kappa_1$인 경우를 고려해 왔습니다. 이제 우리가 $\kappa_2 \to \kappa_1$의 극한을 취하면 어떻게 되는지 생각해 봅시다. 두 개의 용수철 상수가 같아지면 단위 낱칸의 두 원자는 사실상 같아지고, 단순히 (앞 장에서 자세히 논의했던) 단일 원자 사슬이 됩니다. 따라서 우리는 격자상수 $a/2$를 갖는 새로운 더 작은 단위 낱칸을 정의해야 하고 9장처럼 분산 곡선은 이제 단순한 $|\sin|$ 함수가 됩니다(식 9.3 참조).

따라서 단위 낱칸의 두 원자가 너무 다르지 않다면, 분산은 모든 원자가 동일한 상황에서 작은 미동이 작용한 것으로 생각하는 것이 종종 유용합니다. 원자가 조금씩 다르게 되면 영역 경계에서 약간의 간격이 벌어지지만, 분산의 나머지 부분은 마치 단원자 사슬의 분산인 것처럼 계속 보입니다. 이것은 그림 10.10에 나와 있습니다.

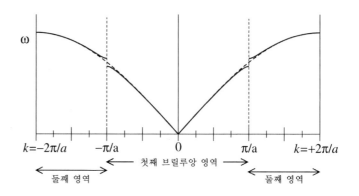

그림 10.10 이원자 사슬에서 두 개의 다른 원자가 서로 같아지면 분산은 어떻게 단원자의 분산이 될까요? 실선: κ_2가 κ_1보다 별로 다르지 않을 때(여기서는 $\kappa_2 = 1.25\kappa_1$) 확장 영역 방식에서 1차원 이원자 사슬의 진동의 분산 관계. 점선: $\kappa_2 = \kappa_1$인 경우의 분산 관계. 이 경우 두 원자는 정확히 같아지고 격자상수가 $a/2$인 단원자 사슬이 됩니다. 이 단일 갈래 분산은 9장에서 계산된 것과 정확하게 일치하는데 격자상수가 $a/2$로 바뀔 뿐입니다.

ω

$k=-2\pi/a$ $-\pi/a$ 0 π/a $k=+2\pi/a$

$\longleftarrow$ 첫째 브릴루앙 영역 $\longrightarrow$

$\longleftarrow$ 둘째 영역   둘째 영역 $\longrightarrow$

이 장에서는 여러 가지 핵심 개념이 소개되었습니다.

- 단위 낱칸은 결정을 구성하는 반복 모티프입니다.
- 기저는 기준 격자에 대하여 단위 낱칸을 표현합니다.
- 격자상수는 단위 낱칸의 크기입니다(1차원).
- 단위 낱칸당 M개의 원자가 있다면, (1차원 운동에 대해) 각각의 파수벡터 k에서 M개의 정규 모드가 있습니다.
- 이들 모드 중 하나는 작은 k에서 선형 분산을 가지는 소리 모드인 반면, 나머지 $M-1$개는 광학적이며 $k = 0$에서 유한한 진동수가 됨을 의미합니다.
- 소리 모드의 경우, $k = 0$에서 단위 낱칸의 모든 원자는 서로 같은 위상으로 움직이지만, 광학 모드에서는 $k = 0$에서 위상이 서로 다르게 움직입니다.
- 모든 분산 곡선이 브릴루앙 영역 $|k| \leq \pi/a$ 안에 그려진다면 이를 축약 영역 방식이라고 부릅니다. k점당 하나의 들뜸이 있도록 (분산) 곡선을 펼쳐서 하나 이상의 브릴루앙 영역을 사용할 경우, 이를 확장 영역 방식이라고 부릅니다.
- 이원자 사슬에서 단위 낱칸의 두 원자가 같아지면 새로운 단위 낱칸은 이전 단위 낱칸의 절반이 됩니다. 이 극한은 확장 영역 방식에서 설명하는 것이 편리합니다.

참고자료

- Ashcroft and Mermin, 22장 (3d 부분 제외)
- Ibach and Luth, 4.3절
- Kittel, 4장
- Hook and Hall, 2.3.2, 2.4, 2.5절
- Burns, 12.3절
- Dove, 8.5절

10.1 1차원 이원자 사슬의 정규 모드

(a) 소리 모드와 광학 모드의 차이는 무엇입니까?
▶ 각각의 경우에 입자가 어떻게 움직이는지 기술하시오.

(b) 그림과 같이 길이가 a인 단위 낱칸에 질량 m_1, m_2인 원자가 용수철 상수 κ인 용수철에 연결되어 있습니다. 평행 진동에 대한 분산 관계를 유도하시오(모든 용수철은 동일하고 입자는 1차원에서만 움직입니다).

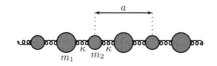

(c) 브릴루앙 영역 경계뿐만 아니라 $k=0$에서 소리 모드와 광학 모드의 진동수를 결정하시오.
▶ 각 경우 질량의 움직임을 기술하시오(이 장의 주석 4를 참조!).
▶ 소리속도를 결정하고 영역 경계에서 군속도가 0임을 보이시오.
▶ ρ가 사슬의 밀도이고 β가 압축률일 때, 소리의 속도가 $v_s = \sqrt{\beta^{-1}/\rho}$ 임을 보이시오.

(d) 축약 및 확장 영역 방식에서 분산을 스케치하시오.
▶ N개의 단위 낱칸이 있다면, 얼마나 많은 정규 모드가 있습니까?
▶ 들뜸의 갈래는 몇 개입니까? 즉, 축약 영역 방식에서 각 k에 몇 개의 모드가 있습니까?

(e) $m_1 = m_2$일 때 어떻게 됩니까?

10.2 소멸파

본문의 식 10.6과 그림 10.6에서 논의된 바와 같이 교대 이원자 사슬의 분산을 고려해 봅시다.

$\omega_+(k=0)$보다 큰 진동수에서는 진행파 모드가 없고, 마찬가지로 $\omega_-(k=\pi/a)$와 $\omega_+(k=\pi/a)$ 사이의 진동수에서도 진행파 모드가 없습니다. 연습문제 9.4와 같이, 이 사슬이 진행파 모드가 없는 진동수 ω에서 구동되는 경우, 감쇠하거나 소멸되는 파가 발생합니다. 복소수 k에 대하여 식 10.6을 풀어서, 이 소멸파의 길이 척도를 찾으시오.

10.3 일반적인 이원자 사슬*

그림 10.1과 같이 질량이 m_1과 m_2로 다르고 용수철 상수도 κ_1과 κ_2로 다르며 격자상수가 a인 이원자 사슬을 고려하시오.

(a) 이 계에 대한 분산 관계를 계산하시오.

(b) 소리 모드 속도를 계산하여 $v_s = \sqrt{\beta^{-1}/\rho}$와 비교하시오. 여기서 ρ는 사슬 밀도이고 β는 압축률입니다.

10.4 두 번째 이웃을 고려한 이원자 사슬*

연습문제 10.1의 이원자 사슬을 고려하시오. 이웃 질량 사이의 용수철 상수 κ외에 추가적으로 두 번째 인접한 이웃 사이는 (인접한 단위 낱칸의 동등한 질량을 연결하는) 용수철 상수 κ'로 결합하고 있다고 가정하시오. 이 계에 대한 분산 관계를 결정하시오. $\kappa' \gg \kappa$이면 어떻게 됩니까?

10.5 삼원자 사슬*

그림에서 보듯이 단위 낱칸 안에 세 개의 다른 질량과 세 개의 다른 용수철 상수를 가진 질량-용수철 모형을 고려하시오.

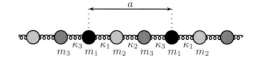

여느 때처럼 질량이 1차원에서만 움직인다고 가정합니다.

(a) $k = 0$에서 몇 개의 광학 모드가 있습니까? 이 모드의 에너지를 계산하시오. 힌트: 삼차 방정식을 얻을 것이지만 $k = 0$에서 소리 모드의 에너지가 0이기 때문에 이미 근 하나를 알고 있는 셈입니다.

(b)* 모든 질량이 같고 $\kappa_1 = \kappa_2$라면, 영역 경계 $k = \pi/a$에서 세 모드의 진동수를 결정하시오. 3차 방정식을 얻지만, 특별히 간단한 정규 모드에 해당하는 하나의 근을 추측할 수 있습니다.

(c)* 3개의 용수철 상수가 모두 같고, $m_1 = m_2$인 경우, 영역 경계 $k = \pi/a$에서 세 모드의 진동수를 결정하시오. 다시, 세 근 중 하나를 추측할 수 있습니다.

10.6 아인슈타인과 디바이 모형(다시)*

이원자 사슬의 분산 관계를 단순화하여, 광학 모드를 고정된 진동수 ω_E로 근사하고 소리 모드를 주파수 $\omega = v|k|$로 근사합니다. 이 시스템의 열용량을 계산하시오. 이것은 연습문제 2.9에서 의미하는 것에 대한 더 정확한 기술입니다.

꽉묶음 사슬(막간과 예습)

Tight Binding Chain (Interlude and Preview)

앞의 두 장에서 우리는 1차원 계에서 진동파(포논)의 성질을 고려했습니다. 이 시점에서 우리는 고체에서 다시 전자를 고려하기 위해 옆으로 약간 샐 것입니다. 이 탈선의 요점은, 나중에 나올 수 있는 물리의 많은 부분을 미리 보는 것 외에도 주기적인 환경(결정 내부)에서 모든 파동이 유사하다는 점을 주장하는 것입니다. 앞의 두 장에서 진동파를 고려했지만 이 장에서는 전자파동electron wave을 고려할 것입니다(양자역학에서 입자를 파동이라고 간주함을 기억하십시오!).

11.1 1차원에서 꽉묶음 모형

앞의 6.2.2절에서 분자에 대하여 분자 오비탈 묘사, 꽉묶음 묘사 또는 LCAO 묘사를 설명했습니다. 여기에서 이러한 분자 오비탈의 사슬을 고려하여 그림 11.1에서와 같이 거시적인 (1차원) 고체에서 오비탈을 나타낼 것입니다.

이 그림에서는 n번째 원자에 $|n\rangle$이라고 불리는 하나의 오비탈이 있습니다. 편의상, 계는 주기 경계 조건을 갖는다고 가정합니다(즉, N개의 자리가 있고, 자리 N은 자리 0과 같습니다). 또한, 모든 오비탈이 서로 직교라고 가정합니다.[1]

$$\langle n|m\rangle = \delta_{n,m} \quad .$$ (11.1)

우리는 이제 일반적인 형태의 파동함수로

$$|\Psi\rangle = \sum_n \phi_n |n\rangle$$

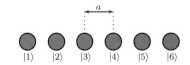

그림 11.1 꽉묶음 사슬. 각 원자에는 하나의 오비탈이 있고, 전자는 한 원자에서 이웃하는 원자로 깡충뛸 수 있습니다.

---

[1] 6.2.2절과 같이, 특히 원자가 서로 가깝게 접근할 때 이것은 대단한 근사가 아닙니다. 그러나 더욱 정확하게 계산한다고 해서 배우는 것이 많아지지는 않고 계산이 복잡할 뿐입니다. 연습문제 6.5, 11.3에서 더 정확하게 계산을 수행합니다.

를 잡습니다. 꽉묶음 모형에 대해 논의했듯이(식 6.4와 연습문제 6.2 참조), 유효 슈뢰딩거 방정식은

$$\sum_m H_{nm}\phi_m = E\phi_n \tag{11.2}$$

로 쓸 수 있습니다.[2] 여기서 H_{nm}은 해밀토니언의 행렬 성분

$$H_{nm} = \langle n|H|m \rangle$$

입니다.

앞에서 분자 오비탈 모형(6.2.2절)을 공부할 때 언급했듯이 이 슈뢰딩거 방정식은 실제로는 변분 근사입니다. 예를 들어, 정확한 바닥상태를 찾는 대신, 이 방법으로 우리가 모형에 넣어준 오비탈로 구성된 최적의 바닥상태를 찾아냅니다.

힐베르트Hilbert 공간에서 전개하고 더 많은 오비탈을 모형에 추가함으로써 변분 접근법을 점점 향상시킬 수 있습니다. 예를 들어, 주어진 자리에서 단 하나의 오비탈 $|n\rangle$ 대신에 많은 오비탈 $|n,\alpha\rangle$를 고려할 수 있습니다. 여기서 α는 1에서 어떤 정수 p까지입니다. p가 증가함에 따라 접근법은 점점 더 정밀해지고 결국 정확해집니다. 정확한 슈뢰딩거 방정식을 더 잘 근사하기 위해 꽉묶음 오비탈을 사용하는 이 방법을 원자 오비탈 선형 결합(linear combination of atomic orbitals, LCAO)라고 합니다. 그러나 한 가지 복잡한 점은(연습문제 11.3에서 다룹니다), 더 많은 오비탈을 추가할 때 일반적으로 편리한 직교성 가정, 즉, $\langle n,\alpha|m,\beta\rangle = \delta_{nm}\delta_{\alpha\beta}$를 포기해야 한다는 것입니다. 이것은 유효 슈뢰딩거 방정식을 조금 더 복잡하게 만들지만, 근본적으로 다르지는 않습니다(6.2.2절의 주석을 보십시오).

어쨌든, 여기서는 자리 당 하나의 오비탈로만 문제를 풀 것이고 식 11.1의 직교성을 가정합니다.

해밀토니언을

$$H = K + \sum_j V_j$$

로 씁니다. 여기서 $K = \mathbf{p}^2/2m$는 운동 에너지이고 V_j는 위치 $\mathbf{r}$에 있는 전자와 자리 j의 핵 사이의 쿨롱 상호작용

$$V_j = V(\mathbf{r} - \mathbf{R}_j)$$

[2] 이 유효 방정식을 얻는 또 다른 방법은 실제 슈뢰딩거 방정식 $H|\psi\rangle = E|\psi\rangle$에서 시작하여, H와 $|\psi\rangle$ 사이에 완비 세트 complete set인 $1 = \sum_m |m\rangle\langle m|$을 삽입한 후 양변의 왼쪽에 $\langle n|$를 작용하는 것입니다($\phi_n = \langle n|\psi\rangle$). (실제로는 그렇지 않지만) $|m\rangle$의 집합이 완전하다면 이것은 좋은 유도 방법입니다. 그러나, 이 오비탈이 근사적인 완비 세트인 한, 이것은 근사적인 유도입니다. 좀 더 정확히 말하자면, 연습문제 6.2에서 논의된 것처럼 이것은 변분 근사로 해석해야 합니다.

입니다. 여기서 $\mathbf{R}_j$는 j번째 핵의 위치입니다.

이러한 정의로

$$H|m\rangle = (K + V_m)|m\rangle + \sum_{j \neq m} V_j|m\rangle$$

를 얻습니다. 이제 $K + V_m$은 계에 오직 하나의 핵(m번째 핵)만 있고 다른 핵이 없을 경우 얻을 수 있는 해밀토니언이라고 생각해야 합니다. 따라서, 꽉묶음 오비탈 $|m\rangle$를 원자 오비탈로 잡으면, 우리는

$$(K + V_m)|m\rangle = \epsilon_{\text{atomic}}|m\rangle$$

를 얻습니다. 여기서 ϵ_{atomic}은 다른 핵이 없는 경우에 핵 m에 묶여있는 전자의 에너지입니다. 따라서 우리는

$$H_{n,m} = \langle n|H|m\rangle = \epsilon_{\text{atomic}}\,\delta_{n,m} + \sum_{j \neq m} \langle n|V_j|m\rangle$$

로 쓸 수 있습니다. 이제 이 방정식의 마지막 항이 무엇인지 이해해야 합니다. 이 항의 의미는, m번째 자리에 있지 않은 어떤 핵과 상호작용을 통해 m번째 원자에 있는 전자가 n번째 원자로 전송('깡충뛰기hop' 할)될 수 있다는 것입니다. 일반적으로 이것은 n과 m이 서로 매우 가까운 경우에만 일어날 수 있습니다. 따라서 우리는 V_0와 t를 정의하는

$$\sum_{j \neq m} \langle n|V_j|m\rangle = \begin{cases} V_0 & n = m \\ -t & n = m \pm 1 \\ 0 & \text{otherwise} \end{cases} \tag{11.3}$$

를 쓸 수 있습니다. (여기서 V_0항은 한 자리에서 다른 자리로 전자를 깡충뛰게 하지 않고 주어진 자리에서 에너지 기준만 이동시킵니다.) 계의 병진 불변성에 의해 결과는 $n - m$에만 의존해야 하는 것에 주의하십시오(실제로 그러합니다). 이 두 종류의 항 V_0와 t는 두 원자의 공유 결합을 다룬 6.2.2절에서 본 두 종류의 항 V_{cross}와 t와 완전히 비슷합니다.[3] 단 두 개의 원자 대신에 여기에는 많은 원자가 있다는 점을 제외하면 상황은 비슷합니다.

위의 행렬 성분을 사용하여

$$H_{n,m} = \epsilon_0 \delta_{n,m} - t\left(\delta_{n+1,m} + \delta_{n-1,m}\right) \tag{11.4}$$

[3] 혼란스럽게도, 내가 여기서 t를 사용했던 곳에 원자물리학자들은 때때로 J를 사용합니다.

를 얻을 수 있습니다. 여기서 우리는

$$\epsilon_0 = \epsilon_{\text{atomic}} + V_0$$

로 정의하였습니다.[4] 이 해밀토니언은 꽉묶음 사슬로 알려져 있고 아주 많이 연구된 모형입니다. (시간 변화를 일으키는) 해밀토니언은 전자를 한 자리에서 다른 자리로 깡충뛰게 하기 때문에 t는 깡충뛰기hopping 항으로 알려져 있고, 에너지 차원을 가지고 있습니다. t의 크기는 당연히도 오비탈이 얼마나 서로 가까운가에 따라 달라집니다 – 가까이 있을 때 커지고 멀리 떨어져 있을 때 기하급수적으로 줄어듭니다.

11.2 꽉묶음 사슬의 해

일차원 꽉묶음 모형(꽉묶음 사슬)의 해는 우리가 진동을 공부하기 위해서 했던 것과 매우 유사합니다(따라서 이 시점에서 꽉묶음 모형을 제시합니다!). 우리는 가설풀이 해

$$\phi_n = \frac{e^{-ikna}}{\sqrt{N}} \tag{11.5}$$

를 제안합니다.[5] 여기서 분모는 N개의 자리가 있는 계의 정규화를 위해 도입되었습니다. 이제 이 가설풀이를 슈뢰딩거 방정식 식 11.2에 대입합니다. (진동 사슬과 비교할 때) 이 경우는 가설풀이의 지수에는 진동수가 없다는 점에 유의하여야 합니다. 이것은 그저 시간 독립적 슈뢰딩거 방정식을 풀기 때문입니다. 우리가 시간 의존 슈뢰딩거 방정식을 사용했다면, $e^{i\omega t}$ 인자 또한 필요합니다!

진동과 마찬가지로, $k \rightarrow k + 2\pi/a$ 평행이동 해도 답이 같아지는 것이 명백합니다. 더구나, N개의 자리(길이 $L = Na$)와 주기 경계 조건을 갖는 계를 고려하면, 허용된 k의 값은 $2\pi/L$의 단위로 양자화 됩니다. 식 9.6과 같이, 식 11.5의 형태로 정확히 N개의 다른 해가 존재합니다.

가설풀이를 슈뢰딩거 방정식 11.2의 좌변에 대입한 후 식 11.4를 사용하면

$$\sum_m H_{n,m}\phi_m = \epsilon_0 \frac{e^{-ikna}}{\sqrt{N}} - t\left(\frac{e^{-ik(n+1)a}}{\sqrt{N}} + \frac{e^{-ik(n-1)a}}{\sqrt{N}}\right)$$

가 되고 우변을

$$E\,\phi_n = E\,\frac{e^{-ikna}}{\sqrt{N}}$$

로 놓으면

$$E = \epsilon_0 - 2t \cos ka \qquad (11.6)$$

와 같은 스펙트럼을 얻습니다. 이는 일차원 단원자 사슬의 포논 스펙트럼

$$\omega^2 = 2\frac{\kappa}{m} - 2\frac{\kappa}{m}\cos(ka)$$

과 매우 유사하게 보입니다(식 9.2 참조). 그러나 포논의 경우 진동수의 *제곱*을 얻는 반면 전자의 경우에는 에너지를 얻는 사실에 주의하십시오.[6]

그림 11.2는 꽉묶음 사슬의 분산 곡선(식 11.6)을 나타냅니다. 포논의 경우와 유사하게 $k \to k + 2\pi/a$에 주기적입니다. 또한, n이 임의의 정수일 때 분산은 $k = n\pi/a$(즉, 브릴루앙 영역 경계)에서 군속도가 항상 0이 됩니다(편평합니다).

자유 전자와 달리, 지금의 전자 분산은 최소 에너지뿐만 아니라 최대 에너지를 갖는다는 점에 유의하십시오. 전자는 특정 에너지 *띠/band* 안에서만 고유상태를 갖습니다. '띠'라는 단어는 고유상태가 존재하는 에너지 범위를 기술하는 데 쓰일 뿐만 아니라 분산곡선의 하나의 연결된 갈래를 기술하는 데 사용됩니다. (이 그림에는 각 k에 하나의 모드만 있으므로 하나의 가지, 따라서 하나의 띠가 있습니다.)

띠 하단과 상단의 에너지 차이를 *띠너비/bandwidth*라고 합니다. 띠너비(띠의 상단과 하단 사이) 내의 임의의 에너지에 대하여, 그 에너지를 갖는 적어도 하나의 k−상태가 존재합니다. 띠너비 바깥의 에너지에는 그 에너지를 갖는 k−상태가 없습니다.

띠너비(이 모형에서는 $4t$)는 원자 사이의 거리에 따라 달라지는 깡충뛰기의 크기에 의해 결정됩니다.[7] 원자 사이의 거리의 함수로서 띠너비는 대략적으로 그림 11.3과 같이 바뀝니다. 이 다이어그램의 오른쪽에는 각 상태가 원자 오비탈 $|n\rangle$인 N개의 상태가 있습니다. 다이어그램의 왼쪽에는 N개의 상태가 띠를 형성하고 이 절의 앞에서 논의한 바와

[6] 이 차이는 시간 의존 슈뢰딩거 방정식은 시간에 대해 한 번 미분하지만 뉴턴의 운동 방정식($F = ma$)은 두 번 미분한다는 사실에 기인합니다.

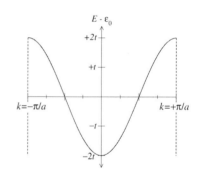

그림 11.2 꽉묶음 사슬의 분산. 첫째 브릴루앙 영역에서 파수벡터에 대하여 에너지를 나타내었습니다.

[7] 깡충뛰기 t는 인접한 원자의 오비탈 사이의 겹침에 의존하기 때문에(식 11.3과 그 이후의 주석 참조), 원자가 멀리 떨어진 극한에서, 원자가 멀어질수록 띠너비는 지수함수적으로 감소할 것입니다.

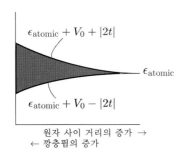

$\epsilon_{\text{atomic}} + V_0 + |2t|$

ϵ_{atomic}

$\epsilon_{\text{atomic}} + V_0 - |2t|$

원자 사이 거리의 증가 →
← 깡충뜀의 증가

그림 11.3 원자 사이 간격에 대한 띠너비의 의존
도. 맨 오른쪽에는 깡충뛰기가 없고 띠의 모든
상태의 에너지는 ϵ_0입니다. 깡충뛰기가 증가함
에 따라(왼쪽으로) 띠의 상태들의 에너지가 넓
게 퍼집니다. 깡충뛰기의 각 값에 대하여 음영
영역 내의 에너지를 가진 고유상태는 존재하지
만 음영 영역 외부에서는 그렇지 않습니다.

[8] 물론 우리는 인접한 핵 사이의 반발력을
고려하지 않았고 이 때문에 핵들은 너무
가까이 접근하지 않습니다. 6.2.2절에
서 고려한 공유 결합의 경우와 같이, 핵
사이의 쿨롱 반발력의 일부는 주어진 자
리의 전자가 다른 핵에 끌리는 인력인
V_{cross}(여기서는 V_0)에 의해 상쇄됩니
다.

같이, 정확하게 N개의 상태가 있습니다(우리는 힐베르트 상태의 차원
을 바꾸지 않았고 이것을 해밀토니언의 고유상태의 완비 세트로 표현
했기 때문에 놀랄 일이 아닙니다). 이 띠의 상태의 평균 에너지는 항상
ϵ_0임에 주의하십시오.

오비탈 사이에 깡충뛰기를 허용함으로써, 띠 안의 일부 고유상태의
에너지는 원자의 고유상태의 에너지 ϵ_0보다 감소했고 일부는 에너지가
증가했습니다. 이것은 전적으로 6.2.2절에서 우리가 두 원자 사이에서
깡충뛰기를 허용할 때 결합과 반결합 오비탈 형태를 발견했을 때와
완전히 유사합니다. 두 경우 모두, 깡충뛰기는 (원래는 ϵ_0이었던) 에너
지 준위를 일부는 더 높은 에너지 상태로 일부는 더 낮은 에너지 상태로
가릅니다.

여담: 띠가 완전히 채워지지 않으면, 원자가 가까워지고 띠너비가
증가함에 따라 모든 전자의 총에너지는 감소함에 주의하십시오(평균
에너지는 그대로 0이지만 높은 에너지 상태 중 일부는 채워지지 않기
때문에). 이러한 에너지 감소는 바로 6.4절에서 논의한 '금속 결합'의
결합력입니다.[8] 또한 앞에서 금속의 한 가지 특성은 대체로 무르고
펴서 늘릴 수 있음을 언급했습니다. 이것은 원자를 함께 묶어 놓은
전자가 움직일 수 있다는 사실의 결과입니다. 본질적으로는 전자가
움직이기 때문에, 결정이 변형됨에 따라 전자들이 위치를 재조정할
수 있기 때문입니다.

띠의 바닥 근처에서 분산은 포물선입니다. 분산의 식 11.6을 작은
k에 대하여 전개하면

$$E(k) = \text{Constant} + ta^2 k^2$$

을 얻을 수 있습니다. ($t < 0$인 경우, 에너지는 브릴루앙 영역 경계
$k = \pi/a$에서 최소가 됨을 주의하십시오. 이 경우 0 대신에 π/a에 가까
운 k에 대하여 전개해야 할 것입니다.) 결과적으로 포물선 특성은 자유
전자의 분산

$$E_{\text{free}}(k) = \frac{\hbar^2 k^2}{2m}$$

와 유사합니다. 그러므로 질량을 제외하고는 띠의 바닥을 자유 전자와

거의 같은 것으로 간주할 수 있습니다. 여기서 새로운 *유효 질량effective mass* m^* 를

$$\frac{\hbar^2 k^2}{2m^*} = ta^2 k^2$$

가 되도록 정의하면

$$m^* = \frac{\hbar^2}{2ta^2}$$

가 됩니다. 다시 말해, *유효 질량* m^* 는 띠의 바닥의 분산이 질량 m^* 인 자유 입자의 분산과 정확히 같도록 정의됩니다. (17장에서 유효 질량에 관해서 더 자세히 논의할 것입니다. 이것은 단지 맛보기입니다.) 이 질량은 전자의 실제 질량과는 아무런 관련이 없고 오히려 깡충뜀 행렬 성분 t 에 의존한다는 사실에 주의하십시오. 더 나아가 분산 관계에 들어가는 k 는 전자의 실제 운동량이 아니라 결정 운동량이라는 것을 명심해야합니다(결정 운동량은 단지 $2\pi/a$ 의 모듈로로 정의됨을 기억하십시오). 그러나 k 가 매우 작은 한 k 의 주기성에 대해 걱정할 필요가 없습니다. 그럼에도 불구하고, 전자가 다른 전자 또는 포논과 산란을 하면, 보존되는 것은 결정 운동량이라는 것을 명심해야합니다(9.4절의 논의를 참조).

11.3 띠를 채우는 전자에 대한 소개

이제 우리의 꽉묶음 모형이 실제로 원자들로 이루어지고 각 원자가 하나의 전자를 띠에 '준다'고 상상해 봅시다(즉, 원자는 하나의 *가전자 수valence*를 갖습니다). 띠에는 N개의 가능한 k-상태가 있고 전자는 페르미온이기 때문에, 띠가 정확히 채워질 것이라고 추측할지도 모릅니다. 그러나 각각의 k에는 두 개의 가능한 스핀 상태가 있으므로 실제로 띠는 절반 밖에 채워지지 않습니다. 이것이 그림 11.4의 위에 묘사되어 있습니다. 이 그림의 (음영 처리된) 채워진 상태들은 위, 아래 스핀들로 채워져 있습니다.

이 그림에서 음영이 처리된 영역과 음영 처리되지 않은 영역이 만나는 지점인 페르미 면이 있다는 것이 결정적입니다. 작은 전기장이 계에

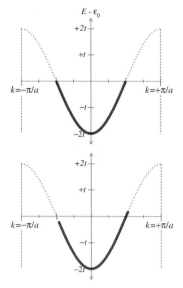

그림 11.4 위: 각 원자의 가전자수가 1이면 띠는 반이 채워집니다. 음영 처리된 상태들은 위, 아래 방향의 스핀을 가진 전자들로 채워져 있습니다. 페르미 면은 채워진 상태와 빈 상태 사이의 경계입니다. **아래**: 작은 전기장이 가해질 때, 조그만 에너지로 페르미 바다는 약간 이동해서 (약간의 전자가 왼쪽에서 오른쪽으로 움직여서) 전류를 흐를 수 있게 합니다.

[9] 1차원에서 이 원칙은 절대적으로 옳습니다. 더 높은 차원에서는, 완전히 채워진 띠로부터 때때로 홀 전류(그러나 평행 방향 전류는 아님)가 흐를 수 있습니다. 소위 '천 띠Chern band'라고 불리는 이 상황이 현재 연구 큰 관심사이지만, 이 책의 범위를 훨씬 벗어납니다. 이러하므로 나는 이 예외적인 가능성을 무시하고 이 원리는 대부분의 실제 상황에서 거의 항상 사실로 보는 것을 권합니다.

[10] 각 원자는 실제로 더 높은 에너지에 무한 개의 오비탈을 가지고 있습니다. 그러나 이 중 적은 수만 채워지고 우리의 근사 수준 내에서 소수만을 고려해도 됩니다.

가해지면, 그림 11.4의 하단에 표시된 것처럼 페르미 면을 이동시키는 데 아주 적은 양의 에너지만 소비하여 오른쪽으로 이동하는 몇 개의 k-상태를 채우고 왼쪽으로 이동하는 몇 개의 k-상태를 비웁니다. 다시 말해, 계의 상태는 조금 변함으로써 응답하고 전류가 유도됩니다. 이러하므로 이 계는 전기를 전도한다는 점에서 *금속metal*입니다. 정말로, 1가 원자들의 결정은 매우 흔하게 금속이 됩니다!

반면에 우리 모형의 각 원자가 2가이면 (띠에 두 개의 전자를 주면) 띠는 전자로 완전히 채워질 것입니다. 사실, 이것을 모든 k-상태 $|k\rangle$가 두 개의 전자(하나는 위, 하나는 아래)로 완전히 채워진 띠, 또는 모든 자리 $|n\rangle$이 채워진 띠라고 생각해도 무관합니다. 이 두 표현은 동일한 다전자 파동함수를 기술합니다. 사실, 이 완전히 채워진 띠를 기술하는 유일한 파동함수가 있습니다.

채워진 띠의 경우, 작은 전기장을 이 계에 가하면 시스템이 전혀 응답할 수 없습니다. 모든 상태가 이미 채워져 있기 때문에 k상태의 점유를 바꿀 수 있는 자유가 없습니다. 따라서 우리는 중요한 원리로 마무리합니다.

원리: 채워진 띠에는 전류가 흐르지 않습니다.[9]

따라서 2가의 꽉묶음 모형의 예는 절연체입니다(이 유형의 절연체는 *띠 절연band insulator*체로 알려져 있습니다). 사실, 2가 원자들의 많은 계는 절연체입니다(비록 2가 원자들이 어떻게 금속이 되는지 곧 논의하겠지만).

11.4 다중 띠

이 장에서 다룬 꽉묶음 사슬에서는 단위 낱칸에 하나의 원자가 있고 원자당 하나의 오비탈만 있는 경우를 고려하였습니다. 그러나 더욱 일반적으로 단위 낱칸당 여러 오비탈이 있는 경우를 생각해 볼 수 있습니다.

하나의 가능성은 단위 낱칸당 하나의 원자와 원자당 여러 개의 오비탈을 고려하는 것입니다.[10] 원자당 하나의 오비탈을 가지고 있는 꽉묶음 모형에서 발견한 것과 유사하게, 원자가 아주 멀리 떨어져 있을

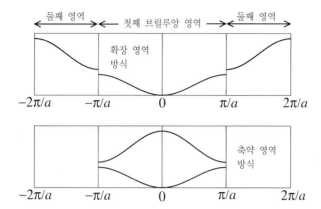

둘째 영역 ⟵——⟶ 첫째 브릴루앙 영역 ⟵————⟶ 둘째 영역

확장 영역
방식

$-2\pi/a$ $-\pi/a$ 0 π/a $2\pi/a$

축약 영역
방식

$-2\pi/a$ $-\pi/a$ 0 π/a $2\pi/a$

그림 11.5 일차원의 이원자 꽉묶음 분산. **아래:** 축약 영역 방식. **위:** 확장 영역 방식. 축약 영역 방식에서 확장 영역 방식을 얻을 때, 분산 곡선의 일부를 적절한 역격자 벡터로 단순히 평행 이동한다는 점에 유의하십시오.

때, 각 원자에는 원자 오비탈만 있습니다. 그러나 원자들이 서로 가깝게 다가오면 오비탈은 서로 합쳐지고 에너지는 퍼져서 띠 모양을 이룹니다.[11] 그림 11.3과 유사하게 그림 11.6은 두 띠의 경우에 어떻게 되는지를 나타냅니다.

매우 유사한 상황이, 단위 낱칸당 두 개의 원자가 있지만 원자당 오직 하나의 오비탈이 있을 때 발생합니다(연습문제 11.2와 11.4를 참조). 일반적인 결과는 10장에서 이원자 사슬의 진동에서 발견한 것과 매우 유사할 것입니다.

그림 11.5는 단위 낱칸당 하나의 오비탈을 각각 갖는 서로 다른 두 원자에 대한 꽉묶음 모형의 스펙트럼을 나타냅니다. 결과를 축약 영역 방식과 확장 영역 방식으로 나타냈습니다.

진동의 경우에 관해서는, k의 각각의 값에서 두 개의 가능한 에너지 고유상태가 존재함을 알 수 있습니다. 전자의 언어에서는 두 개의 띠가 있다고 말합니다(우리는 전자에 '소리'와 '광학'이라는 단어를 사용하지 않지만 아이디어는 비슷합니다). 두 띠 사이에 에너지 고유상태가 없는 틈이 있음에 유의하십시오.

단위 낱칸당 두 개의 원자가 있고 원자당 한 개의 오비탈이 있는 이 상황에서 어떤 결과가 일어날 수 있는지 잠시 생각해 봅시다. 각각의 원자가(두 원자 모두) 2가 원소라면, 원자당 내 놓은 두 개의 전자는 각 원자의 단일 오비탈을 완전히 채웁니다. 이 경우 두 띠 모두 위 스핀과 아래 스핀 전자로 모두 채워집니다.

다른 한편으로, 각 원자(두 원자 모두)가 1가인 경우, 이것은 계의 상태의 정확히 절반이 채워져야 함을 의미합니다. 그러나 여기에서 계의 상태의 절반을 채울 때, 낮은 띠의 모든 상태가 (두 스핀으로)

[11] 깡충뜀이 약한 극한에 있는 원자 오비탈이 합쳐져 띠를 만드는 이 묘사는 원자가 결정으로 정렬된다는 사실에 따라 달라지지 않습니다. 유리와 비정질 고체도 이런 종류의 밴드 구조를 가질 수 있습니다!

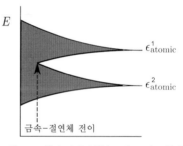

그림 11.6 원자 거리의 함수로서 두 띠 모형에 대한 띠의 다이어그램. 원자 수준의 극한에서, 오비탈의 에너지는 ϵ_{atomic}^1와 ϵ_{atomic}^2 입니다. 계가 단위 낱칸당 두 개의 가전자를 가지고 있다면 원자 수준의 극한에서 낮은 오비탈이 채워지고 위쪽 오비탈은 비어 있습니다. 원자들을 가깝게 떠밀면, 띠가 겹쳐지기 시작할 때까지 낮은 띠는 채워진 채로 있고 윗부분은 비어 있습니다. 띠가 겹쳐지면, 두 개의 띠는 부분적으로 채워지고 계는 금속이 됩니다.

완전히 채워지지만, 위의 띠의 모든 상태는 완전히 비어 있습니다. 확장 영역 방식에서 페르미 면이 있는 곳에(브릴루앙 영역 경계에서!) 정확히 틈이 벌어져 있는 것처럼 보입니다.

아래쪽 띠가 완전히 채워졌지만 위쪽 띠가 완전히 비어있는 상황에서 약한 전기장을 계에 가하면 전류가 흐를 수 있을까요? 이 경우, 아래쪽 띠 내에서 전자를 재배열할 수는 없지만 계의 아래쪽 띠에서 전자를 제거하고 위쪽 띠에 놓아서 전체적인 (결정) 운동량을 바꿀 수 있습니다. 그러나 낮은 띠에서 전자를 이동시키려면 (띠 사이의 틈을 극복해야 하는) 일정한 양의 에너지가 필요합니다. 결과적으로, 전기장이 충분히 작을 때 (그리고 저온에서), 이것은 일어날 수 없습니다. 채워진 띠에서 더 높은 빈 띠까지 유한한 틈이 있는 한 절연체라고 결론내릴 수 있습니다.

단일 띠의 경우와 마찬가지로, 원자 사이의 거리가 변할 때 깡충뜀의 크기가 변하는 것으로 생각할 수 있습니다. 원자가 멀리 떨어지면 원자 극한에 있지만, 원자들이 가까워질수록 이 원자 상태는 그림 11.6과 같이 띠로 퍼집니다.

두 원자가 각각 1가인 경우, 원자 수준의 극한에서 상태의 절반이 채워집니다. 즉, 낮은 에너지의 원자 오비탈이 위 스핀 전자와 아래 스핀 전자로 채워지는 반면, 높은 에너지 오비탈은 완전히 비어 있습니다(즉, 전자가 에너지가 높은 원자에서 에너지가 낮은 원자로 이동하고, 이것은 낮은 에너지 띠를 완전히 채웁니다). 원자들이 더 가까워짐에 따라, 원자 오비탈들은 띠로 퍼집니다(깡충뜀 t가 증가합니다). 그러나 어떤 지점에서 띠가 너무 넓어져 에너지가 겹칩니다.[12] – 이 경우 낮은 에너지 띠에서 높은 에너지 띠로 전자를 이동시킬 틈이 없어지고 계는 그림 11.6에서 표시된 것처럼 금속이 됩니다. (띠가 어떻게 겹쳐질지 명확하지 않으면, 예를 들어 그림 16.2의 오른쪽을 고려하십시오. 실은 이 유형의 띠 겹침은 실제 물질에서 매우 흔합니다!)

[12] 연습문제 11.4를 참조하십시오.

- 전자파동에 대한 꽉묶음 슈뢰딩거 방정식을 푸는 것은 진동(포논)파에 대한 뉴턴 방정식을 푸는 것과 매우 유사합니다. 역격자와 브릴루앙 영역의 구조는 동일합니다.
- 에너지 고유상태가 들어있는 에너지 띠와 띠 사이의 틈을 얻었습니다.
- 원자 수준의 극한에서는 깡충뜀은 제로입니다. 깡충뜀이 증가함에 따라 원자 오비탈이 띠로 퍼집니다.
- 에너지는 자유 전자와 같이 띠의 바닥 근처에서 k의 포물선인데 유효 질량이 바뀝니다.
- 어떤 띠가, 다음 높은 띠 사이에 틈이 있고 채워지면 절연체(띠 절연체)이고, 부분적으로 채워진 띠는 페르미 면을 가지고 금속입니다.
- 띠가 채워지는지 여부는 원자의 가전자수에 달려 있습니다.
- 포논에서 발견한 것처럼, 브릴루앙 영역 경계에서 틈이 생깁니다. 영역 경계에서 군속도도 0이 됩니다.

참고자료

어떤 책도 우리가 여기에서 했던 것과 똑같은 꽉묶음에 대한 접근법을 취하지 않습니다. 가장 가까운 책은 본질적으로 같은 것이지만, 3차원에서는 삶을 조금 복잡하게 만듭니다. 이러한 책들은 다음과 같습니다:

- Ibach and Luth, 7.3절
- Kittel, 9장 중 꽉묶음에 대한 절
- Burns, 10.9~10.10절
- Singleton, 4장

아마도 가장 멋진(그럼에도 짧은) 기술은 다음과 같습니다.
- Dove, 5.5.5절

물리에 대하여 멋지고 (세세함이 없는) 짧은 기술은 다음과 같습니다.
- Rosenberg, 8.19절

마지막으로 꽉묶음에 대한 다른 접근법은 다음과 같습니다.
- Hook and Hall, 4.3절

이것은 좋은 해설이지만 귀찮게도 시간 의존 슈뢰딩거 방정식을 집요하게 사용합니다.

11.1 단원자 꽉묶음 사슬

원자 사이에서 깡충뛰는 전자의 1차원 꽉묶음 모형을 생각해봅니다. 원자들 사이의 거리를 a라고 하고, 여기에서 원자 $n(n = 1 \cdots N)$의 원자 오비탈을 $|n\rangle$이라고 표시합니다(주기 경계 조건과 오비탈의 직교성, 즉 $\langle n|m\rangle = \delta_{nm}$을 가정할 수 있습니다). 자리 에너지가 ϵ, 깡충뜀 행렬 성분이 $-t$라고 가정합니다. 즉, $n = m$일 경우 $\langle n|H|m\rangle = \epsilon$, $n = m \pm 1$일 경우 $\langle n|H|m\rangle = -t$라고 합시다.

▶ 전자에 대한 분산 곡선을 유도하고 스케치하시오. (힌트: 연습문제 6.2a의 유효 슈뢰딩거 방정식을 사용하시오. 결과적으로 방정식은 연습문제 9.2와 매우 유사합니다.)

▶ 이 계에는 얼마나 많은 다른 고유상태가 있습니까?

▶ 이 띠의 바닥 근처에서 전자의 유효 질량은 얼마입니까?

▶ 상태밀도는 얼마입니까?

▶ 각 원자가 1가이면(하나의 전자를 제공하면) 페르미 면에서 상태밀도는 얼마입니까?

▶ 계의 열용량에 대한 근사를 구하시오(연습문제 4.3 참조).

▶ 각 원자가 2가인 경우 열용량은 얼마입니까?

11.2 이원자 꽉묶음 사슬

이제 우리는 앞의 연습문제의 계산을 다음과 같이 보이는 일차원 이원자 고체로 일반화합니다.

$$-A-B-A-B-A-B-$$

A형의 자리 에너지가 B형의 자리 에너지와 다르다고 가정합니다. 즉, n이 A형의 자리일 경우 $\langle n|H|n\rangle = \epsilon_A$이고 B형의 자리일 경우 ϵ_B가 됩니다. (모든 깡충뜀 행렬 성분 $-t$는 여전히 동일합니다.)

▶ 새로운 분산 관계를 계산하시오. (이것은 연습문제

10.1과 매우 흡사합니다. 꽉 막힌다면 그 연습문제를 다시 시도하시오.)

▶ 축약 및 확장 영역 방식에서 이 분산 관계를 스케치하시오.

▶ $\epsilon_A = \epsilon_B$이면 어떻게 됩니까?

▶ t가 매우 작아지는 '원자' 극한에서는 어떻게 됩니까?

▶ 낮은 띠의 바닥 근처에서 전자의 유효 질량은 얼마입니까?

▶ 각 원자(두 원자 모두)가 1가인 경우, 계는 금속입니까 또는 절연체입니까?

▶ * 이 문제의 결과가 주어지면 (강한 이온 결합을 가지는) LiF가 매우 좋은 절연체인 이유를 설명하시오.

11.3 바르게 계산된 꽉묶음 사슬

연습문제 11.1에서처럼 1차원 꽉묶음 모형을 다시 생각해 봅니다. 다시 우리는 자리 에너지 ϵ과 깡충뜀 행렬 성분 $-t$를 가정합니다. 즉, $n = m$일 경우 $\langle n|H|m\rangle = \epsilon$, $n = m \pm 1$일 경우 $\langle n|H|m\rangle = -t$라고 가정합니다. 그러나 이제는 오비탈이 서로 수직이라고 가정하지 않습니다.

대신, $n = m$일 경우 $\langle n|m\rangle = A$, $n = m \pm 1$일 경우 $\langle n|m\rangle = B$, $|n - m| > 1$일 경우 $\langle n|m\rangle = 0$이라고 잡습니다.

▶ 왜 이 마지막 가정($|n - m| > 1$인 경우)이 합리적입니까?

여기에서 오비탈의 비직교성을 다루는 것은 연습문제 6.5에서 했던 것과 매우 유사합니다. 돌아가서 그 문제를 보시오.

▶ 연습문제 6.5의 유효 슈뢰딩거 방정식을 사용하여 이 1차원 꽉묶음 사슬에 대한 분산 관계를 유도하시오.

11.4 원자 당 두 개의 오비탈

(a) 원자가 두 개의 오비탈, 고유 에너지 ϵ_{atomic}^A인 오비탈 A와 고유 에너지 ϵ_{atomic}^B인 오비탈 B를 가지고 있다고 생각해 봅니다. 그런 원자들의 일차원 사슬을 만들어서 이 오비탈들이 서로 수직이라고 가정합니다. 주어진 원자의 오비탈 A에 있는 전자가 이웃하는 원자의 오비탈 A로 넘어갈 수 있게 하는 깡충뜀 진폭 t_{AA}를 생각해 봅니다. 유사하게 주어진 원자의 오비탈 B에 있는 전자가 이웃하는 원자의 오비탈 B로 넘어갈 수 있게 하는 깡충뜀 진폭 t_{BB}를 생각합니다. (이웃 원자에 의한 원자 오비탈의 에너지 변화 V_0는 0이라고 가정합니다.)

▶ 결과로 나타나는 두 밴드의 분산을 계산하고 스케치하시오.

▶ 원자가 2가 원자인 경우, 계가 금속인지 절연체인지 여부를 결정하는 t_{AA}, t_{BB}와 $\epsilon_{atomic}^A - \epsilon_{atomic}^B$에 대한 조건을 유도하시오.

(b)* 이제 추가로 한 원자의 오비탈 A에 있는 전자가 이웃하는 원자의 오비탈 B로 깡충뜀 수 있게 하는 깡충뜀 진폭 t_{AB}가 있다고 생각해 보시오(그 역도 마찬가지). 이제 분산 관계는 어떻게 됩니까?

11.5 불순물 전자상태*

식 11.4에서 주어진 1차원 꽉묶음 해밀토니언을 고려합니다. 이제 사슬에 있는 원자 중 하나(원자 $n=0$)가 다른 모든 원자의 오비탈 에너지에서 Δ만큼 다른 원자 오비탈 에너지를 가진 불순물인 상황을 생각해 봅니다. 이 경우 해밀토니언은

$$H_{n,m} = \epsilon_0 \delta_{n,m} - t(\delta_{n+1,m} + \delta_{n-1,m}) + \Delta \delta_{n,m} \delta_{n,0}$$

가 됩니다.

(a) 가설풀이

$$\phi_n = A e^{-qa|n|}$$

를 사용하여(q는 실수이고 a는 격자상수), 임의의 음의 Δ에 대하여 한곳 상태localized state가 존재함

을 보이고 그 에너지를 찾으시오. 이 문제는 문제 9.6과 매우 유사합니다.

(b) 대신 델타 함수 퍼텐셜을 가진 1차원 연속 해밀토니언

$$H = -\frac{\hbar^2}{2m^*}\partial_x^2 + (a\Delta)\delta(x)$$

을 고려하시오. 마찬가지로, 임의의 음의 Δ에 대하여 한곳 상태가 존재함을 보이고 그 에너지를 찾으시오. 결과를 (a)번의 결과와 비교하시오.

11.6 불순물로부터 반사*

사슬에서 단일 불순물을 나타내는 앞의 문제에서 꽉묶음 해밀토니언을 생각해 보시오. 여기에서 목적은 이 불순물이 왼쪽에서 오는 진폭이 1인 평면파를 어떻게 산란시키는지 보는 것입니다(이것은 연습문제 9.5와 다소 비슷합니다). 파동함수에 대한 가설풀이

$$\phi_n = \begin{cases} Te^{-ikna} & n \geqslant 0 \\ e^{-ikna} + Re^{+ikna} & n < 0 \end{cases}$$

를 사용하여 투과율 T와 반사율 R을 k의 함수로 구하시오.

11.7 일차원 수송*

(a) 이 장에서 논의된 0 K(또는 그 근처, $k_B T \ll \mu$)의 일차원 꽉묶음 사슬을 고려하시오. 이 사슬의 오른쪽 끝은 화학 퍼텐셜 μ_R인 저장고reservoir에 부착되어 있고 왼쪽 끝은 화학 퍼텐셜 μ_L인 저장고에 부착되어 있고 $\mu_L > \mu_R$로 가정하시오. 그림 11.4의 아래쪽에 나타낸 것처럼, 왼쪽으로 이동하는 입자는 화학 퍼텐셜 μ_R까지 채워져 있는 반면, 오른쪽으로 이동하는 입자는 화학 퍼텐셜 μ_L까지 채워져 있을 것입니다. 이 상황은 다음과 같이 도식적으로 표현됩니다.

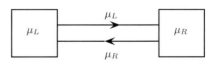

(i) 오른쪽으로 이동하는 모든 입자의 총 전류는

$$j_R = -e \int_0^\infty \frac{dk}{\pi} v(k) n_F(\beta(E(k) - \mu_L))$$

과 같다고 주장하시오. 여기서 $v(k) = (1/\hbar)d\epsilon(k)/dk$ 는 군속도이고 n_F는 페르미 점유 인자입니다. 왼쪽으로 움직이는 입자에 대하여도 비슷한 식이 성립합니다.

(ii) $J_{\text{total}} = GV$로 정의되는 이 선의 전도율 G를 계산하여 h가 플랑크 상수일 때 $G = 2e^2/h$임을 보이시오. 여기에서 $J_{\text{total}} = j_L - j_R$이고 $eV = \mu_L - \mu_R$ 입니다. 이 '전도도 양자'quantum of conductance는 무질서가 없는 1차원 전자계에서 일상적으로 측정됩니다.

(iii) 연습문제 11.6의 맥락에서, 불순물이 두 저장소 사이의 사슬에 놓여 있어서 후방 산란을 만든다고 상상해 보시오. 전도율이 $G = 2e^2|T|^2/h$로 줄어드는 것을 주장하시오. 이것은 란다우어Landauer 공식으로 알려져 있고 나노 전자공학의 기둥입니다.

(b) 이제 양쪽 저장소의 화학 퍼텐셜은 같지만 온도는 각각 T_L과 T_R이라고 가정해 보시오.

(i) 오른쪽으로 움직이는 모든 입자의 열전류는

$$j_R^q = \int_0^\infty \frac{dk}{\pi} v(k) (E(k) - \mu) n_F(\beta_L(E(k) - \mu))$$

와 같고 왼쪽으로 움직이는 입자에 대하여도 유사한 식이 성립함을 주장하시오.

(ii) $J^q = j_L^q - j_R^q$과 $T_L - T_R$이 작을 경우 열전도율 K를

$$J^q = K(T_L - T_R)$$

로 정의하고 열전도율을

$$K = -\frac{2}{hT} \int_{-\infty}^\infty dE(E - \mu)^2 \frac{\partial}{\partial E} n_F(\beta(E - \mu))$$

로 쓸 수 있음을 유도하시오. 이 표현을 검토하여

깨끗한 1차원 계에 대한 비데만-프란츠 비율

$$\frac{K}{TG} = \frac{\pi^2 k_B^2}{3e^2}$$

를 확인하시오. (이것은 전기 전도도와 열 전도도의 관계라기보다는 전기 전도율과 열전도율 사이의 관계임을 주목하십시오.) 위의 적분을 계산할 때

$$\int_{-\infty}^\infty dx\, x^2 \frac{\partial}{\partial x} \frac{1}{e^x + 1} = -\frac{\pi^2}{3}$$

을 사용하고 싶을 것입니다. 만약 당신이 매우 모험석이라면 2장의 수석 20에서 언급한 기법과 유사한 기법뿐만 아니라 2장의 부록과 유사하게 증명할 수 있는 리만 제타 함수의 값 $\zeta(2) = \pi^2/6$을 이용하여 이 다루기 어려운 항등식을 증명할 수 있습니다.

11.8 파이얼스 찌그러짐Peierls distortion*

같은 종류의 원자로 구성되어 있으나 원자 사이의 간격이 그림과 같이 교대로 장-단-장-단이 되는 사슬을 생각해 보십시오.

$$-A = A - A = A - A = A -$$

꽉묶음 모형에서 짧은 결합(=으로 표시)은 깡충뜀 행렬 성분이 $t_{\text{short}} = t(1 + \epsilon)$인 반면에 긴 결합(−으로 표시)은 깡충뜀 행렬 성분이 $t_{\text{long}} = t(1 - \epsilon)$이 됩니다.

(a) 이 사슬의 꽉묶음 에너지 스펙트럼 $E(k)$를 계산하시오. (자리 에너지 E_0는 모든 원자에서 동일합니다).

(b) 낮은 띠가 가득 차고 높은 띠가 비어 있다고 가정하시오(이 경우 각 원자의 원자가는 무엇일까요?). 총 바닥상태 에너지는 채워진 상태에 대한 $E(k)$의 적분입니다. 불행히도 이것은 지저분한 적분입니다. 대신에 적분을 두 부분으로 나누어서 근사를 하시오. 영역 경계 π/a에 주목하시오. $\kappa = \pi/a - k$를 정의합니다. $\kappa \approx \epsilon/a$에서 해당 적분을 나누고 작지만 유한한 ($\epsilon = 0$에 비교하여) ϵ에 대하여 에너지 감

소분이

$$\delta E_{\text{total}} \approx |2tL| \int_{\kappa = \epsilon/a}^{\text{cutoff}} d\kappa \left[\sqrt{\epsilon^2 + (\kappa a)^2/4} - \kappa a/2 \right]$$

항을 가짐을 보이시오. 여기에서 적분의 cutoff의 위치는 중요하지 않을 것입니다.

(c) 유한한 ϵ에 대하여 에너지 감소는 첫째 항의 거동은 $\epsilon^2 \log \epsilon$의 형태임을 보이시오. 우리가 버린 적분의 다른 부분은 우리가 남겨둔 부분에 비해 훨씬 작음을 확인하시오.

(d) 이제 같은 거리만큼 떨어진 A 원자들이 동일한 용수철 상수 κ를 가진 용수철로 연결되어 있는 사슬을 생각해보시오. 용수철을 δx 만큼 찌그러뜨려 교대로 길고 짧게 만들면 $(\delta x)^2$에 비례하는 에너지가 필요함을 보이시오. (b)와 같은 원자가를 가진 사슬에 대해, 이런 종류의 찌그러짐이 자발적으로 발생할 것이라는 결론을 내리시오. 이것은 파이얼스 찌그러짐이라고 알려져 있습니다.

11.9 2차원에서 꽉묶음*

그림에 보인 것처럼 2차원의 직사각형 격자를 고려하시오. 이제 각 격자점에 하나의 오비탈이 있고, n과 m이 수평 방향 이웃이면 깡충뜀 행렬 성분이 $\langle n|H|m \rangle = t_1$이고 n과 m이 수직 방향 이웃이면 t_2인 꽉묶음 모형을 상상해보시오. m은 수직 방향의 이웃입니다. 이 꽉묶음 모형에 대한 분산 관계를 계산하시오. 띠의 바닥 근처에서 분산 관계는 어떻게 생겼습니까? (2차원 구조는 이 장에서 주어진 1차원 예보다 다루기가 더 어렵습니다. 12장과 13장에서는 2차원과 3차원의 결정을 공부하므로, 이들을 먼저 읽고 이 문제를 다시 시도하는 것이 유용할 수 있습니다.)

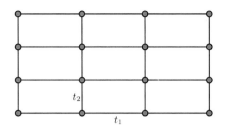

11.10 유한 사슬과 복소수 깡충뜀*

(a) 자리가 N개(번호 1, $\cdots$, N)인 직선(주기적이 아닌) 사슬에 대하여, 실수 깡충뜀 t를 가지는 꽉묶음 모형을 고려합니다. 사슬의 끝 바로 바깥에 두 개의 (0과 $N+1$로 번호가 매겨진) 자리를 추가하는 것을 상상하고 파동함수가 항상 이 두 추가된 자리에서 사라져야 하는 경계 조건을 부과함으로써 사슬의 끝을 모델링할 수 있습니다. 왼쪽으로 움직이는 파와 오른쪽으로 움직이는 파를 중첩하여 경계 조건을 만족시킴으로써, 이 시스템에 대한 고유상태와 고유 에너지를 찾으시오.

(b) 왼쪽에서 오른쪽으로 깡충뛰는 경우 복소수 깡충뜀 $t = |t|e^{i\phi}$를 고려하시오. 슈뢰딩거 방정식에 대한 해밀토니언이 에르미트임을 확인하시오! 위에서 기술한 유한 사슬의 경우, 위상 ϕ에 의존하는 물리적 양이 존재하지 않는다는 것을 보이시오.

(c) 이제 고리(이제는 주기적입니다)에 N개의 자리를 넣는 것을 고려하시오. 복소수 깡충뜀의 경우, 고유상태와 고유 에너지는 무엇입니까? N이 큰 극한에서, 깡충뜀 위상 ϕ에 의존하는 물리적 양은 (만약 있다면) 무엇입니까? N이 작은 경우, 깡충뜀 위상의 효과는 무엇입니까?

(d)** 깡충뜀 진폭에서 언제 그러한 비자명한 위상이 생길 수 있을까요?

PART

04

고체의 구조

Geometry of Solids

결정 구조

Crystal Structure

1차원에서 여러 가지 중요한 아이디어를 소개했으니 이제 우리 세계가 실제로 공간적으로 3차원이라는 사실을 기억해야합니다. 이것 때문에 약간 복잡해지기는 하지만, 실제로 3차원의 중요한 개념은 1차원보다 더 어렵지 않습니다. 우리가 이미 1차원에서 만난 가장 중요한 개념 중 일부는 여기에서 더 일반적인 방법으로 다시 소개할 것입니다.

여기에는 두 가지 어려운 점이 있을 것입니다. 첫째, 우리는 기하학과 어느 정도 씨름해야 합니다. 다행히도 대부분의 사람들이 이것이 너무 어렵지는 않다고 생각할 것입니다. 둘째, 2차원과 3차원의 구조를 지능적으로 기술하기 위해 용어를 정립해야 합니다. 이러하므로 이 장에서 많은 부분은 배워야 할 정의에 대한 목록일 뿐이지만, 불행하게도 이 시점에서 진도를 나가기 위해 꼭 필요합니다.

12.1 격자와 단위 낱칸

정의 12.1 *격자lattice*[1]*는 선형적으로 독립된 기본 격자 벡터primitive lattice vector*[2]*의 정수 합으로 정의된 무한한 점 집합입니다.*

예를 들어, 2차원에서 그림 12.1과 같이 격자점은

$$\mathbf{R}_{[n_1 \, n_2]} = n_1 \mathbf{a}_1 + n_2 \mathbf{a}_2 \qquad\qquad n_1, n_2 \in \mathbb{Z} \qquad (2d)$$

로 기술됩니다. $\mathbf{a}_1$과 $\mathbf{a}_2$는 기본 격자 벡터이고 n_1과 n_2는 정수입니다. 3차원에서 격자의 점은 유사하게 3개의 정수로

$$\mathbf{R}_{[n_1 \, n_2 \, n_3]} = n_1 \mathbf{a}_1 + n_2 \mathbf{a}_2 + n_3 \mathbf{a}_3 \qquad\qquad n_1, n_2, n_3 \in \mathbb{Z} \qquad (3d)$$
$$(12.1)$$

[1] 경고: 일부 책(특히 Ashcroft and Mermin 의 책)은 이것을 *브라베 격자Bravais lattice*라고 부릅니다. 이렇게 하면 격자라는 용어를 사용하여 우리가 격자라고 부르지 않는 다른 것들(예를 들어, 벌집 구조)을 기술할 수 있게 해줍니다. 그러나 여기서 우리가 사용하는 정의는 결정학자들 사이에서 더 일반적이고 수학적으로도 더 정확합니다.

[2] 때때로 '기본 격자 벡터primitive lattice vector'는 '기본 기저 벡터primitive basis vector'(10.1절의 용어 '기저'와 동일한 의미가 아님) 또는 '기본 병진 벡터primitive translation vector'라고 불립니다.

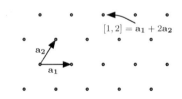

그림 12.1 격자는 기본 격자 벡터의 정수 합으로 정의됩니다.

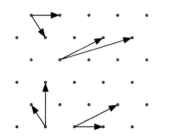

그림 12.2 격자에서 기본 격자 벡터의 선택은 유일하지 않습니다. (네 가지 가능한 기본 격자 벡터의 집합이 표시되어 있지만 무한히 많습니다!)

[3] 기본 격자 벡터 세트 $\mathbf{a}_i$가 주어지면, m_{ij}가 정수 성분을 가진 가역 행렬이고 역행렬 $[m^{-1}]_{ij}$ 또한 정수 성분을 가지는 한, 새로운 기본 격자 벡터 세트는 $\mathbf{b}_i = \sum_j m_{ij}\mathbf{a}_j$로 구성할 수 있습니다. 동등하게 m_{ij}는 정수이고 $\det[m] = \pm 1$입니다.

주기 구조

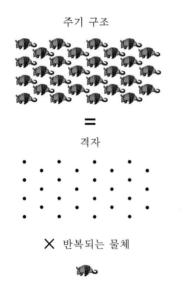

=

격자

✕ 반복되는 물체

🐢

그림 12.3 임의의 주기 구조는 반복되는 모티프의 격자로 표현될 수 있습니다.

로 나타냅니다. 1차원에서 격자의 정의는 앞에서 격자점을 $R = na$(n은 정수)로 기술한 것과 일치합니다.

그림 12.2에 나타냈듯이 2차원과 3차원에서 기본 격자 벡터의 선택은 유일하지 않다[3]는 것에 주목하는 것이 중요합니다. (1차원에서 기본 격자 벡터는 a의 부호 또는 방향을 제외하면 유일합니다.)

우리가 방금 제시한 것과 완전히 동등한 몇 가지 정의가 있습니다.

등가 정의 12.1.1 *격자는 벡터의 무한 집합으로서 집합의 두 벡터를 서로 더하거나 빼면 집합의 다른 벡터가 됩니다.*

첫째 정의 12.1이 두 번째 정의 12.1.1을 의미한다는 것을 쉽게 알 수 있습니다. 덜 명확하게 정의되었지만 때로는 더 유용한 정의가 있습니다.

등가 정의 12.1.2 *격자는 임의의 주어진 점의 환경이 임의의 주어진 다른 점의 환경과 동일한 점들의 집합입니다.*

어떤 주기 구조라도 반복되는 모티프의 격자로 표현될 수 있다는 것을 알게 되었습니다. 이 진술을 그림 12.3에 만화로 나타냈습니다. 그러나 점들의 모든 주기적인 배열이 격자가 아니라는 것에 주의해야 합니다. 그림 12.4에 보인 벌집[4]은 격자가 아닙니다. 이것은 세 번째 정의 12.1.2에서 명백합니다. 점 P와 점 R의 환경은 완전히 다릅니다 – 점 P는 바로 위에 이웃(점 R)이 있는 반면에 점 R 바로 위에는 이웃이 없습니다.

벌집(또는 다른 더 복잡한 점들의 배열)을 기술하기 위해, 앞의 10.1절에서 만났던 단위 낱칸에 대한 개념을 사용합니다. 일반적으로 우리는

정의 12.2 *단위 낱칸은, 많은 동일한 단위가 함께 쌓일 때 모든 공간을 타일링하고(완전히 채우고) 전체 구조를 복원하게 하는 공간의 영역입니다.*

[4] 벌집을 육방 격자라고 부르지 *않도록* 조심해야합니다. 우선, 우리의 정의에 의하면, 모든 점들이 같은 환경을 가지지 않기 때문에 그것은 전혀 격자가 아닙니다. 둘째, 어떤 사람들은 (아마도 혼란스럽게) 삼각형 격자를 지칭하는 데 '육각형'이라는 용어를 사용합니다. 삼각형 격자는 각 점에 6개의 가장 가까운 이웃점이 있습니다(그림 12.6 참조).

라고 정의합니다. 동등한(그러나 덜 엄격한) 정의는 다음과 같습니다.

등가 정의 12.2.1 *단위 낱칸은 반복적인 모티프로서 주기 구조의 기본 빌딩 블록입니다.*

더 구체적으로 우리는 가능한 가장 작은 단위 낱칸으로 작업하기 원합니다.

정의 12.3 *주기적인 결정에 대한 **기본 단위 낱칸**은 정확하게 하나의 격자점을 포함하는 단위 낱칸입니다.*

10.1절에서 언급했듯이 단위 낱칸의 정의는 결코 유일하지 않습니다. 예를 들어, 그림 12.5를 봅시다.

때로는 기본 단위 낱칸이 아닌 단위 낱칸을 정의하는 것이 풀어 나가기 용이합니다. 이것은 *관습 단위 낱칸conventional unit cell*으로 알려져 있습니다. 대부분 이러한 관습 단위 낱칸은 직교축을 갖도록 선택됩니다.

단위 낱칸의 가능한 몇 가지 예가 그림 12.6의 삼각형 격자에 표시되어 있습니다. 이 그림에서 관습 단위 낱칸(왼쪽 위)은 직교축을 가지도록 선택되는데 비직교축보다 계산하기가 더 쉽습니다.

단위 낱칸의 격자점 수 계산에 대한 참고 사항. 격자점이 낱칸의 꼭짓점(또는 모서리)에 위치한 단위 낱칸을 사용하여 푸는 경우가 종종 있습니다. 격자점이 단위 낱칸의 경계에 있을 때, 점이 어떤 비율로 낱칸에 실제로 존재하는지에 따라 분수로 계산되어야합니다. 예를 들어, 그림 12.6의 관습 단위 낱칸에서 이 낱칸 안에 두 개의 격자점이 있습니다. 중앙에 한 점이 있고 그 다음 꼭짓점에 점이 네 개 있습니다. 각 점은 낱칸 내부를 1/4 차지하므로 낱칸에는 2 = 1 + 4(1/4)의 점이 있습니다. (이 낱칸에는 두 개의 격자점이 있기 때문에 기본 단위 낱칸이 아닙니다.) 마찬가지로 그림 12.6(오른쪽 위)에 표시된 기본 단위 낱칸에서 맨 왼쪽과 맨 오른쪽의 두 격자점은 (원의 1/6 인) 60° 조각이 낱칸 내부에 속합니다. 다른 두 개의 격자점은 각각 단위 낱칸 안에 격자점의 1/3이 속해 있습니다. 따라서 이 단위 낱칸은 2(1/3) + 2 (1/6) = 1점을 포함하므로 기본 단위 낱칸입니다. 그러나 단 하나의

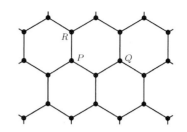

그림 12.4 벌집 구조는 격자가 아닙니다. 점 P와 점 R은 동등하지 않습니다(점 P와 점 Q는 동등합니다).

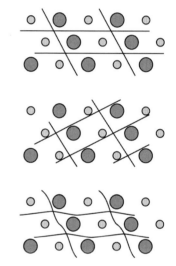

그림 12.5 단위 낱칸의 선택은 유일하지 않습니다. 이 모든 단위 낱칸은 전체 결정을 완벽하게 복원하는 '타일'로 사용될 수 있습니다.

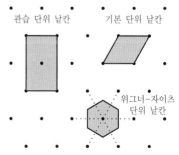

그림 12.6 삼각형 격자의 몇 가지 단위 낱칸.

격자점이 단위 낱칸 안에 완전히 들어가고 나머지는 완전히 단위 낱칸 외부에 있도록 임의의 방향으로 단위 낱칸을 조금씩 이동한다고 상상해 보십시오. 때때로 이렇게 하면 계산이 훨씬 쉬워집니다.

또한 이른바 *위그너–자이츠Wigner–Seitz* 단위 낱칸도 그림 12.6에 표시되어 있습니다.

> **정의 12.4** *격자점이 주어지면 다른 어떤 격자점보다 주어진 격자점에 더 가까운 공간상의 모든 점 집합은 그 주어진 격자점의 위그너–자이츠 낱칸을 구성합니다.[5]*

위그너–자이츠 낱칸을 작도하는 다소 간단한 방법이 있습니다. 격자점을 하나 선택하고 가장 가까운 이웃뿐만 아니라 모든 가능한 이웃으로 선을 그립니다. 그런 다음 이 모든 선의 수직이등분선을 그립니다. 수직이등분선들이 위그너–자이츠 낱칸의 경계가 됩니다. 격자에 대한 위그너–자이츠 낱칸은 항상 기본 단위 낱칸이 됩니다. 그림 12.7은 2차원 격자에서 위그너–자이츠 작도의 또 다른 예를 보여줍니다. 3차원에서도 유사하게 작도를 할 수 있는데, 이 경우는 위그너–자이츠 낱칸을 둘러싸기 위해 수직이등분면을 그려야 합니다.[6] 예를 들어, 그림 12.13과 12.16을 참조하시오.

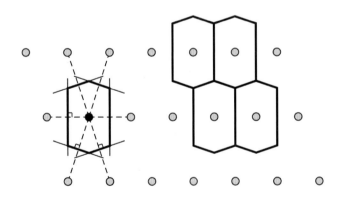

> **정의 12.5** *단위 낱칸의 기준 격자점에 대하여 단위 격자 내의 대상에 대한 표현을 **기저basis**라고 합니다.*

이것은 10.1절에서 사용한 '기저'와 동일한 정의입니다. 다시 말해, 각 격자점에 원자들의 기저를 연결 지어서 전체 결정을 재구성하는 것으

5 주기적인 격자뿐만 아니라 불규칙한 점 집합에서 위그너–자이츠와 유사한 작도를 할 수 있습니다. 이러한 불규칙한 점들의 집합에서 다른 어떤 점보다 특정 점에 가까운 영역을 보로노이Voronoi 낱칸이라고 합니다.

6 유진 위그너Eugene Wigner도 노벨상 수상자로서 20세기 물리학의 정말로 위대한 지성 중 하나였습니다. 아마도 물리학만큼 중요한 사실은 그의 누이인 마르깃Margit이 디랙과 결혼했다는 것입니다. 마르깃이 다른 모든 것을 처리했기 때문에 디랙은 물리학자가 될 수 있었다고 종종 전해집니다. 프레드릭 자이츠Fredrick Seitz는 훨씬 덜 유명했지만, 말년에 담배 업계의 고문으로서, 레이건 시대의 스타워즈 미사일 방어 시스템의 강력한 지지자로서, 지구 온난화에 대한 두드러진 회의론자로서 악명을 얻었습니다. 그는 2007년에 세상을 떠났습니다.

그림 12.7 2차원 격자에서 위그너–자이츠 작도. 왼쪽에서 검은 점과 이웃 점 사이에 수직이등분선을 추가합니다. 둘러싸인 영역이 위그너–자이츠 낱칸을 정의합니다. 오른쪽에서 위그너–자이츠 낱칸은 기본 단위 낱칸이라는 것을 알 수 있습니다. (오른쪽에 있는 낱칸들은 왼쪽에 있는 둘러싸인 영역과 정확히 같은 모양입니다!)

로 생각합니다.

그림 12.8(위)에는 2가지 종류의 원자로 이루어진 2차원의 주기 구조가 표시되어 있습니다. 아래쪽에는 단위 낱칸의 왼쪽 아래에 있는 기준점에 대해 주어진 원자의 위치와 (확대된) 기본 단위 낱칸이 표시되어 있습니다. 이 결정의 기저를 다음과 같이 기술할 수 있습니다.

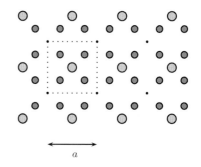

그림 12.8에서 결정의 기저 =		
크고 밝은 회색 원자	위치=	$[a/2, a/2]$
작고 진한 회색 원자	위치=	$[a/4, a/4]$
		$[a/4, 3a/4]$
		$[3a/4, a/4]$
		$[3a/4, 3a/4]$

정사각형 격자를 형성하는 기준 점(그림의 작은 검은색 점)들은

$$\mathbf{R}_{[n_1 n_2]} = [a\, n_1, a\, n_2] = a\, n_1 \hat{\boldsymbol{x}} + a\, n_2 \hat{\boldsymbol{y}} \quad (12.2)$$

의 위치를 가집니다. 여기서 n_1과 n_2는 정수입니다. 크고 밝은 회색 원자들의 위치는

$$\mathbf{R}_{[n_1 n_2]}^{\text{light-gray}} = [a\, n_1, a\, n_2] + [a/2, a/2]$$

이고 반면 작고 진한 회색 원자 위치는

$$
\begin{aligned}
\mathbf{R}_{[n_1 n_2]}^{\text{dark-gray1}} &= [a\, n_1, a\, n_2] + [a/4, a/4] \\
\mathbf{R}_{[n_1 n_2]}^{\text{dark-gray2}} &= [a\, n_1, a\, n_2] + [a/4, 3a/4] \\
\mathbf{R}_{[n_1 n_2]}^{\text{dark-gray3}} &= [a\, n_1, a\, n_2] + [3a/4, a/4] \\
\mathbf{R}_{[n_1 n_2]}^{\text{dark-gray4}} &= [a\, n_1, a\, n_2] + [3a/4, 3a/4]
\end{aligned}
$$

입니다. 이런 식으로 결정 속의 원자들의 위치는 '격자 + 기저'라고 말할 수 있습니다.

이제 우리는 그림 12.4에 있는 벌집의 경우로 돌아갈 수 있습니다. 동일한 벌집이 그림 12.9에 격자와 기저가 명시되어 있습니다. 여기서 기준점(작은 검은색 점)은 (삼각형) 격자를 형성합니다. 여기서 우리는 기본 격자 벡터를

$$
\begin{aligned}
\mathbf{a_1} &= a\, \hat{\boldsymbol{x}} \\
\mathbf{a_2} &= (a/2)\, \hat{\boldsymbol{x}} + (a\sqrt{3}/2)\, \hat{\boldsymbol{y}} \quad (12.3)
\end{aligned}
$$

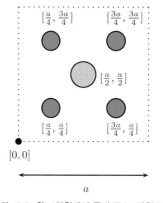

그림 12.8 위: 2차원에서 주기 구조. 단위 낱칸은 점선으로 표시되어 있습니다. **아래**: 왼쪽 아래 꼭짓점에 있는 기준점을 기준으로 단위 낱칸 안에 있는 대상의 좌표와 함께 확대된 단위 낱칸. 기저는 이들 위치와 함께 원자들의 표현입니다.

와 같이 쓸 수 있습니다. 격자의 기준점의 관점에서 기본 단위 낱칸에 대한 기저, 즉 기준점에 대한 두 개의 큰 원의 좌표는 $\frac{1}{3}(\mathbf{a}_1 + \mathbf{a}_2)$와 $\frac{2}{3}(\mathbf{a}_1 + \mathbf{a}_2)$입니다.

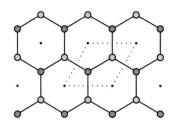 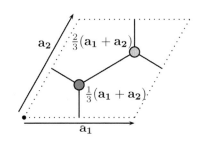

그림 12.9 왼쪽: 그림 12.4의 벌집에서 단위 낱칸의 두 개의 서로 다른 점을 서로 다른 음영으로 나타냈습니다. 단위 낱칸은 점선으로 그리고 단위 낱칸의 꼭짓점은 작은 검정색 점(삼각형 격자를 형성함)으로 표시합니다. **오른쪽**: 확대된 단위 낱칸과 좌하 꼭짓점에 있는 기준점에 대하여 기저의 좌표가 나타나 있습니다.

12.2 3차원에서 격자

3차원에서 가장 단순한 격자는 그림 12.10에 있는 단순입방cubic격자입니다(입방 'P'격자 또는 입방기본격자라고도 함). 이 경우 기본 단위 낱칸은 8개의 꼭짓점에 1/8을 포함하는 단일 정육면체로 잡을 수 있습니다(그림 12.11 참조).

단순입방격자보다 약간 더 복잡한 것은 정방tetragonal격자와 직방 orthorhombic격자입니다. 여기서 축은 서로 직각을 유지하지만 기본 격자 벡터는 다른 길이를 가질 수 있습니다(그림 12.11). 직방 단위 낱칸은 길이가 다른 기본 격자 벡터가 서로 수직인 반면에, 정방 단위 낱칸은 두 개의 길이가 같고 나머지는 다릅니다.

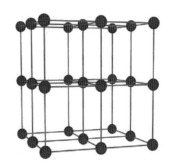

그림 12.10 입방cubic격자. 입방 'P'격자 또는 입방기본격자로 알려져 있습니다.

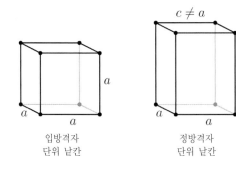

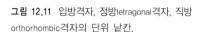

그림 12.11 입방격자, 정방tetragonal격자, 직방 orthorhombic격자의 단위 낱칸.

통상적으로, 격자 내에서 무한히 많은 격자 벡터 중에서 주어진 벡터

를 나타내기 위해,

$$[uvw] = u\mathbf{a_1} + v\mathbf{a_2} + w\mathbf{a_3} \qquad (12.4)$$

를 사용하는데 여기서 u와 v, w는 정수입니다. 격자 벡터가 직교하는 경우, 기저 벡터 $\mathbf{a}_1$과 $\mathbf{a}_2$, $\mathbf{a}_3$은 $\hat{\mathbf{x}}$와 $\hat{\mathbf{y}}$, $\hat{\mathbf{z}}$와 나란한 방향이라고 가정합니다. 우리는 이 표기법을 앞에서도 보았습니다. 예를 들어, 정의 12.1 이후에 방정식의 아래 첨자로 나타났습니다.[7]

3차원의 격자 중에 축이 직각이 아닌 것도 존재합니다. 우리는 이 책에서 이 모든 복잡한 격자를 자세히 다루지는 않을 것입니다. (12.2.4절에서 이러한 다른 경우를 간략히 훑어보겠지만 수박 겉핥기 수준에서만 살펴볼 것입니다.) (직교축을 가진) 더욱 간단한 경우에서 배우는 원리는 상당히 쉽게 일반화되지만, 더 깊은 물리를 드러내지 않고 기하학적으로, 대수학적으로 복잡하기만 할 뿐입니다.

우리가 자세히 다룰 두 개의 (직교축 가진) 특별한 격자는 체심입방 bcc격자와 면심입방fcc격자입니다.

12.2.1 체심입방(bcc)격자

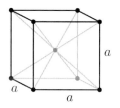

체심입방격자자 단위 낱칸

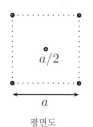

평면도

그림 12.12 체심입방(I)격자에 대한 관습 단위 낱칸. **왼쪽**: 투시도. **오른쪽**: 관습 단위 낱칸의 평면도. 라벨이 없는 점은 높이 0과 높이 a에 있습니다.

체심입방격자는 정육면체의 중앙에 추가로 격자점이 있는 단순한 입방격자입니다. (이것은 때때로 입방체-I로 알려져 있습니다.[8]) 단위 낱칸은 그림 12.12의 왼쪽에 나타냈습니다. 3차원 그림을 보여주지 않고 이 단위 낱칸을 보여주는 또 다른 방법은 그림 12.12의 오른쪽에 보이는 단위 낱칸의 *평면도plan view*를 사용하는 것입니다. 평면도(공학과 건축에서 사용되는 용어)는 물체를 위에서 2차원으로 투영하는 것입니다. 3차원을 표시하기 위해 높이는 라벨로 표시됩니다.

bcc 단위 낱칸의 그림에는 낱칸 꼭짓점에 8개의 격자점(각각은 관습 단위 낱칸 안에 1/8씩 포함)과 낱칸 중심에 한 개의 점이 있습니다. 따라서, 관습 단위 낱칸은 정확하게 두(= 8 × 1/8 + 1) 개의 격자점을 포함합니다.

이 단위 낱칸들을 쌓아서 공간을 채우면, 완전한 bcc격자의 격자점은 좌표 $[x, y, z]$를 갖는 점으로 기술할 수 있는데, 여기서 격자점의 세 좌표는 정수 $[uvw]$와 격자상수 a의 곱, 또는 3개 모두 반정수와 격자상수 a의 곱이 됩니다.

bcc격자는 관습 낱칸당 2개의 원자를 기저로 하는 단순입방격자로 생각하는 것이 편리합니다. 단순입방격자는 격자상수의 단위로 모두 정수인 점 $[x, y, z]$를 포함합니다. 관습 단순입방격자의 단위 낱칸에 [0, 0, 0] 위치에 한 점을 놓고 격자상수의 단위로 [1/2, 1/2, 1/2] 위치에 다른 점을 놓습니다. 따라서 bcc 격자의 점들은 격자상수의 단위로

$$\mathbf{R}_{corner} = [n_1, n_2, n_3]$$

$$\mathbf{R}_{center} = [n_1, n_2, n_3] + \left[\frac{1}{2}, \frac{1}{2}, \frac{1}{2}\right]$$

와 같이 쓰입니다. 두 개의 다른 종류의 점이 두 개의 다른 종류의 원자인 것처럼 보이지만 이 격자의 모든 점은 동등한 것으로 간주되어야합니다(두 개의 격자점을 가진 관습 단위 낱칸을 선택했기 때문에 동등하지 않게 보일 뿐입니다.) 또한 이 표현으로부터 우리는 bcc격자는 두 개의 단순입방격자가 [1/2, 1/2, 1/2]만큼 떨어져 서로 관통된 것으로도 생각할 수 있습니다. (그림 12.14 참조).

왜 이 점들의 집합이 격자를 형성할까요? 격자에 대한 첫째 정의(정의 12.1)의 관점에서 우리는 bcc 격자의 기본격자벡터를 격자상수 단위로

$$\mathbf{a}_1 = [1, 0, 0]$$

$$\mathbf{a}_2 = [0, 1, 0]$$

$$\mathbf{a}_3 = \left[\frac{1}{2}, \frac{1}{2}, \frac{1}{2}\right]$$

와 같이 쓸 수 있습니다. n_1과 n_2, n_3가 정수일 때, 임의의 조합

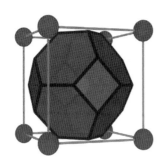

그림 12.13 bcc격자의 위그너–자이츠 낱칸(이 모양은 '잘린 팔면체'입니다). 육각형 면은 중심의 격자점(구형으로 표시됨)과 꼭짓점에 있는 격자점(또한 구형) 사이의 수직이등분면입니다. 정사각형 면은 단위 낱칸의 중심에 있는 격자점과 인접한 단위 낱칸의 중심에 있는 격자점 사이의 수직이등분면입니다.

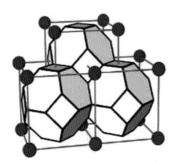

그림 12.14 bcc격자의 위그너–자이츠 낱칸을 함께 쌓아서 모든 공간을 채웁니다. bcc격자의 구조는 두 개의 서로 관통하는 단순입방격자의 구조임을 유의하십시오.

$$\mathbf{R} = n_1\mathbf{a}_1 + n_2\mathbf{a}_2 + n_3\mathbf{a}_3 \tag{12.5}$$

이 bcc격자의 점을 나타내는 것을 쉽게 확인할 수 있습니다(3개의 좌표는 모두 정수 또는 모두 반정수와 격자상수의 곱입니다). 더구나, bcc 격자에 대한 조건을 만족하는 임의의 점은 식 12.5의 형태로 쓸 수 있음을 확인할 수 있습니다.

또한 bcc격자에 대한 우리의 기술이 격자에 대한 두 번째 기술(정의 12.1.1)을 만족하는 것을 확인할 수 있습니다. 즉, (식 12.5에 의해 주어진) 임의의 두 격자점을 더하면 다른 격자점이 됩니다.

좀 더 정성적으로, '격자의 모든 점의 국소적인 환경은 동일해야한다'는 격자에 대한 정의 12.1.2를 고려할 수 있습니다. 단위 낱칸의 중앙에 있는 점을 조사하면, 모든 대각선 방향 각각에 정확히 8개의 가장 가까운 이웃이 있음을 알 수 있습니다. 마찬가지로, 단위 낱칸의 구석에 있는 임의의 점은 8개의 인접한 단위 낱칸의 중심에 있는 점에 있는 8개의 가장 가까운 이웃을 가질 것입니다.

*배위수*coordination number(흔히 Z 또는 z라고 함)는 격자의 임의의 격자점에 가장 가까운 이웃의 수입니다. bcc격자의 경우 배위수는 $Z = 8$입니다.

2차원과 같이 각각의 격자점 주위로 위그너–자이츠 낱칸(다른 어떤 격자점보다 주어진 격자점에 가까운 점들의 집합)을 만들 수 있습니다. 그림 12.13에 bcc격자에 대한 이 위그너–자이츠 단위 낱칸을 나타냅니다. 이 낱칸은 격자점 사이의 수직 이등분면에 의한 경계를 갖는 점에 유의하십시오. 이러한 위그너–자이츠 낱칸은 기본 단위 낱칸으로서 그림 12.14와 같이 서로 쌓여서 모든 공간을 채울 수 있습니다.

12.2.2 면심입방(fcc)격자

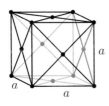

면심입방격자 단위 낱칸

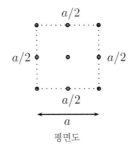

a

평면도

그림 12.15 면심입방(F)격자에 대한 관습 단위 낱칸. **왼쪽**: 투시도. **오른쪽**: 관습 단위 낱칸의 평면도. 라벨이 없는 점은 높이 0과 높이 a에 있습니다.

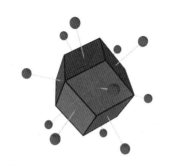

그림 12.16 fcc격자의 위그너-자이츠 낱칸(이 모양은 '마름모꼴 십이면체'입니다). 각 면은 중심점과 가장 가까운 12개의 이웃 격자점 중 하나와 수직이등분면입니다.

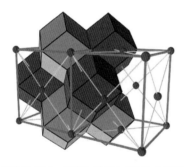

그림 12.17 fcc격자의 위그너-자이츠 낱칸은 함께 쌓여서 모든 공간을 채웁니다. 또한 그림에는 2개의 관습(입방) 단위 낱칸도 나타나 있습니다.

면심입방(fcc)격자는 모든 면의 중심에 격자점이 추가로 있는 단순입방격자입니다(입방체-F라고도 함). 단위 낱칸은 그림 12.15의 왼쪽에 나타나 있습니다. 단위 낱칸의 평면도는 그림 12.15의 오른쪽에 있고 3차원을 나타내기 위한 높이가 표시되어 있습니다.

fcc 단위 낱칸의 그림에서 낱칸의 꼭짓점에 8개의 격자점(각각은 관습 단위 낱칸의 1/8)과 6개의 면에 하나의 점이 중심에 각각 있습니다(이것은 낱칸 안에 각각 1/2씩 들어갑니다). 따라서, 관습 단위 낱칸은 정확히 네(= 8 × 1/8 + 6 × 1/2) 개의 격자점을 포함합니다. 이 단위 낱칸을 쌓아서 공간을 채우면 전체 fcc격자의 격자점은 좌표 (x, y, z)를 갖는 점으로 기술할 수 있습니다. 여기서 격자점의 세 좌표는 모두 격자상수 a의 정수 배, 또는 두 개의 좌표는 격자상수 a의 반정수 배이고 나머지 하나의 좌표는 격자상수의 정수 배입니다. bcc 경우와 유사하게, fcc격자를 관습 단위 낱칸당 4개의 원자를 기저로 갖는 단순입방격자로 생각하는 것이 편리합니다. 단순입방격자는 모든 좌표가 격자상수 a의 단위로 정수인 점 $[x, y, z]$를 포함합니다. 관습 단순입방 단위 낱칸 안에 $[0, 0, 0]$ 위치에 한 점을 놓고, 다른 지점 $[1/2, 1/2, 0]$와 $[1/2, 0, 1/2]$, $[0, 1/2, 1/2]$에 점을 놓습니다. 따라서 fcc격자의 격자점은 격자상수의 단위로

$$\mathbf{R}_{\mathrm{corner}} = [n_1, n_2, n_3] \tag{12.6}$$

$$\mathbf{R}_{\mathrm{face}-xy} = [n_1, n_2, n_3] + \left[\frac{1}{2}, \frac{1}{2}, 0\right]$$

$$\mathbf{R}_{\mathrm{face}-xz} = [n_1, n_2, n_3] + \left[\frac{1}{2}, 0, \frac{1}{2}\right]$$

$$\mathbf{R}_{\mathrm{face}-yz} = [n_1, n_2, n_3] + \left[0, \frac{1}{2}, \frac{1}{2}\right]$$

로 쓰입니다. 다시 말하지만, 이것은 마치 네 종류의 점인 것처럼 격자의 점들을 표현하지만, 4개의 격자점이 들어 있는 관습 단위 낱칸을 선택했기 때문에 동등하지 않은 것으로 보일 뿐입니다. 관습 단위 낱칸은 4개의 격자점을 가지고 있기 때문에, fcc격자는 4개의 서로 관통하는 단순입방격자인 것으로 생각할 수 있습니다.

다시 이 점들의 집합이 격자를 형성하는지 확인할 수 있습니다. 격자의 첫째 정의(정의 12.1)의 관점에서 우리는 fcc격자의 기본 격자 벡터

를 격자상수 단위로

$$\mathbf{a}_1 = \left[\frac{1}{2}, \frac{1}{2}, 0\right]$$

$$\mathbf{a}_2 = \left[\frac{1}{2}, 0, \frac{1}{2}\right]$$

$$\mathbf{a}_3 = \left[0, \frac{1}{2}, \frac{1}{2}\right]$$

와 같이 씁니다. 다시, n_1, n_2, n_3가 정수일 때, 임의의 조합

$$\mathbf{R} = n_1\mathbf{a}_1 + n_2\mathbf{a}_2 + n_3\mathbf{a}_3$$

가 fcc격자의 점을 주는 것을 쉽게 확인할 수 있습니다(3개의 좌표는 격자상수 a의 단위로 모두 정수이거나 둘은 반정수이고 나머지는 정수입니다).

마찬가지로 fcc격자에 대한 기술이 다른 두 격자의 정의(정의 12.1.1과 12.1.2)를 만족하는지를 조사할 수 있습니다. fcc격자에 대한 위그너–자이츠 단위 낱칸은 그림 12.16과 같습니다. 그림 12.17에는 이러한 위그너–자이츠 단위 낱칸이 어떻게 공간을 모두 채우는지 보여줍니다.

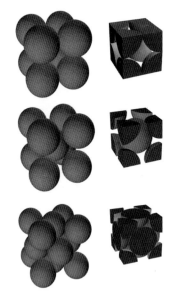

그림 12.18 위: 단순입방, **가운데:** bcc, **아래:** fcc. 왼쪽은 이 격자들에 공이 쌓이는 모습을 보여줍니다. 오른쪽은 fcc와 bcc격자가 단순입방체보다 훨씬 적은 공간을 남겨 두는 것을 드러내는 관습 단위 낱칸의 커터웨이cutaway를 보여줍니다.

12.2.3 공 채우기sphere packing

단순입방격자(그림 12.10 참조)는 개념적으로 모든 격자 중 가장 간단하지만 실은 원자의 실제 결정은 거의 단순입방체가 아닙니다.[9] 이것이 왜 그렇게 되는가를 이해하려면, 원자들은 서로를 약하게 끌어들이는 작은 공으로서 가까이 모여 채우려고 한다고 생각해 보십시오. 공을 단순입방격자로 쌓으면, 공간을 채우기에는 아주 비효율적인 방법임을 알 수 있습니다–단위 낱칸의 중심에 빈 공간이 많이 남게 되고 이는 대부분의 경우 에너지적으로 바람직하지 않습니다. 그림 12.18은 단순입방격자, bcc격자, fcc격자에 공을 채운 모습을 나타냅니다. 공으로 단순입방격자를 채우는 것보다 bcc격자와 fcc격자가 공 사이의 빈 공간을 훨씬 적게 남겨 놓는다는 것을 쉽게 알 수 있습니다(연습문제 12.4 참조).[10] 그에 따라, bcc격자와 fcc격자는 (적어도 단일 원자 기저의 경우) 단순입방격자보다 자연계에 훨씬 빈번하게 나타납니다. 예를

[9] 모든 화학 원소 중에서, 단일 원자 기저로 단순입방격자를 형성할 수 있는 것은 폴로늄뿐입니다. (처리 방법에 따라 다른 결정 구조를 형성할 수도 있습니다.)

[10] 사실 공을 fcc격자의 꼭짓점에 배치하는 것보다 더 빽빽하게 채우는 것은 불가능합니다. 이 (경험적으로 오렌지를 나무 상자에 포장하려는 사람들에게는 알려진) 결과는 1611년 요하네스 케플러 Johannes Kepler에 의해 처음으로 추정되었지만 1998년까지 수학적으로 증명되지 않았습니다! 그러나 fcc격자와 동일한 공 채움 밀도를 갖는 또 다른 격자, *육방밀집격자hexagonal close packed*가 있다는 사실에 유의하십시오.

들어, 원소 Al, Ca, Au, Pb, Ni, Cu, Ag(그리고 많은 다른 것들)는 fcc이고 원소 Li, Na, K, Fe, Mo, Cs(그리고 많은 것들)는 bcc입니다.

12.2.4 3차원의 다른 격자들

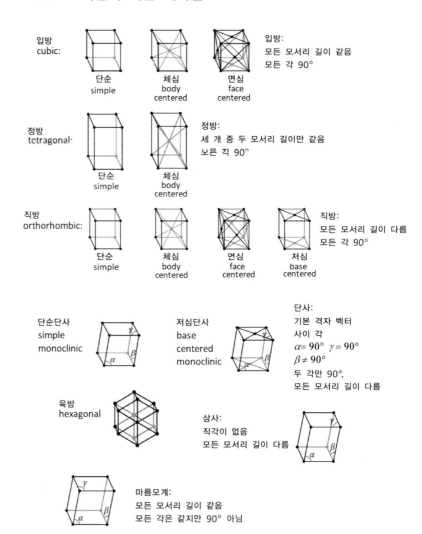

그림 12.19 14개의 브라베 격자 유형에 대한 관습 단위 낱칸. '면심정방'격자를 만들려고 한다면 축을 45도 돌림으로써 체심정방격자와 실제로 동등함을 발견할 것입니다. 따라서 면심정방은 브라베 격자 종류로 실리지 않습니다(비슷한 이유로 저심정방base-centered tetragonal도 아닙니다).

[11] 1848년에 모든 3차원 격자를 분류한 오귀스트 브라베Auguste Bravais의 이름을 따서 명명되었습니다. 실제로는 사소한 오류가 있었지만 10년 전에 똑같은 것을 연구한 모리츠 프랑켄하임Moritz Frankenheim의 이름을 따서 명명해야 했습니다.

단순입방격자, 직방정계격자, 정방격자, fcc격자, bcc격자 이외에도 3차원에는 9개의 다른 유형의 격자가 있습니다. 이들은 14개의 *브라베 격자 유형Bravais lattice type*으로 알려져 있습니다.[11] 이 모든 격자 유형에 대한 공부는 이 책의 범위를 벗어나지만, 그것들이 존재한다는 것을 아는 것은 바람직한 일입니다.

그림 12.19는 3차원의 다양한 브라베 격자 유형을 모두 보여줍니다. 3차원에서 단지 14개의 격자 유형이 있다는 것은 매우 중요한 사실이지만, 이 정리의 정확한 진술과 증명은 이 책의 범위를 벗어납니다. 핵심 결과는, 임의의 결정은 아무리 복잡한 것이든 이러한 14가지 유형 중 하나라는 것입니다.[12]

12.2.5 몇몇 실제 결정들

우리가 격자를 논의했기 때문에, 격자와 기저를 결합하여 임의의 주기 구조를 기술할 수 있습니다 – 특히 어떠한 결정 구조도 기술할 수 있습니다. 실제(그리고 꽤 단순한)의 결정 구조의 몇 가지 예가 그림 12.20과 12.21에 나타나 있습니다.

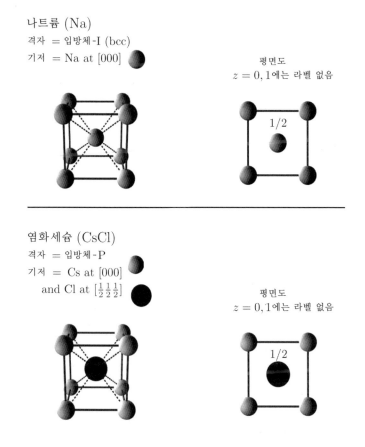

나트륨 (Na)
격자 = 입방체-I (bcc)
기저 = Na at [000]

평면도
$z = 0, 1$에는 라벨 없음

1/2

염화 세슘 (CsCl)
격자 = 입방체-P
기저 = Cs at [000]
and Cl at $[\frac{1}{2}\frac{1}{2}\frac{1}{2}]$

평면도
$z = 0, 1$에는 라벨 없음

1/2

그림 12.20 위: 나트륨(Na)은 bcc격자를 형성합니다. 아래: 염화세슘은 두 원자를 기저로 갖는 입방격자를 형성합니다. 주의하십시오. CsCl은 bcc가 *아닙니다*! bcc격자에서 입방 중심을 포함하여 모든 점은 동일해야합니다. CsCl의 경우 중앙의 점은 Cl이고 꼭짓점의 점은 Cs입니다.

구리 (Cu)

격자 = 입방체-F (fcc)

기저 = Cu at [000]

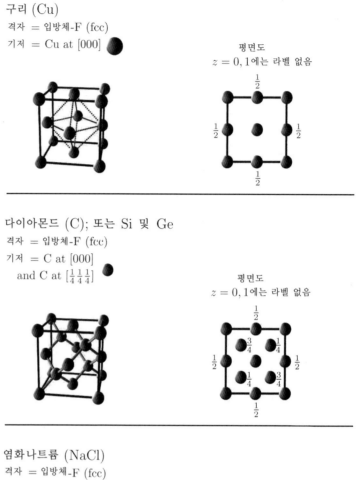

다이아몬드 (C); 또는 Si 및 Ge

격자 = 입방체-F (fcc)

기저 = C at [000]

and C at $[\frac{1}{4} \frac{1}{4} \frac{1}{4}]$

염화나트륨 (NaCl)

격자 = 입방체-F (fcc)

기저 = Na at [000]

and Cl at $[\frac{1}{2} \frac{1}{2} \frac{1}{2}]$

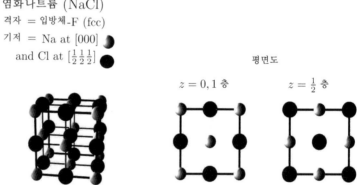

그림 12.21 fcc격자 기반의 몇몇 결정들. **위**: 구리는 fcc격자를 형성합니다. **가운데**: 다이아몬드(탄소)는 두 원자를 기저로 가진 fcc격자입니다. **아래**: NaCl(소금)도 두 원자를 기저로 가진 fcc격자입니다. 모든 경우에, 관습 단위 낱칸이 표시되었지만, 기저는 기본 단위 낱칸에 대하여 주어짐을 주목하십시오.

이 장에서는 3차원 결정 구조를 기술하기 위한 새로운 정의가 과다하게 도입되었습니다. 다음은 알고 있어야하는 몇 가지 개념 목록입니다:

- 세 가지 방식의 격자 정의. 정의 12.1, 12.1.1, 12.1.2 참조
- 주기적 구조에 대한 *단위 낱칸*, *기본 단위 낱칸*과 *관습 단위 낱칸*의 정의.
- *위그너-자이츠 (기본) 단위 낱칸*의 정의 및 작도.
- 격자와 기저로써 모든 주기 구조를 작성할 수 있습니다(예를 들어 그림 12.20과 12.21의 참조).
- 3차원에서는 특히 단순입방격자, fcc격자, bcc격자를 알아 두십시오. 직방격자와 정방격자를 알아두면 또한 매우 유용합니다.
- fcc격자와 bcc격자는 기저를 가진 단순입방격자로 생각할 수 있습니다.
- 구조의 *평면도*를 읽는 법을 배우세요.

참고자료

모든 고체물리 책은 결정을 포함합니다. 어떤 책들은 인내심을 잃을 만큼 자세합니다. 너무 많지 않고 너무 적지 않은 다음 책들을 추천합니다.
- Kittel, 1장
- Ashcroft and Mermin, 4장 (명명법 문제에 주의. 이 장의 주석 1을 참조하십시오.)
- Hook and Hall, 1.1~1.3절 (여기서는 아마도 충분히 자세하지 않음!)

결정 구조에 대해 자세히 알고 싶으면 다음을 보시오.
- Glazer, 1~3장
- Dove, 3.1~3.2절 (간결하지만 좋음.)

CHAPTER 12 연습문제

12.1 NaCl의 결정 구조

그림 12.21에 나타낸 NaCl 결정 구조를 생각해 봅시다. 격자상수가 $a = 0.563$ nm인 경우, 나트륨 원자에서 가장 가까운 염소 원자까지 거리는 얼마입니까? 나트륨 원자에서 가장 가까운 다른 나트륨 원자까지 거리는 얼마입니까?

12.2 면심격자의 이웃

(a) fcc격자의 각 격자점에는 12개의 가장 가까운 이웃이 있고, 각 점은 원래 점으로부터 동일한 거리에

있음을 보이시오. 관습 단위 낱칸의 격자상수가 a이면 이 거리는 얼마입니까?

(b)* fcc격자의 모서리의 길이를 면심 *직방*orthorhombic이 되도록 늘립니다. 관습 단위 낱칸의 모서리 길이가 a, b, c로 서로 다릅니다. 이 12개의 이웃 점들과 거리는 얼마입니까? 가장 가까운 이웃은 얼마나 있습니까?

12.3 결정 구조

그림 12.22의 다이어그램은 z축을 내려다보는 입방 ZnS(zincblende; 섬아연광) 구조의 평면도를 나타냅니다. 일부 원자 근처의 숫자는 $z = 0$ 평면을 기준으로 입방체 모서리 a의 분수로 표시되는 원자의 높이를 나타냅니다. 라벨이 없는 원자는 $z = 0$와 $z = a$에 있습니다.

(a) 브라베 격자 유형은 무엇입니까?
(b) 기저를 표현하시오.
(c) $a = 0.541$ nm일 때, 가장 가까이 있는 Zn–Zn, Zn–S와 S–S 거리를 계산하시오.

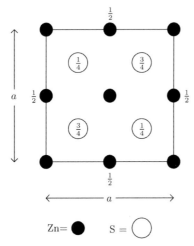

Zn= ●   S = ○

그림 12.22 섬아연광zincblende의 관습 단위 낱칸의 평면도.

12.4 채우기 비율

각 격자점에 공이 있는 격자를 생각해보시오. 이웃하는 공이 닿도록 공의 반지름을 선택하시오(그림 12.18 참조). 채우기 비율은 모든 공으로 둘러싸인 공간의 부피의 비율입니다(즉, 전체 부피에 대한 공의 부피 비).

(a) 단순입방격자에 대한 채우기 비율을 계산하시오.
(b) bcc격자에 대한 채우기 비율을 계산하시오.
(c) fcc격자에 대한 채우기 비율을 계산하시오.

12.5 플루오린 베타fluorine beta 상phase

플루오린은 45 ~ 55 K에서 소위 베타 상으로 결정화될 수 있습니다. 그림 12.23은 베타 상의 입방체 관습 단위 낱칸을 평면도와 함께 3차원 형태로 나타냅니다.

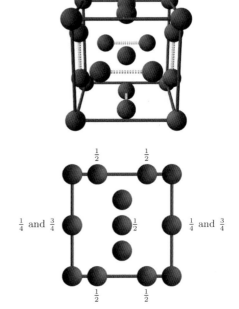

그림 12.23 플루오린 베타 상의 관습 단위 낱칸. 그림의 모든 원자는 플루오린입니다. 명확함을 위하여 선을 그렸습니다. **위**: 투시도. **아래**: 평면도. 숫자가 없는 원자는 격자상수의 단위로 높이 0과 1에 있습니다.

▸ 이 관습 단위 낱칸에는 몇 개의 원자가 있습니까?
▸ 이 결정의 격자와 기저는 무엇입니까?

12.6 다른 기본 격자 벡터

이 장의 주석 3에 명시된 두 가지 조건이 동등하다는 것을 증명하시오.

역격자, 브릴루앙 영역, 결정 내의 파동

Reciprocal Lattice, Brillouin Zone, Waves in Crystals

앞 장에서 우리는 격자와 결정 구조를 탐구했습니다. 그러나 9~11장에서 보았듯이, 고체에서 파동(진동파든지 전자파동이든지)의 중요한 물리학은 역공간에서 가장 잘 기술됩니다. 그래서 이 장에서는 3차원의 역공간을 소개합니다. 앞 장과 마찬가지로 이 장에는 까다로운 기하학과 배워야할 몇 가지 정의가 있습니다. 결과적으로 이 내용은 헤쳐나아가기가 다소 힘들지만, 곧 여기에서 배운 것을 충분히 사용할 것이기 때문에 포기하지 말기 바랍니다. 이 장의 마지막에서 우리는 최종적으로 3차원 계에서 포논과 전자상태의 분산을 기술할 수 있는 충분한 정의를 갖게 될 것입니다.

13.1 3차원에서 역격자

13.1.1 1차원의 복습

먼저 1차원에 대한 학습 내용을 기억해 보겠습니다. 1차원에서 $R_n = na$인 간단한 격자를 고려합니다(n은 정수). $G_m = 2\pi m/a$이고 m이 정수일 때 $k_1 = k_2 + G_m$이면, k-공간(역공간)의 두 점 k_1과 k_2는 서로 동등하다고 정의되었음을 기억하십시오. 점 G_m은 역격자를 형성합니다.

우리가 서로 다른 k값들을 동일하다고 한 이유는

$$e^{ikx_n} = e^{ikna}$$

와 같은 형태의 파동을 고려했기 때문입니다. 여기서 n은 정수입니다. 파동의 이러한 형태 때문에, $k \rightarrow k + G_m$으로 이동하면

$$e^{i(k+G_m)x_n} = e^{i(k+G_m)na} = e^{ikna}e^{i(2\pi m/a)na} = e^{ikx_n}$$

이기 때문에, 이 함수 형태는 그대로입니다. 마지막 단계에서

$$e^{i2\pi mn} = 1$$

를 사용하였습니다. 따라서, 파동에 관한 한, k는 $k + G_m$과 동일합니다.

13.1.2 역격자 정의

이 1차원의 결과를 일반화하면, 다음과 같이 정의합니다.

정의 13.1 *실격자direct lattice의 점 R이 주어지면,*

$$e^{i\mathbf{G}\cdot\mathbf{R}} = 1 \tag{13.1}$$

는 점 G가 역격자의 점이라는 것과 필요충분조건입니다.

역격자를 구성하기 위해, 먼저 실격자의 모든 점(여기서는 3차원의 경우만 다룹니다)을

$$\mathbf{R} = n_1\mathbf{a}_1 + n_2\mathbf{a}_2 + n_3\mathbf{a}_3 \tag{13.2}$$

의 형태[1]로 씁니다. n_1, n_2, n_3는 정수이고 $\mathbf{a}_1$, $\mathbf{a}_2$, $\mathbf{a}_3$은 실격자의 기본 격자 벡터입니다.

이제 우리는 두 가지 주요 주장을 폅니다.

(1) (식 13.1에 의해 정의된) 역격자는 역공간의 격자점(따라서 그 이름을 씀)이라고 주장합니다.

(2) 역격자의 기본 격자 벡터($\mathbf{b}_1$, $\mathbf{b}_2$, $\mathbf{b}_3$라고 부름)가

$$\mathbf{a}_i \cdot \mathbf{b}_j = 2\pi\delta_{ij} \tag{13.3}$$

와 같은 특성을 갖는 것으로 정의된다고 주장합니다. 여기서 δ_{ij}는 크로네커 델타입니다.[2]

우리는 식 13.3의 성질을 가지도록 다음과 같이 $\mathbf{b}_i$ 벡터를 확실히 만들 수 있습니다:

---

[1] 실격자의 점을 지정하는 확실히 다른 방법이 있습니다. 예를 들어, 관습 단위 낱칸의 모서리 벡터를 기술하는 $\mathbf{a}_i$를 선택하는 것이 편리할 수도 있지만, n_i는 단순히 모든 정수가 되지 않습니다. 이것은 13.1.5절에서 다루고 거기에 있는 **중요한 해설**과 관련이 있습니다.

[2] 레오폴트 크로네커Leopold Kronecker는 수학자로서 '하나님은 정수를 만들었고 그 밖의 모든 것은 인간의 일'이라는 말로 유명합니다. 이것을 아직 모르는 경우, 크로네커 델타는 $i = j$에 대해 $\delta_{ij} = 1$로, 그렇지 않은 경우 0으로 정의됩니다. (크로네커는 다른 흥미로운 일도 많이 했습니다.)

$$\mathbf{b}_1 = \frac{2\pi \, \mathbf{a}_2 \times \mathbf{a}_3}{\mathbf{a}_1 \cdot (\mathbf{a}_2 \times \mathbf{a}_3)}$$

$$\mathbf{b}_2 = \frac{2\pi \, \mathbf{a}_3 \times \mathbf{a}_1}{\mathbf{a}_1 \cdot (\mathbf{a}_2 \times \mathbf{a}_3)}$$

$$\mathbf{b}_3 = \frac{2\pi \, \mathbf{a}_1 \times \mathbf{a}_2}{\mathbf{a}_1 \cdot (\mathbf{a}_2 \times \mathbf{a}_3)}$$

식 13.3이 만족되는 것을 쉽게 확인할 수 있습니다. 예를 들어,

$$\mathbf{a}_1 \cdot \mathbf{b}_1 = \frac{2\pi \, \mathbf{a}_1 \cdot (\mathbf{a}_2 \times \mathbf{a}_3)}{\mathbf{a}_1 \cdot (\mathbf{a}_2 \times \mathbf{a}_3)} = 2\pi$$

$$\mathbf{a}_2 \cdot \mathbf{b}_1 = \frac{2\pi \, \mathbf{a}_2 \cdot (\mathbf{a}_2 \times \mathbf{a}_3)}{\mathbf{a}_1 \cdot (\mathbf{a}_2 \times \mathbf{a}_3)} = 0$$

입니다.

이제, 식 13.3을 만족하는 $\mathbf{b}_1$, $\mathbf{b}_2$, $\mathbf{b}_3$ 벡터가 주어지면 우리는 이것이 실은 역격자의 기본 격자 벡터라고 주장했습니다. 이를 증명하기 위해, 우리는 역공간에 *임의의* 점을

$$\mathbf{G} = m_1 \mathbf{b}_1 + m_2 \mathbf{b}_2 + m_3 \mathbf{b}_3 \tag{13.4}$$

와 같이 씁니다. 그리고 당분간, m_1, m_2, m_3이 정수가 되도록 요구하지 않습니다. (G가 역격자의 한 점이 되려면 이들이 정수가 되어야한다는 것을 알게 되었지만 이것이 우리가 증명하고자하는 것입니다!)

역격자의 점을 찾기 위해서는, n_1, n_2, n_3이 정수일 때 실격자의 모든 점 $\mathbf{R} = n_1 \mathbf{a}_1 + n_2 \mathbf{a}_2 + n_3 \mathbf{a}_3$에 대해 식 13.1이 만족됨을 보여야 합니다. 그래서

$$e^{i\mathbf{G}\cdot\mathbf{R}} = e^{i(m_1\mathbf{b}_1 + m_2\mathbf{b}_2 + m_3\mathbf{b}_3)\cdot(n_1\mathbf{a}_1 + n_2\mathbf{a}_2 + n_3\mathbf{a}_3)}$$

$$= e^{2\pi i(n_1 m_1 + n_2 m_2 + n_3 m_3)}$$

와 같이 씁니다. G가 역격자의 점이 되기 위해서는, 모든 정수 값 n_1, n_2, n_3에 대해 실격자의 모든 점 R에 대해 1이 되어야 합니다. 명백히 m_1, m_2, m_3이 정수이면 그렇게 됩니다. 따라서, m_1, m_2, m_3이 정수일 때 역격자의 점들이 정확히 식 13.4의 형태임을 알 수 있습니다. 더 나아가 이것으로 역격자가 실제로 격자라는 우리의 주장을 증명했습니다!

13.1.3 푸리에 변환으로서 역격자

상당히 일반적으로 역격자는 실격자의 푸리에 변환이라고 생각할 수 있습니다. 1차원에서 시작하는 것이 가장 쉽습니다. 여기서 실격자는 $R_n = na$으로 다시 주어집니다. 우리가 1차원에서 격자점의 '밀도'를 기술하고 싶다면, 각 격자점에 델타 함수를 넣고 밀도를[3]

$$\rho(r) = \sum_n \delta(r - an)$$

와 같이 쓸 수 있습니다. 이 함수를 푸리에 변환하면[4]

$$\mathcal{F}[\rho(r)] = \int dr e^{ikr} \rho(r) = \sum_n \int dr e^{ikr} \delta(r - an) = \sum_n e^{ikan}$$
$$= \frac{2\pi}{|a|} \sum_m \delta(k - 2\pi m/a)$$

가 됩니다. 여기서 마지막 단계는 간단하지 않습니다.[5] 여기서 $k = 2\pi m/a$이면, 즉 k가 역격자 상의 점이면, e^{ikan}은 명확하게 1입니다. 이 경우 합의 각 항은 1이 되고 합계는 무한대가 됩니다.[6] k가 역격자 점이 아니면, 합의 항들은 진동하고 합계는 0이 됩니다.

이 원리는 더 높은(2차원과 3차원) 차원의 경우로 일반화됩니다. 일반적으로

$$\mathcal{F}[\rho(\mathbf{r})] = \sum_{\mathbf{R}} e^{i\mathbf{k}\cdot\mathbf{R}} = \frac{(2\pi)^D}{v} \sum_{\mathbf{G}} \delta^D(\mathbf{k} - \mathbf{G}) \tag{13.5}$$

인데 중간 항의 합은 실격자의 모든 격자점 $\mathbf{R}$을 아우르고, 마지막 항은 역격자의 모든 점 $\mathbf{G}$에 대한 합이며, v는 단위 낱칸의 부피입니다. 여기서 D는 차원의 수(1, 2 또는 3)이고 δ^D는 D차원 델타 함수입니다.[7]

식 13.5의 등호는 1차원의 경우와 유사합니다. $\mathbf{k}$가 역격자의 한 점이라면, $e^{i\mathbf{k}\cdot\mathbf{R}} = 1$은 항상 1이고 합계는 무한대입니다. 그러나 $\mathbf{k}$가 역격자의 한 점이 아니라면 피가수(被加數, summands)가 진동하고 합은 0이 됩니다. 따라서 역격자 벡터의 위치에서 정확하게 델타 함수의 피크를 얻습니다.

---

[3] 모든 격자점을 합산하므로, 항은 $-\infty$에서 $+\infty$까지입니다. 그 대신 주기 경계 조건을 사용하고 모든 점을 더합니다.

[4] 푸리에 변환의 경우 2π의 인자를 어디에 두는 지에 대한 몇 가지 관례가 있습니다. 아마도 수학 시간에는 모든 적분에 $1/\sqrt{2\pi}$를 넣도록 배웠습니다. 그러나 고체물리학에서는, 전통적으로 $1/(2\pi)$는 k 적분과 함께 나오고, r 적분에는 2π 인자가 없습니다. 이렇게 사용하는 이유를 알려면 2.2.1절을 보십시오.

[5] 이것은 시메옹 드니 푸아송Siméon Denis Poisson의 이름을 따라, 때때로 푸아송의 재합계 공식으로 알려져 있습니다. 푸아송 방정식 $\nabla^2 \phi = -\rho/\epsilon_0$과 푸아송 무작위 분포와 같은 다른 수학 공식도 그의 이름을 따라 명명되었습니다. 그의 성은 프랑스어로 '물고기'를 의미합니다.

[6] 올바른 앞인자를 얻는 것은 약간 어렵습니다. 그러나 실제로, 앞인자는 우리에게 그다지 중요하지 않을 것입니다.

[7] 예를 들어, 2차원에서는 $\mathbf{r} = (x, y)$일 때, $\delta^2(\mathbf{r} - \mathbf{r}_0) = \delta(x - x_0)\delta(y - y_0)$.

여담: fcc 실격자의 역격자는 역공간에서 bcc격자라는 것을 보이는 것은 쉬운 연습문제입니다.[8] 반대로, bcc 실격자의 역격자는 역공간에서 fcc격자입니다.

[8] 연습문제 13.1을 참조하십시오.

임의의 주기 함수의 푸리에 변환

앞 절에서 우리는 격자점에서 델타 함수의 집합인 함수 $\rho(\mathbf{r})$의 푸리에 변환을 고려했습니다. 그러나 격자의 주기성을 가진 임의의 함수의 푸리에 변환을 고려하는 것도 그다지 다르지 않습니다(그리고 이것은 14장에서 매우 중요합니다). 임의의 격자 벡터 $\mathbf{R}$에 대하여 $\rho(\mathbf{r}) = \rho(\mathbf{r} + \mathbf{R})$이면 함수 $\rho(\mathbf{r})$는 격자의 주기성을 가진다고 말합니다. 그 다음에

$$\mathcal{F}[\rho(\mathbf{r})] = \int \mathbf{dr}\, e^{i\mathbf{k}\cdot\mathbf{r}} \rho(\mathbf{r})$$

를 계산하고자 합니다. 모든 공간에 대한 적분은 각 단위 낱칸에 대한 적분의 합으로 분해할 수 있습니다. 여기에서 우리는 공간에서 임의의 점 $\mathbf{r}$을 격자점 $\mathbf{R}$과 단위 낱칸 안의 벡터 $\mathbf{x}$의 합으로 씁니다.

$$\mathcal{F}[\rho(\mathbf{r})] = \sum_{\mathbf{R}} \int_{\text{unit-cell}} \mathbf{dx}\, e^{i\mathbf{k}\cdot(\mathbf{x}+\mathbf{R})} \rho(\mathbf{x}+\mathbf{R})$$

$$= \sum_{\mathbf{R}} e^{i\mathbf{k}\cdot\mathbf{R}} \int_{\text{unit-cell}} \mathbf{dx}\, e^{i\mathbf{k}\cdot\mathbf{x}} \rho(\mathbf{x})$$

여기서 우리는 격자 병진 $\mathbf{x} \rightarrow \mathbf{x} + \mathbf{R}$하에서 ρ의 불변성을 사용했습니다. 식 13.5와 같이 지수함수의 합은 델타 함수의 합이 됩니다.

$$\mathcal{F}[\rho(\mathbf{r})] = \frac{(2\pi)^D}{v} \sum_{\mathbf{G}} \delta^D(\mathbf{k} - \mathbf{G}) S(\mathbf{k})$$

여기서

$$S(\mathbf{k}) = \int_{\text{unit-cell}} \mathbf{dx}\, e^{i\mathbf{k}\cdot\mathbf{x}} \rho(\mathbf{x}) \qquad (13.6)$$

는 *구조 인자*structure factor로 알려져 있고 다음 장에서 매우 중요하게 취급될 것입니다.

13.1.4 격자면 무리family로서 역격자점

역격자를 이해하는 또 다른 방법은 실격자의 격자면 무리family of lattice planes를 사용하는 것입니다.

(010) 격자면 무리

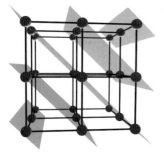

(110) 격자면 무리

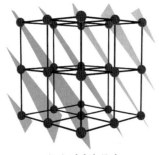

(111) 격자면 무리

그림 13.1 단순입방격자의 격자면 무리의 예. 이 면들은 동일 선상에 있지 않은 적어도 세 개의 격자점과 교차하기 때문에 격자면입니다. 모든 격자점은 평행 격자면 중 하나에 포함되므로 각각의 그림은 격자면 무리입니다. 무리들은 밀러 지수 표기법으로 식별됩니다. **위** (010), **가운데** (110), **아래** (111). 위와 중간에서 x축은 오른쪽을 가리키고 y축은 위를 향합니다. 아래 그림에서는 명확하게 보이기 위해 축이 회전되어 있습니다.

> **정의 13.2** **격자면**lattice plane(또는 **결정면**crystal plane)은 동일 선상에 있지 않은 (따라서 무한히 많은) 적어도 세 개의 격자점들을 포함하는 평면입니다.

> **정의 13.3** **격자면 무리**family of lattice planes는 등간격으로 떨어진 평행 격자면의 무한 집합이고, 격자의 모든 점을 포함합니다.

그림 13.1은 격자면 무리의 몇 가지 예를 나타냅니다. 평면은 평행하고 등간격이며, 격자점은 모두 정확하게 하나의 격자면에 포함됩니다. 나는 이제 다음과 같은 주장을 합니다.

> **주장**claim **13.1** 격자면의 무리는 면에 수직인 역격자 벡터의 방향과 일대일 대응[9] 관계에 있습니다. 또한, 이들 격자면 사이의 간격은 $d = 2\pi/|\mathbf{G}_{\min}|$ 이고 여기서 $\mathbf{G}_{\min}$ 은 이 수직 방향의 최소 길이 역격자 벡터입니다.

이 대응은 다음과 같이 이루어집니다. 먼저 어떤 정수 m에 대해서

$$\mathbf{G} \cdot \mathbf{r} = 2\pi m \tag{13.7}$$

가 되게 하는 점 $\mathbf{r}$에 의해 정의된 평면의 집합을 고려합니다. 이것은 $\mathbf{G}$에 수직이면서 서로 평행한 평면들의 무한 집합을 정의합니다. $e^{i\mathbf{G}\cdot\mathbf{r}} = 1$이기 때문에 모든 격자점은 이들 평면 중 하나에 속합니다 (식 13.1에서 $\mathbf{G}$의 정의이기 때문에). 그러나, 식 13.7에서 정의된 모든 평면이 격자점을 포함할 필요는 없습니다(일반적으로 이것은 평행하게 배열된 평면의 무리이지만 격자면 무리는 아닙니다). 이 (간격이) 더 큰 평면의 무리의 경우, 평면 사이의 간격은

---

[9] 이 일대일 대응이 정확히 참이기 위해서는 $\mathbf{G}$와 $-\mathbf{G}$를 동일한 방향으로 정의해야합니다. 이것이 거져 먹는 변명처럼 들리면, '방향'이 있는 격자면의 무리가 역격자 벡터의 방향과 일대일로 대응한다고 말할 수 있고, 격자면 무리의 가능한 두 법선을 추적할 수 있습니다.

$$d = \frac{2\pi}{|\mathbf{G}|} \tag{13.8}$$

로 주어집니다. 이를 증명하기 위해에서 인접한 두 평면은

$$\mathbf{G} \cdot (\mathbf{r}_1 - \mathbf{r}_2) = 2\pi$$

를 만족한다는 점에 주목합니다(식 13.7로부터). 따라서 $\mathbf{G}$와 나란한 방향으로 평면 사이의 간격은 주장대로 $2\pi/|\mathbf{G}|$입니다.

틀림없이, 방향은 동일하지만 크기가 다른 $\mathbf{G}$도 평행 평면 집합을 정의할 것입니다. 우리가 $\mathbf{G}$의 크기를 증가시키면 점점 더 많은 평면이 추가됩니다. 예를 들어, 식 13.7을 조사하면 $\mathbf{G}$의 크기를 두 배로 늘리면, 간격 공식인 식 13.8에서 알 수 있듯이 면의 밀도가 두 배로 늘어나는 것을 볼 수 있습니다. 그러나 어느 $\mathbf{G}$를 선택하든지 모든 격자점은 정의된 평면 중 하나에 포함됩니다. 최대한 멀리 떨어져있는 가능한 평면을 선택하면, 즉 주어진 방향에서 허용되는 $\mathbf{G}$의 가장 작은 값 ($\mathbf{G}_{\min}$)을 고르면, 실제로 모든 정의된 평면은 격자점을 포함하므로 이들은 격자면이 되고, 그에 따라 평면 사이의 간격은 $2\pi/|\mathbf{G}_{\min}|$입니다. 이것으로 주장 13.1을 증명합니다.[10]

13.1.5 격자면과 밀러 지수

격자면(또는 역격자 벡터)을 기술하는 데 유용한 밀러 지수Miller index[11]로 알려진 표기법이 있습니다. 먼저 실공간에서 단위 낱칸(기본 또는 아닐 수 있음)에 대한 모서리 벡터 $\mathbf{a}_i$를 선택합니다. 다음으로 $\mathbf{a}_i \cdot \mathbf{b}_j = 2\pi\delta_{ij}$를 만족하도록 역공간 벡터 $\mathbf{b}_i$를 구성합니다(식 13.3 참조). 이들 벡터 $\mathbf{b}_i$로 역공간 벡터[12]

$$\mathbf{G}_{(h,k,l)} = h\mathbf{b}_1 + k\mathbf{b}_2 + l\mathbf{b}_3 \tag{13.9}$$

를 나타내기 위해, 정수 (h, k, l) 또는 (hkl)을 사용합니다. 밀러 지수는 $(1, -1, 1)$과 같이 음수일 수 있습니다. 일반적으로 마이너스는 마이너스 기호가 아니라 윗막대로 표시되므로, 그 대신 $(1\bar{1}1)$을 씁니다.[13] $\mathbf{a}_i$를 실공간 기본 격자 벡터로 선택하면 $\mathbf{b}_i$는 역격자의 기본 격자 벡터가 됩니다. 이 경우 정수 밀러 지수(hkl)은 역격자 벡터를 나타냅니다. 격자면 무리를 표현하기 위해서는, 주어진 방향으로 가장 짧은

역격자 벡터를 취해야하는데(주장 13.1 참조), h, k, l은 공통 약수가 없어야 함을 의미합니다. (hkl)이 주어진 방향으로 가장 짧은 역격자 벡터가 아닌 경우, 격자면 무리가 아닌 평면 무리를 나타냅니다(즉, 격자점과 교차하지 않는 평면이 있습니다).

다른 한편으로, 어떤 비기본(관습) 단위 낱칸의 모서리를 기술하기 위해 $\mathbf{a}_i$를 선택하면, 상응하는 $\mathbf{b}_i$는 기본 역격자 벡터가 아닐 것입니다. 그 결과, 밀러 지수의 모든 정수 세트가 역격자 벡터가 되는 것은 아닙니다.

중요한 해설: 모든 입방격자(단순입방, fcc 또는 bcc)에서, a가 입방체의 모서리 길이일 때, $\mathbf{a}_i$를 $a\hat{\mathbf{x}}$, $a\hat{\mathbf{y}}$, $a\hat{\mathbf{z}}$로 선택하는 것이 일반적입니다. 즉, 관습 (입방체) 단위 낱칸의 직각 모서리 벡터를 선택합니다. 그에 부합하여, $\mathbf{b}_i$는 벡터 $2\pi\hat{\mathbf{x}}/a$, $2\pi\hat{\mathbf{y}}/a$, $2\pi\hat{\mathbf{z}}/a$입니다. 기본(단순) 입방의 경우 이것들은 기본 역격자 벡터이지만, fcc와 bcc의 경우에는 그렇지 않습니다.[14] fcc와 bcc의 경우 밀러 지수(hkl)의 모든 정수 세트는 역격자 벡터가 아닙니다.

이 점을 설명하기 위해, 그림 13.1의 맨 위에 나타낸 입방격자의 (010)면의 무리를 고려하십시오. 이 평면의 무리는 입방 단위 낱칸의 모든 꼭짓점과 교차합니다. 그러나 bcc 격자를 논의할 경우, (010) 격자 평면이 교차하지 않는 모든 관습 단위 낱칸의 중심에 또 다른 격자점이 있습니다(그림 13.2 위 참조). 그러나 (020)면은 이들 중심점과 교차할 것입니다. 그렇기 때문에 (020)은 bcc격자에 대한 진정한 격자면 무리(그리고 역격자 벡터)를 나타내지만 (010)은 그렇지 않습니다. 14.2절에서 밀러 지수가 fcc와 bcc에서 언제 실제 격자면 무리를 나타내는지 알기 위한 '선택 규칙'에 대해 논의할 것입니다.

식 13.8에서, 밀러 지수(h, k, l)에 의해 지정된 평면 무리의 인접 면 사이에 간격은

$$d_{(hkl)} = \frac{2\pi}{|\mathbf{G}|} = \frac{2\pi}{\sqrt{h^2|\mathbf{b}_1|^2 + k^2|\mathbf{b}_2|^2 + l^2|\mathbf{b}_3|^2}} \tag{13.10}$$

로 쓸 수 있습니다. 여기서 격자 벡터 $\mathbf{b}_i$ 좌표축이 직교라고 가정했습니다. 직교축의 경우, a_i를 세 직교 방향의 격자상수일 때 $|b_i| = 2\pi/|a_i|$임

(010) 평면의 무리
(모든 격자점이 포함되지 않음)

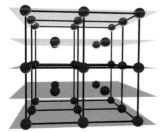

(020) 격자면의 무리

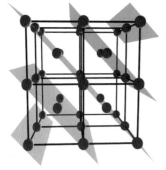

(110) 격자면의 무리

그림 13.2 위: bcc격자의 경우 (010)면은 입방체의 중간에 있는 격자점과 교차하지 않기 때문에 (010)면은 진정한 격자면 무리가 아닙니다. **가운데:** (020)면은 모든 격자점과 교차하기 때문에 격자면 무리입니다. **아래:** (110)면 또한 격자면 무리입니다.

을 기억해 보십시오. 따라서 우리는 동등하게

$$\frac{1}{|d_{(hkl)}|^2} = \frac{h^2}{a_1^2} + \frac{k^2}{a_2^2} + \frac{l^2}{a_3^2} \tag{13.11}$$

로 쓸 수 있습니다. 입방격자의 경우

$$d_{(hkl)}^{\text{cubic}} = \frac{a}{\sqrt{h^2 + k^2 + l^2}} \tag{13.12}$$

로 간단해집니다.

격자면의 기하학을 이해하기 위한 유용한 지름길은 평면과 세 좌표축의 교차점을 살피는 것입니다. 세 개의 좌표축과 교차점 (세 개의 격자상수 단위로) x_1, x_2, x_3은 다음을 통해

$$\frac{1}{x_1} : \frac{1}{x_2} : \frac{1}{x_3} = h : k : l$$

을 통해 밀러 지수와 연관됩니다. 이 방법은 그림 13.3에 나와 있습니다.

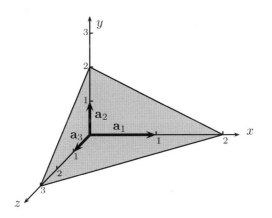

그림 13.3 평면과 좌표축의 교차점으로 밀러 지수 결정. 이 평면은 격자상수 단위로 $x = 2$, $y = 2$, $z = 3$에서 좌표축과 교차합니다. 이러한 교점들의 역수는 1/2, 1/2, 1/3입니다. 이 비율을 갖는 가장 작은 정수들은 3, 3, 2입니다. 따라서 이 격자면 무리의 밀러 지수는 (332)입니다. 이 무리의 격자면 사이의 간격은 $1/|d_{(332)}|^2 = 3^2/a_1^2 + 3^2/a_2^2 + 2^2/a_3^2$가 될 것입니다(직교축을 가정).

마지막으로, 우리는 다른 격자면이 결정의 대칭 때문에 동일할 수 있는 것에 주목합니다. 예를 들어, 입방격자에서 (111)은 결정의 축의 회전(그리고 아마도 반사) 이후에 $(1\bar{1}1)$와 동일하게 보입니다(그러나 어떤 회전이나 반사를 하여도 절대로 (122)처럼 보이지 않는데 이는 면 사이에 간격이 다르게 때문입니다!).[15] 이런 식으로 모든 동등한 격자면을 기술하고 싶다면 그 대신에 {111}을 씁니다.

사람들이 원자와 같은 것이 확실히 존재하는지조차도 알기 오래 전에 결정의 격자면을 잘 이해했다는 것은 흥미롭습니다. 결정이 특정

[15] 결정이 두 가지 방향에서 똑같이 보이는지 이해하는 것은 미묘할 수 있습니다. 결정의 *기저*가 두 방향에서 동일하게 보이는지 확인할 필요가 있습니다!

[16] 결정이 가장 높은 격자점 밀도를 갖는 면 또는 사이의 거리가 최대가 되는 격자면을 따라 가장 쉽게 절단된다는 것을 나타내는 법칙이 있는데 '브라베 법칙'으로 알려져 있습니다. 많은 경우, 이는 결정이 밀러 지수가 작은 격자면으로 절단된다는 것을 의미합니다.

평면을 따라 어떻게 쪼개지는지를 연구함으로써, 밀러와 브라베와 같은 과학자들은 이러한 물질들이 조립되어야 하는 방식을 아주 많이 재현할 수 있었습니다.[16]

13.2 브릴루앙 영역

역공간의 구조에 대하여 이렇게 전면적으로 자세히 들어가는 온전한 이유는 고체 안에서 파동을 기술하기 위한 것입니다. 특히 브릴루앙 영역의 구조를 이해하는 것이 중요합니다.

13.2.1 1차원 분산과 브릴루앙 영역의 복습

9~11장에서 배웠듯이 브릴루앙 영역은 주기적인 매질에서 파동의 들뜸 스펙트럼을 기술하는 데 극히 중요합니다. 그림 13.4는 이원자 사슬(10장)의 진동 들뜸 스펙트럼을 축약 영역 방식과 확장 영역 방식으로 보여줍니다. 파동은 파수벡터 k를 역격자 벡터 $2\pi/a$만큼 이동하면 물리적으로 동등하기 때문에, 축약 영역 방식(그림 13.4의 상단)에서 볼 수 있듯이 항상 첫째 브릴루앙 영역 안의 모든 들뜸을 표현할 수 있습니다. 이 예에서, 단위 낱칸당 두 개의 원자가 있기 때문에, 파수벡터마다 정확하게 두 개의 들뜸모드가 있습니다. 반면에, 확장 영역 방식에서는(그림 13.4의 아래), 항상 스펙트럼을 펼쳐서 낮은 (소리) 들뜸모드를 첫째 브릴루앙 영역에, 높은 에너지 (광학) 들뜸모드를 둘째 브릴루앙 영역에 놓을 수 있습니다. 브릴루앙 영역 경계에서 들뜸 스펙트럼에 점프가 있음에 유의하십시오.

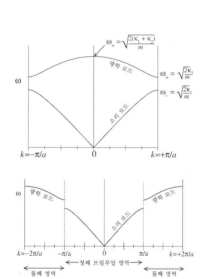

그림 13.4 1차원 이원자 사슬의 포논 스펙트럼. **위:** 축약 영역 방식. **아래:** 확장 영역 방식. (그림 10.6과 10.8 참조) 파수벡터는 $2\pi/a$의 모듈로로만 정의되기 때문에, 분산을 두 가지 형태로 나타낼 수 있습니다. 즉 브릴루앙 영역에서 주기적입니다.

13.2.2 일반적인 브릴루앙 영역 작도

정의 13.4 *브릴루앙 영역은 역격자의 기본 단위 낱칸입니다.*

전적으로 1차원 상황과 동등하게, 결정 안에서 물리적인 파동은 파수벡터가 역격자 벡터만큼 이동하더라도($\mathbf{k} \to \mathbf{k} + \mathbf{G}$) 변하지 않습니다. 그 대신에, 물리적으로 적절한 양은 결정 운동량임을 알 수 있습니다. 따라서 브릴루앙 영역은 물리적으로 각각 다른 결정 운동량을 정확히 한 번 포함하도록 정의되었습니다(브릴루앙 영역 내의 각 k점은 물리적으로 다르고 모든 물리적으로 다른 점은 영역 내에서 한 번 나타납니다).

브릴루앙 영역의 가장 일반적인 정의는 역격자의 임의의 모양의 기본 단위 낱칸에도 적용할 수 있지만, 다른 것보다 더 편리한 단위 낱칸의 정의가 있습니다.

실격자에서 위그너-자이츠 낱칸의 작도와 매우 유사하게 역공간에서 *첫째 브릴루앙 영역*을 정의합니다.

정의 13.5 *역격자 점 G = 0으로 시작하십시오. 다른 역격자 점보다 0에 가까운 모든 k 점들이 **첫째 브릴루앙 영역**을 정의합니다. 마찬가지로 점 0이 두 번째로 가까운 역격자 점이 되는 모든 k 점들이 **둘째 브릴루앙 영역**을 이루고, 더 높은 브릴루앙 영역을 정의합니다. 영역 경계는 브릴루앙 영역의 이러한 정의의 관점으로 정의됩니다.*

위그너-자이츠 낱칸과 마찬가지로 브릴루앙 영역을 작도하는 간단한 알고리즘이 있습니다. 점 0과 각각의 역격자 벡터 사이에 수직 이등분선을 그립니다. 이 이등분선은 브릴루앙 영역 경계를 형성합니다. 수직 이등분선을 넘지 않고 0에서 도달 할 수 있는 임의의 점은 첫째 브릴루앙 영역에 있습니다. 직각 이등분선을 한번만 교차하면 두 번째 브릴루앙 영역에 있는 것이고 계속 진행할 수 있습니다.

그림 13.5는 정사각형 격자의 브릴루앙 영역을 나타냅니다. 몇 가지 주목해야 할 일반적인 원리는 다음과 같습니다.

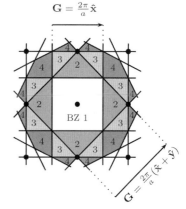

그림 13.5 정사각형 격자의 첫째, 둘째, 셋째와 넷째 브릴루앙 영역. 이 그림에서 그린 모든 선은 중심점 0과 다른 어떤 역격자 점 사이의 수직 이등분선입니다. 영역 경계는 중심점 0을 중심으로 대칭인 평행 쌍으로 발생하고 역격자 벡터만큼 떨어져 있습니다.

(1) 첫째 브릴루앙 영역은 반드시 연결되어 있어야 하지만, 다음 번 브릴루앙 영역들은 일반적으로 연결이 끊어진 부분으로 이루어져 있습니다.

(2) 브릴루앙 영역 경계 위의 점은 점 0과 어떤 역격자 점 G 사이의 수직 이등분선 위에 놓여 있습니다. 이 점에 벡터 −G를 더하면 반드시 다른 브릴루앙 영역 경계(0에서 −G까지의 이등분선) 위에 있는 점(0에서 같은 거리)이 됩니다. 이는 브릴루앙 영역 경계가 역격자 벡터만큼 떨어지면서 점 0 주위의 대칭인 평행 쌍으로 발생한다는 것을 의미합니다(그림 13.5 참조).

[17] 여기에 사각형 격자에 대한 증명이 있습니다. 시스템에 $N_x \times N_y$ 단위 낱칸이 있다고 합시다. 주기 경계 조건으로, k_x의 값은 $2\pi/L_x = 2\pi/(N_x a)$의 단위로 양자화되고 k_y의 값은 $2\pi/L_y = 2\pi/(N_y a)$의 단위로 양자화됩니다. 브릴루앙 영역의 크기는 각 방향으로 $2\pi/a$이므로 브릴루앙 영역에는 정확히 $N_x \times N_y$ 개의 다른 $\mathbf{k}$ 값이 있습니다.

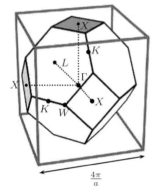

그림 13.6 fcc격자의 첫째 브릴루앙 영역. bcc 격자의 위그너-자이츠 낱칸과 동일한 모양이라는 점에 유의하십시오(그림 12.13 참조). 브릴루앙 영역의 특수한 점에는 X, K, Γ와 같은 코드 문자가 표시됩니다. 관습 단위 낱칸의 격자상수는 $4\pi/a$입니다(연습문제 13.1 참조).

[18] 엉킨 선처럼 보일 수 있기 때문에 이러한 유형의 곡선을 '스파게티 다이어그램'이라고도 합니다.

(3) 모든 브릴루앙 영역의 총 면적(또는 3차원에서는 부피)은 정확히 동일합니다. 각 브릴루앙 영역의 점에서 첫째 브릴루앙 영역까지 점까지 일대일 대응이 있기 때문에 이렇게 되어야 합니다. 마지막으로, 1차원과 같이, 전체 계에 있는 단위 낱칸의 수와 첫째 브릴루앙 영역 내에 있는 $\mathbf{k}$-상태의 수는 정확하게 같다고 주장합니다.[17]

위그너-자이츠 낱칸 작도의 경우와 마찬가지로, 첫째 브릴루앙 영역의 모양은 상대적으로 단순한 격자의 경우에도 약간 이상하게 보일 수 있습니다(그림 12.7 참조).

3차원에서 브릴루앙 영역의 작도는 2차원과 유사하고, 3차원에서 위그너-자이츠 낱칸의 작도와 완전히 유사합니다. 단순입방격자의 경우 첫째 브릴루앙 영역는 단순히 입방체입니다. 그러나 fcc와 bcc 격자의 경우 상황이 더 복잡합니다. 13.1.3절의 끝 부분의 **여담**에서 언급했듯이 fcc격자의 역격자는 bcc이고 반대의 경우도 마찬가지입니다. 따라서 fcc격자의 브릴루앙 영역은 bcc격자의 위그너-자이츠 낱칸과 같은 모양입니다! 그림 13.6는 fcc격자에 대한 브릴루앙 영역을 나타냅니다(그림 12.13과 비교). 그림 13.6에서 다양한 k-점은 문자로 표시되어있음에 주목하십시오. 우리가 논의하지 않겠지만 복잡한 표기 관례가 있습니다. 그러나 그것이 존재한다는 것을 알만한 가치가 있습니다. 예를 들어, 그림에서 점 $\mathbf{k} = 0$은 Γ로 표시되고 점 $\mathbf{k} = (2\pi/a)\hat{\mathbf{y}}$는 X로 표시된다는 것을 알 수 있습니다.

이제 fcc 브릴루앙 영역을 기술할 수 있게 되었으니, 마침내 실제 결정에서 파동의 물리학을 적절하게 설명하는 방법이 생긴 것입니다.

13.3 3차원 결정에서 전자파동과 진동파

그림 13.7는 이원자 기저를 가진 fcc격자로 기술될 수 있는 다이아몬드(그림 12.21 참조)의 전자 띠 구조(즉, 분산 관계)를 나타냅니다. 1차원 경우와 같이, 첫째 브릴루앙 영역만 고려하는 축약 영역 방식에서 작업할 수 있습니다. 3차원 스펙트럼($\mathbf{k}$의 함수로서 에너지)을 1차원 다이어그램에 표시하려고하기 때문에, 역공간을 가로지르는 몇 개의 단일선 단면을 보여줍니다.[18] 다이어그램의 왼쪽에서 시작하자면, 브릴루앙

영역의 L-점에서 시작하여 $\mathbf{k}$가 브릴루앙 영역의 중심인 Γ-점까지 직선을 따라 가면서 $E(\mathbf{k})$를 표시합니다(영역 안의 점들의 표시에 대해서는 그림 13.6 참조). 그런 다음 오른쪽으로 계속 진행하여, $\mathbf{k}$는 Γ-점에서 X-점까지 직선을 따라갑니다. 그 다음 X에서 K까지 직선을 그리고 Γ로 되돌아옵니다.[19] 가장 낮은 밴드는 브릴루앙 영역의 중앙에서 2차 함수임을 주목하십시오(유효 질량이 m^*인 경우 $\hbar^2 k^2 / (2m^*)$의 분산입니다).

마찬가지로 그림 13.8은 다이아몬드의 포논 스펙트럼을 나타냅니다. 이 그림에 대해 몇 가지 주의해야 할 사항이 있습니다. 우선, 다이아몬드는 단위 낱칸당 두 개의 원자를 가지고 있기 때문에(두 개의 원자를 기저로 하는 fcc), $\mathbf{k}$-점 당 6개의 진동 모드가 있어야합니다(세 개의 운동 방향 × 두 개의 원자). 실제로 이것은 그림의 중앙 1/3 부분에서 볼 수 있습니다. 그림의 다른 두 부분에서는 $\mathbf{k}$-점당 더 적은 모드가 보입니다. 그러나 이것은 특정 방향의 결정 대칭성으로 인해 여러 가지 들뜸모드가 정확히 같은 에너지를 갖기 때문입니다. (오른쪽에서 두 개의 모드가 들어오고 왼쪽으로 한 개의 모드만 나가는 X점을 주목하기 바랍니다. 이는 X점의 왼쪽에서는 동일한 에너지를 가짐을 의미합니다.) 둘째, Γ점, 즉 $\mathbf{k}=0$에서 제로 에너지로 선형적으로 내려오는 세 가지 모드가 있습니다. 이것들은 세 가지 소리 모드인데 하나는 평행 모드이고 다른 두 개는 수직 모드입니다. $\mathbf{k}=0$에서 유한 에너지인 다른 세 개의 모드가 광학 모드입니다.

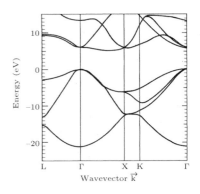

그림 13.7 다이아몬드의 전자 들뜸 스펙트럼 ($E=0$은 페르미 에너지). 가로축의 운동량은 브릴루앙 영역의 특수한 점 사이를 직선으로 절단합니다. 그림은 J. R. Chelikowsky and S. G. Louie, Phys. Rev. B **29**, 3470 (1984), http://prb.aps.org/abstract/PRB/v29/i6/p 3470_1에서 가져옵니다. 미국물리학회의 허가에 의해 사용됩니다.

[19] 사실, X에서 K까지 직선으로 이동하여 직선으로 계속 움직이면, 인접한 브릴루앙 영역의 Γ에서 끝납니다!

요약

- 역격자는 실격자의 모든 $\mathbf{R}$에 대해 $e^{i\mathbf{G}\cdot\mathbf{R}}=1$이 되게 하는 점들의 집합으로 정의된 $\mathbf{k}$-공간의 격자입니다. 이 정의가 주어진다면, 역격자는 실격자의 푸리에 변환으로 생각할 수 있습니다.
- 역격자 벡터 $\mathbf{G}$는 $\mathbf{G}\cdot\mathbf{r}=2\pi m$을 통해 등간격으로 평행한 평면 집합을 정의하는데 실격자의 모든 점이 평면 중 하나에 포함됩니다. 평면 사이의 간격은 $d=2\pi/|\mathbf{G}|$입니다. $\mathbf{G}$가 $\mathbf{G}$에 평행한 가장 짧은 역격자 벡터이면, 이 평면 집합은 격자면 무리이고 모든 평면이 실격자의 점과 교차한다는 것을 의미합니다.
- 밀러 지수(h,k,l)은 격자면 무리 또는 역격자 벡터를 기술하는 데 사용됩니다.
- 브릴루앙 영역의 일반적인 정의는 역공간에서 단위 낱칸입니다. 첫째 브릴

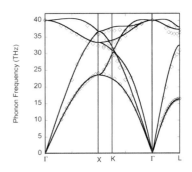

그림 13.8 다이아몬드의 포논 스펙트럼(점은 실험 데이터이고 실선은 현대적인 이론 계산입니다). 그림은 A. Ward *et al.*, *Phys. Rev.* B **80**, 125203 (2009), http://prb.aps.org/abstract /PRB/v80/i12/e125203에서 가져옵니다. 미국물리학회의 허가에 의해 사용됩니다.

루앙 영역은 역격자의 점 0 주변의 위그너-자이츠 낱칸입니다. 각 브릴루앙 영역은 동일한 부피를 가지고 전체 계의 단위 낱칸당 하나의 **k**-상태를 포함합니다. 평행한 브릴루앙 영역 경계는 역격자 벡터만큼 떨어져 있습니다.

참고자료

역격자, 밀러 지수, 브릴루앙 영역의 경우 다음을 권합니다.
- Ashcroft and Mermin, 5장 (12장의 주석 1에서 언급한 명명법 문제가 있음.)
- Dove, 4장

많은 책에서 X-선 회절과 동시에 역격자가 소개됩니다. 다음 장을 읽고 산란을 공부하고 나서, 되돌아가서 다음 책에서 다룬 역공간에 대한 훌륭한 소개를 볼 수 있습니다.
- Goodstein, 3.4~3.5절 (매우 간명함.)
- Kittel, 2장
- Ibach and Luth, 3장
- Glazer, 4장

CHAPTER 13 연습문제

13.1 역격자

fcc격자의 역격자가 bcc격자임을 보이시오. 따라서 bcc격자의 역격자가 fcc격자임을 보이시오. fcc격자가 격자상수 a인 관습 단위 낱칸을 가진다면, 역 bcc격자의 기존 단위 낱칸의 격자상수는 얼마입니까? 이제 일반 격자상수 a_1, a_2, a_3를 갖는 면심직방격자를 고려하시오. 역격자는 무엇입니까?

13.2 격자면 무리

연습문제 12.3에 나와 있는 결정을 고려하시오. 이 그림을 복사하여 [210] 방향과 (210) 격자면 무리를 표시하시오. (왜 이것은 격자면 무리가 아닐까요?)

13.3 결정면의 방향과 간격

▶ ‡ '결정면'과 '밀러 지수'가 무엇을 뜻하는지 간단히 설명하시오.
▶ 입방체 결정의 일반적인 방향 [hkl]이 밀러 지수 (hkl)를 갖는 평면에 수직임을 보이시오.
▶ 일반적으로 직방결정의 경우도 마찬가지입니까?
▶ 격자상수 a를 갖는 입방결정에서 (hkl) 평면의 간격 d가

$$d = \frac{a}{\sqrt{h^2 + k^2 + l^2}}$$

임을 보이시오.

▶ 직방결정에 대한 일반적인 공식은 무엇입니까?

13.4 ‡역격자

(a) 역격자라는 용어를 정의하시오.

(b) 3차원에서 기본 격자 벡터가 $\mathbf{a}_1$, $\mathbf{a}_2$, $\mathbf{a}_3$이면, 역격자에 대한 기본 격자 벡터는

$$\mathbf{b}_1 = 2\pi \frac{\mathbf{a}_2 \times \mathbf{a}_3}{\mathbf{a}_1 \cdot (\mathbf{a}_2 \times \mathbf{a}_3)} \qquad (13.13)$$

$$\mathbf{b}_2 = 2\pi \frac{\mathbf{a}_3 \times \mathbf{a}_1}{\mathbf{a}_1 \cdot (\mathbf{a}_2 \times \mathbf{a}_3)} \qquad (13.14)$$

$$\mathbf{b}_3 = 2\pi \frac{\mathbf{a}_1 \times \mathbf{a}_2}{\mathbf{a}_1 \cdot (\mathbf{a}_2 \times \mathbf{a}_3)} \qquad (13.15)$$

로 잡을 수 있음을 보이시오. 2차원에서 적절한 공식은 무엇입니까?

(c) 정방격자와 직방격자를 정의하시오. 직방격자의 경우, $|\mathbf{b}_j| = 2\pi/|\mathbf{a}_j|$임을 보이시오. 따라서, 역격자 벡터 $\mathbf{G} = h\mathbf{b}_1 + k\mathbf{b}_2 + l\mathbf{b}_3$의 길이는 $2\pi/d$와 같음을 보이시오. 여기서 d는 (hkl)면 사이의 간격입니다(질문 13.3 참조).

13.5 역격자(심화)

변의 길이가 $a_1 = 0.468$ nm이고 $a_2 = 0.342$ nm인 2차원 직사각형 결정이 있습니다.

(a) 역격자의 다이어그램을 축척대로 그리시오.

▶ $0 \leq h \leq 3$, $0 \leq k \leq 3$의 범위에 있는 지수에 대한 역격자 점에 라벨을 붙이시오.

(b) 위그너–자이츠 작도를 이용하여 첫째와 둘째 브릴루앙 영역을 그리시오.

13.6 브릴루앙 영역

(a) 격자상수 a를 가진 입방격자를 고려하시오. 첫째 브릴루앙 영역을 그리시오. 임의의 파수벡터 $\mathbf{k}$가 주어지면, 첫째 브릴루앙 영역 내의 동등한 파수벡터에 대한 표현식을 작성하시오(작성할 수 있는 표현이 여러 가지 있습니다).

(b) 2차원 삼각형 격자(식 12.3에 의해 주어진 기본 격자 벡터)를 고려하시오. 첫째 브릴루앙 영역을 찾으시오. 임의의 (2차원) 파수벡터 $\mathbf{k}$가 주어지면 첫째 브릴루앙 영역 내의 동등한 파수벡터에 대한 표현식을 작성하시오(작성할 수 있는 표현이 여러 가지 있습니다).

13.7 브릴루앙 영역의 상태 수

모서리가 L인 입방체 형태의 시료가 기본입방격자를 갖는데, 기본 격자 벡터는 길이가 a이고 서로 수직입니다. 첫째 브릴루앙 영역 내의 허용되는 서로 다른 $\mathbf{k}$-상태들의 수는 시료를 구성하는 기본 단위 낱칸의 수와 동일하다는 것을 보이시오. (이것이 고정 경계 조건에서도 여전히 유효한지 생각해 볼 가치는 있지만, 주기 경계 조건을 가정할 수도 있습니다.)

13.8 $d > 1$에서 분산 계산 *

(a) 연습문제 9.8과 11.9에서 2차원 계의 분산 관계를 논의했습니다(아직 연습문제를 풀지 못했다면 지금 해야 합니다).

▶ 연습문제 11.9에서 브릴루앙 영역을 기술하시오(길이가 a_1과 a_2인 수직 격자 벡터라고 가정할 수 있습니다). 꽉묶음 분산 관계가 브릴루앙 영역에서 주기적임을 보이시오. 분산 곡선이 구역 경계를 넘을 때 항상 편평하다는 것을 보이시오.

▶ 연습문제 9.8에서 브릴루앙 영역을 기술하시오. 포논 분산이 브릴루앙 영역에서 주기적임을 보이시오. 분산 곡선이 구역 경계를 넘을 때 항상 편평하다는 것을 보이시오.

(b) 3차원 fcc격자에서 꽉묶음 모형을 생각해 보시오. 여기서는 각 자리에서 가장 가까운 이웃 자리로 깡충뜀 행렬 성분 $-t$가 있습니다. 이 모형의 에너지 스펙트럼 $E(\mathbf{k})$를 결정하시오. $\mathbf{k} = 0$ 근처에서 분산이 포물선임을 보이시오.

중성자와 X-선 회절

Neutron and X-Ray Diffraction

결정에 의한 파동 산란

Wave Scattering by Crystals

CHAPTER 14

앞 장에서는 역공간에 대해 논의했고 브릴루앙 영역에서 포논과 전자의 에너지 분산을 어떻게 그리는지 설명했습니다. 우리는 전자와 포논이 모두 파동의 성질로 인해 얼마나 서로 유사한지 이해했습니다. 그러나, 거의 같은 물리가 결정이 외부에서 들어오는 파(또는 입자[1])와 산란할 때 나타납니다. 사실, 고체의 특성을 측정하기 위해 파동에 노출시키면 매우 유용합니다. 가장 일반적으로 사용되는 탐침은 X-선입니다. 또 다른 일반적이고 더욱 현대적인 탐침은 중성자입니다. 이러한 종류의 실험이 과학에 얼마나 중요한지는 과장할 필요가 없습니다.

그림 14.1은 우리가 조사할 일반적인 실험 배치를 나타냅니다.

[1] 양자역학에서 입자와 파동 사이에는 실제 차이가 없음을 기억하십시오! 플랑크와 아인슈타인은 빛이 입자라는 것을 보여주었습니다. 그리고 드브로이는 입자가 파동임을 보여주었습니다!

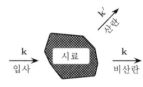

그림 14.1 일반적인 산란 실험.

14.1 라우에와 브래그 조건

14.1.1 페르미 황금률 접근법

만약 입사파가 입자라고 생각한다면, 시료는 입자가 이를 통과할 때 느끼는 퍼텐셜 $V(\mathbf{r})$로 생각해야합니다. 페르미의 황금률[2]에 따르면, 입자가 $\mathbf{k}$에서 $\mathbf{k'}$로 산란하는 단위 시간당 전이율은

$$\Gamma(\mathbf{k'}, \mathbf{k}) = \frac{2\pi}{\hbar} |\langle \mathbf{k'}|V|\mathbf{k}\rangle|^2 \delta(E_{\mathbf{k'}} - E_{\mathbf{k}})$$

에 의해 주어집니다. 여기서 행렬 성분

[2] 틀림없이 양자역학에서 페르미 황금률은 익숙할 것입니다. 재미있게도 페르미의 황금률은 실제로 디랙에 의해 발견되었는데, 디랙이 정말로 공적을 가져야하지만 페르미의 이름이 붙여진 예입니다. 또 다른 예는 4.1절의 주석 7을 참조하십시오.

$$\langle \mathbf{k'}|V|\mathbf{k}\rangle = \int d\mathbf{r} \, \frac{e^{-i\mathbf{k'}\cdot\mathbf{r}}}{\sqrt{L^3}} V(\mathbf{r}) \frac{e^{i\mathbf{k}\cdot\mathbf{r}}}{\sqrt{L^3}} = \frac{1}{L^3} \int d\mathbf{r} \, e^{-i(\mathbf{k'}-\mathbf{k})\cdot\mathbf{r}} \, V(\mathbf{r})$$

은 바로 퍼텐셜의 푸리에 변환입니다(L은 시료의 길이이므로 $\sqrt{L^3}$인 자는 파동함수를 규격화합니다).

이 표현은 시료의 주기적인 결정 여부와 상관없이 성립한다는 것에 유의하십시오. 그러나 시료가 주기적이라면 행렬 성분은 $\mathbf{k} - \mathbf{k}'$가 역격자 벡터가 아니면 0이 됩니다. 이것이 참이라는 것을 알기 위해, 위치를 $\mathbf{r} = \mathbf{R} + \mathbf{x}$로 씁니다. 여기서 $\mathbf{R}$은 격자 벡터 위치이고 $\mathbf{x}$는 단위 낱칸 내의 위치인데

$$\begin{aligned}\langle \mathbf{k}'|V|\mathbf{k}\rangle &= \frac{1}{L^3}\int d\mathbf{r}\, e^{-i(\mathbf{k}'-\mathbf{k})\cdot\mathbf{r}}\, V(\mathbf{r}) \\ &= \frac{1}{L^3}\sum_{\mathbf{R}}\int_{unit-cell} d\mathbf{x}\, e^{-i(\mathbf{k}'-\mathbf{k})\cdot(\mathbf{x}+\mathbf{R})}\, V(\mathbf{x}+\mathbf{R})\end{aligned}$$

입니다. 퍼텐셜이 주기적이라고 가정하기 때문에 $V(\mathbf{x}+\mathbf{R}) = V(\mathbf{x})$이므로

$$\langle \mathbf{k}'|V|\mathbf{k}\rangle = \frac{1}{L^3}\left[\sum_{\mathbf{R}} e^{-i(\mathbf{k}'-\mathbf{k})\cdot\mathbf{R}}\right]\left[\int_{unit-cell} d\mathbf{x}\, e^{-i(\mathbf{k}'-\mathbf{k})\cdot\mathbf{x}}\, V(\mathbf{x})\right]$$
(14.1)

로 다시 쓸 수 있습니다. 13.1.3절에서 논의했듯이, 각괄호의 첫째 항은 $\mathbf{k}' - \mathbf{k}$가 역격자 벡터가 아니면 0이 되어야합니다.[3] 이 조건,

$$\mathbf{k}' - \mathbf{k} = \mathbf{G}$$
(14.2)

은 *라우에*Laue *방정식*(또는 *라우에 조건*)으로 알려져 있습니다.[4,5] 이 조건은 정확하게 *결정 운동량의 보존*에 대한 진술입니다.[6] 파동이 결정을 떠날 때,

$$|\mathbf{k}| = |\mathbf{k}'|$$

이어야 하는데 이것은 단순히 에너지 보존이고 페르미 황금률의 델타

<hr/>

[3] 우리는 또한 $\mathbf{k}' - \mathbf{k}$가 역격자 벡터이면 이 각괄호 안의 첫째 항이 어떻게 발산하는지에 대해서도 논의했습니다. 이 발산은 바로 단위 낱칸의 수가 되고 부피의 역수인 $1/L^3$ 규격화 인자에 의해 상쇄되기 때문에 문제가 되지 않습니다.

[5] 이것이 '폰 라우에 조건'이라기보다는 '라우에 조건'이라 불리는 이유는 그가 막스 라우에로 태어났기 때문입니다. 1913년에 그의 아버지는 귀족 작위를 받았고 그의 가족의 성에 '폰von'이 더해졌습니다.

[6] 실제 운동량은 결정 자체가 누락된 운동량을 흡수하기 때문에 보존됩니다. 이 경우, 결정의 질량중심은 운동량 $\hbar(\mathbf{k}'-\mathbf{k})$을 흡수합니다. 9.4절의 주석 13을 참조하십시오. 엄밀히 말하면, 결정이 운동량을 흡수할 때, 에너지를 보존하기 위해 매우 작은 양의 에너지가 산란된 파동으로부터 손실되어야 합니다. 그러나 큰 결정 극한에서는 이 에너지 손실은 무시할 수 있습니다.

[4] 막스 폰 라우에Max von Laue는 1914년 결정에서 X-선 산란에 관한 연구로 노벨상을 받았습니다. 폰 라우에는 제2차 세계 대전 중 독일을 떠난 적이 없지만, 나치 정부를 공개적으로 반대했습니다. 전쟁 중 황금 노벨메달을 나치가 가져가는 것을 막기 위해 덴마크에 있는 닐스 보어Niels Bohr 연구소에 숨겼습니다. 나치 독일에서 금을 반출하는 것은 심각한 문제로 여겨졌기 때문에 만약 그가 이 일로 체포되었다면 투옥되었거나 더 심한 일을 당했을 수도 있습니다. 1940년 4월 덴마크가 점령될 때, 게오르크 드 헤베시(George de Hevesy; 화학 분야의 노벨 수상자)는 왕수 용매에 메달을 녹여 증거를 없애기로 결심했습니다. 그는 실험실의 선반에 그 용액을 두었습니다. 나치가 보어 연구소를 점령한 후 매우 꼼꼼히 조사했지만, 그들은 아무것도 발견하지 못했습니다. 전쟁 후에, 금은 용액에서 회수되었고, 노벨 재단은 라우에에게 같은 금으로 만든 새로운 메달을 증정했습니다.

함수에 의해 표시됩니다. (14.4.2절에서는 에너지가 보존되지 않는 더 복잡한 산란을 고려할 것입니다.)

14.1.2 회절 접근 방식

이 라우에 조건은 회절격자와 관련된 산란 조건에 지나지 않는 것으로 밝혀집니다. 결정으로부터의 산란에 대한 이러한 기술은 (X-선) 회절의 브래그Bragg 공식으로 알려져 있습니다.[7]

그림 14.2의 배치를 고려하십시오. 입사파는 거리 d만큼 떨어진 두 개의 인접한 원자층에 의해 반사됩니다. 이 다이어그램에 대해 알아야 할 몇 가지 사항이 있습니다. 먼저 이 다이어그램에서 파동이 2θ로 굴절됩니다.[8] 둘째, 단순한 계산에서, 아래 원자층에 의해 반사된 파동의 성분의 추가 진행 거리는

$$\text{추가 거리} = 2d\sin\theta$$

입니다. 보강 간섭을 일으키기 위해서는 이 추가 거리는 파장의 정수 (n)배이어야 합니다. 따라서 우리는 보강 간섭에 대한 브래그 조건 또는 브래그 법칙으로 알려진

$$n\lambda = 2d\sin\theta \tag{14.3}$$

식을 유도합니다. 그림 14.3과 같은 두 개의 평행한 원자면으로부터 회절을 얻을 수 있음을 주목하십시오.

우리가 다음에 보게 될 것은 보강 간섭에 대한 브래그 조건이 정확히 라우에 조건과 동일하다는 것입니다!

14.1.3 라우에와 브래그 조건의 동등성

그림 14.4를 고려하십시오(본질적으로 그림 14.2와 동일합니다). 격자면 무리에 해당하는 역격자 벡터 $\mathbf{G}$를 보여줍니다. 13장에서 논의한 것처럼, 격자면 사이의 간격은 $d = 2\pi/|\mathbf{G}|$입니다(식 13.8 참조).

그림 14.4의 기하학으로부터

$$\hat{\mathbf{k}} \cdot \hat{\mathbf{G}} = \sin\theta = -\hat{\mathbf{k}}' \cdot \hat{\mathbf{G}}$$

를 얻는데 벡터 위의 쐐기($\hat{\ }$)는 단위 벡터를 나타냅니다.

[7] 윌리엄 헨리 브래그William Henry Bragg와 윌리엄 로렌스 브래그William Lawrence Bragg는 1915년 X-선 산란에 대한 연구로 노벨상을 공동 수상한 아버지-아들 팀입니다. 상을 받을 때, 이 연구의 주도자였던 WLB는 25세였습니다. 이는 말랄라 유사프자이Malala Yousafzai가 17세에 노벨평화상을 받은 2014년까지는 가장 젊은 수상자였습니다.

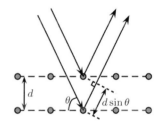

그림 14.2 결정의 원자면에 의한 브래그 산란. 아래쪽 평면에 부딪치는 파동의 추가 진행 거리는 $2d\sin\theta$입니다.

[8] 이것은 시험에서 흔히 범하는 실수의 원인입니다. 총 굴절각은 2θ입니다.

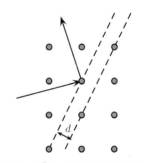

그림 14.3 $(2\bar{1}0)$ 원자면으로부터 산란.

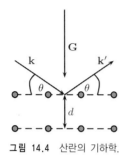

그림 14.4 산란의 기하학.

라우에 조건이 충족된다고 가정해 보십시오. 즉, $\mathbf{k} - \mathbf{k}' = \mathbf{G}$이고 λ가 파장일 때 $|\mathbf{k}| = |\mathbf{k}'| = 2\pi/\lambda$입니다. 라우에 방정식을

$$\frac{2\pi}{\lambda}(\hat{\mathbf{k}} - \hat{\mathbf{k}}') = \mathbf{G}$$

로 다시 쓸 수 있습니다. 이제 이 방정식에 $\hat{\mathbf{G}}$와 내적을 취하면 다음과 같이 됩니다.

$$
\begin{aligned}
\hat{\mathbf{G}} \cdot \frac{2\pi}{\lambda}(\hat{\mathbf{k}} - \hat{\mathbf{k}}') &= \hat{\mathbf{G}} \cdot \mathbf{G} \\
\frac{2\pi}{\lambda}(\sin\theta - \sin\theta') &= |\mathbf{G}| \\
\frac{2\pi}{|\mathbf{G}|}(2\sin\theta) &= \lambda \\
2d\sin\theta &= \lambda
\end{aligned}
$$

이것이 브래그 조건입니다(마지막 단계에서 $\mathbf{G}$와 d 사이의 관계식인 식 13.8을 사용했습니다). 왜 이 방정식의 우변에서 식 14.3과 같이 $n\lambda$가 아닌 λ를 얻었는지 궁금해 할 수 있습니다. 여기에서 중요한 점은 역격자 벡터 $\mathbf{G}$가 존재하면 역격자 벡터 $n\mathbf{G}$가 존재하고, 이 역격자 벡터를 가지고 같은 계산을 하면 $n\lambda$를 얻을 수 있을 것입니다. $n\mathbf{G}$와 관련된 평면 간격은 일반적으로 (주어진 방향에서 $n\mathbf{G}$는 가장 짧은 역격자 벡터가 아니기 때문에) 격자면 무리에 해당하지 않지만 여전히 회절은 일어납니다.

따라서 우리는 라우에 조건과 브래그 조건이 동등하다는 결론을 내립니다. (브래그가 나타내는 것처럼) 보강 간섭이 일어난다거나 또는 (라우에가 지적한 것처럼) 결정 운동량이 보존된다고 말하는 것은 동일합니다.

14.2 산란 진폭

라우에 조건이 만족되면 실제로 얼마나 많은 산란이 일어나는지 알려고 합니다. 14.1.1절에서 페르미 황금률

$$\Gamma(\mathbf{k}', \mathbf{k}) = \frac{2\pi}{\hbar}|\langle\mathbf{k}'|V|\mathbf{k}\rangle|^2 \delta(E_{\mathbf{k}'} - E_{\mathbf{k}})$$

와 시작했다는 것을 기억하기 바랍니다. 만일 V가 주기 함수이면, 행렬 성분은

$$\langle \mathbf{k'}|V|\mathbf{k} \rangle = \left[\frac{1}{L^3} \sum_{\mathbf{R}} e^{-i(\mathbf{k'}-\mathbf{k}) \cdot \mathbf{R}} \right] \left[\int_{\text{unit-cell}} \mathbf{dx} \, e^{-i(\mathbf{k'}-\mathbf{k}) \cdot \mathbf{x}} V(\mathbf{x}) \right]$$

(14.4)

와 같이 주어진다는 것을 알았습니다(14.1 참조). 라우에 조건이 만족되지 않으면 각괄호 안의 첫째 인자는 0이 됩니다. 라우에 조건이 만족되면 상수가 되는데 $1/L^3$ 때문에 발산하지 않는 상수가 됩니다. 각괄호 안의 두 번째 항은 구조 인자(식 13.6과 비교)

$$S(\mathbf{G}) = \int_{\text{unit-cell}} \mathbf{dx} \, e^{i\mathbf{G} \cdot \mathbf{x}} V(\mathbf{x})$$

(14.5)

로 알려져 있습니다. 여기서 $\mathbf{k} - \mathbf{k'}$에 대해 $\mathbf{G}$를 사용했는데, 이것은 역격자 벡터이어야 하고 그렇지 않으면 각괄호 안의 첫째 항이 사라지기 때문입니다.

산란 세기를 자주

$$I_{(hkl)} \propto |S_{(hkl)}|^2$$

(14.6)

로 씁니다. 이는 역격자 벡터 (hkl)에 의해 정의된 격자면에 의한 산란의 세기의 약칭인 $I_{(khl)}$는 이 역격자 벡터에서 구조 인자의 제곱에 비례함을 나타냅니다. 때로는 파수벡터의 차이 $\mathbf{k'} - \mathbf{k}$가 역격자 벡터이어야 함을 나타내기 위해 델타 함수를 명시적으로 쓰기도 합니다.

일반적으로 계 내의 개별 원자의 산란 퍼텐셜의 합을 산란 퍼텐셜로 가정하면 매우 좋은 근사이고,[9] 따라서

$$V(\mathbf{x}) = \sum_{\text{atoms}\, j} V_j(\mathbf{x} - \mathbf{x}_j)$$

로 쓸 수 있습니다. 여기에서 V_j는 원자 j에 의한 산란 퍼텐셜입니다. V_j의 함수 형태는 우리가 어떤 종류의 탐침파를 사용하고 어떤 종류의 원자 j가 있느냐에 따라 다릅니다.

이제 우리는 이 두 가지 유형의 산란 탐침인 중성자와 X-선의 구조 인자를 더 자세히 조사하려고합니다.

[9] 즉, 한 원자가 다른 원자에 미치는 영향은 원자와 탐침 파의 상호작용에는 영향을 미치지 않습니다.

11 정확하게는, 중성자의 질량을 m이라 할 때 $f_j = 2\pi\hbar^2 b_j/m$입니다.

12 광자와 물질의 결합에 일반적으로 최소 결합coupling $(\mathbf{p}+e\mathbf{A})^2/2m$을 사용합니다. 전자보다 원자핵의 질량이 훨씬 크기 때문에 분모의 m은 핵이 중요하지 않은 이유가 됩니다.

13 여기에서 산란은 본질적으로 톰슨Thomson 산란, 즉 자유 전자에 의한 빛의 산란입니다. 여기서 전자는 원자와 결합 에너지가 X-선 에너지보다 훨씬 작기 때문에 거의 자유 전자로 간주할 수 있습니다.

14 원자가 이온 결합 고체에 있으면 전자한 개(또는 2~3개)를 얻거나 잃을 수 있습니다. 이 경우 Z_j의 전자 수를 적절하게 바꾸어야 합니다.

중성자[10]

중성자는 전하를 띠지 않기 때문에, 거의 전적으로 핵력을 통해 (전자가 아닌) 핵에 의해 산란됩니다. 그 결과 산란 퍼텐셜은 범위가 매우 짧고 델타 함수로 근사될 수 있습니다. 따라서

$$V(\mathbf{x}) = \sum_{\text{atoms } j} f_j \delta(\mathbf{x} - \mathbf{x}_j)$$

이고 $\mathbf{x}_j$는 단위 낱칸의 j번째 원자의 위치입니다. 여기서 f_j는 *형태 인자form factor* 또는 *원자 형태 인자atomic form factor*로 알려져 있고 특정 핵에 의한 산란강도를 나타냅니다. 실은, 중성자의 경우 이 양은 소위 '핵 산란 길이'[11] b_j에 비례합니다. 따라서 중성자의 경우는 자주

$$V(\mathbf{x}) \sim \sum_{\text{atoms } j} b_j \delta(\mathbf{x} - \mathbf{x}_j)$$

로 씁니다. 이 표현을 식 14.5에 대입하면

$$S(\mathbf{G}) \sim \sum_{\text{atom } j \text{ in unit cell}} b_j e^{i\mathbf{G} \cdot \mathbf{x}_j} \tag{14.7}$$

를 얻습니다.

X-선

X-선은 계의 전자에 의해 산란됩니다.[12] 결과적으로 산란 퍼텐셜은 전자의 밀도에 비례하여[13]

$$V_j(\mathbf{x} - \mathbf{x}_j) = Z_j\, g_j(\mathbf{x} - \mathbf{x}_j)$$

로 쓸 수 있습니다. Z_j는 원자 j의 원자 번호[14](즉, 전자 수)이고, g_j는 다소 짧은 범위의 함수입니다(즉, 원자의 크기와 거의 같은 수준으로 수 옹스트롬(Å) 범위입니다). 이것으로부터

$$S(\mathbf{G}) = \sum_{\text{atom } j \text{ in unit cell}} f_j(\mathbf{G})\, e^{i\mathbf{G}\cdot\mathbf{x_j}} \tag{14.8}$$

를 유도할 수 있습니다. 형태 인자 f_j는 대체로 Z_j에 비례하지만 역격자 벡터 $\mathbf{G}$의 크기에도 어느 정도 의존합니다(식 14.7과 비교). 그러나 정확하지는 않지만 자주 f_j가 $\mathbf{G}$와 무관하다고 근사합니다(g가 극도로 짧은 범위이면 사실입니다).

여담: 정확하게는, $f_j(\mathbf{G})$는 항상 원자 j의 산란 퍼텐셜의 바로 푸리에 변환

$$f_j(\mathbf{G}) = \int \mathbf{dx}\, e^{i\mathbf{G}\cdot\mathbf{x}} V_j(\mathbf{x}) \qquad (14.9)$$

로 쓸 수 있습니다. 여기서 산란 퍼텐셜 $V_j(\mathbf{x})$는 핵으로부터 거리 $\mathbf{x}$에서 전자 밀도에 비례합니다. 여기의 적분 범위는 단위 낱칸이 아니라 모든 공간입니다(연습문제 14.9.a 참조). 밀도를 델타 함수로 잡으면 f_j는 상수가 됩니다. 밀도가 반지름 r_0인 구 내부에서 일정하고 이 반지름 밖에서 0이라는 약간 덜 조악한 근사를 취하면, 푸리에 변환은

$$f_j(\mathbf{G}) \sim 3Z_j \left(\frac{\sin x - x\cos x}{x^3} \right) \qquad (14.10)$$

이 됩니다. 여기서 $x = |\mathbf{G}r_0|$입니다(연습문제 14.9.b 참조). 산란 각도가 충분히 작으면(즉, $\mathbf{G}$가 $1/r_0$에 비해 작으면), 우변은 $\mathbf{G}$에 크게 의존하지 않고 대략 Z_j입니다.

중성자와 X−선의 비교[15]

- X−선의 경우 $f_j \sim Z_j$이므로 X−선은 무거운 원자에는 매우 강하게 산란하지만 가벼운 원자에는 거의 산란하지 않습니다. 이 때문에 고체 안에 있는 수소와 같은 가벼운 원자를 '보는' 일은 매우 어렵습니다. 더구나 원자 번호가 매우 근접한 원자들을 (거의 같은 양만큼 산란하기 때문에) 구별하기는 어렵습니다. 또한, f_j는 산란각에 약간 의존합니다.

- 비교해 보면, 중성자 산란의 경우, 핵 산란 길이 b_j는 원자 번호에 따라 오히려 변덕스럽게 변합니다(심지어 음수일 수도 있습니다). 특히 수소에 잘 산란되기 때문에 수소를 쉽게 측정할 수 있습니다. 또한, 보통 유사한 원자 번호를 가진 원자들을 쉽게 구별할 수 있습니다.

- 중성자의 경우, 산란은 실제로 매우 짧은 범위이기 때문에 형태 인자는 실제로 $\mathbf{G}$와는 별개로 산란 길이 b_j에 비례합니다. X−선의 경우 복잡하게도 $\mathbf{G}$에 의존합니다.

[15] 중성자가 좋은 선택처럼 보이게 하는 이 비교는 한때는 사실이었을지 모르지만 최근의 X−선 원source에는 공정하지 못합니다. 싱크로트론(제14.4.3)과 훨씬 더 강력한 자유 전자 레이저의 개발 이후, X−선은 몇 가지 놀라운 일을 할 수 있습니다(하지만 아쉽게도, 이 놀라운 것들은 이 책에서 완전히 다루지 않을 것입니다!).

[16] 에런 클루그Aaron Klug는 전자 결정학 기술을 개발하고 이를 이용하여 핵산과 단백질 복합체의 구조를 밝혀 내어 1978년 노벨 화학상을 수상했습니다. 그러나 전자 회절에 대한 일반적인 개념은 훨씬 더 거슬러 올라갑니다. 1927년 벨 연구소Bell Laboratory에서 일하던 데이비슨Clinton Davisson과 거머Lester Germer는 결정에서 회절되는 전자에서 브래그의 법칙을 증명하였고, 물질의 파동성에 대한 드브로이의 가설을 확인했습니다. 데이비슨은 J. J. 톰슨의 아들 조지 패짓 톰슨George Paget Thomson과 함께 1937년 노벨상을 수상하였습니다.

[17] 실은 전자 회절은 $|S(hkl)|^2$ 보다는 $S(hkl)$을 직접 측정할 수 있기 때문에, 때로는 더 강력할 수 있습니다. 예를 들어, 해먼드Christopher Hammond의 결정학에 관한 책을 보십시오.

- 중성자는 스핀도 가지고 있습니다. 이 때문에 중성자는 단위 낱칸의 다양한 전자들의 스핀이 위 또는 아래를 가리키고 있는지를 감지할 수 있습니다. 전자에 의한 중성자의 산란은 핵에 의한 산란보다 훨씬 약하지만 여전히 관찰 가능합니다. 우리는 20.1.2절에서 전자의 스핀이 공간적으로 정렬된 상황으로 돌아갈 것입니다.

전자 회절도 비슷합니다!

결정에서 나오는 X-선과 중성자의 회절을 연구하여 얻은 많은 물리는 결정에 의해 산란되는 다른 파동에도 적용될 수 있습니다. 특히 중요한 기법은 아주 복잡한 생물학적 구조를[16] 결정하는 데 매우 효과적인 전자 회절 결정학입니다.[17]

14.2.1 간단한 예제

일반적으로 식 14.6과 같이, 산란 세기는

$$I_{(khl)} \propto |S_{(hkl)}|^2$$

입니다. 직교 격자 벡터를 가정하면, 일반적으로

$$S(\mathbf{G}) = \sum_{\text{atom } j \text{ in unit cell}} f_j \, e^{2\pi i (hx_j + ky_j + lz_j)} \tag{14.11}$$

로 쓸 수 있습니다. 여기서 $[x_j, y_j, z_j]$는 세 개의 격자벡터의 단위로 단위 낱칸 내의 원자 j의 좌표입니다. (X-선의 경우, f_j는 $\mathbf{G}(hkl)$에 의존할 수도 있습니다.)

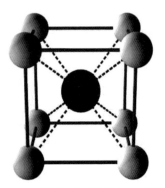

그림 14.5 염화세슘의 단위 낱칸. Cs은 흰색 모서리 원자이고, Cl는 어두운 중심 원자입니다. 이것은 기저가 있는 단순입방체입니다. bcc Cs은 Cl를 Cs 원자로 대체하는 것으로 생각할 수 있습니다.

[18] CsCl을 bcc로 부르는 실수를 하지 마십시오! bcc는 모든 점이 동일해야 하는 격자입니다.

예제 1: 염화세슘 그림 14.5에 단위 낱칸이 표시된 CsCl의 간단한 예제를 살펴봅시다. 이 계는 기저를 가진 단순입방체로 기술될 수 있습니다.[18]

	CsCl의 기저	
Cs	위치 =	[0, 0, 0]
Cl	위치 =	[1/2, 1/2, 1/2]

따라서 구조 인자는 f가 해당 원자의 적절한 형태 인자일 경우

$$S_{(hkl)} = f_{Cs} + f_{Cl}\, e^{2\pi i (h,k,l)\,\cdot\,[1/2,1/2,1/2]}$$
$$= f_{Cs} + f_{Cl}\,(-1)^{h+k+l}$$

와 같이 주어집니다. 산란된 파동의 세기는 $I_{(khl)} \sim |S(hkl)|^2$ 임을 기억하십시오.

14.2.2 체계적 부재와 더 많은 예

예제 2: 세슘 bcc 이제는 순수한 Cs 결정을 고려합니다. 이 경우 결정은 bcc입니다. 우리는 이것을 단순히 CsCl의 Cl을 다른 Cs 원자로 대체하는 것으로 생각할 수 있습니다. (CsCl과 유사하게) bcc격자를 기저를 가진 단순입방격자로 생각합니다.

Cs bcc의 기저 (관습 단위 낱칸)		
Cs	위치 =	[0, 0, 0]
Cs	위치 =	[1/2, 1/2, 1/2]

이제 구조 인자는

$$S_{(hkl)} = f_{Cs} + f_{Cs}\, e^{2\pi i (h,k,l)\,\cdot\,[1/2,1/2,1/2]}$$
$$= f_{Cs}\,[1 + (-1)^{h+k+l}]$$

로 의해 주어집니다. 결정적으로, $h+k+l$이 임의의 홀수인 경우, 구조 인자와 산란 세기는 0이 된다는 점에 유의하십시오! 이 현상은 *체계적 부재*systematic absence로 알려져 있습니다.

이 부재가 발생하는 이유를 이해하기 위해서는 (100) 평면 무리의 단순한 경우를 고려하십시오(그림 13.1 참조). 이것은 단순히 간격이 a인 결정축을 따른 평면 무리입니다. 이 평면에 수직으로 향한 파장 $2a$의 파동은 보강 간섭을 합니다.[19] 그러나 bcc 격자를 고려한다면 (100) 평면의 중간에 원자들의 평면이 추가로 존재하기 때문에 완벽한 상쇄 간섭이 일어납니다. 14.2.3절에서 이러한 부재에 대해 기하학적 해석으로 이해해 볼 것입니다.

[19] 두 개의 파동이 연속적인 두 평면으로부터 수직으로 후방 산란하는 경우, 두 파동의 경로차는 평면 사이의 거리의 두 배이므로 인수 2가 붙습니다. (그림 14.4 참조)

예제 3: 구리 fcc 마찬가지로 fcc 결정에 의한 산란에서도 체계적인 부재가 있습니다. 식 12.6에서 fcc결정은 입방 격자상수 단위로 점 [0, 0, 0], [1/2, 1/2, 0], [1/2, 0, 1/2], [0, 1/2, 1/2]에 의해 주어진 기저를 가진 단순입방격자로 생각할 수 있습니다. 그 결과 fcc 구리의 구조 인자는 식 14.11에 대입하여

$$S_{(hkl)} = f_{Cu}[1 + e^{\pi i(h+k)} + e^{\pi i(k+l)} + e^{\pi i(l+h)}] \qquad (14.12)$$

와 같이 주어집니다. h, k, l이 모두 홀수이거나 모두 짝수가 아니면 이 표현이 0이 되는 것을 쉽게 보일 수 있습니다.

체계적 부재의 요약

산란의 체계적 부재	
단순입방	모든 h, k, l 허용
bcc	$h+k+l$이 짝수여야 함
fcc	h, k, l이 모두 짝수이거나 모두 홀수이어야 함

[20] 식 14.11에서, 격자상수에 대한 언급은 없습니다. (h,k,l)과 $[u,v,w]$는 단순히 격자벡터 길이의 단위로 쓰여 있습니다.

체계적 부재는 때때로 *선택 규칙selection rule*이라고 알려져 있습니다. 이 선택 규칙은 격자의 세 축의 길이가 모두 같다는 사실에 따라 달라지지 않습니다.[20] 예를 들어, 면심직방은 면심입방과 동일한 선택 규칙을 가지고 있습니다.

이러한 부재 또는 선택 규칙은 주어진 (브라베) 격자 유형을 가진 모든 구조에서 발생한다는 점에 유의하십시오. 비록 물질이 단위 낱 칸 당 다섯 개의 원자를 기저로 한 bcc라고 해도, 기본 단위 낱칸당 단일 원자를 가진 예제 2의 bcc격자와 동일한 체계적인 부재를 보일 것입니다. 왜 이것이 사실인지 알아보기 위해 또 다른 예제를 고려합니다.

마지막으로, 선택 규칙은 주어진 격자에 대해 어떤 산란 피크가 없어야하는지만 알려줍니다. 식 14.14.에서 자세히 설명하겠지만, 기저의 세부 사항 때문에 더 많은 피크가 사라질 수 있습니다.

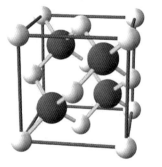

그림 14.6 황화아연(섬아연광)의 관습 단위 낱 칸. 이것은 [0, 0, 0]의 (밝은) Zn 원자와 [1/4, 1/4, 1/4]의 (어두운) S 원자에 의해 주어진 기저를 가진 fcc입니다.

예제 4: 황화아연 = 기저를 가진 fcc 그림 14.6에 나타냈듯이, 황화아연(섬아연광) 결정은 [0, 0, 0]에 Zn 원자와 [1/4, 1/4, 1/4]에 S 원자

로 주어진 기저를 갖는 fcc격자입니다(이것은 섬아연광zincblende 구조로 알려져 있습니다). fcc격자가 점 [0, 0, 0], [1/2, 1/2, 0], [1/2, 0, 1/2], [0, 1/2, 1/2]에 의해 주어진 기저를 가진 입방격자라고 하면, 관습 단위 낱칸에 두 개의 기저의 조합에 의해 주어진 8개의 원자가 있습니다.

ZnS의 관습 단위 낱칸의 기저			
Zn 위치 = [0,0,0],	[1/2,1/2,0],	[1/2,0,1/2],	[0,1/2,1/2]
S 위치 = [1/4,1/4,1/4],	[3/4,3/4,1/4],	[3/4,1/4,3/4],	[1/4,3/4,3/4]

ZnS의 구조 인자는

$$
\begin{aligned}
S_{(hkl)} &= f_{\text{Zn}} \left[1 + e^{2\pi i (hkl)\cdot[\frac{1}{2},\frac{1}{2},0]} + \dots \right] \\
&+ f_{\text{S}} \left[e^{2\pi i (hkl)\cdot[\frac{1}{4},\frac{1}{4},\frac{1}{4}]} + e^{2\pi i (hkl)\cdot[\frac{3}{4},\frac{3}{4},\frac{1}{4}]} + \dots \right]
\end{aligned}
$$

로 주어집니다. 이 8가지 항의 조합은

$$
\begin{aligned}
S_{(hkl)} &= \left[1 + e^{i\pi(h+k)} + e^{i\pi(k+l)} + e^{i\pi(l+h)} \right] \\
&\times \left[f_{\text{Zn}} + f_{\text{S}}\, e^{2\pi i (hkl)\cdot[\frac{1}{4},\frac{1}{4},\frac{1}{4}]} \right]
\end{aligned} \tag{14.13}
$$

로 인수 분해될 수 있습니다. 각괄호 안의 첫째 항은 식 14.12의 fcc결정에 대해 발견한 항과 정확히 동일합니다. 특히 그것은 h, k, l이 모두 짝수이거나 모두 홀수가 아니면 0이 되는 체계적인 부재를 가지고 있습니다. 두 번째 항은 특별히 ZnS와 관련된 구조를 제공합니다.

원자의 위치가 기본 격자의 위치와 기저 벡터의 합이므로, 기저를 가진 결정계의 구조 인자는 항상 기본 격자 구조에서 오는 부분과 기저에 해당하는 부분의 곱으로 분해된다는 것을 쉽게 알 수 있습니다. 식 14.13을 일반화하면

$$
S_{(hkl)} = S_{(hkl)}^{\text{Lattice}} \times S_{(hkl)}^{\text{basis}} \tag{14.14}
$$

와 같이 쓸 수 있습니다(정확히 말하면 형태 인자는 후자의 항에만 나타납니다).

14.2.3 선택 규칙의 기하학적 해석

특정 산란 피크의 부재는 기하학적으로 멋있게 해석됩니다. bcc와 fcc 격자에 대하여 특정 파수벡터에서 산란이 발생하지 않는다는 사실은 13.1.5절에서 언급한 **중요한 해설**에서 유래합니다. 이들 격자의 경우, 복잡한 비직교 기본 역격자 벡터로 작업하는 대신, 역공간과 밀러 지수를 기술하기 위한 직교축을 사용하여 계산합니다. 그 결과 밀러 지수의 모든 세트가 격자면 무리에 대응하는 것은 아닙니다.

13.1.4절로부터, 우리가 어떤 (가령, 단순입방) 격자에 대해 밀러 지수(hkl)를 주면, $\mathbf{G}_{(hkl)}$에 수직이고 서로의 간격이 $2\pi/|\mathbf{G}_{(hkl)}|$인 평행한 평면들의 집합을 기술한다는 것을 기억하십시오. 단순입방격자의 모든 격자점은 이들 평면 중 하나에 포함될 것이라는 점이 보장됩니다. 그림 13.2의 맨 위에 표시된 (010)을 고려하면, 이 평면들은 단순입방격자에 대해 완벽하게 좋은 격자 평면이지만 bcc 단위 낱칸의 중심에 추가 격자점과 교차하지 않습니다. 따라서 (010)은 bcc 격자의 역격자 벡터가 아닙니다. 그러나, 그림 13.2의 가운데에 나타낸 바와 같이, (020) 면들은 bcc 격자점과 모두 교차하고 따라서 (020)는 bcc격자의 진짜 역격자 벡터입니다. 일반적인 규칙은 파동은 항상 역격자 벡터에 의해 산란할 수 있고, 따라서 bcc격자의 산란에 대한 선택 규칙 $(h+k+l$이 짝수임)은 (hkl)이 역격자 벡터인 조건이고 또한 단위 낱칸의 중앙에 있는 점이 해당 평면 중 하나에 의해 만나는 것을 보장하는 조건입니다. fcc격자도 상황은 비슷합니다. fcc격자에서 허용된 산란에 대한 선택 규칙은 어떤 (hkl)이 진짜 역격자 벡터인지 정의해 주고 동시에 모든 fcc격자점이 (hkl)로 정의된 평면 중 하나에 포함되도록 하는 조건을 제공합니다.

14.3 산란 실험 방법

산란 실험을 수행하는 많은 방법이 있습니다. 원칙적으로 그것들은 모두 유사합니다. 하나는 알려진 파장의 탐침파(가령, X−선)를 보내고 파동이 어떤 각도로 산란되는지 측정합니다. 그런 다음 브래그 법칙(또는 라우에 방정식)을 사용하여 계에서 격자면의 간격을 추정할 수 있습니다.

14.3.1 고급 방법

라우에 방법

개념적으로 가장 간단한 방법은 큰 단결정 물질을 가져다가, 한 방향에서 그 파동(가령, X-선)을 발사하고, 나가는 파동의 방향을 측정하는 것입니다. 그러나 어떤 입사파의 방향이 주어지면, 확실히 *임의의* 격자면 세트에 대한 브래그 조건을 얻을 수는 없습니다. 더 많은 데이터를 얻기 위해, 입사파의 파장을 변화시킬 수 있습니다. 이렇게 하면, 적어도 일부 파장에서 브래그 조건을 얻을 수 있습니다.

결정 회전 방법

유사한 기법은 결정을 계속 회전시켜서 입사파에 대한 결정의 어떤 각도에서 브래그 조건을 얻고, 나가는 회절파를 측정하는 것입니다.
    실제로 이 두 가지 방법 모두 사용됩니다. 그러나 자주 사용하기가 불가능한 중요한 이유가 있습니다. 재료의 단결정을 얻을 수 없는 경우가 많습니다. 큰 결정을 성장하는 것은(그림 7.1의 아름다운 것들은 성장한 것이 아니고 채굴된 것입니다) 엄청난 도전이 될 수 있습니다.[21] 중성자 산란의 경우, X-선과 비교하여 일반적으로 상당히 큰 단결정이 필요하기 때문에 문제는 더 심각합니다.

14.3.2 가루 회절

가루 회절powder diffraction 또는 *디바이-쉐럴Debye-Scherrer 방법*은 단결정은 아니지만 분쇄된 시료에 파동의 산란을 사용하는 것입니다.[22] 단결정이 필요 없기 때문에 이 방법은 훨씬 더 다양한 시료에 사용할 수 있습니다.
    이 경우 입사파는 가능한 모든 방향으로 향할 수 있는 많은 미세 결정들 중 어느 하나와 산란할 수 있습니다. 본질적으로 이 기술은 결정이 입사파를 임의의 각도로 회절시킬 수 있는 회전 결정 방법과 비슷합니다. 디바이-쉐럴 배치의 개략도는 그림 14.7에 나와 있으며 시료의 데이터는 그림 14.8에 나와 있습니다. 입사파의 파장이 주어지면, 브래그 법칙을 사용하여 격자면 사이의 가능한 간격을 추정할 수 있습니다.

[21] 예를 들어, 고온 초전도 재료는 1986년에 발견되었습니다(그 다음 해에 노벨상을 받았습니다!). 세계적으로 단결된 노력을 하였음에도 이 물질의 단결정은 5 ~ 10년 동안 얻을 수 없었습니다.

[22] 디바이는 고체의 비열에서 나온 사람과 같습니다. 폴 쉐럴Paul Scherrer는 스위스인이었지만 제2차 세계 대전 중 독일에서 일했고 미국의 유명한 스파이(그리고 야구 선수)인 모 버그Moe Berg에게 정보를 전달했습니다. 모 버그는 독일이 폭탄 개발에 임박했다고 느끼면 하이젠베르크를 사살하라고 명령을 받았습니다.

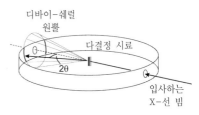

그림 14.7 디바이-쉐럴 가루 회절 실험의 개략도

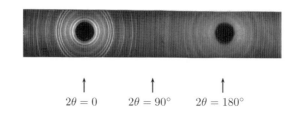

그림 14.8 사진 필름에 노출된 디바이–쉐럴 가루 회절 데이터. 현대적인 실험에서는 디지털 탐지기가 사용됩니다.

$2\theta = 0$ $2\theta = 90°$ $2\theta = 180°$

완전히 푼 예제

이제 가루 회절 패턴을 어떻게 분석하는지 완전히 푼 예제를 자세하게 제시합니다.[23] 그러나 먼저, 가능한 격자면과 가장 짧은 역격자 벡터에 대해 발생할 수 있는 선택 규칙을 표(표 14.1)로 적는 것이 유용합니다.

선택 규칙은 14.2.2절에 나와 있습니다. 단순입방은 임의의 평면의 산란을 허용하고, bcc는 $h + k + l$이 짝수이어야 하고, fcc는 h, k, l이 모두 홀수 또는 모두 짝수이어야 합니다. 표에 밀러 지수의 제곱 크기인 열 N도 추가했습니다.

[23] 매년 옥스퍼드대학에서 시험은 가루 회절 문제로 끝납니다. 불행히도 문제를 해결하는 방법을 설명하는 참고서를 찾기가 어렵습니다.

표 14.1 입방격자, bcc격자, fcc격자에 대한 선택 규칙.

$\{hkl\}$	$N = h^2 + k^2 + l^2$	겹침수	입방	bcc	fcc
100	1	6	✓		
110	2	12	✓	✓	
111	3	8	✓		✓
200	4	6	✓	✓	✓
210	5	24	✓		
211	6	24	✓	✓	
220	8	12	✓	✓	✓
221	9	24	✓		
300	9	6	✓		
310	10	24	✓	✓	
311	11	24	✓		✓
222	12	8	✓	✓	✓
⋮	⋮	⋮	⋮	⋮	⋮

또한 '겹침수mulicplicity'라고 표시된 열을 추가했습니다. 이 양은 산란 진폭을 알아내는 데 중요합니다. 여기서 주목할 점은 (100)평면들에는 특정한 간격이 있지만 동일한 간격을 가진 다른 평면의 무리가 있습니다: (010), (001), ($\bar{1}$00), (0$\bar{1}$0), (00$\bar{1}$). (우리가 가능한 모든 격자면 무리를 나타내야 하기 때문에, 우리는 13.1.5절 끝에 소개한 표기법 $\{hkl\}$을 사용합니다.) 가루 회절 방법에서, 결정 방향은 무작위이므로 6가지 동등한 결정의 방향이 가능합니다. 이 평면(방향) 중 하나에 의

한 산란이 알맞은 각에서 일어납니다. 그래서 겹침이 없을 때보다 산란 세기가 6배 클 것입니다. 이것은 겹침수 인자로 알려져 있습니다. (111) 무리의 경우는 8개의 동등한 면이 있습니다. (111), $(11\bar{1})$, $(1\bar{1}1)$, $(1\bar{1}\bar{1})$, $(\bar{1}11)$, $(\bar{1}1\bar{1})$, $(\bar{1}\bar{1}1)$, $(\bar{1}\bar{1}\bar{1})$입니다. 따라서 식 14.6을

$$I_{\{hkl\}} \propto M_{\{hkl\}}|S_{\{hkl\}}|^2 \qquad (14.15)$$

로 대치합니다. 여기서 M은 겹침수 인자입니다.

중성자 산란에 대해 이 세기를 계산하는 것은 간단하지만 X−선의 경우는 형태 인자가 $\mathbf{G}$에 의존하기 때문에 훨씬 더 어렵습니다. 즉 식 14.7에서 형태 인자(또는 산란 길이 b_j)는 $\mathbf{G}$와 독립적인 상수이기 때문에, 이러한 상수에만 기초하여 예상되는 산란 진폭은 쉽게 계산할 수 있습니다. X−선의 경우 $f_j(\mathbf{G})$의 함수 형태를 알아야합니다. *매우 거친 근사 수준에서는* 이는 상수입니다. 더 정확하게는, 식 14.10에서 산란각이 작을 때는 일정하지만 큰 산란각에서는 상당히 변할 수 있습니다.

$f_j(\mathbf{G})$의 상세한 함수 형태를 알고 있더라도, 실험적으로 관찰된 산란 세기는 결코 식 14.15에 의해 예측된 형태가 아닙니다. 이 결과를 바꾸는 여러 가지 보정 원인이[24] 있을 수 있습니다(이러한 보정은 일반적으로 산란의 기본 소개에서는 뭉개버리지만 적어도 존재한다는 사실을 알고 있어야 합니다). 아마도 가장 중요한 보정은 로런츠 보정 또는 로런츠−편광 보정Lorentz−polarization correction[25]으로 알려져 있습니다. 실험의 상세한 배치에 의존하는 이들 항들은 θ의 매끄러운 함수로서 다양한 ($\cos\theta$와 같은 항을 포함하는) 앞인자를[26] 줍니다.

[24] 이러한 보정의 많은 부분은 훌륭한 박물학자이자 진화론자인 찰스 로버트 다윈Charles Robert Darwin의 손자인 찰스 골턴 다윈Charles Galton Darwin이 처음으로 풀었습니다. 젊은 찰스는 나름대로 대단한 과학자였습니다. 인생의 후반에는 바람직하지 않은 형질을 계속 번식하면 인류가 결국 없어질 것이라고 예측하는 우생학에 전념했습니다(우생학의 아버지로 인정받은 프랜시스 골턴Francis Galton 또한 같은 친척이었다는 것을 고려하면, 우생학에 대한 그의 관심은 놀랄 일이 아닙니다.)

[25] 또 다른 중요한 보정은 결정의 열 진동 때문입니다. 디바이의 진동 이론을 사용하여, 이바 월러Ivar Waller는 브래그 피크의 열 퍼짐을 유도하였는데 현재 디바이−월러 인자Debye−Waller factor로 알려져 있습니다.

[26] 이 인자는 80°~140° 사이에서는 상당히 평탄하여 무시할 수 있습니다. 그러나 이 범위를 벗어나면 급격히 변하므로 더욱 주의 깊게 고려해야 합니다.

예:

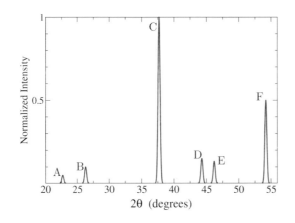

그림 14.9 PrO_2에서 중성자의 가루 회절. 중성자 빔의 파장은 λ = 0.123 nm입니다. (로런츠 보정값은 그래프의 세기에서 제거되었다고 가정합니다.)

그림 14.9의 PrO_2의 가루 회절 데이터를 고려하십시오. 파장이 0.123 nm로 주어진다면 (잠정적으로 어떤 종류의 입방격자를 가정할 때) 먼저 격자의 유형과 격자상수를 알아내고 싶습니다.

전체 굴절각은 2θ입니다. 우리는 브래그의 법칙과 평면 사이의 간격[27]에 대한 표현

$$d_{(hkl)} = \frac{\lambda}{2\sin\theta} = \frac{a}{\sqrt{h^2 + k^2 + l^2}}$$

을 사용하고자 합니다. 여기서 격자상수가 a인 입방격자에서 평면 사이의 간격에 대한 표현인 식 13.12를 사용하였습니다. 그러면 이것은

$$a^2/d^2 = h^2 + k^2 + l^2 = N$$

가 되는데 선택 규칙에 대한 표 14.1에서 N으로 명명하였습니다. 이제 우리는 또 다른 표를 만듭니다(표 14.2). 첫째 두 열에서는 주어진 그래프에서 각도를 잽니다. *가능한 꼼꼼히 데이터의 각도를 측정해야 합니다. 각도를 정확하게 측정하면 분석이 훨씬 쉬워집니다!*

표 14.2 그림 14.9의 데이터 분석.

peak	2θ	$d = \lambda/(2\sin\theta)$	d_A^2/d^2	$3d_A^2/d^2$	$N = h^2 + k^2 + l^2$	$\{hkl\}$	$a = d\sqrt{h^2 + k^2 + l^2}$
A	$22.7°$	0.313 nm	1	3	3	111	0.542 nm
B	$26.3°$	0.270 nm	1.33	3.99	4	200	0.540 nm
C	$37.7°$	0.190 nm	2.69	8.07	8	220	0.537 nm
D	$44.3°$	0.163 nm	3.67	11.01	11	311	0.541 nm
E	$46.2°$	0.157 nm	3.97	11.91	12	222	0.544 nm
F	$54.2°$	0.135 nm	5.35	16.05	16	400	0.540 nm

표의 세 번째 열에서 브래그 법칙을 사용하여 주어진 회절 피크에 대한 격자 평면 사이의 거리를 계산합니다. 네 번째 열에서는 (A로 표시된) 첫째 피크에 대한 격자 간격과 주어진 피크에 대한 격자 간격 d의 비율의 제곱을 계산했습니다. 그러면 이 비율이 3으로 나눈 정수에 매우 가깝다는 것을 알게 됩니다. 그래서 이 양에 3을 각각 곱하여 다음 열에 기입하십시오. 이 숫자들을 정수로 반올림하면(다음 열에 있습니다), 우리는 표 14.1과 같이 fcc격자에[28] 대해 예상되는 $N = h^2 + k^2 + l^2$의 값을 정확하게 산출합니다. 그러므로 우리는 fcc격자를 관찰하고 있다고 결론 맺습니

[27] 왜 식 14.3의 브래그의 법칙과 같이 인수 n이 필요하지 않은지 다시 궁금해 할 것입니다. 인수 n은 (h, k, l)을 모두 n으로 곱하는 것에 해당하므로, 이 경우를 별도로 고려할 필요가 없습니다. 14.1.3절의 논의를 보십시오.

[28] 이것은 격자 유형을 확인하는 일반적인 방법이라고 강조합니다. d_A^2/d^2를 계산하십시오. 이 양이 3, 4, 8, 11, … 의 비율이면 fcc격자가 됩니다. 이 비율이 1, 2, 3, 4, 5, 6, 8, … 이면, 단순입방자입니다. 비율이 2, 4, 6, 8, 10, 12, 14, …이면 bcc격자가 됩니다(표 14.1 참조).

다. 그 다음, 최종 열에서는 격자상수를 계산합니다. 이 수를 평균하면 격자상수 $a = 0.541 \pm 0.002$ nm를 얻을 수 있습니다.[29]

지금까지의 분석은 X-선 산란에 대한 분석과 동일합니다. 그러나 중성자의 경우 산란 길이가 산란각(일반적으로 좋은 가정입니다)과 무관하다고 가정하면, 산란 피크의 세기를 분석하여 조금 더 나아갈 수 있습니다.[30] 실제 데이터에서 세기는 위에서 언급한 로런츠 인자에 의해 가끔 가중치가 부여됩니다. 그림 14.9에서는 이 인자들은 제거되어 식 14.15가 정확하게 성립된다는 것에 유의하십시오.

PrO_2 결정의 기저는 [0, 0, 0]에는 Pr원자, [1/4, 1/4, 1/4]과 [1/4, 1/4, 3/4]에는 O원자라는 것을 알 수 있습니다. 따라서 그림 14.10과 같이 Pr 원자는 fcc격자를 형성하고 O 원자는 빈곳을 채웁니다. 이 구조가 주어지면, 그림 14.9의 데이터에서 어떤 추가 정보를 추출할 수 있는지 살펴보겠습니다.

이 결정의 구조 인자를 계산하여 시작합시다. 식 14.14를 사용하여

$$S_{(hkl)} = \left[1 + e^{i\pi(h+k)} + e^{i\pi(k+l)} + e^{i\pi(l+h)} \right]$$
$$\times \left[b_{Pr} + b_O \left(e^{i(\pi/2)(h+k+l)} + e^{i(\pi/2)(h+k+3l)} \right) \right]$$

를 얻습니다. 각괄호 안의 첫째 항은 fcc격자의 구조 인자이고, 허용된 모든 산란점(h, k, l이 모두 짝수이거나 모두 홀수일 때)에서 4가 됩니다. 각괄호 안에 있는 두 번째 항은 기저에 대한 구조 인자입니다.

피크의 산란 세기는 식 14.15와 같이 구조 인자와 피크의 겹침수로 주어집니다. 따라서 모든 측정된 모든 피크에[31] 대해

$$I_{\{hkl\}} = CM_{\{hkl\}} \left| b_{Pr} + b_O \left(e^{i(\pi/2)(h+k+l)} + e^{i(\pi/2)(h+k+3l)} \right) \right|^2$$

로 쓸 수 있습니다. 여기서 상수 C는 다른 상수 인자(fcc 구조 인자로부터 4^2 포함)를 포함합니다. 참고: 각괄호로 묶인 인자가 $\{hkl\}$에 포함된 모든 가능한 (hkl)에 대해 동일한 결과를 제공하는지 주의해야 하는데 실제로 같습니다. 따라서 우리는 피크의 예측된 상대적 세기를 보여주는 다른 표를 정리할 수 있습니다.

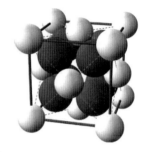

그림 14.10 PrO_2의 형석fluorite 구조. 이것은 [0, 0, 0]에 흰 원자(Pr), [1/4, 1/4, 1/4]과 [1/4, 1/4, 3/4]에 어두운 원자(O)를 가진 fcc입니다.

	산란 세기		
피크	$\{h\,k\,l\}$	$I_{\{h\,k\,l\}}/C \propto M|S|^2$	측정된 세기
A	111	$8b_{\mathrm{Pr}}^2$	0.05
B	200	$6[b_{\mathrm{Pr}} - 2b_{\mathrm{O}}]^2$	0.1
C	220	$12[b_{\mathrm{Pr}} + 2b_{\mathrm{O}}]^2$	1.0
D	311	$24b_{\mathrm{Pr}}^2$	0.15
E	222	$8[b_{\mathrm{Pr}} - 2b_{\mathrm{O}}]^2$	0.13
F	400	$6[b_{\mathrm{Pr}} + 2b_{\mathrm{O}}]^2$	0.5

표 14.3 산란 세기의 예측값과 측정값. 여기서 온전히 산란 구조 인자와 산란 겹침수만 기초로 하여 예측하였습니다(로런츠 인자는 고려하지 않았습니다).

여기서 마지막 열은 그림 14.9의 데이터로부터 측정된 세기를 나열합니다.

세 번째 열의 해석적 식에서 즉시

$$I_D = 3I_A \qquad I_C = 2I_F \qquad I_E = \frac{4}{3}I_B$$

인 것을 예측할 수 있습니다. 이 표의 네 번째 열을 살펴보면 이 방정식이 (적어도 좋은 근사로) 적절하게 만족된다는 것이 분명합니다.

데이터를 더 자세히 검토하면, 측정된 데이터에서 I_C/I_A가 약 20인 것을 알 수 있습니다. 그래서

$$\frac{I_C}{I_A} = \frac{12[b_{\mathrm{Pr}} + 2b_{\mathrm{O}}]^2}{8\,b_{\mathrm{Pr}}^2} = 20$$

를 얻을 수 있습니다. 대수적 계산을 하면 두 개의 근이 있는 이차방정식으로 환원되므로

$$b_{\mathrm{Pr}} = -0.43\,b_{\mathrm{O}} \quad \text{or} \quad b_{\mathrm{Pr}} = 0.75\,b_{\mathrm{O}} \tag{14.16}$$

입니다. 더 나아가 우리는

$$\frac{I_B}{I_A} = \frac{6[b_{\mathrm{Pr}} - 2b_{\mathrm{O}}]^2}{8\,b_{\mathrm{Pr}}^2} = 2$$

를 계산하면, 아래와 같은 해를 얻을 수 있습니다.

$$b_{\mathrm{Pr}} = 0.76\,b_{\mathrm{O}} \quad \text{or} \quad b_{\mathrm{Pr}} = -3.1\,b_{\mathrm{O}}$$

전자의 해는 식 14.16과 같은 반면에 후자는 그렇지 않습니다. 따라서 핵 산란 길이의 비율 $b_{\mathrm{Pr}}/b_{\mathrm{O}} \approx 0.75$을 결정하는 데 어떻게 이 중성자

데이터가 실험적으로 사용될 수 있는지 알 수 있습니다. 사실, 표에서 이러한 산란 길이를 조사한다면, 이 비율은 정확한 값에 가까울 것입니다.

14.4 산란에 관한 추가 정보

여기에 설명된 것과 같은 산란 실험은 물질의 미세 구조를 결정하는 그 방법입니다. 이들 방법(과 확장된 것)을 이용하여 생물학적 분자와 같은 매우 복잡한 원자 구조 조차도 분류할 수 있습니다.

여담: X-선 회절 분야를 창시한 폰 라우에와 브래그의 분명한 작업 (그리고 중성자에 대한 브록하우스와 슐) 외에도 약 6개의 노벨상이 이 기법과 그 발전에 수여되었습니다. 1962년에는, X-선을 사용하여 단백질인 헤모글로빈과 미오글로빈의 구조를 결정한 퍼루츠Max Perutz와 켄드루John Kendrew에게 노벨화학상이 주어졌습니다. 같은 해 왓슨James Watson과 크릭Francis Crick은 로절린드 프랭클린Rosalind Franklin이 촬영한 X-선 데이터를 이용해 DNA의 구조를 결정하여 생리의학상을 수상했습니다.[32] 2년 후인 1964년 도로시 호지킨 Dorothy Hodgkin은[33] 페니실린과 기타 생물 분자의 구조를 결정하여 상을 받았습니다. 더 많은 노벨화학상이 X-선을 사용하여 수소화붕소boranes(윌리엄 립스콤William Lipscomb, 1976)와 광합성 단백질(요한 다이젠호퍼Johann Deisenhofer, 로베르트 후버Robert Huber, 하르트무트 미헬Hartmut Michel, 1988), 리보좀(벤카트라만 라마크리슈난 Venkatraman Ramakrishnan, 토머스 스타이츠Thomas Steitz, 아다 요나트 Ada Yonath, 2009)의 구조를 결정한 공로로 주어졌습니다.

14.4.1 변형: 액체와 비정질 고체에서 산란

파동을 산란시키기 위해 물질이 결정질일 필요는 없습니다. 그러나 비정질 고체 또는 액체의 경우, (그림 14.9에서와 같이) 역격자 벡터에서 델타-함수 피크를 갖는 구조 인자 대신, (밀도의 푸리에 변환으로 정의된) 구조 인자는 초기 피크가 $2\pi/d$인 매끄러운 특성을 가질 것입니다. 여기서 d는 대략 원자 사이의 일반적인 거리입니다. 그림 14.11 은 액체 Cu에서 측정된 구조 인자의 예를 나타냅니다. 물질이 응고점

[32] 결정적인 시점에 프랭클린의 데이터가 왓슨과 크릭에게 몰래 노출되었다는 사실에 대해 상당한 논란이 남아 있습니다! 프랭클린은 왓슨과 크릭 외에 추가로 상을 받아서 더 많은 적절한 공적을 인정받을 수 있었겠지만, 상이 수여되기 4년 전인 1958년 37세의 나이에 비극적이게도 암으로 사망했습니다.

[33] 도로시 호지킨은 **옥스퍼드**의 서머빌 칼리지에서 학생이자 나중에는 펠로우 fellow이었습니다. **오예!**

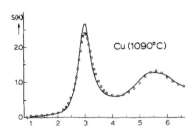

그림 14.11 액체 구리의 구조 인자. 넓은 피크는 액체의 대략적인 주기 구조로 인해 나타납니다. (여기에서 실제로 측정한 것은 $\sum_{i,j} e^{i k \cdot (r_i - r_j)}$ 의 평균입니다. r_i는 원자의 위치입니다.) 그림은 K. S. Vahvaselka의 논문 *Physica Scripta* 18, 266, 1978. doi: 10.1088/0031-8949/18/4/005에서 가져옵니다. IOP 출판사의 허가에 의해 사용됩니다.

에 가까워짐에 따라, 구조 인자의 피크가 더 뚜렷해지고, 피크가 델타 함수인 고체의 구조와 유사해집니다.

14.4.2 변형: 비탄성 산란

비탄성 산란 실험을 수행하는 것도 가능합니다. 여기에서 '비탄성'은 입사파의 에너지 중 일부가 시료에 남아 있고, 나가는 파동의 에너지가 더 낮다는 것을 의미합니다.[34] 그림 14.12는 일반적인 과정을 나타냅니다. 파동은 운동량 $\mathbf{k}$와 에너지 $\epsilon(\mathbf{k})$를 가지고 결정에 입사합니다. (중성자는 에너지가 $\hbar^2\mathbf{k}^2/(2m)$인 반면 광자는 에너지가 $\hbar c|\mathbf{k}|$입니다). 이 파동은 에너지와 운동량 일부를 포논, 스핀 또는 전자 들뜸 양자와 같은 시료의 내부 들뜸모드로 전달합니다. 나가는 파동의 에너지 $\epsilon(\mathbf{k}')$와 운동량 $\mathbf{k}'$를 측정합니다. 에너지와 결정 운동량

$$\mathbf{Q} = \mathbf{k} - \mathbf{k}' + \mathbf{G}$$

$$E(\mathbf{Q}) = \epsilon(\mathbf{k}) - \epsilon(\mathbf{k}')$$

이 보존되기 때문에, 내부 들뜸의 분산 관계(즉, $\mathbf{Q}$와 $E(\mathbf{Q})$ 사이의 관계)를 결정할 수 있습니다. 이 기법은 포논 분산을 실험적으로 결정하는 데 매우 유용합니다. 실제로 이 기법에는 X-선보다 중성자가 훨씬 더 유용합니다. 이 차이의 원인은 빛의 속력이 너무 크기 때문입니다. 포논이 흡수할 수 있는 최대 에너지는 $\hbar\omega_{\max}$이기 때문에, 일어날 수 있는 최대 결정 운동량 변화 $\hbar\omega_{\max}/c$는 매우 작습니다. 따라서 각 $\mathbf{k}$에 대해 가능한 $\mathbf{k}'$의 범위는 매우 작습니다. 이 기법이 X-선에 대해 어려운 두 번째 이유는 중성자보다 X-선의 작은 에너지 변화를 측정하는 것이 훨씬 더 어렵기 때문입니다(X-선은 큰 에너지에서 작은 변화를 측정해야하는 반면에 중성자에서는 작은 에너지에서 작은 변화를 측정해야하기 때문입니다).

14.4.3 실험 장치

아마도 이런 종류의 실험에서 가장 흥미로운 부분은 문제의 파동을 어떻게 진짜로 만들어 내고 측정하는지에 관한 질문일 것입니다.

　종국에는 결국 광자와 중성자의 수를 세야하기 때문에, 더 밝은 원천

[34] 유한한 온도에서, 나가는 파동은 시료의 열에너지 일부를 뺏기 때문에 들어오는 파동보다 높은 에너지를 가질 수 있습니다.

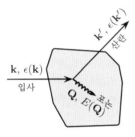

그림 14.12 비탄성 산란. 에너지와 결정 운동량은 보존되어야 합니다.

source(높은 다발의 탐침 입자)이 항상 더 낮습니다 – 실험을 빨리 끝낼 수 있고 잡음을 줄일 수 있기 때문에(N 개의 데이터에 대하여 오차는 $\sqrt{N}$에 비례하므로 상대오차는 $1/\sqrt{N}$으로 떨어집니다). 또한, 광원이 밝을수록 작은 시료를 더 쉽게 검사할 수 있습니다.

X-선: 소규모 실험실조차도 매우 유용한 결정학을 연구할 수 있는 X-선원을 가질 수 있습니다. 전형적인 원천은 전자를 (수십 keV로) 전기적으로 가속하여 금속 과녁을 강타합니다.[35] 전자가 낮은 원자 오비탈에서 튀어나오고 더 높은 오비탈의 전자가 구멍을 다시 채우기 위해 떨어지면, 불연속 에너지 스펙트럼의 X-선이 발생합니다(이것은 X-선 형광으로 알려져 있습니다). 또한 전하를 띤 핵 근처로 오는 전자에 의해 연속적인 제동복사Bremsstrahlung 스펙트럼이 생성되지만, 단색광 회절 실험에서 이것은 별로 유용하지 않습니다. (알려진 결정의 회절을 이용하여, 항상 스펙트럼에서 단 하나의 파장을 선택할 수는 있지만!)

훨씬 높은 밝기의 X-선원은 싱크로트론 광원으로 알려진 거대한(그리고 상당히 비싼) 시설에서 얻습니다. 이곳에서 전자는 (GeV 범위의 에너지로) 거대한 루프 주위에서 가속됩니다. 그런 다음 자석을 사용하여 이러한 전자를 모서리 주변에서 빠르게 가속시키면 극도로 밝고 날카로운 바늘 모양으로 X-선이 방출됩니다.

엑스레이의 검출은 (구식인) 사진 필름으로 할 수 있지만 지금은 더 민감한 반도체 검출기를 더 자주 이용합니다.

중성자: 작은 실험실에서 중성자를 생성하는 것은 가능하지만 이 장치의 다발flux은 극히 작기 때문에, 중성자 산란 실험은 항상 대형 중성자원 설비에서 수행됩니다. 초기의 중성자원은 단순히 원자로의 부산물인 중성자를 사용했지만, 더 현대적인 시설에서는 *핵파쇄 spallation*라는[36] 기법을 사용합니다. 여기서는 양성자가 표적에 가속되어 중성자가 방출됩니다. X-선과 마찬가지로 중성자는 알려진 결정에 회절 시킴으로써 단색광화(단파장으로 만듦)할 수 있습니다. 또 다른 기법은 비행 시간time-of-flight을 사용하는 것입니다. 중성자의 에너지가 클수록 더 빨리 움직이기 때문에, 여러 색의 중성자 펄스를 보내고 특정 시간에 도착한 것만을 선택하여 단색 중성자를 얻을

---

[35] 빌헬름 콘라트 뢴트겐Wilhelm Conrad Roentgen은 대략 이 기술을 사용하여 X-선을 발견했습니다. 1901년 그는 이 일로 첫째 노벨물리학상 수상자가 되었습니다. 많은 나라에서 X-선은 '뢴트겐 광선'이라고 불립니다.

[36] '핵파쇄spallation'라는 단어는 일반적으로 충돌로 인해 더 큰 몸체에서 일부 조각이 나올 때 사용됩니다. 이 단어는 유성 충돌의 결과를 기술하기 위해 행성과학에서 종종 사용됩니다.

수 있습니다. 검출 쪽에서도, 다시 비슷하게 에너지를 선택할 수 있습니다. 중성자 검출 방법이 많이 있지만 너무 많이 기술하지 않을 것입니다. 공통점은 그들은 모두 핵과의 상호작용을 포함하고 있다는 것입니다.

그림 14.13 영국의 옥스퍼드셔 러더퍼드 애플턴Oxfordshire Rutherford Appleton 연구소. (STFC의 허가하에 사진 사용). 오른쪽의 큰 원형 건물은 DIAMOND(DIpole And Multipole Output for the Nation at Daresbury: 역자 주) 싱크로트론 광원입니다. 왼쪽의 건물은 ISIS 핵파쇄 중성자 설비입니다 이것은, 미국 오크리지Oak Ridge에서 1등을 한 2007년 8월까지 지구상에서 가장 밝은 중성자원이었습니다. 차세대 중성자원은 스웨덴에서 건설 중이고 2019년에 가동될 것으로 예상됩니다 (2023년으로 변경되었습니다: 역자 주). 이 장치의 건설을 위한 가격은 10^9유로 이상입니다.

요약

- 라우에와 브래그 공식(서로 동등함)에서 결정에 의한 파동의 회절을 이해하십시오.
- 주기 결정에서 구조 인자(산란 퍼텐셜의 푸리에 변환)는 산란에서 허용된 역격자 벡터에서 날카로운 피크를 갖습니다. 산란 세기는 구조 인자의 제곱에 비례합니다.
- 결정 구조(fcc, bcc)에 따라 회절 피크에 체계적 부재가 있습니다. 이것을 이해하는 방법을 알아 두십시오.
- 가루 회절 패턴을 분석하는 방법을 알아 두십시오(매우 일반적인 시험 문제입니다!).

참고자료

옥스퍼드의 취향에 맞는 회절에 대한 충분한 정보를 제공하는 참고자료를 찾기는 어렵습니다. 다음은 나쁘지 않습니다.

- Kittel, 2장
- Ashcroft and Mermin, 6장
- Dove, 6장 (아주 자세하지만 너무 많은 정보가 있습니다.)

더불어 다음은 훌륭하지만 논의가 불완전합니다.

- Rosenberg, 2장
- Ibach and Luth, 3장
- Burns, 4장

CHAPTER 14 연습문제

14.1 역격자 및 X-선 산란

연습문제 13.5에 묘사된 격자($a_1 = 0.468$ nm, $a_2 = 0.342$ nm인 단위 낱칸을 갖는 2차원 직사각형 결정)를 고려하시오. 파장 0.166 nm인 단색 X-선 빔을 사용하여 결정을 조사합니다.

(a) 역격자의 다이어그램을 축척대로 그려 보시오.

(b) 들어오고 나오는 X-선의 파수벡터 **k**와 **k′**의 크기를 계산하시오. 그 다음에 (210)면의 회절에 대한 라우에 조건 $\Delta \mathbf{k} = \mathbf{G}$에 해당하는 '산란 삼각형'을 작도 하시오(산란 삼각형에는 **k**, **k′**와 $\Delta \mathbf{k}$가 포함되어야 합니다).

14.2 ‡ X-선 산란 II

$BaTiO_3$결정은 기본 입방격자와 분수 좌표

Ba	$[0,0,0]$
Ti	$[\frac{1}{2},\frac{1}{2},\frac{1}{2}]$
O	$[\frac{1}{2},\frac{1}{2},0], \quad [\frac{1}{2},0,\frac{1}{2}], \quad [0,\frac{1}{2},\frac{1}{2}]$

를 원자의 기저로 가지고 있습니다.

▶ 단위 낱칸을 스케치하시오.

▶ ($00l$) 브래그 반사에 대한 구조 인자가

$$S_{(hkl)} = f_{Ba} + (-1)^l f_{Ti} + \left[1 + 2(-1)^l\right] f_O$$

임을 보이시오. 여기서 f_{Ba}는 Ba의 원자 형태 인자입니다(다른 것도 마찬가지입니다).

▶ (hkl) 면의 X-선 회절의 세기를 $I_{(hkl)}$이라고 할 때, $I_{(002)}/I_{(001)}$을 계산하시오. 원자 형태 인자가 원자 번호(Z)에 비례하고 산란 벡터에 대한 의존성을 무시한다고 가정할 수 있습니다. ($Z_{Ba} = 56$, $Z_{Ti} = 22$, $Z_O = 8$.)

14.3 ‡ X-선 산란과 체계적 부재

(a) 입방 결정 구조에서 '격자상수'가 의미하는 바를 설명하시오.

(b) bcc격자를 가진 결정의 (110)면에서 첫째 순서로 X-선 방향을 관찰할 수 있지만, fcc를 갖는 결정의 (110)면에서는 관찰할 수 없는 이유를 설명하시오.

▶ bcc 및 fcc격자에서 관찰되는 평면에 대한 일반적인 선택 규칙을 유도하시오.

(c) 격자가 각각 bcc 또는 fcc인 한, 이러한 선택 규칙은 기본 단위 낱칸에 어떤 원자가 있는지와 무관하게 성립한다는 것을 보이시오.

(d) 파장 0.162 nm의 단색 X-선의 평행 빔이 입방형 금속 팔라듐의 분말 시료에 입사합니다. 산란된 X-선 패턴의 피크는 입사 광선 방향으로부터 $42.3°$, $49.2°$, $72.2°$, $87.4°$, $92.3°$의 각도에서 측정됩니다.

▶ 격자 유형을 확인하시오.

▶ 격자상수와 가장 가까운 이웃 간 거리를 계산하시오.

▶ 기저에 원자 하나만 있다고 가정하면 이 거리는 팔라듐 밀도의 알려진 데이터 12023 kg/m³과 일치합니까? (팔라듐 원자량 = 106.4)

(e) 격자상수를 결정하는 정밀도를 어떻게 향상시킬 수 있습니까? (한 가지 제안으로는 연습문제 14.10을 참조하시오.)

14.4 ‡ 중성자 산란

(a) 수소화나트륨(NaH)의 X-선 회절로 Na 원자가 fcc격자상에 배열된다는 것을 입증했습니다.

▶ X-신으로 수소의 위치를 파악하기 어려운 이유가 무엇입니까?

H 원자는 Na 원자에서 [1/4,1/4,1/4] 또는 [1/2, 1/2,1/2] 만큼 이동하여 ZnS(섬아연광) 구조 또는 NaCl(염화나트륨) 구조를 각각 형성합니다. 이 모형들을 구분하기 위해 중성자 가루 회절 측정을 수행하였습니다. (111)로 분류된 브래그 피크의 세기는 (200)으로 분류된 피크의 세기보다 훨씬 더 큰 것으로 밝혀졌습니다.

▶ NaH가 다음 구조를 가지고 있다고 가정하고 중성자 회절에 대한 구조 인자 $S_{(hkl)}$에 대한 표현식을 적으시오.
  (i) 염화나트륨(NaCl) 구조
  (ii) 섬아연광(ZnS) 구조

▶ 따라서 NaH에 대해 두 구조 모형 중 어느 것이 올바른지 추론하시오. (Na의 핵 산란 길이는 0.363×10^{-5} nm, H의 핵 산란 길이는 -0.374×10^{-5} nm입니다.)

(b) 중성자 회절 실험에 사용하기 위해 단색광 중성자를 어떻게 생산합니까?

▶ 중성자와 X-선의 주요 차이점은 무엇입니까?

▶ 왜 (비탄성) 중성자 산란이 X-선보다 포논 관측에 적합한지 설명하시오.

14.5 X-선 산란(심화)

알루미늄 가루 시료가 디바이-쉐럴 X-선 회절 장치에 놓여 있습니다. 입사 X-선은 Cu-K_α X-선 전이로부터 발생합니다(이것은 파장이 $\lambda = 0.154$ nm임을 의미합니다). 다음의 산란각이 관찰되었습니다. 19.48°, 22.64°, 33.00°, 39.68°, 41.83°, 50.35°, 57.05°, 59.42°.

Al의 원자량이 27이고 밀도가 2.7 g/cm³이면, 이 정보를 사용하여 아보가드로의 수를 계산하시오. 얼마나 차이가 납니까? 오류의 원인은 무엇입니까?

14.6 중성자 산란(심화)

특정 bcc 고체에 대한 관습 단위 낱칸의 크기는 0.24 nm입니다. 두 개의 회절이 관찰됩니다. 중성자의 최소 에너지는 얼마입니까? 맥스웰-볼츠만 분포를 하고 있다면 어떤 온도에서 그런 중성자가 가장 많습니까?

14.7 격자와 기저

(격자와 기저로 기술되는) 임의의 결정에 대한 구조 인자가 격자의 구조 인자와 기저의 구조 인자의 곱과 같음을 증명하시오(즉, 식 14.14를 증명하시오).

14.8 산화구리(I)cuprous oxide과 플루오린 베타fluorine beta

(a) 화합물 Cu_2O는 입방체의 관습 단위 낱칸과 다음의 기저를 가지고 있습니다.

O [000] ; $[\frac{1}{2}, \frac{1}{2}, \frac{1}{2}]$
Cu $[\frac{1}{4}, \frac{1}{4}, \frac{1}{4}]$; $[\frac{1}{4}, \frac{3}{4}, \frac{3}{4}]$; $[\frac{3}{4}, \frac{1}{4}, \frac{3}{4}]$; $[\frac{3}{4}, \frac{3}{4}, \frac{1}{4}]$

관습 단위 낱칸을 스케치하시오. 어떤 격자 유형입니까? 어떤 회절 피크는 Cu 형태 인자 f_{Cu}에만 의존하고 다른 회절 피크는 O 형태 인자 f_O에만 의존한다는 것을 보이시오.

(b) 연습문제 12.5에서 기술된 것처럼 플루오린 베타 상을 고려하시오. 이 결정의 구조 인자를 계산하

시오. 선택 규칙은 무엇입니까?

14.9 형태 인자

(a) 산란 퍼텐셜은 계의 각 원자에서 산란되는 기여의 합으로 작성된다고 가정해 보시오. 격자와 기저의 기준으로 원자의 위치를 쓰면

$$V(\mathbf{x}) = \sum_{\mathbf{R},\alpha} V_\alpha(\mathbf{x} - \mathbf{R} - \mathbf{y}_\alpha)$$

입니다. 여기서 $\mathbf{R}$은 격자점이고, α 지수는 기저의 입자를 나타내며, $\mathbf{y}_\alpha$는 기저에서 원자 α의 위치입니다. 이제 식 14.5의 구조 인자의 정의를 사용하여 식 14.8의 형태를 유도해서 형태 인자에 대한 식 14.9를 유도하시오. (힌트: 모든 공간에 대한 적분은 개별 단위 낱칸의 적분에 대한 합계로 분해될 수 있다는 사실을 사용하시오.)

(b) 방금 유도한 형태 인자에 대한 방정식(식 14.9)이 주어지면, 원자로부터의 산란 퍼텐셜은 반지름 a 내에서 일정하고 그 반지름 밖에서는 0이라고 가정합니다. 식 14.10을 유도하시오.

(c)* 수소 원자에서 전자의 파동 함수에 대한 지식을 사용하여 수소의 X–선 형태 인자를 계산하시오.

14.10 오차 분석

X–선을 사용하여 어떤 결정의 격자상수를 측정하려고 한다고 가정해 보시오. 2θ의 산란각에서 회절 피크가 관찰된다고 가정합니다. 그러나 θ의 값이 어떤 불확실도 $\delta\theta$ 이내에서만 측정된다고 가정하시오. 격자상수의 측정 결과에서 분수 오차 $\delta a / a$는 얼마입니까? 어떻게 하면 이 오류를 줄일 수 있습니까? 왜 그것을 0으로 줄일 수 없습니까?

고체 속의 전자

Electrons in Solids

주기적인 퍼텐셜 속의 전자들

Electrons in a Periodic Potential

9장, 10장에서 고체 포논의 파동 특성과 어떻게 결정 운동량이 보존 (즉, 운동량이 역격자 벡터들 단위 안에서 보존)되는지를 논의하였습니다. 더 나아가, 축약 영역 방식의 단일 브릴루앙 영역 안에서 전체적인 들뜸 스펙트럼을 기술할 수 있음을 확인하였습니다. 우리는 또한 14장에서 결정 운동량 보존에 의한 고체로부터의 X-선과 중성자 산란도 확인하였습니다. 이 장에서 우리는 고체 속 전자파동의 본성을 고려할 것입니다. 그리고 비슷하게 결정 운동량이 보존되는 것과 전체 들뜸 스펙트럼들도 축약 영역 방식을 사용하여 단일 브릴루앙 영역 안에서 기술되는 것을 알게 될 것입니다.

11장에서 1차원 꽉묶음 모형을 고려할 때, 주기적인 계에서 전자들의 성질들에 대한 자세한 미리보기를 한 바 있습니다. 그래서 이 절의 결과들은 놀라운 것은 아닐 것입니다. 그러나 이 장에서 우리는 아주 다른(그리고 보완적인) 출발점에서 문제에 접근할 것입니다. 여기에서, 고체 원자들에 기인한 주기적인 퍼텐셜로부터 아주 약하게 미동된 자유 전자의 파동으로 전자를 고려할 것입니다. 꽉묶음 모형은 정확히 반대의 극한으로 원자들에 강하게 구속된 전자들을 고려하고 이들은 하나의 원자로부터 근처의 다른 원자로 아주 약하게 깡충뛰기할 수 있습니다.

15.1 준자유 전자 모형

해밀토니언이

$$H_0 = \frac{\mathbf{p}^2}{2m}$$

와 같은 완전한 자유 전자로부터 출발합니다. 이에 해당하는 고유상태들, 평면파 $|\mathbf{k}\rangle$, 해당 에너지는

$$\epsilon_0(\mathbf{k}) = \frac{\hbar^2|\mathbf{k}|^2}{2m}$$

와 같이 주어집니다. 이 해밀토니언에 대해서 아주 약한 주기적인 퍼텐셜 미동

$$H = H_0 + V(\mathbf{r})$$

을 고려합니다. 여기서 주기적인 퍼텐셜은

$$V(\mathbf{r}) = V(\mathbf{r} + \mathbf{R})$$

을 의미합니다. 또한 $\mathbf{R}$은 임의의 격자 벡터입니다. 이 퍼텐셜에 대한 행렬 성분들은

$$\langle \mathbf{k}'|V|\mathbf{k}\rangle = \frac{1}{L^3}\int \mathbf{dr}\, e^{i(\mathbf{k}-\mathbf{k}')\cdot\mathbf{r}}\, V(\mathbf{r}) \equiv V_{\mathbf{k}'-\mathbf{k}} \qquad (15.1)$$

와 같은 단순한 푸리에 성분들이 됩니다. $\mathbf{k}' - \mathbf{k}$가 역격자 벡터가 아니면 이것은 0입니다(식 14.1을 보십시오). 만약 이러한 두 평면파들이 역격자 벡터만큼 차이가 난다면, 임의의 평면파 상태 $\mathbf{k}$는 다른 평면파 $\mathbf{k}'$로 산란될 수 있습니다.

우리는 지금 미동 이론의 규칙들을 적용합니다. 일차 미동 이론에서

$$\epsilon(\mathbf{k}) = \epsilon_0(\mathbf{k}) + \langle \mathbf{k}|V|\mathbf{k}\rangle = \epsilon_0(\mathbf{k}) + V_0$$

의 식을 얻습니다. 이것은 모든 고유상태들에 대한 중요하지 않은 에너지 값의 재설정에 불과합니다. 사실, 이것은 임의의 차수 미동 이론에서도 정확한 표현입니다. 단지 V_0 값만큼 이동한 모든 에너지들에 적용되는 에너지값 재설정입니다.[1] 따라서 단순히 $V_0 = 0$로 둡시다.

2차 미동 이론에서

$$\epsilon(\mathbf{k}) = \epsilon_0(\mathbf{k}) + \sum_{\mathbf{k}'=\mathbf{k}+\mathbf{G}}{}' \frac{|\langle \mathbf{k}'|V|\mathbf{k}\rangle|^2}{\epsilon_0(\mathbf{k}) - \epsilon_0(\mathbf{k}')} \qquad (15.2)$$

의 에너지를 얻게 됩니다. 여기서는 $'$는 특별히 조건을 만족하는 합을 의미합니다. 특히, $\mathbf{G} \neq 0$ 되는 조건으로 제한을 두는 합을 의미합니

다. 그러나 이 합에서 주의를 해야 합니다. 특정한 $\mathbf{k}'$에 대해서 $\epsilon_0(\mathbf{k})$가 아주 근접한 $\epsilon_0(\mathbf{k}')$ 값을 가지는 것이 가능하고 아마도 그들은 같을 수도 있고, 그렇게 되면 해당 항이 발산하게 되고 미동이론은 의미를 잃게 됩니다. 이 경우가 *겹침degenerate* 상황이라고 부르는 것입니다. 이 경우가 우리가 조만간 고려할 겹침 미동 이론을 활용해야하는 경우가 됩니다.

이러한 겹침 상황이 언제 발생하는지 보기 위해서 두 방정식의 해들을 살펴봅시다.

$$\epsilon_0(\mathbf{k}) = \epsilon_0(\mathbf{k}') \tag{15.3}$$

$$\mathbf{k}' = \mathbf{k} + \mathbf{G} \tag{15.4}$$

먼저, 1차원 경우를 고려합시다. $\epsilon(k) \sim k^2$이기 때문에 식 15.3의 가능한 단 하나의 해는 $k' = -k$가 됩니다. 이것은 두 방정식들이

$$k' = -k = \frac{n\pi}{a}$$

의 조건에서만 만족한다는 것을 의미합니다. 또는 정확하게 말해서 브릴루앙 영역의 경계들에서만 만족한다는 의미입니다(그림 15.1 참조).

사실, 이것은 높은 차원에서도 아주 일반적인 것입니다. 브릴루앙 영역 경계의 하나의 점 $\mathbf{k}$와 또 다른 브릴루앙 영역 경계의 $\mathbf{k}'$에 대해서 식 15.3와 15.4은 만족됩니다. (특히, 예를 들어 그림 13.5를 보십시오.)[2]

영역의 경계에 아주 가까이 있을 때, 식 15.2는 발산하기 때문에, 우리는 *겹침 미동 이론degenerate perturbation theory*[3]으로 이 상황을 다루어야 합니다. 이 접근법에서는 겹친 공간 안에서 먼저 해밀토니언을 대각화합니다[4](다른 미동은 이것 다음에 취급할 수 있습니다). 다른 말로 하면, 행렬 성분으로 연결된 같은 에너지를 가지는 상태들을 취하고 그들의 섞임을 정확하게 다룹니다.

15.1.1 겹침 미동 이론

만약 두 평면파들 $|\mathbf{k}\rangle$와 $|\mathbf{k}'\rangle = |\mathbf{k}+\mathbf{G}\rangle$가 거의 같은 에너지 값을 가진

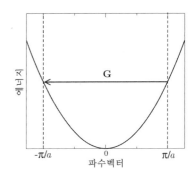

그림 15.1 브릴루앙 영역 경계로부터 브릴루앙 영역 경계로 산란. 두 영역 경계들에서 상태들은 역격자 벡터 $\mathbf{G}$만큼 분리되어 있고 같은 에너지를 가집니다. 이 상황은 미동이론 식 15.2에서 발산을 일으키게 합니다. 왜냐하면, 두 에너지 상태들이 같아져 분모가 0이 되기 때문입니다.

[2] 이것을 일반적으로 보기 위해서, 브릴루앙 영역 경계는 0과 어떤 $\mathbf{G}$ 사이의 선분을 수직으로 정확히 반으로 나눈다는 것을 기억하십시오. 주어진 점을 $\mathbf{k} = \mathbf{G}/2 + \mathbf{k}_\perp$로 쓸 수 있습니다. 여기서 $\mathbf{k}_\perp \cdot \mathbf{G} = 0$입니다. 그리고 만약 우리가 $\mathbf{k}' = -\mathbf{G}/2 + \mathbf{k}_\perp$인 점을 만들면 분명히 식 15.4는 만족하고, $\mathbf{k}'$은 0과 $-\mathbf{G}$ 사이의 선분에 대한 수직 이등분면의 점이 됩니다. 그리고 영역의 경계에서 $|\mathbf{k}| = |\mathbf{k}'|$가 되며, 이것은 식 15.3이 만족됨을 의미합니다.

[3] 여러분들이 이것을 양자역학 수업에서 이미 배웠기를 희망합니다!

[4] 행렬 M을 '대각화'하는 것은 본질적으로 고윳값 λ_i와 정규화된 행렬의 고유벡터 $\mathbf{v}^{(i)}$를 찾는 것을 의미합니다. 이것들을 결정하는 것이 '대각화'입니다. 왜냐하면, 여러분들은 $M = U^\dagger D U$와 같이 적을 수 있기 때문입니다. 여기서 $U_{ij} = v_j^{(i)*}$, D는 고윳값 $D_{ij} = \lambda_i \delta_{ij}$의 대각 행렬입니다.

다면, $(\mathbf{k}, \mathbf{k}'$가 영역 경계에 있음을 의미합니다) 이들 상태들의 행렬 성분들을 먼저 대각화해야만 합니다. 아래와 같은 결과를 얻습니다.

$$
\begin{aligned}
\langle \mathbf{k}| \, H \, |\mathbf{k}\rangle &= \epsilon_0(\mathbf{k}) \\
\langle \mathbf{k}'| \, H \, |\mathbf{k}'\rangle &= \epsilon_0(\mathbf{k}') = \epsilon_0(\mathbf{k}+\mathbf{G}) \\
\langle \mathbf{k}| \, H \, |\mathbf{k}'\rangle &= V_{\mathbf{k}-\mathbf{k}'} = V_{\mathbf{G}}^* \\
\langle \mathbf{k}'| \, H \, |\mathbf{k}\rangle &= V_{\mathbf{k}'-\mathbf{k}} = V_{\mathbf{G}}
\end{aligned}
\tag{15.5}
$$

여기서 식 15.1로부터 $V_{\mathbf{G}}$에 대한 정의를 사용하였고, $V(\mathbf{r})$이 실수이기 때문에 $V_{-\mathbf{G}} = V_{\mathbf{G}}^*$가 되는 사실을 활용하였습니다. 지금, 이러한 2차원 공간 안에서 임의의 파동함수는

$$
|\Psi\rangle = \alpha|\mathbf{k}\rangle + \beta|\mathbf{k}'\rangle = \alpha|\mathbf{k}\rangle + \beta|\mathbf{k}+\mathbf{G}\rangle \tag{15.6}
$$

와 같이 쓸 수 있습니다. 변분 원리를 이용하여 에너지를 최소화하는 것은 유효 슈뢰딩거 방정식[5]

[5] 이것은 우리의 2×2 슈뢰딩거 방정식 6.9와 비슷해 보입니다.

$$
\begin{pmatrix} \epsilon_0(\mathbf{k}) & V_{\mathbf{G}}^* \\ V_{\mathbf{G}} & \epsilon_0(\mathbf{k}+\mathbf{G}) \end{pmatrix} \begin{pmatrix} \alpha \\ \beta \end{pmatrix} = E \begin{pmatrix} \alpha \\ \beta \end{pmatrix} \tag{15.7}
$$

을 푸는 것과 같습니다. 에너지 E를 결정하는 행렬 특성 방정식은

$$
\Big(\epsilon_0(\mathbf{k}) - E\Big)\Big(\epsilon_0(\mathbf{k}+\mathbf{G}) - E\Big) - |V_{\mathbf{G}}|^2 = 0 \tag{15.8}
$$

와 같습니다. (이러한 겹친 공간degenerate space이 대각화되고 나면, 되돌아가서 미동 이론에서 비겹침non-degenerate 산란 과정들을 추가적으로 취급할 수 있음에 주목해야 합니다.)

간단한 경우: k가 정확히 영역 경계에 있을 때

우리가 고려할 수 있는 가장 간단한 경우는 $\mathbf{k}$가 정확히 영역의 경계(그리고 $\mathbf{k}' = \mathbf{k}+\mathbf{G}$ 또한 정확히 경계에 있을 때)에 놓이게 될 때입니다. 이 경우 $\epsilon_0(\mathbf{k}) = \epsilon_0(\mathbf{k}+\mathbf{G})$이고, 특성 방정식은 간단하게

$$
\Big(\epsilon_0(\mathbf{k}) - E\Big)^2 = |V_{\mathbf{G}}|^2
$$

와 같이 쓸 수 있습니다. 또는 동등하게

$$E_\pm = \epsilon_0(\mathbf{k}) \pm |V_\mathbf{G}| \tag{15.9}$$

와 같이 됩니다. 따라서 우리는 영역의 경계에서 띠틈이 열리는 것을 보게 됩니다. $\mathbf{k}$와 $\mathbf{k}'$ 모두 추가된 퍼텐셜 $V_\mathbf{G}$가 없을 때는 같은 에너지를 가지지만, 퍼텐셜이 추가되면 두 고유상태들은 두 개의 선형 결합을 만들고 에너지는 $\pm|V_\mathbf{G}|$만큼 분리됩니다.

1차원에서

이것을 더 잘 이해하기 위해서 1차원 경우에 집중해 봅시다. 다음 퍼텐셜 $V(x) = \widetilde{V}\cos(2\pi x/a)$, $\widetilde{V} > 0$을 가정합시다. 브릴루앙 경계 영역은 $k = \pi/a$, $k' = -k = -\pi/a$이고, 그래서 $k' - k = G = -2\pi/a$, $\epsilon_0(k) = \epsilon_0(k')$와 같은 에너지를 가집니다.

식 15.7을 조사하면, $\alpha = \pm\beta$로 주어지는 해($\epsilon_0(k) = \epsilon_0(k')$일 때)를 발견할 수 있고,

$$|\psi_\pm\rangle = \frac{1}{\sqrt{2}}\left(|k\rangle \pm |k'\rangle\right) \tag{15.10}$$

와 같은 고유상태들이 존재함을 알 수 있습니다. 해당 에너지는 각각 $E_\pm$입니다. 실공간 파동함수들 $|k\rangle$을

$$\begin{aligned}|k\rangle &\rightarrow e^{ikx} = e^{ix\pi/a}\\ |k'\rangle &\rightarrow e^{ik'x} = e^{-ix\pi/a}\end{aligned}$$

와 같이 적을 수 있기 때문에,[6] 두 개의 고유상태들은

$$\begin{aligned}\psi_+ &\sim e^{ix\pi/a} + e^{-ix\pi/a} \propto \cos(x\pi/a)\\ \psi_- &\sim e^{ix\pi/a} - e^{-ix\pi/a} \propto \sin(x\pi/a)\end{aligned}$$

와 같습니다. 만약 이러한 두 개의 파동함수들(그림 15.2를 보십시오)에 대한 밀도 $|\psi_\pm|^2$를 보게 되면 높은 에너지 고유상태 ψ_+는 밀도가 퍼텐셜 함수 최대에 집중되는 반면, 낮은 에너지에 해당하는 고유상태 ψ_-는 퍼텐셜 함수 최소에 집중되는 것을 볼 수 있습니다.

그래서 일반 원리로 주기적인 퍼텐셜은 두 가지 평면파들 $|\mathbf{k}\rangle$ 그리고 $|\mathbf{k}+\mathbf{G}\rangle$ 사이에서 산란한다고 볼 수 있습니다. 만약 이들 평면파의 에너지가 동일할 경우 이들의 혼합은 강하고, 두 평면파들은 (퍼텐셜

[6] 공식적으로 여기서 의미하는 것은 $\langle x|k\rangle = e^{ikx}/\sqrt{L}$ 입니다.

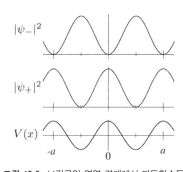

그림 15.2 브릴루앙 영역 경계에서 파동함수들의 모양. 높은 에너지 고유상태 ψ_+는 밀도가 퍼텐셜 V의 최댓값 근처에 집중되어 있는 반면, 낮은 에너지 고유상태 ψ_-는 밀도가 V의 최솟값 근처에 집중되어 있습니다.

최댓값에 집중하는) 높은 에너지를 가지는 상태와 (퍼텐셜 최솟값에 집중하는) 낮은 에너지를 가지는 상태를 만들도록 결합하게 됩니다.

k가 영역의 경계에 완전히 있지 않을 때 (여전히 1차원)

이 계산을 **k**가 영역의 경계에 완전히 있지 않은 경우로 확장하는 것이 그렇게 어렵지 않습니다. 간단히 하기 위해서 1차원 상황을 고수할 것입니다. 좀 더 일반적인 k에 대해서 단지 식 15.8 특성 방정식을 풀 필요가 있습니다. 이것을 위해서 영역의 경계 근처에서 전개합니다.

영역의 경계에서 $k = \pm n\pi/a$, 즉 역격자 벡터 $G = \pm 2\pi n/a$만큼 분리된 상태들을 고려합시다. 식 15.9으로부터 정확히 영역의 경계에서 틈은 $\pm |V_G|$입니다. 이제, 이 영역 경계 근처 $k = n\pi/a + \delta$에서 하나의 평면파를 고려합시다. 여기서 δ는 아주 작은 값이고 n은 정수입니다. 이 파수벡터는 주기 퍼텐셜 함수에 의해서 $k' = -n\pi/a + \delta$으로 산란될 수 있습니다. 그러면

$$
\begin{aligned}
\epsilon_0(n\pi/a + \delta) &= \frac{\hbar^2}{2m}\left[(n\pi/a)^2 + 2n\pi\delta/a + \delta^2\right] \\
\epsilon_0(-n\pi/a + \delta) &= \frac{\hbar^2}{2m}\left[(n\pi/a)^2 - 2n\pi\delta/a + \delta^2\right]
\end{aligned}
$$

와 같은 식을 얻게 됩니다. 특성 방정식(식 15.8)은

$$
\left(\frac{\hbar^2}{2m}\left[(n\pi/a)^2 + \delta^2\right] - E + \frac{\hbar^2}{2m}2n\pi\delta/a\right)
$$
$$
\times \left(\frac{\hbar^2}{2m}\left[(n\pi/a)^2 + \delta^2\right] - E - \frac{\hbar^2}{2m}2n\pi\delta/a\right) - |V_G|^2 = 0
$$

와 같고,

$$
\left(\frac{\hbar^2}{2m}\left[(n\pi/a)^2 + \delta^2\right] - E\right)^2 = \left(\frac{\hbar^2}{2m}2n\pi\delta/a\right)^2 + |V_G|^2
$$

또는

$$
E_\pm = \frac{\hbar^2}{2m}\left[(n\pi/a)^2 + \delta^2\right] \pm \sqrt{\left(\frac{\hbar^2}{2m}2n\pi\delta/a\right)^2 + |V_G|^2} \tag{15.11}
$$

와 같이 간단하게 정리됩니다. 작은 δ에 대해 제곱근을 전개하면

$$E_\pm = \frac{\hbar^2(n\pi/a)^2}{2m} \pm |V_G| + \frac{\hbar^2\delta^2}{2m}\left[1 \pm \frac{\hbar^2(n\pi/a)^2}{m}\frac{1}{|V_G|}\right] \quad (15.12)$$

와 같이 됩니다.[7] (우리의 주 관심사인) 작은 미동에 대해서, 사각괄호 안에 있는 두 번째 항이 1보다 큰 경우, 두 해 중 하나에 대해 사각괄호 안의 값이 음수가 될 수 있음에 주의해야 합니다.

그래서 우리는 브릴루앙 영역 경계에 있는 띠틈 가까이에서, 그림 15.3과 같이 분산이 (δ에 관해서) 이차함수가 됨을 알 수 있습니다. 그림 15.4에서(*반복 영역 방식repeated zone scheme*을 사용해서) 이차 함수 스펙트럼이어야 할 것들이 브릴루앙 영역 경계에서 작은 틈이 열리는 것을 보게 됩니다. (만약 단일 영역으로 한정하면 이러한 그림 표현 방식은 축약 영역 방식과 동등합니다.)

우리가 찾은 일반적인 구조는 11장에서 고려한 꽉묶음 모형에서 기대한 것과 아주 비슷합니다. 꽉묶음 방식처럼 에너지 고유상태들이 있는 곳에서 *에너지 띠들energy bands*이 있고, 에너지 고유상태들이 없는 곳에서는 에너지 틈들이 있습니다. 꽉묶음 모형과 같이 스펙트럼은 브릴루앙 영역에서 주기적입니다(그림 15.4를 보십시오).

11.2절에서 유효 질량의 아이디어를 유도한 적이 있습니다 – 만약 이차 포물선의 분산 관계를 가지면 띠의 바닥 부분에서의 곡률을 유효 질량으로 기술하였습니다. 이 모형에서는 모든 브릴루앙 영역의 경계에서 분산은 이차 포물선 형태를 가집니다(만약 틈이 있다면, 극소와 극대를 가지게 되며, 분산은 이러한 극대/극소 근처에서 반드시 이차 포물선이어야 합니다.) 따라서 분산 식 15.12를 (대략적으로)

$$\begin{aligned} E_+(G+\delta) &= C_+ + \frac{\hbar^2\delta^2}{2m_+^*} \\ E_-(G+\delta) &= C_- - \frac{\hbar^2\delta^2}{2m_-^*} \end{aligned}$$

와 같이 적을 수 있습니다. 여기서 C_+, C_-는 상수입니다. 그리고 유효 질량들은

$$m_\pm^* = \frac{m}{\left|1 \pm \frac{\hbar^2(n\pi/a)^2}{m}\frac{1}{|V_G|}\right|}$$

[7] 이 전개가 타당하기 위한 조건은 식 15.11의 제곱근 아래 첫 항이 두 번째보다 매우 작다는 것입니다. 이것은 δ가 아주 작다는 것을 의미하고 또는 브릴루앙 영역 경계에 아주 가까이 있어야만 한다는 말입니다. V_G가 작아지면 작아질수록, 전개는 k가 더욱더 영역의 경계에 가까이 갈 때만 타당하다는 것에 주목해야 합니다.

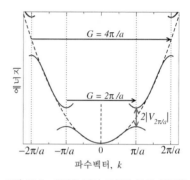

그림 15.3 준자유 전자 모형의 분산. 준자유 전자 모형에서 틈은 브릴루앙 영역 경계에서 열리고, 그 이외의 지역은 포물선 스펙트럼을 가집니다. 이것을 그림 11.5의 꽉묶음 모형에 대한 것과 비교하십시오.

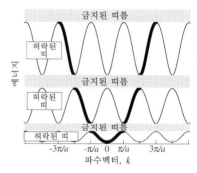

그림 15.4 준자유 전자 모형의 분산. 그림 15.3과 같은 그림이나, 반복 영역 방식으로 그렸습니다. 이것은 축약 영역 방식과 동일하지만, 동등한 영역들은 반복됩니다. 고유상태가 없는 금지된 띠가 표시되어 있습니다. 자유 전자 포물선 스펙트럼과의 유사성이 강조되어 있습니다.

와 같이 주어집니다.^{8} 17장에서 유효 질량을 더 정확하게 정의할 것이고, 이것의 물리적 의미를 설명할 것입니다. 당장은 유효 질량을 브릴루앙 영역 경계 근처에서 이차 포물선 분산을 기술하는 아주 간편한 방식으로 생각합시다.

2차원, 3차원에서 준자유 전자들 nearly free electrons

2차원, 3차원에서 준자유 전자 모형의 원리는 아주 비슷합니다. 간단하게 말하면, 브릴루앙 영역 경계 근처에서는 역격자 벡터에 의한 산란에 기인한 틈이 열립니다. 영역 경계 교차점 보다 살짝 높은 에너지 상태들은 위로 밀려 올리기고, 반면 영역 경계 교차짐 보다 낮은 에너지의 상태들은 끌려 내려갑니다. 16.2절에서 이 상황을 기하학적 방법으로 자세하게 설명할 것입니다.

1차원과 고차원에서 한 가지 중요한 차이점이 있습니다. 1차원에서는 만약 $\mathbf{k}$가 영역 경계에 있다면, 다른 $\mathbf{k}'$가 $\mathbf{k} - \mathbf{k}' = \mathbf{G}$가 되어 역격자 벡터로 정확히 연결되고, $\epsilon(\mathbf{k}') = \epsilon(\mathbf{k})$ 에너지도 같습니다(즉, 식 15.3, 식 15.4가 만족됩니다). 이 절의 앞에서 기술된 것처럼, 이러한 두 개의 평면파 상태들은 서로 혼합되고(식 15.6), 틈을 만듭니다. 그러나 고차원에서는 주어진 $\mathbf{k}$에 대해서 이식을 만족하는 *몇몇의* 서로 다른 $\mathbf{k}'$이 있을 수 있습니다 – 즉, $\mathbf{k}$, $\mathbf{k}'$이 역격자 벡터에 의한 차이를 유지하고, 이들 모두는 동일한 비미동 unperturbed 에너지를 가집니다. 이 경우, 진정한 고유상태들을 발견하기 위해서 모든 가능한 평면파들을 한꺼번에 혼합하여야 합니다. 이것이 일어나는 하나의 예제는 2차원 사각 격자로, 4개의 점들 $(\pm\pi/a, \pm\pi/a)$에서 모두 동일한 비미동 에너지를 가집니다. 이들 점들은 역격자 벡터에 의해 모두 서로 분리되어 있습니다.

여담: 주기적인 매질 안에서 준자유 파동들에 대한 브릴루앙 영역 경계들에서 틈이 열리는 아이디어는 단지 전자파동에만 국한되는 것은 아닙니다. 매우 유사한 물리의 또 다른 중요한 예는 가시광선에서 나타납니다. 앞 장에서 X-선 빛이 어떻게 결정에서 역격자 벡터들에 의해서 산란할 수 있는지를 이미 보았습니다. *가시* 광선이 비슷하게 산란하려면 빛의 파장 크기에 맞는 격자상수와 물질을 준비해야만 합니다. 이 격자상수는 대략적으로 1/10 μm 정도에 해당합니다(보통

원자 크기 척도보다 훨씬 깁니다). 이런 물질은 자연적으로 만들어지기도 하고,[9] *광결정*photonic crystal으로 알려진 작은 서브마이크론 크기의 구조를 조립하여 만든 인공물로 만들어 질 수 있습니다. 고체의 전자파동과 마찬가지로 광결정 속의 빛은 띠구조를 가집니다. 빛 분산 관계식이 $\hbar\omega = \hbar c |\mathbf{k}|$이고, 이것이 주기적인 매질에 의해서 수정되고 완전히 전자들에게 일어난 것과 비슷하게 브릴루앙 영역 경계들에서 틈이 열리게 됩니다. 물질에서 이 틈들은 빛을 극도로 잘 반사하게 하는 데 사용될 수 있습니다. 광자가 물질을 때릴 때, 만약 광자의 진동수가 띠틈 안에 놓이면, 그 광자가 들어갈 고유상태가 없게 됩니다. 그리고 완전히 반사되는 것 이외에는 방법이 없습니다! 이것은 브래그 조건이 만족되는 것을 말하는 또 다른 방식이고, 투과한 빛이 소멸 간섭을 일으키는 것입니다.

15.2 블로흐의 정리

'준자유 전자' 모형에서 주기적인 퍼텐셜에 의해서 약하게 미동된 평면파의 관점으로부터 출발하였습니다. 그러나 실제 물질에서는, 원자로부터의 산란은 아주 강할 수도 있고, 그래서 미동 이론이 성립하지 않을 수도 있습니다(또는 아주 고차에서도 수렴하지 않을 수도 있습니다). 여전히 전자들을 평면파들과 약간 다른 어떠한 것으로 기술할 수 있을지를 어떻게 알 수 있을까요?

사실, 지금쯤 파동들과 관련된 경험으로 우리는 미리 답을 알고 있어야 합니다. 평면파 운동량이 보존되는 양이 아니고, 결정 운동량이 보존되는 양입니다. 주기적인 퍼텐셜 함수가 아무리 강해도, 이것이 주기적인 이상, 결정 운동량은 보존됩니다. 이렇게 중요한 사실은 1928년 펠릭스 블로흐Felix Bloch[10]에 의해서 처음 발견되었습니다. 슈뢰딩거 방정식이 발견된 직후였고 블로흐의 정리로 불리게 되었습니다.[11]

블로흐의 정리: 주기적인 퍼텐셜에 있는 전자는

$$\Psi_{\mathbf{k}}^{\alpha}(\mathbf{r}) = e^{i\mathbf{k}\cdot\mathbf{r}} u_{\mathbf{k}}^{\alpha}(\mathbf{r})$$

형식의 고유상태들을 가진다. 여기서 $u_{\mathbf{k}}^{\alpha}$는 단위 낱칸에서 주기함수이고 $\mathbf{k}$(결정 운동량)는 첫째 브릴루앙 영역 안에서 선택될 수 있습니다.

[9] 광결정의 자연계의 예는 ~ 1/10 μm 크기의 실리카silica 구의 주기적인 배열인 원석 오팔opal과 고분자의 주기적 배열인 나비butterfly 날개를 들 수 있습니다.

[10] 펠릭스 블로흐Felix Bloch는 핵자기공명nuclear magnetic resonance을 발명하여 노벨상을 수상하였습니다. 의료용 NMR은 사람들이 '핵nuclear'은 틀림없이 폭탄과 같은 것과 연관되었다고 너무 많이 생각하여, 다른 이름인 MRI(magnetic resonance imaging, 자기공명영상)로 불립니다.

[11] 블로흐의 정리는 실제로 1883년 가스통 플로케Gaston Floquet라는 수학자에 의해서 발견되었고, 이후 고체에 대한 관점에서 블로흐에 의해서 재발견되었습니다. 이것은 이름의 원조에 대한 스티글러 Stephen Stigler의 법칙의 한 예입니다. '대부분의 것들에서 처음 발견한 사람에게 그 이름이 주어지지 않는다.' 실은 스티글러의 법칙도 머튼Robert Merton이 발견하였습니다.

축약 영역 방식에서는 임의의 $\mathbf{k}$에 대해서 아주 많은 상태들이 있을 것이고, 이들은 α로 표시될 수 있습니다. 주기 함수 u는 종종 *블로흐 함수Bloch function*로 알려져 있고, Ψ는 *수정된 평면파modified plane wave*로 알려져 있습니다. u는 주기적이기 때문에,

$$u_{\mathbf{k}}^{\alpha}(\mathbf{r}) = \sum_{\mathbf{G}} \tilde{u}_{\mathbf{G},\mathbf{k}}^{\alpha}\, e^{i\mathbf{G}\cdot\mathbf{r}}$$

와 같이 역격자 벡터들의 합으로 다시 적을 수 있습니다. 이 식은 임의의 격자 벡터 $\mathbf{R}$에 대해서 $u_{\mathbf{k}}^{\alpha}(\mathbf{r}) = u_{\mathbf{k}}^{\alpha}(\mathbf{r}+\mathbf{R})$ 를 만족합니다.[12] 결국, 완전한 파동함수는

$$\Psi_{\mathbf{k}}^{\alpha}(\mathbf{r}) = \sum_{\mathbf{G}} \tilde{u}_{\mathbf{G},\mathbf{k}}^{\alpha}\, e^{i(\mathbf{G}+\mathbf{k})\cdot\mathbf{r}} \tag{15.13}$$

와 같이 표현됩니다. 따라서 블로흐 정리의 동등한 표현으로 '임의의 고유상태는 역격자 벡터 $\mathbf{G}$ 만큼 다른 $\mathbf{k}$ 평면파 상태들의 합으로 이루어져 있다'라고 말할 수 있습니다.

이 동일한 표현의 블로흐 정리로부터, 블로흐 정리를 만족하기 위한 조건이 산란 행렬 성분들 $\langle \mathbf{k}'|V|\mathbf{k}\rangle$이 $\mathbf{k}'$와 $\mathbf{k}$가 역격자 벡터만큼 차이가 나지 않으면 모두 0이 된다는 것을 이해해야 합니다. 이것은 단순히 라우에 조건을 말합니다! 결국, 슈뢰딩거 방정식은 $\mathbf{k}$ 공간에서 '블록 대각'[13]이고, 임의의 주어진 고유 함수에서 $\mathbf{G}$만큼 다른 평면파들만 서로 함께 섞일 수 있습니다. 이것을 보다 명확하게 보는 하나의 방법은 슈뢰딩거 방정식

$$\left[\frac{\mathbf{p}^2}{2m} + V(\mathbf{r})\right] \Psi(\mathbf{r}) = E\Psi(\mathbf{r})$$

을 푸리에 변환하여

$$\sum_{\mathbf{G}} V_{\mathbf{G}}\Psi_{\mathbf{k}-\mathbf{G}} = \left[E - \frac{\hbar^2|\mathbf{k}|^2}{2m}\right] \Psi_{\mathbf{k}}$$

와 같은 식을 얻는 것입니다. 여기서 만약 $\mathbf{k}-\mathbf{k}' = \mathbf{G}$ 이면, $V_{\mathbf{k}-\mathbf{k}'}$가 0이 아니라는 사실을 이용하였습니다. 이제 임의의 $\mathbf{k}$에 대하여 $\Psi_{\mathbf{k}-\mathbf{G}}$들의 집합에 대한 하나의 슈뢰딩거 방정식을 가지게 되고, 식 15.13 형태의 해를 얻어야 합니다.

[12] 사실, 함수 u가 단위 낱칸에 대해 주기적이라는 것은 역격자 벡터에 대한 합으로 쓸 수 있다는 말과 필요충분조건입니다. 연습문제 15.2를 보십시오.

[13] 건축 블록(덩어리)이 아닙니다.

비록 지금까지, 전자들이 주기적인 퍼텐셜 안에서 결정 운동량으로 표시된 고유상태들을 가지는 것이 놀라운 것이 아닐지라도, 블로흐 정리가 얼마나 중요한지를 간과해서는 안 됩니다. 이 정리는 각 원자들로부터 전자가 느끼는 퍼텐셜이 극단적으로 강하다고 하더라도, 전자들은 여전히 원자들을 *거의* 보지 못하는 것처럼 행동한다는 것을 알려줍니다! 주기적인 블로흐 함수 u와 운동량이 결정 운동량으로 수정된 것을 제외하면, 전자들은 여전히 평면파와 *거의* 유사한 고유상태를 가지고 있습니다.

펠릭스 블로흐의 인용구: 이것을 처음 생각하였을 때, 주요 문제점으로 어떻게 원자간 거리 크기의 평균 자유 경로를 피하여, 금속 안에서 전자들이 모든 이온들 사이를 살금살금 지나쳐 가는가를 설명하는 것이라고 느꼈다. … 직접적인 푸리에 해석을 통하여, 기쁘게도 나는 그 파동이 자유 전자의 평면파와는 오직 주기적인 변조만큼 다르다는 것을 알게 되었다.

요약

- 전자들이 주기적인 퍼텐셜에 노출되었을 때, 브릴루앙 영역 경계에서 분산 관계의 틈이 생깁니다.(분산은 영역 경계 부근에서 포물선 모양입니다.)
- 그래서 전자 스펙트럼은 따로 분리되고, 띠들 사이에 금지된 에너지 틈이 존재합니다. 준자유 전자 모형에서는 틈의 크기가 주기 함수 $|V_G|$에 비례합니다.
- 블로흐의 정리는 모든 고유상태들은 주기 함수와 평면파의 곱으로 표현되는 것을 보장합니다. 반복 영역 방식에서는 파수벡터(*결정 운동량*)는 항상 첫째 브릴루앙 영역 안에 속합니다.

참고자료

자존심 있는 고체물리학 책은 이 부분을 다룹니다. 여기에 몇 가지 좋은 책들이 있습니다.
- Goodstein, 3.6a절
- Burns, 10.1~10.6절
- Kittel, 7장 (크로니-페니Kronig-Penney 모형을 지나치시오. 비록 이것이 흥미롭더라도, 이것은 지겹습니다. 연습문제 15.6을 보십시오.)

- Hook and Hall, 4.1절
- Ashcroft and Mermin, 8~9장 (내 취향은 아닙니다.)
- Ibach and Luth, 7.1~7.2절
- Singleton, 2~3장

CHAPTER 15 연습문제

15.1 ‡준자유 전자 모형

1차원에서 약한 주기 퍼텐셜 $V(x) = V(x+a)$을 고려합니다. 주기 퍼텐셜을

$$V(x) = \sum_G e^{iGx} V_G$$

와 같이 씁니다. 여기서 합은 역격자에 대한 합입니다. $G = 2\pi n/a$, 그리고 $V_G^* = V_{-G}$는 퍼텐셜 $V(x)$가 실수 함수라고 가정합니다.

(a) 브릴루앙 영역 경계(π/a 근처의 k)에 있는 k에 대하여 전자파동함수를

$$\psi = Ae^{ikx} + Be^{i(k+G)x} \qquad (15.14)$$

와 같이 쓸 수 있는지를 설명하시오. 여기서 G는 역격자 벡터이고, $|k|$는 $|k+G|$와 가깝습니다.

(b) 질량이 m이고, 정확히 영역 경계에서 k를 가지는 있는 전자에 대해서, 위의 양식에서 표시된 파동함수를 사용해서 파수 k에 대해서 고유 에너지값들이

$$E = \frac{\hbar^2 k^2}{2m} + V_0 \pm |V_G|$$

와 같음을 보이시오. 여기서 G는 $|k| = |k+G|$가 되도록 정하였습니다.

▶ 왜 이들 두 상태들은 $2|V_G|$만큼의 에너지에 의해서 분리되는지를 정성적으로 설명하시오.

▶ 두 가지 방식, 확장, 축약 영역 방식에서 k의 함수로 에너지를 그리시오(완전한 계산을 하지마시오).

(c)* 이제 k가 영역의 경계에 정확하게는 아니고 가까이 있는 경우를 고려하시오. $(\delta k)^2$ 수준에서 정확한 에너지 $E(k)$ 표현을 계산하시오. 여기서 δk는 k와 영역 경계 파수벡터까지의 차이를 말합니다.

▶ 이 파수벡터에서 전자의 유효 질량을 계산하시오.

15.2 주기 함수들

격자점들을 $\{\mathbf{R}\}$과 주기 함수 $\rho(\mathbf{r}) = \rho(\mathbf{r}+\mathbf{R})$를 고려합시다. ρ를

$$\rho(\mathbf{r}) = \sum_{\mathbf{G}} \rho_{\mathbf{G}} \, e^{i\mathbf{G}\cdot\mathbf{r}}$$

와 같이 쓸 수 있음을 보이시오. 여기서 합은 역격자에서 $\mathbf{G}$ 점들에 대한 것입니다.

15.3 꽉묶음 블로흐 파동함수들

11장에서 소개한 파동함수와 유사하게

$$|\psi\rangle = \sum_{\mathbf{R}} e^{i\mathbf{k}\cdot\mathbf{R}} |\mathbf{R}\rangle$$

와 같은 형식의 꽉묶음 파동함수의 가설풀이를 고려하시오. 여기서 합은 격자의 점 $\mathbf{R}$에 대한 것이고 $|\mathbf{R}\rangle$은 자리 $\mathbf{R}$에 있는 핵에 묶여있는 전자의 바닥상태 파동함수입니다. 실공간에서 이 가상함수는

$$\psi(\mathbf{r}) = \sum_{\mathbf{R}} e^{i\mathbf{k}\cdot\mathbf{R}} \varphi(\mathbf{r} - \mathbf{R})$$

와 같이 쓸 수 있습니다. 이 파동함수는 블로흐의

정리에서 요구하는 형식이라는 것을 보이시오(즉, 이것이 수정된 평면파라는 것을 보이시오).

15.4 *2차원에서 준자유 전자들

격자상수가 a인 사각형 격자에 대한 준자유 전자 모형을 고려합시다. 만약 주기적인 퍼텐셜 함수가

$$\begin{aligned} V(x,y) &= 2V_{10}[\cos(2\pi x/a) + \cos(2\pi y/a)] \\ &+ 4V_{11}[\cos(2\pi x/a)\cos(2\pi y/a)] \end{aligned}$$

와 같이 주어진다고 합시다.

(a) 준자유 전자 모형을 이용하여 파수벡터 $\mathbf{q} = (\pi/a, 0)$에서 상태들의 에너지를 찾으시오.

(b) 파수벡터 $\mathbf{q} = (\pi/a, \pi/a)$에서 상태들의 에너지를 계산하시오. (힌트: 4×4 특성 행렬식을 구해야 합니다. 그것은 보기에 어려워 보일 것이지만, 실제로는 잘 분리되는 것입니다. 계산하기 전에 행렬식의 행 또는 열을 더하는 것을 활용하시오!)

15.5 소멸파

이 장에서 보았듯이, 1차원에서, 주기적인 퍼텐셜은 에너지 $\epsilon_0(G/2) - |V_G|$와 $\epsilon_0(G/2) + |V_G|$ 사이에서 평면파 고유상태가 없는 띠틈을 만듭니다. 여기서 G는 역격자 벡터입니다. 그러나 이들 금지된 에너지들에서 사라지는 파동들이 여전히 존재합니다. 여기서 $0 < \kappa \ll k$이고 κ는 실수이면

$$\psi(x) = e^{ikx - \kappa x}$$

와 같이 가정합니다. $k = G/2$에 대한 에너지의 함수로 κ를 찾으시오. 어떠한 구간의 V_G, E에서 여러분들의 결과가 타당합니까?

15.6 크로니–페니Kronig–Penney 모형*

1차원에서 소위 '델타 함수 빗delta-function comb' 퍼텐셜

$$V(x) = aU \sum_n \delta(x - na)$$

에 있는 질량 m의 전자들을 고려합시다.

(a) 델타 함수들 사이에서 있는 슈뢰딩거 방정식을 이용하여 에너지 E의 고유상태는 항상 평면파 양식 $e^{iq_E x}$이라는 것을 증명하시오. 여기서

$$q_E = \sqrt{2mE}/\hbar$$

입니다. 블로흐의 정리를 이용하여 에너지 E를 가지고 있는 고유상태를

$$\psi(x + a) = e^{ika}\psi(x)$$

와 같이 적을 수 있다는 결론을 내리시오. 여기서 $u_E(x)$는 주기 함수로

$$\psi(x) = A\sin(q_E x) + B\cos(q_E x) \qquad 0 < x < a$$

와 같이 정의됩니다. 그리고 이 구간 밖에서 u는 $u_E(x) = u_E(x + a)$로 정의합니다.

(b) $x = 0$에서 파동함수의 연속성을 이용하여

$$B = e^{-ika}[A\sin(q_E a) + B\cos(q_E a)]$$

을 유도하시오. 그리고 슈뢰딩거 방정식을 이용하여 $x = 0$에서 기울기의 불연속성을 정하고

$$A - e^{-ika}k[A\cos(q_E a) - B\sin(q_E a)]$$
$$= 2maUB/(q_E \hbar^2)$$

을 유도하시오. 이들 두 방정식을 풀어서

$$\cos(ka) = \cos(q_E a) + \frac{mUa}{\hbar^2 q_E}\sin(q_E a)$$

를 얻으시오. 방정식의 왼쪽은 항상 −1에서 1사이에 있습니다. 그러나 오른쪽은 그렇지 않습니다. 슈뢰딩거 방정식의 해가 없는 곳들에 대한 E의 값들이 존재해야합니다 – 그래서 스펙트럼에서 틈이 존재한다는 결론을 내리시오.

(c) 작은 값의 퍼텐셜 U에 대해서 이 결과는 준자유 전자 모형의 예측과 잘 일치함을 보이시오(즉, 영역 경계에서 틈의 크기를 결정하시오).

15.7 영역 경계 속도*

(a) 1차원 준자유 전자 모델을 이용해서 브릴루앙 영역 경계에서 전자의 군속도가 0으로 접근함을 보이시오.

(b) 1차원 꽉묶음 모델을 이용하여 같은 결과를 보이시요.

(c)** 이 결과를 임의의 차원에 대해서 확장하시오. 만약 다음 최근접 깡충뛰기next-nearest neighbor hopping 같은 보다 복잡한 전자 깡충뛰기 모델이 있다면 어떻게 될까요?

절연체, 반도체, 또는 금속

Insulator, Semiconductor, or Metal

11장에서 1차원 꽉묶음 모형을 논의할 때, 띠구조의 기본 아이디어 일부를 소개했습니다. 15장에서 주기 퍼텐셜 안에 있는 전자는 꽉묶음 띠 모형에서 찾은 것과 정확히 동일한 형식의 띠구조를 보여주는 것을 발견하였습니다. 두 가지 경우에서, 스펙트럼이 운동량에 주기적이고 (그래서, 축약 영역 방식에서는 모든 운동량은 첫째 브릴루앙 영역으로 한정되게 만들 수 있습니다), 그리고 띠틈들은 브릴루앙 영역 경계들에서 열린다는 것을 알게 되었습니다. 이러한 원리, 띠의 아이디어, 띠구조는, 고체 속 전자들에 대한 이해에 근본적인 토대를 형성합니다. 이 장(그리고 다음 장)에서는 이러한 아이디어들에 대해서 더 깊이 탐험하려고 합니다.

16.1 1차원에서 에너지 띠

13장에서 지적한 것처럼 단일 브릴루앙 영역 내부의 k-상태들의 수는 전체 계에 있는 단위 낱칸의 수와 같습니다. 그래서 만일 단위 낱칸이 정확히 하나의 자유 전자(즉, 가전자수가 1)를 가지고 있고, *전자당 단 하나의 스핀 상태만 있다면* 전자들은 정확히 띠를 채울 것입니다. 전자당 두 개의 스핀 상태들이 있고, 단위 낱칸당 하나의 가전자를 가질 때, 띠는 정확히 절반이 찰 것입니다. 이것이 그림 16.1의 왼쪽에 표시되어 있습니다. 여기서, 채워지지 않은 상태들이 채워진 상태들과 만나는 곳이 페르미 면입니다(그림에서 페르미 에너지는 수평 파선으로 표시되어 있습니다). 띠가 부분적으로 채워질 때, 그림 16.1의 오른쪽에 그려진 것처럼 전자들은 작은 전기장이 가해질 경우 전류가 흐를 수 있도록 다시 채워질 수 있습니다. 따라서 부분적으로 채워진 띠는

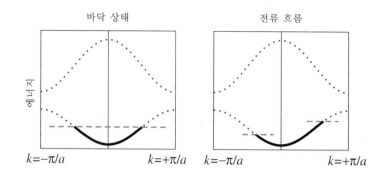

바닥 상태 　　　　　　　　 전류 흐름

에너지

$k=-\pi/a$ 　　　 $k=+\pi/a$ 　　 $k=-\pi/a$ 　　　 $k=+\pi/a$

그림 16.1 단위 낱칸당 두 개의 오비탈을 가진 1차원 일가원자monovalent atom 사슬의 띠 다이어그램. **왼쪽**: 두 개의 띠를 가지는 띠 다이어그램이 표시되었습니다. 여기서 각 단위 낱칸은 하나의 가전자를 가지기 때문에 가장 낮은 띠는 정확히 절반만 채워지므로 금속입니다. 채워진 상태들은 굵게 칠해져 있고 화학 퍼텐셜은 수평으로 표시된 파선입니다. **오른쪽**: 전기장이 가해 졌을 때, 전자들은 가속됩니다. 오른쪽으로 k-상태들의 약간이 채워지고, 왼쪽의 k-상태들이 비워집니다(1차원에서 서로 다른 화학 퍼텐셜을 왼쪽과 오른쪽에서 가지는 것으로 생각할 수 있습니다). 왼쪽으로 움직이는 전자와 오른쪽으로 움직이는 전자의 수가 같지 않기 때문에, 오른쪽 상황은 알짜 전류 흐름을 나타냅니다.

[1] 채워진 띠들과 부분적으로 채워진 띠들 사이의 차이는 극적입니다. 다이아몬드(채워진 띠 절연체)와 구리(부분적으로 채워진 띠 금속)의 실온 전기 비저항 차이는 20자리수 만큼 다릅니다!

그림 16.2 단위 낱칸당 두 개의 오비탈을 가진 1차원 이가원자divalent atom 사슬의 띠 다이어그램. 단위 낱칸당 두 개의 전자를 가진다면, 낮은 띠를 채우는 전자들이 충분히 있습니다. 양쪽 그림 모두 화학 퍼텐셜이 수평 파선으로 표시됩니다. **왼쪽**: 하나의 가능성은 가장 낮은 띠(가전자띠)가 완전히 채워지고 다음 띠(전도띠)까지 틈이 있는 절연체가 되는 것입니다. 같은 결정 운동량에서(영역 경계) 가전자띠의 최댓값과 전도띠의 최솟값이 동시에 발생하는 *직접direct* 띠 틈이 생기는 경우입니다. **오른쪽**: 다른 가능성은 띠 에너지가 중첩되어, 두 개의 띠가 있고, 각각 부분적으로 채워져 있어, 금속이 됩니다. 만약, 띠들이 더 많이 분리된다면 (두 띠들 사이의 간격을 수직으로 증가시키는 것을 상상하십시오), *간접indirect* 띠틈을 가지게 됩니다. 왜냐하면, 가전자띠 최댓값이 영역 경계에 있는 반면, 전도띠 최솟값은 영역의 가운데에 놓이기 때문입니다.

금속*metal*입니다.

한편, 만약 단위 낱칸당 두 개의 선자가 있다면, 정확히 하나의 띠를 채울 수 있을 만큼 충분한 전자가 있습니다. 하나의 가능성은 그림 16.2의 왼쪽처럼 되는 것입니다. 낮은 띠 전체가 채워져 있고, 위의 띠는 비워져 있습니다. 그리고 *띠틈band gap*이 그 두 개의 띠들 사이에 있습니다(화학 퍼텐셜이 두 띠 사이에 위치하는 사실에 주의를 기울여야 합니다). 이러한 상황에서 낮은(채워진) 띠는 *가전자띠valence band*로 알려져 있습니다. 그리고 위의(비워진) 띠는 *전도띠conduction band*라고 합니다. 이러한 상황에서 최소 에너지 들뜸은 전자 하나를 가전자띠에서 전도띠로 이동시켜서 만들 수 있고, 이것은 에너지가 영이 아닙니다. 이것 때문에, 절대 온도 0 K에서, 충분히 작은 전기적 미동이 아무런 들뜸상태를 만들지 못하는 것입니다 – 즉, 계가 전기장에 전혀 반응하지 않습니다.[1] 따라서 이러한 계는(전기적으로) *절연체insulator*라고 알려져 있습니다(더 정확하게는 *띠 절연체band insulator*라고 합니다). 만약 띠 틈이 4 eV 이하일 경우, 이러한 형태의 절연체를 *반도체semiconductor*라고 합니다. 왜냐하면, 실온에서 적은 수의 전자들이 전류를 만들어서, 자유롭게 돌아다닐 수 있기 때문입니다.

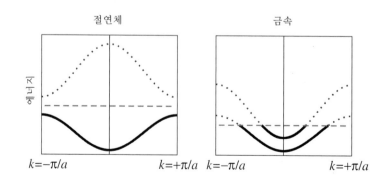

절연체 　　　　　　　　 금속

에너지

$k=-\pi/a$ 　　　 $k=+\pi/a$ 　 $k=-\pi/a$ 　　　 $k=+\pi/a$

화학자들의 언어로 띠 절연체는 전자들이 결합에 묶여있는 상태라고 말할 수 있습니다. 예를 들어, 다이아몬드, 탄소는 가전자가 4개입니다 – 원자당 4개의 전자를 최외각 껍질에 가지고 있다는 것을 의미합니다. 다이아몬드 결정에서, 각 탄소는 인접한 4개의 이웃에 공유 결합을 유지하고 있습니다. 하나의 전자가 각 결합에 양도되어 두 원자 사이의 결합 하나를 형성합니다. 각 원자당 4개의 전자들에게 동일한 일이 일어납니다. 그래서 모든 전자들은 결합에 묶여 있게 됩니다. 이것은 특정한 띠가 완전히 채워졌고, 부분적으로 채워진 띠들이 없기 때문에 전자들이 이동할 수가 없다는 말과 같습니다.

원자당 2개의 전자가 있을 때, 그림 16.2의 왼쪽에 표시된 것 같이 종종 띠 절연체가 생깁니다. 그러나 다른 가능성은 그림 16.2의 오른쪽에 표시된 것처럼 띠가 겹치는 경우입니다. 이 경우, 하나의 띠를 채울 수 있는 정확한 수의 전자를 가지고 있지만, 그 대신에 두 개의 부분적으로 채워진 띠를 가지게 됩니다. 그림 16.1에서처럼 낮은 에너지 들뜸이 가능하고 계는 금속이 됩니다.

16.2   2차원과 3차원에서 에너지 띠

2차원에서 준자유 전자 모형이 어떻게 띠구조에 이르는지를 이해하는 것은 쓸모가 있습니다. 가전자수가 1인 원자들의 사각 격자를 고려합시다. 브릴루앙 영역은 사각형이고, 원자당 한 개의 전자가 있기 때문에, 단일 브릴루앙 영역 전자들이 반만큼 채울 만큼 충분히 전자가 있습니다. 주기 퍼텐셜이 없을 때 페르미 바다는 그림 16.3 왼쪽에 표시된 것처럼 원형의 디스크를 형성합니다. 이 디스크의 면적은 정확히 영역의 면적의 절반입니다. 이제, 주기 퍼텐셜이 더해졌을 때, 틈이 영역의 경계들에서 열리게 됩니다. 이것은 영역 경계에 가까이 있는 상태들이 아래 에너지로 이동한 것을 의미합니다. 경계에 가까울수록 더 많이 내려갑니다. 이것은 페르미 면[2]을 대략적으로 그림 16.3의 가운데에 표시된 것처럼 변형시킵니다. 어떤 경우라도 낮은 에너지 들뜸이 가능하고 계는 금속이 됩니다.

주기 퍼텐셜이 충분히 강하면 페르미 면은 심지어 브릴루앙 영역 경계를 그림 16.3의 오른쪽에 표시된 것처럼 건드리게 됩니다.[3] 다소 이상하지만, 브릴루앙 영역은 k-공간에서 연속이기 때문에, 페르미

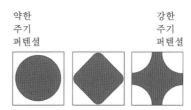

약한 주기 퍼텐셜   강한 주기 퍼텐셜

그림 16.3 주기 퍼텐셜의 세기에 따른 2차원 사각형 격자의 1가 원자들의 페르미 바다. **왼쪽:** 주기 퍼텐셜이 없을 때 페르미 바다는 원형이 됩니다. 면적은 브릴루앙 영역(사각형)의 정확히 절반입니다. **가운데:** 주기 퍼텐셜이 더해 졌을 때, 영역 경계 근처의 상태들은 페르미 바다를 변형시키면서 에너지적으로 밀려 내려가게 됩니다. **오른쪽:** 강한 주기적 퍼텐셜의 있을 때, 페르미 면은 브릴루앙 영역 경계와 접촉하게 됩니다. 브릴루앙 영역은 주기적이기 때문에 페르미 면은 연속적입니다. 왜냐하면, 주기 퍼텐셜의 강도가 변하여도 페르미 바다의 면적은 고정되어 있다는 사실에 주목해야 합니다.

[2] 페르미 면은, 비워진 상태와 채워진 상태를 분리하는 페르미 에너지상의 점들의 궤적이라는 것을 기억하십시오(페르미 면에서 모든 상태들은 동일한 에너지를 가집니다). 페르미 면 안쪽의 면적은 계의 총 전자 개수에 의해서 고정되어 있다는 점을 명심해야 합니다.

[3] 페르미 면이 브릴루앙 영역 경계와 접촉할 때는, 반드시 수직으로 접해야 합니다. 군속도가 영역 경계에서 영이라는 사실 때문입니다. 즉, 수직으로 영역 경계에 접근할 때 에너지는 2차 함수 모양을 가지게 됩니다. 왜냐하면, 영역의 경계에 수직인 방향에서는 에너지가 본질적으로 변하지 않고, 페르미 면은 영역 경계를 수직으로 교차해야만 합니다.

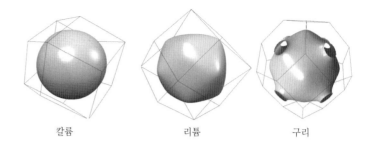

칼륨   리튬   구리

그림 16.4 1가 금속인 칼륨(왼쪽), 리튬(가운데), 구리(오른쪽)의 페르미 면. **왼쪽:** 칼륨 페르미 면은 거의 정확한 구형입니다. 아주 약한 주기 퍼텐셜이 있는 준자유 전자들에 해당합니다. **가운데:** 리튬의 경우 주기 퍼텐셜이 약간 강해지고, 페르미 면의 영역 경계를 향해 변형됩니다. **오른쪽:** 구리의 경우 주기 퍼텐셜이 아주 강하고, 페르미 면은 브릴루앙 영역 경계와 교차하게 됩니다. 이들의 실제 페르미 면과 그림 16.3과 비교해 보십시오. 선 구조는 첫째 브릴루앙 영역을 표시하는데, 절반이 차 있습니다. 칼륨과 리튬은 bcc 결정 구조를 가집니다. 반면 구리는 fcc 구조입니다(따라서 구리는 칼륨과 리튬과는 다른 모양의 브릴루앙 영역을 가지고 있습니다). 그림들은 http://www.phys. ufl.edu/ fermisurface/URL로부터 허락을 받고 가져온 것입니다.

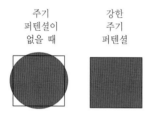

주기 퍼텐셜이 없을 때   강한 주기 퍼텐셜

그림 16.5 2차원에서 가전자수가 2인 원자로 이루어진 사각 격자의 페르미 바다. **왼쪽:** 주기 퍼텐셜이 없을 때 페르미 바다는 원 모양이고, 원의 면적은 정확히 브릴루앙 영역의 면적과 같습니다(검정 사각형). **오른쪽:** *충분히 강한* 주기 퍼텐셜이 더해 졌을 때, 영역 내부의 상태들은 에너지적으로 밀려 내려가서, 모든 상태가 채워집니다. 첫째 브릴루앙 영역 외부는 채워지지 않습니다. 왜냐하면 영역의 경계에서 틈이 있기 때문에, 절연체가 됩니다(페르미 바다의 면적은 고정되어 있다는 점에 주의하십시오).

면은 완벽하게 연속적입니다. 따라서 오른쪽으로 이동하면, 왼쪽으로 되돌아오게 됩니다!

그림 16.3에 표시된 물리는 실제 많은 물질들에서 볼 수 있는 것과 아주 비슷합니다. 그림 16.4에서 1가 금속들인 K, Li, Cu 등에 대한 페르미 면들을 볼 수 있습니다. K는 거의 이상적인 자유 전자 금속입니다. 거의 완벽한 구 형태의 페르미 면을 가지고 있습니다. Li은 페르미 면이 다소 변형되어 영역의 경계들에서 불쑥 튀어 나와 있습니다. Cu의 페르미 면은 매우 변형되어 있고, 브릴루앙 경계에서 튜브 형태로서로 만나게 되어 있습니다. 그러나 세 가지 경우 모두에 대해서 1가 금속이기 때문에 페르미 바다는 브릴루앙 영역 부피의 정확히 절반을 채우고 있습니다.

2가 원자들의 2차원 사각 격자의 경우를 생각해 봅시다. 이 경우 전자들의 수는 정확히 단일 영역을 채울 수 있습니다. 그림 16.5의 왼쪽과 같이 비록 둘째 브릴루앙 영역을 지나려고 하지만, 주기 퍼텐셜이 없을 때 페르미 면은 여전히 원형입니다. 다시, 주기적인 퍼텐셜이 더해졌을 때 틈이 영역 경계에서 열립니다 – 이 틈 열림은 모든 상태들을 첫째 브릴루앙 영역 안으로 밀어넣어 에너지를 낮추고, 둘째 브릴루앙 영역으로 모든 상태들을 밀어 올립니다. 만약 주기 퍼텐셜이 *충분히 강하다면*[4] 첫째 영역의 상태들은 모두 둘째 영역의 상태들보다 낮은 에너지가 됩니다. 결과적으로 페르미 바다는 그림 16.5의 오른쪽과

---

[4] 얼마나 강한 퍼텐셜이 필요한지 추정할 수 있습니다. 첫째 브릴루앙 영역에서 가장 높은 에너지 상태가 둘째 영역의 가장 낮은 에너지 상태보다 낮아질 필요가 있습니다. 주기 퍼텐셜이 없을 때, 첫째 영역에서 가장 높은 에너지 상태는 영역 꼭짓점corner에 있고, 해당 에너지는 $\epsilon_{corner} = 2\hbar^2\pi^2/(2ma^2)$입니다. 둘째 영역에서 가장 낮은 에너지 상태는 영역 경계 가장자리edge 가운데에 있습니다. 그리고 주기적인 퍼텐셜이 없을 때, 에너지는 $\epsilon_{edge} = \hbar^2\pi^2/(2ma^2)$입니다. 따라서 영역 경계에서 가장자리가 꼭짓점보다 에너지가 높게 되도록 충분히 큰 틈을 열어야 합니다. 이것은 대략적인 것으로 $2V = \epsilon_{corner} - \epsilon_{edge}$를 필요로 합니다. 더 정확한 추정값을 얻기 위해서는 연습문제 15.4를 보십시오.

같아집니다. 즉, 낮은 띠 전체는 채워지고, 위쪽 띠는 완전히 비어 있게 됩니다. 영역의 경계에서 틈이 있기 때문에, 낮은 에너지 들뜸이 불가능하고, 계는 절연체가 됩니다.

중간 정도의 세기에 해당하는 주기 퍼텐셜 경우에 어떠한 일이 일어나는지를 고려하는 것은 의미가 있습니다. 다시, 첫째 브릴루앙 영역 바깥쪽 상태들은 에너지적으로 올라갑니다. 첫째 브릴루앙 영역 안쪽 상태들은 에너지적으로 내려갑니다. 따라서 소수의 상태들이 둘째 브릴루앙 영역에 차게 되고, 다수의 상태들이 첫째 영역을 채우게 됩니다. 그러나 중간 세기의 퍼텐셜에 대해서 그림 16.6처럼 몇몇 상태들은 둘째 브릴루앙 영역에 채워진 상태들로 남아있고 소수의 상태들은 첫째 브릴루앙 영역에서 빈 상태로 남아 있을 수 있습니다(축약 영역 방식에서는, 첫째 영역의 두 번째 띠에 상태들이 채워졌고, 첫 번째 띠에서는 다소의 상태를 비워두었다고 말할 수 있습니다). 이것이 그림 16.2의 오른쪽에서 일어났었던 것과 아주 비슷한 것입니다. 여전히 다소의 낮은 에너지 들뜸이 가능하고 계는 금속으로 남아 있습니다. 이러한 물리 현상은 실제 물질들에서 아주 자주 일어납니다. 그림 16.7에서 2가 금속 Ca에 대한 페르미 면이 표시되어 있습니다. 그림 16.6의 그림처럼 페르미 면은 브릴루앙 영역 경계를 교차합니다. 그리고 비록 충분한 전자들이 첫 번째 띠를 채울 수 있지만 대신에 가장 낮은 두 띠는 각각 부분적으로 채워져 있게 되고, 결국 Ca은 금속이 됩니다.

단위 낱칸에 많은 원자들이 있는 경우, 완전히 채워진 띠 절연체가 가능한지를 결정하기 위하여, 단위 낱칸 안에 있는 모든 원자들의 총 *가전자total valence*의 수를 헤아려야 하는 점을 강조합니다. 만약 단위 낱칸 내부의 모든 원자의 총 가전자수가 짝수이면, 충분히 강한 주기적인 퍼텐셜에 대해서, 다소의 낮은 에너지 띠들이 완전히 채워질 수 있습니다. 그러면 틈이 있을 것이고, 남아있는 띠들은 비워져 있을 것이며, 이 경우 띠 절연체가 됩니다. 그러나 주기 퍼텐셜이 충분히 강하지 않을 경우, 띠들은 겹치게 되고 계는 금속이 될 것입니다.

16.3 꽉묶음

이번 장에서 지금까지 준자유 전자 모형으로 띠구조를 기술하였습니다. 11장에서 소개한 꽉묶음 모형인 반대의 극한에서 시작하여도 비슷

확장 영역 방식   축약 영역 방식에서의 두번째 띠

그림 16.6 2차원에서 가전자수 2인 원자로 이루어진 사각 격자의 페르미 바다. **왼쪽:** 중간 정도의 세기를 가지는 주기 퍼텐셜에 대해서, 비록 첫째 영역을 채울 수 있는 충분히 많은 전자들이 있지만, 여전히 둘째 영역에서 약간의 상태들이 채워져 있고 첫째 영역에서 일부 상태들이 비워져 있습니다. 따라서 계는 여전히 금속입니다. **오른쪽:** 둘째 영역의 상태들은 역격자 벡터만큼 평행이동으로 첫째 영역으로 이동할 수 있습니다. 이것이 둘째 브릴루앙 영역의 점유에 대한 축약 영역 방식 표현입니다. 그리고 이러한 상태들이 두 번째 띠에 있는 것으로 생각할 수 있습니다.

첫째 영역   둘째 영역

그림 16.7 가전자수가 2인 금속 칼슘(fcc)의 페르미 면. **왼쪽:** 첫 번째 띠는 거의 완전히 전자들로 채워져 있습니다. 속이 찬 영역은 브릴루앙 영역 내에 페르미 면이 있는 곳을 나타냅니다(영역 경계는 선으로 표시되어 있습니다) **오른쪽:** 두 번째 띠에서 일부 전자들이 아주 작은 주머니들을 채우고 있습니다. 그림 16.6처럼 충분히 많은 전자들이 가장 낮은 띠를 완전히 채우고 있으나, 가장 낮은 띠의 상태들 중 일부가 두 번째 띠의 일부 상태들보다 더 높은 에너지를 가지고 있습니다. 따라서 첫 번째 띠에서 약간의 상태들이 비워져 있고(왼쪽), 일부 상태들이 두 번째 띠에 채워져 있습니다(오른쪽). 그림은 www.physik.tu-dresden.de/~fremisur의 URL에서 허가를 받고 가져온 것입니다.

한 결과를 얻을 수 있습니다. 이 모형에서 우리는 원자마다(또는 단위 낱칸 안에서) 몇 개의 오비탈을 가정하고, 단지 오비탈들 사이를 약하게 깡충뛰기할 수 있게 해줍니다. 원자 오비탈 에너지 고윳값을 띠로 펼치게 하는 것입니다.

꽉묶음 해밀토니언을 2차원(또는 3차원)으로 일반화하는 것은 대단히 쉬운 것이고 시도해 볼 수 있는 좋은 연습입니다(예를 들어, 연습문제 11.9를 보십시오). 여기서 필요한 것은 각 오비탈이 모든 가능한 방향의 이웃으로 깡충뛰기할 수 있게 해주는 것입니다. 고윳값 문제는 식 11.5와 유사한 가설풀이 평면파를 사용하면 항상 풀 수 있습니다. 각 원자가 하나의 원자 오비탈을 가질 때, 원자들의 꽉묶음 모형의 해는

$$E(k) = \epsilon_0 - 2t\cos(k_x a) - 2t\cos(k_y a). \tag{16.1}$$

와 같습니다. 이 표현에 대한 등에너지선들을 그림 16.8에서 볼 수 있습니다. 이 분산 관계와 준자유 전자 관점에 기초를 둔 그림 16.3(오른쪽), 그림 16.6의 정성적인 예측과의 유사성에 주목해야 합니다.

꽉묶음 형식에 근간한 위의 기술에서는 단 하나의 띠만 있습니다. 그러나 단위 낱칸 당 여러 개의 원자 오비탈들로 시작함으로써, 상황을 더 현실적으로 만들 수 있고 여러 개의 띠를 얻을 수 있습니다(풀어보기 좋은 연습문제입니다!) 6.2.2절과 11장에서 언급한 것처럼 더 많은 오비탈들이 꽉묶음(또는 LCAO) 계산에 더해질 수 있고 결과는 점점 더 정확해질 것입니다.

단위 낱칸이 2가일 경우 띠가 중첩이 되는지를 결정하는 것은 매우 중요합니다(그림 16.2의 왼쪽과 같이 절연체가 되거나 또는 그림 16.2의 오른쪽과 같이 금속이 됩니다). 물론, 이것은 띠구조에 대한 자세한 지식을 요구합니다. 꽉묶음 모형에서는, 만약 원자 오비탈들이 에너지적으로 충분히 떨어진 상태로부터 출발하면, 원자들 사이의 작은 깡충뛰기로 띠들이 중첩이 될 정도로 펼쳐지지 못합니다(그림 11.6을 보십시오). 준자유 전자 모형에서는, 띠들 사이의 틈은 브릴루앙 영역 경계에서 $|V_G|$에 비례하고 강한 주기 퍼텐셜 극한에서는 띠가 중첩되지 않는다는 것이 보장됩니다(그림 16.5를 보십시오). 자유롭게 전파되는 파동의 아이디어와 매우 동떨어진 이 둘은 정성적으로 같은 극한 상태입니다!

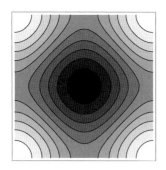

그림 16.8 사각형 격자에서 꽉묶음 모형의 분산에 대한 등에너지선. 이것은 식 16.1의 등에너지선입니다. 첫째 브릴루앙 영역이 표시되었습니다. 등고선이 브릴루앙 영역 경계를 수직으로 교차한다는 것에 유의하십시오.

16.4 금속과 절연체에서 띠구조 묘사의 실패

띠구조와 띠 채우기는 물질이 금속인지 절연체(또는 작은 띠틈을 가지고 있는 반도체)인지 결정합니다. 이 시점에서 우리가 가지고 있는 결론은 단위 낱칸에서 임의의 계가 하나의 가전자(그래서 첫째 브릴루앙 영역이 절반만 차게 된)를 가지면 금속이어야만 한다는 것입니다. 그러나 이것이 항상 참이 아님이 밝혀졌습니다! 우리가 남겨둔 매우 중요한 효과는 전자들 간의 쿨롱 상호작용Coulomb interaction입니다. 그 동안 우리는 전자들 사이의 서로 밀치는 상호작용을 완전히 무시했습니다. 이러한 무시가 정당화될 수 있을까요? 만약 쿨롱 상호작용(대략, $e^2/(4\pi\epsilon_0 r))$이 얼마나 강한지 추정해 보려고 한다면, 대략 몇 eV 정도의 값을 얻을 수 있습니다(여기서 r은 전자들 사이의 거리, 즉 격자상수 a). 이 값은 큰 것일 수 있으며, 심지어 페르미 에너지(이것은 10,000 K 정도로 큰 숫자입니다)보다도 더 클 수 있습니다. 이렇게 중요한 기여를 완전히 무시해도 되는지 설명하는 것은 매우 어렵습니다. 사실 이 항을 무시하는 것은 완전히 허튼소리가 될 것이라고 생각할 수도 있습니다. 다행히 많은 경우들에서 상호작용하지 않는 전자를 가정하는 것이 정당화됩니다. 이것이 작동하는 이유는 실제로 아주 미묘하고 레프 란다우(4장 주석 18을 보십시오)의 연구 결과가 있기 전 1950년대 이전까지는 이해할 수 없었습니다. 그러나 (다소 심오한) 이 설명은 이 책의 범위를 넘어서기 때문에 논의하지 않을 것입니다. 그럼에도 불구하고 많은 경우들에서 상호작용하지 않는 전자 묘사, 즉 띠구조 관점이 잘 맞지 않은 경우가 있다는 것은 놀라운 일은 아닙니다.

자석

전자의 띠 묘사가 실패하는 경우는 계가 강자성 상태가 될 때입니다.[5] 20~23장에서 강자성체에 대해 자세히 공부할 것입니다. 그러나 간단하게 말해 이것은 상호작용하는 전자에 의해 전자의 스핀들이 자발적으로 정렬하는 현상입니다. 운동 에너지 관점에서 이것은 부자연스럽습니다. 왜냐하면 위, 아래 두 종류의 스핀 상태로 가장 낮은 에너지 고유상태들을 채우는 것이 한 종류의 스핀 상태로 채우는 것보다 페르미 에너지를 더 낮출 수 있습니다. 그러나 모든 스핀들을 정렬 하는 것이 전자들 사이의 쿨롱 에너지를 더 낮출 수 있다는 것입니다. 그래

[5] 반강자성 또는 준강자성. 이러한 용어들의 정의에 대해서는 20장을 보십시오.

서 상호작용하지 않는 전자 띠 이론은 더 이상 성립하지 않게 됩니다.

모트 절연체

전자 상호작용 물리가 중요한 또 다른 하나의 경우는 소위 모트 절연체[6] 입니다. 1가 금속을 생각합시다. 띠 이론으로부터 절반이 채워진 띠를 생각할 수 있을 것이고, 결국 금속이 됩니다. 그러나 전자−전자 상호작용이 극도로 강한 극한을 생각하면, 이 경우는 우리가 알던 것이 아닙니다. 전자−전자 상호작용이 매우 강하기 때문에, 두 전자가 같은 원자에 (심지어 서로 다른 스핀을 가지고) 있을 때 엄청난 불이익이 생깁니다. 결국, 바닥상태는 단지 하나의 전자가 각 원자에만 속하는 것을 의미합니다. 각 원자는 정확하게 하나의 전자만을 가지기 때문에, 전자가 이동하여 도달하는 원자에는 전자가 이중으로 점유될 것이므로, 원자 사이의 전자 전달은 없을 것입니다. 결국, 전자들의 교통체증과 같은 것으로 볼 수 있는 이런 형태의 바닥상태는 절연체가 되는데, 띠 절연체보다 시각화하기는 더 간단합니다! 19.4절과 특히 23.2절에서 모트 절연체를 더 다룰 것입니다.

16.5 띠구조와 광학적 성질

전자 띠구조는 물질의 성질을 잘 설명하므로(그리고 보통 그렇습니다), 물질의 광학적 성질의 많은 부분들도 띠구조로부터 기인한다고 볼 수 있습니다.

16.5.1 절연체와 반도체의 광학적 성질

띠 절연체는 그들의 띠 틈보다 작은 에너지의 광자를 흡수할 수 없습니다. 그 이유는 단일 광자가 가전자띠에서 전도띠로 전자 하나를 들뜨게 할 수 있는 에너지를 갖지 못하기 때문입니다. 왜냐하면 가전자띠는 완전히 채워져 있고, 여기 최소 에너지는 띠 틈 에너지입니다 − 따라서 낮은 에너지 광자는 들뜸상태를 전혀 만들지 못합니다. 결국, 이러한 낮은 에너지 광자들은 물질에 의해서 전혀 흡수되지 못하고, 단순히 물질을 통과해 바로 가버립니다.[7] 세 가지 반도체에 대한 빛의 흡수 스펙트럼이 그림 16.9에 있습니다. 예를 들어, 빛의 파장이 띠틈 에너지

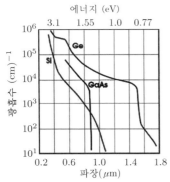

그림 16.9 광자의 파장 또는 에너지의 함수로서 몇 가지 반도체들(Si, Ge, GaAs)의 광흡수. 띠 틈보다 낮은 에너지들에 대해서 흡수는 극도로 작습니다. (흡수는 로그 척도로 표시되어 있다는 것에 주의하십시오!) GaAs는 (직접) 띠틈 에너지 1.44 eV를 가지고 있습니다. 이곳에서 흡수는 아주 급격히 감소합니다. Ge에 대해서 0.8 eV에서 감소는 직접 띠틈 에너지를 반영합니다. 그러나 긴 파장에서 약간의 아주 약한 흡수가 여전히 있고, 이는 더 작은 에너지에 해당하는 간접 띠틈에 기인한 것에 주목해야 합니다. Si은 많은 간접 전이와 직접 띠틈 3.4 eV를 보이고 다소 복잡한 띠구조를 가지고 있습니다. (그림은 스탠포드 대학의 데이비드 밀러가 제공한 것입니다.)

[6] 영국의 노벨상 수상자 네빌 모트Nevill Mott의 이름에서 따왔습니다. 모트 절연체의 고전적인 예는 NiO, CoO입니다.

[7] 여기서 아주 약한 과정(예를 들어, 두 광자가 함께 전자를 여기 시키는 과정)이 일어날 수 있습니다.

1.44 eV보다 더 작은 광자에너지에 대응하는 파장 0.86 μm보다 큰 경우, GaAs에서는 광 흡수도가 크게 떨어지는 것에 주목해야 합니다.

이제 표 16.1에 있는 가시광선의 성질들을 생각해 봅시다. 이 표를 가지고 절연체(넓은 띠틈 반도체)가 만약 3.2 eV보다 더 큰 띠틈을 가지면, 물체는 완전히 투명한 것이 됩니다. 왜냐하면 가시광선의 어떠한 파장도 흡수할 수 없기 때문입니다. 석영, 다이아몬드, 산화알루미늄, 절연체 등이 이에 해당합니다.

다소 작은 띠틈을 가지는 반도체들은 광자들을 흡수할 것이지만(가전자띠에서 전도띠로 들뜨게 할 것입니다.), 띠틈보다 작은 에너지를 가지는 영역에서는 투명할 것입니다. 예를 들어, CdS는 대략 2.6 eV의 띠틈을 가지는 반도체이고, 보라색과 청색은 흡수되는 반면, 적색과 녹색은 투과합니다. 이 결과, 물질은 붉게 보입니다.[8] 아주 작은 띠틈을 가지는 반도체는(GaAs, Si, Ge) 가시광선 모두를 흡수하기 때문에 검게 보입니다.

16.5.2 직접 전이와 간접 전이

띠틈이 절연체(또는 반도체)에서 들뜸을 위한 최소 에너지를 결정하지만, 이것은 물질이 광자를 흡수할 것인지 아닌지를 결정하는 완전한 이야기가 되지는 못합니다. 가전자띠의 최댓값, 전도띠의 최솟값이 어떤 k 값을 가지고 있는지가 꽤 중요한 문제가 됩니다. 만약 가전자띠의 최댓값을 가지는 k 값이 전도띠의 최솟값에 대한 k 값과 같다면, 이것을 *직접direct* 띠틈이라고 합니다. 만약, k 값이 서로 다르면, *간접 indirect* 띠틈이라고 합니다. 예를 들어, 그림 16.2의 왼쪽에 표시된 계는 직접 띠 틈입니다. 영역의 경계에서 가전자띠 최댓값과 전도띠 최솟값이 있습니다. 띠 모양이 그림 16.2의 오른쪽처럼 되지만 절연체가 될 정도로 띠틈이 충분히 크면(그냥 띠들이 잘 분리된 것이라 생각하십시오), 이것은 간접 띠틈입니다. 왜냐하면 가전자띠 최댓값이 영역의 경계에 있는 반면, 전도띠의 최솟값은 k = 0에 있기 때문입니다.

그림 16.10에서 볼 수 있듯이, 한 물질에서 직접 띠틈과 간접 띠틈을 동시에 가질 수 있습니다. 이 그림에서 들뜸을 위한 최소 에너지는 *간접 전이indirect transition*입니다 — 전자의 들뜸이 간접 띠틈을 가로질러서 일어나거나, 또는 동등하게 서로 다른 k 값에 대해서 가전자띠 꼭대기에서에서 전도띠 바닥으로 이어지는 전이인 0이 아닌 결정운동

표 16.1 광자의 에너지에 해당하는 색

색	$\hbar\omega$
적외선 (Infrared)	$\langle$ 1.65 eV
적색 (Red)	$\sim$ 1.8 eV
오렌지색 (Orange)	$\sim$ 2.05 eV
노란색 (Yellow)	$\sim$ 2.15 eV
녹색 (Green)	$\sim$ 2.3 eV
청색 (Blue)	$\sim$ 2.7 eV
보라색 (Violet)	$\sim$ 3.1 eV
자외선 (Ultraviolet)	$\rangle$ 3.2 eV

[8] 물질의 색은 간단한 모형보다는 훨씬 더 복잡한 것입니다. 색이 흡수될 때, 우리는 종종 얼마나 강하게 흡수되었는지를 찾아내기 위해서 세부내용을 알아볼 필요가 있습니다!

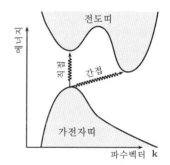

그림 16.10 직접 전이와 간접 전이. 간접 전이는 낮은 에너지기 필요하지만, 광자가 전자를 간접 띠틈을 가로질러서 들뜨게 하는 것은 매우 어려운 일입니다. 왜냐하면, 빛의 속도 c는 매우 커서 광자는 아주 작은 운동량을 가지고 있기 때문입니다.

량[9]의 전이에 해당합니다. 이것이 아마도 일어날 수 있는 가장 낮은 에너지 들뜸이지만, 이러한 들뜸은 물질이 빛에 노출될 때 아주 어렵게 일어납니다. 그 이유는 에너지 – 운동량 보존 때문입니다. 만약 광자가 흡수되면 계는 광자의 에너지와 운동량을 모두 흡수하게 됩니다. 그러나 주어진 eV 영역의 에너지 E가 있을 때, c는 아주 큰 값이기 때문에 광자의 운동량 $\hbar|\mathbf{k}| = E/c$는 매우 작습니다. 따라서 계는 전자를 간접 띠틈을 통한 여기과정에서 운동량을 보존할 수 없게 됩니다. 그럼에도 불구하고, 간접 틈보다 더 큰 에너지를 가진 빛에 계가 노출되면, 전형적으로 아주 작은 수의 전자들이 들뜹니다 – 일반적으로, 에너지와 운동량을 보존하기 위해서 광자가 전자를 들뜨게 하면서 동시에 포논[10]을 방출하는 매우 복잡한 과정을 거치게 됩니다. 이에 반하여 직접 띠틈을 가진 계는 직접 띠틈보다 더 큰 에너지를 가지는 광자에 노출되면 물질은 가전자띠에서 전도띠로 전자들을 들뜨게 하면서 강하게 이들 광자들을 흡수합니다.

그림 16.9처럼 Ge의 스펙트럼은 0.8 eV의 직접 띠틈보다 작은 에너지에 대해 약한 광학적 흡수를 보입니다 – 이것은 낮은 에너지에 해당하는 간접 띠틈의 들뜸에 의한 것입니다.

16.5.3 금속의 광학적 성질

금속의 광학적 성질은 절연체보다 다소 복잡합니다. 금속은 전도성이 매우 좋기 때문에 광자들(전자기파)은 전자를 들뜨게[11] 하고, 이것에 의해서 빛을 발산하게 됩니다. 이런 빛의 재방출(또는 반사)은 금속이 빛나게 보이는 이유입니다. 귀금속(금, 은, 백금)은 특별히 번쩍거립니다. 그들의 표면이 공기에 노출되었을 때 절연 산화물을 만들지 않기 때문입니다. 반면, (나트륨 같은) 많은 금속들은 몇 초 안에 산화물을 만듭니다.

금속들 가운데서도(가능한 산화물 표면을 무시하면), 색은 다양합니다. 예를 들어, 은은 금(노란색)과 구리(오렌지색)보다 더 밝게 보입니다. 이것도 다시 물질의 띠구조에 기인합니다. 모든 귀금속은 가전자수가 1인 물질인데 절반만 채워진 띠를 의미합니다. 그러나, 은은 전도띠의 총 에너지 폭이 금, 구리보다 더 큽니다(꽉묶음 용어로 은에서 t가 더 큽니다. 11장을 보십시오). 이것은 띠 안에서 전자의 더 높은 에너지로의 전이가 금, 구리보다 은에서 더 많이 가능하다는 것을 의미합니다. 구리와 금은 청색, 보라색의 광자들을 잘 흡수하지 못하고, 또한 재방출하지 못하여, 약간 노란색 그리고 오렌지색이 되게 합니다. 반면 은에서는 모든 가시광선이 재방출됩니다. 결국, 더 완벽한(또는 '백색') 거울처럼 보이게 합니다. 금속의 광학적 성질에 대한 논의가 과도하게 단순화된 면이 있으나,[12] 이것은 정확한 본질을 포착하고 있습니다 – 띠구조의 세부 내용이 색 광자들이 쉽게 흡수 그리고/또는 반사되는지를 결정하고, 물질의 겉보기 색상을 결정하게 됩니다.

16.5.4 불순물의 광학적 효과

적은 양으로 주기적인 결정(특히, 반도체나 절연체)으로 들어간 불순물은 광학적(또한 전기적 성질) 성질에 극적인 효과를 낼 수 있습니다. 예를 들어, 다이아몬드 결정 속 100만 개의 탄소 원자들 중 하나의 질소 원자 불순물은 결정이 노란색을 띠게 합니다. 100만 탄소 원자 중 하나의 붕소원자는 결정이 푸른색을 띠게 합니다.[13] 17.2.1절에서 이것의 원인이 되는 물리에 대해 공부할 것입니다.

요약

- 만약 낮은 에너지 들뜸이 있다면 이 물질은 금속입니다. 적어도 하나의 띠가 부분적으로 채워져 있을 때 발생합니다. (띠)절연체와 반도체는 채워진 띠와 비워진 띠만을 가지며 들뜸에 대한 띠틈이 있습니다.
- 반도체는 작은 띠틈을 가지는 (띠)절연체입니다.
- 물질의 가전자수는 띠에 들어가는 운반자의 수를 결정합니다. 따라서 금속인지 또는 절연체/반도체인지를 결정할 수 있습니다. 그러나 띠 겹침(종종 겹침이 있습니다)이 있으면 띠틈이 있는 곳까지 쉽게 채울 수가 없게 될지도 모릅니다.
- 띠들 사이의 틈은 주기 퍼텐셜의 세기에 의해서 결정됩니다. 만약 주기 퍼텐셜이 충분히 강하면(꽉묶음 용어로 원자 영역), 띠들은 겹치지 않을 것입니다.
- 물질의 띠 묘사는 전자–전자 상호작용을 고려하지 않습니다. 이것은 자성과 모트 절연체 같은 상호작용이 유발한 물리 현상을 (적어도 수정 없이는) 기술할 수 없습니다.
- 고체의 광학적 성질은 전자적 전이가 가능한 에너지에 크게 의존합니다. 광자들은 낮은 운동량으로 쉽게 전이합니다. 그러나 큰 운동량이 필요한 전이는 쉽게 만들지 못합니다. 간접 틈(유한 운동량)을 통한 광학적 들뜸은 그래서 약합니다.

[12] 이러한 물질들에서는 실로 많은 띠들이 겹쳐 있어, 완전한 이야기는 띠사이 inter–band 전이와 띠내부intra–band 전이를 모두 고려해야 합니다.

[13] 천연 청색 다이아몬드는 매우 높은 가치를 가지고 있고 아주 비쌉니다. 아마도 세계에서 가장 유명한 다이아몬드, 호프 다이아몬드Hope diamond는 이 유형입니다(또한 저주curse받게 될지도 모르나, 또 다른 이야기입니다. 역자 주: 자외선을 쬐면 붉은색 형광을 냅니다. 가격은 2.5억 달러로 추정됩니다). 사실, 현대의 결정 성장기술로 천연 다이아몬드보다 더 좋은 '품질'의 다이아몬드를 만드는 것은 가능할 것입니다. 여러분이 좋아하는 임의의 색에 맞추어서 불순물들을 집어넣을 수 있을 것입니다. 다이아몬드 산업의 강력한 로비에 기인하여 대부분 합성 다이아몬드는 그러한 표식이 있습니다 – 그래서 비록 싸구려 합성을 착용하는 것으로 느낄지도 모르지만, 여러분은 아마도 땅에서 캐낸 것보다 더 나은 제품을 가지고 있을 수 있습니다! (또한, 여러분의 다이아몬드 생산이 아프리카의 어떠한 전쟁을 지원하지 않았다는 깨끗한 양심에 안도할 수 있습니다.)

CHAPTER 16 연습문제

16.1 금속과 절연체

다음을 설명하시오.

(a) bcc (관습 입방) 단위 낱칸에서 두 개의 원자를 가지고 있는 나트륨은 금속입니다.

(b) fcc (관습 입방) 단위 낱칸에서 네 개의 원자를 가지고 있는 칼슘은 금속입니다.

(c) 기저를 가지는 fcc (관습 입방) 단위 낱칸에서 여덟 개의 원자를 가지고 있는 다이아몬드는 전기적으로 절연체입니다. 반면, 실리콘과 게르마늄은 비슷한 구조를 가지고 있지만, 이들은 반도체입니다. (몇 가지 가능한 이유들을 생각해보시오!)

▸ 왜 다이아몬드는 투명할까요?

16.2 페르미 면 모양

(a) (2차원) 사각 격자 위에서 원자들의 꽉묶음 모형을 고려합시다. 여기서 각 원자는 단 하나의 원자 오비탈을 가지고 있습니다. 이들 원자들의 가전자수가 1이라고 하면, 페르미 면의 모양을 기술하시오.

(b) 이제 격자가 사각이 아니고 대신에 직사각형이라고 가정합시다. 기본 격자 벡터들은 x, y 방향으로 길이는 각각 a_x, a_y이고, $a_x > a_y$입니다. 이 경우, 깡충뛰기 항이 x축 방향으로 $-t_x$이고 y축 방향으로 $-t_y$ 값을 가지고, $t_y > t_x$이라고 가정하시오. (왜 이 부등호가 $a_x > a_y$와 부합될까요?)

▸ 전자 상태 $\epsilon(\mathbf{k})$의 분산식을 적으시오.

▸ 다시 원자들의 가전자수가 1이라고 가정하면, 페르미 면은 어떤 모양일까요?

16.3 페르미 면 모양(심화)*

(단일 원자 기저로) fcc격자를 이루는 Ca 또는 Sr 같은 가전자수가 2인 원자를 고려합시다. 주기 퍼텐셜이 없을 때, 페르미 면은 브릴루앙 영역 경계를 접촉할까요? 첫째 브릴루앙 영역에서 비워진 채 남아 있는 비율은 얼마인가요?

16.4 영역 경계*

전자의 군속도가 영역의 경계에서 0으로 접근한다고 가정할 때, (연습문제 15.7을 보시오.) 페르미 면은 브릴루앙 영역 경계를 수직으로 교차해야 함을 보이시오. 이 결과가 성립하지 않을 때는 언제인가요? (힌트: 연습문제 16.2a를 고려하시오.)

16.5 페르미 면 모양(더 심화)*

(2차원) 사각 격자 위의 원자들의 꽉묶음 모델을 고려합시다. 여기서 연습문제 16.2a처럼 각 원자는 단일 원자 오비탈을 가집니다. 4 개의 최근접 자리들로의 깡충뛰기 진폭 t에 추가하여 다음 최근접 깡충뛰기(대각선 깡충뛰기) 진폭 t'을 상상하시오.

(a) 분산 $\epsilon(\mathbf{k})$을 계산하시오.

(b) 원자들이 1가라고 가정하고 $t = 1$ eV, $t' = 0.1$ eV라고 두면, 페르미 면의 모양을 스케치하시오.

(c) $t = 1$ eV, $t' = 0.1$ eV를 이용하여 연습문제 16.4의 결과들을 확인하시오.

반도체 물리

Semiconductor Physics

17.1 전자와 정공

우선 절연체 또는 반도체로 시작하여 그림 17.1의 왼쪽 그림과 같이 전자 한 개를 가전자띠에서 전도띠로 들뜨게 한다고 가정합니다. 이 들뜸 과정은 광자를 흡수하기 때문일 수도 있고, 열에 의한 들뜸일 수도 있습니다. (간단하게 생각하기 위해 그림에서 직접 띠틈을 보여줍니다. 보편성을 위하여 두 띠의 곡률이 같다고 가정하지 않았습니다.) 전자가 전도띠까지 이동하면, *정공hole*으로 알려진 가전자띠에 전자 하나가 없는 상태가 존재하게 됩니다. 완전히 채워진 띠는 비활성이기 때문에, 전도띠의 몇 개 정공만 추적하고(단지 몇 개가 있다고 가정), 이 정공을 개별 기본 입자로 취급하는 것이 매우 편리합니다. 전자는 정공의 빈 상태로 되돌아가면서, 에너지(광자)를 방출하고, 전도띠에서 나온 전자와 가전자띠에서 나온 정공이 '소멸'합니다.[1] 전자

[1] 이것은 양전자와 전자의 쌍소멸pair annihilation에 해당합니다. 실제로 전자-정공과 전자-양전자 사이의 비유는 상당히 정확합니다. 디랙이 전자의 상대론적 운동을 기술하는 방정식(1928년)을 만들고 양전자의 존재를 예측하자마자, 양전자는 채워진 상태의 바다에 전자의 부재로 이해했습니다. 전자-양전자 쌍을 들뜨게 하는 띠틈을 가진 채워진 전자 상태의 바다는 진공입니다. 이것은 채워진 가전자띠와 비슷합니다.

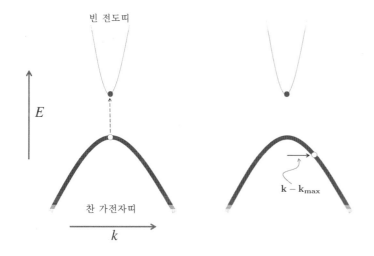

그림 17.1 반도체에서의 전자와 정공. **왼쪽**: 가전자띠의 하나의 정공과 전도띠의 하나의 전자. **오른쪽**: 가전자띠의 꼭대기에서 운동량을 가하여 정공을 옮기려면 물속에서 풍선을 미는 것과 같은 *양의positive* 에너지가 필요합니다. 이와 같이, 정공의 유효 질량은 항상 양의 값으로 정의됩니다. 오른쪽의 에너지는 왼쪽의 에너지보다 $E = \hbar^2 |\mathbf{k} - \mathbf{k}_{\max}|^2 / (2m*)$ 만큼 큽니다.

[2] 이것이 직관적으로 이해가 되지 않는다면, 그림 17.1에 설명된 것처럼 전자-정공 쌍을 만드는 과정을 고려하십시오. 처음에는 (들뜬 전자-정공 쌍이 없을 때) 계는 중성입니다. 우리는 쌍을 생성하기 위해 광자로 계를 들뜨게 하고, 계에 어떤 알짜 전하를 추가하지 않았습니다. 따라서 전자가 음이면 정공의 전하는 전체 전하 중성을 유지하기 위해 양의 값을 가져야 합니다.

[3] 이것은 항상 함수의 최소 또는 최대 가까이에서 전개하여 2차항 더하기 고차항의 보정으로 표현할 수 있는 중요한 원리입니다.

[4] 간단하게 하기 위해 계가 등방적인 것으로 가정했습니다. 더 일반적인 경우에는 직교축 세트('주축') x, y, z에 대해

$$E = E_{min} + \alpha_x(k_x - k_x^{min})^2 \\ + \alpha_y(k_y - k_y^{min})^2 \\ + \alpha_z(k_z - k_z^{min})^2 + \cdots$$

와 같이 쓸 수 있습니다. 이 경우 우리는 세 가지 다른 주축 방향에서 서로 다른 유효 질량을 갖게 됩니다.

[5] 간단하게 하기 위해 전자의 스핀도 무시합니다. 일반적으로, 스핀-궤도 결합으로 분산은 전자의 스핀 상태에 따라 다를 수 있습니다. 무엇보다도, 이것은 전자의 유효 g-인자를 변형시킵니다.

는 음의 전하를 띠고, 정공(전자의 부재)은 양의 전하를 띱니다 – 전자의 전하량과 같고, 부호는 반대입니다.[2]

전자의 유효 질량

11.2절과 15.1.1절에서 언급한 바와 같이, 유효 질량을 띠 바닥에서의 곡률로 설명하면 유용합니다. 전도띠 바닥 부근($\mathbf{k} = \mathbf{k}_{min}$으로 가정)에서 에너지가

$$E = E_{min} + \alpha \,|\mathbf{k} - \mathbf{k}_{min}|^2 + \cdots$$

와 같이 주어진다고 가정합시다.[3,4,5,6] 여기서 $\alpha > 0$이고, 점들은 $\mathbf{k}_{min}$으로부터 편차에서 나오는 고차항입니다. *유효 질량*을 띠의 바닥에서

$$\frac{\hbar^2}{m^*} = \frac{\partial^2 E}{\partial k^2} = 2\alpha \qquad (17.1)$$

와 같이 *정의*합니다(등방성을 가진 계에서는 미분은 어느 방향에서 행하여도 됩니다). 이에 따라, 군속도는

$$\mathbf{v} = \frac{\nabla_\mathbf{k} E}{\hbar} = \frac{\hbar\,(\mathbf{k} - \mathbf{k}_{min})}{m^*} \qquad (17.2)$$

로 주어집니다.[7] 이 정의는 속도 $\mathbf{v} = \nabla_\mathbf{k} E/\hbar = \hbar\mathbf{k}/m$에 해당하는 에너지 $E = \hbar^2|\mathbf{k}|^2/(2m)$를 갖는 자유 전자 거동으로부터 유추한 것입니다.

정공의 유효 질량

마찬가지로 정공의 유효 질량을 정의할 수 있습니다. 여기서 상황이 조금 더 복잡해집니다. 가전자띠의 꼭대기에서, 전자에 대한 에너지 분산은

---

[6] 전도띠 바닥이 브릴루앙 영역의 다른 지점 $\mathbf{k}_{min}^{(n)}$에서 정확히 동일한 최소 에너지를 갖는 경우가 종종 있습니다. 이런 경우 띠구조에 여러 개의 '골짜기valley'가 있다고 말합니다. 이것은 결정의 대칭성 때문에 발생합니다. 예를 들어, 실리콘(기저가 있는 fcc 구조, 그림 12.21 참조)에서 동일한 에너지를 가진 6개의 전도띠 최솟값은 대략 $(\pm 5.3/a, 0, 0)$, $(0, \pm 5.3/a, 0)$, $(0, 0, \pm 5.3/a)$ $\mathbf{k}$-점에 존재합니다.

[7] 더 정확하게, $\mathbf{v} = \nabla_\mathbf{k} E(\mathbf{k})/\hbar + \mathbf{K}$입니다. 여기서 보충항 $\mathbf{K}$는 '카플러스-루팅거Karplus - Luttinger' 비정상 속도anomalous velocity라고 하고 가해진 전기장에 비례합니다. 미묘한 양자역학 효과로 인한 이 수정은 거의 항상 고체물리 교재에서 무시되고, 문제를 일으키는 경우는 거의 없습니다(이는 11장의 주석 9와 관련이 있습니다). 최근에서야 이런 항들이 중요한 계를 더 집중적으로 연구하기 시작했습니다. 이 효과를 적절하게 취급하는 것은 이 책의 범위를 벗어납니다.

$$E = E_{\max} - \alpha |\mathbf{k} - \mathbf{k}_{\max}|^2 + \cdots \qquad (17.3)$$

과 같을 것입니다. 여기서 $\alpha > 0$입니다. 최근의 관례는 *가전자띠의 꼭대기에서 정공의 유효 질량은 항상 양의 값으로 정의하는 것입니다*.[8]

$$\frac{\hbar^2}{m^*_{\text{hole}}} = -\frac{\partial^2 E}{\partial k^2} = 2\alpha. \qquad (17.4)$$

[8] 주의: 일부 책은 정공의 질량을 음수로 정의합니다. 음수 부호가 다른 곳 어딘 가에 나타나므로 약간 성가시지만 일관 성은 있습니다!

유효 질량이 양수라는 관례는 정공을 0의 속도(가전자띠 꼭대기에서 $\mathbf{k} = \mathbf{k}_{\max}$)에서 유한한 속도로 증가시키는 데 필요한 에너지가 양의 값을 가지기 때문에 의미가 있습니다. 이 에너지는 자연스럽게

$$E_{\text{hole}} = \text{constant} + \frac{\hbar^2 |\mathbf{k} - \mathbf{k}_{\max}|^2}{2\, m^*_{\text{hole}}}$$

와 같이 주어집니다. 가전자띠의 꼭대기로부터 정공을 끌어 내리는 것이 양의 에너지를 갖는다는 사실은 정공 띠의 분산이 거꾸로 된 포물선이라는 점에서 약간 직관과 반대인 것처럼 보일 수 있습니다. 그러나 이것을 물속으로 풍선을 누르는 것처럼 생각해야 합니다. 가장 낮은 에너지 배치는 가능한 가장 낮은 에너지의 전자와 가능한 가장 높은 에너지의 정공을 갖는 것입니다. 따라서 전자들 속으로 정공을 밀어 넣을 때 양의 에너지가 필요합니다. (그림 17.1의 오른쪽에 설명되어 있습니다.) 이것을 다루는 좋은 방법은

$$E(\mathbf{k}\ \text{상태에 전자가 없음}) = -E(\mathbf{k}\ \text{상태에 전자가 있음}) \qquad (17.5)$$

식을 기억하는 것입니다.

정공의 운동량과 속도

정공의 운동량을 추적할 때 부호가 약간 복잡합니다. 전자가 상태 $\mathbf{k}$의 띠에 추가되면, 띠에 포함된 결정 운동량은 $\hbar\mathbf{k}$만큼 증가합니다. 마찬 가지로, 전자가 채워진 상태 $\mathbf{k}$의 띠에서 *제거*되면, 띠의 결정 운동량이 $\hbar\mathbf{k}$ 만큼 감소해야 합니다. 그리고, 완전히 채워진 띠는 알짜 운동량을 갖지 않기 때문에, 상태 $\mathbf{k}$에서 전자 하나가 없다는 것은 결정 운동량이 $-\hbar\mathbf{k}$인 정공이 있다는 것입니다. 따라서, 정공의 파수벡터 $\mathbf{k}_{\text{hole}}$을, 빠진 해당 전자의 파수벡터 $\mathbf{k}_{\text{electron}}$의 음의 값으로 되도록 정의하는

것이 편리합니다.[9]

정공의 군속도를 계산하려고 할 때 파수벡터의 이 정의가 상당히 합리적입니다. 전자와 유사하게, 우리는 정공 에너지의 미분으로

$$\mathbf{v}_{\text{hole}} = \frac{\nabla_{\mathbf{k}_{\text{hole}}} E_{\text{hole}}}{\hbar} \tag{17.6}$$

정공 군속도를 씁니다. 이제 식 17.5와 정공의 파수벡터가 빠진 전자의 파수벡터의 음의 값을 가진다는 사실로부터, 2개의 음의 부호가 상쇄되며,

$$\mathbf{v}_{\text{hole}} = \mathbf{v}_{\text{missing electron}}$$

의 식을 얻습니다. 이것은 상당히 근본적인 원칙입니다. 양자상태의 시간에 따른 변화는 그 상태가 입자에 의해 점유되는지, 점유되지 않는지 관계없습니다!

유효 질량과 운동방정식

우리는 위에서 자유 전자와 비슷하게 분산곡선의 곡률을 가지고 유효 질량을 정의했습니다. 동등한 정의(적어도 띠의 맨 위 또는 맨 아래에 해당)는 유효 질량 m^* 을 해당 입자에 대한 뉴턴의 제2법칙, $F = m^* a$ 를 만족시키는 양으로 정의하는 것입니다. 이것을 증명하기 위해, 우리의 전략은 전자에 힘을 가한 다음 전자에 한 일을 에너지의 변화로 간주하는 것입니다. 운동량 $\mathbf{k}$ 상태에 있는 전자로 시작합시다. 이것의 군속도는 $\mathbf{v} = \nabla_k E(\mathbf{k})/\hbar$ 입니다. 힘을 가하여,[10] 단위시간에 한 일은

$$dW/dt = \mathbf{F} \cdot \mathbf{v} = \mathbf{F} \cdot \nabla_k E(\mathbf{k})/\hbar$$

과 같습니다. 다른 한편으로, 단위시간당 에너지 변화는 또한

$$dE/dt = d\mathbf{k}/dt \cdot \nabla_k E(\mathbf{k})$$

와 같이 주어집니다(미분의 연쇄 법칙에 의해). 두 식을 같게 놓으면,

$$\mathbf{F} = \hbar \frac{d\mathbf{k}}{dt} = \frac{d\mathbf{p}}{dt} \tag{17.7}$$

와 같은 뉴턴의 방정식을 얻게 됩니다(별로 놀랍지 않게). 여기서 $\mathbf{p} = \hbar \mathbf{k}$ 를 사용하였습니다.

10 예를 들어, 전기장 $\mathbf{E}$가 가해지면, $-e$
전하를 가진 전자에 작용하고, 힘은
$\mathbf{F} = -e\mathbf{E}$이 됩니다.

우리가 이제 띠의 바닥 근처에서 전자를 고려한다면, 속도에 대한 식 17.2를 대입하고, 이는 뉴턴이 예상한 것과 같이 정확하게

$$\mathbf{F} = m^* \frac{d\mathbf{v}}{dt}$$

가 됩니다. 이 결과를 유도할 때 띠 바닥 근처의 전자를 고려하여, 분산식을 2차항으로 전개할 수 있다고 가정했음을 기억합니다(또는 마찬가지로 정공이 띠 꼭대기 근처에 있다고 가정). 전자가 띠의 꼭대기나 바닥에 있지 않을 때 어떻게 전자를 이해해야 하는지 궁금할 것입니다. 더 일반적으로 식 17.7은 군속도가 $\mathbf{v} = \nabla_{\mathbf{k}} E / \hbar$라는 사실과 마찬가지로 항상 유효합니다. 전자의 유효 질량을

$$\frac{\hbar^2}{m^*(k)} = \frac{\partial^2 E}{\partial k^2}$$

와 같이 운동량의 함수로 정의하는 것이 이따금 편리합니다.[11] 이 식은 띠의 바닥 가까이에서의 정의(식 17.1)와도 잘 맞습니다. 그러나, 띠의 상단 부근은 해당 정공 질량의 *음수*가 됩니다(식 17.4의 부호에 주의하십시오). 또한, 띠의 중간 어딘가에서 변곡점 ($\partial^2 E / \partial k^2 = 0$)에 도달하며, 이때 유효 질량은 부호가 변하면서 실제로 무한대가 됩니다.

여담: 띠의 꼭대기 부근에서 전자와 정공의 시간에 따른 변화를 비교하는 것이 유용합니다. 정공(띠 꼭대기 부근에서 당연히 해야 할 일)으로 생각하면 $\mathbf{F} = +e\mathbf{E}$이고 정공은 양의 질량을 가집니다. 그러나 전자의 관점에서 생각하면 $\mathbf{F} = -e\mathbf{E}$이지만 질량은 음수입니다. 어느 쪽이든 $\mathbf{k}$–상태의 가속도는 전자 또는 정공의 측면에서 역학을 설명하는지 여부에 관계없이 같습니다. 식 17.6 다음에 언급된 대로, 고유상태의 시간에 따른 변화는 고유상태가 전자로 채워졌는지 아닌지 여부와 상관없기 때문에, 이러한 동등성이 예상됩니다.

17.1.1 드루드 수송: 돌아가기

3장에서 드루드 이론, 즉 전자의 간단한 운동론을 공부했습니다. 드루드 이론의 주요 실패는 파울리 배타 원리를 제대로 다루지 않았다는 점입니다. 금속에서 전자의 높은 밀도는 페르미 에너지를 엄청나게

---

[11] 편의상 이 식을 1차원 형태로 씁니다.

높게 만든다는 사실을 간과했습니다. 그러나 반도체 또는 절연체에서 소수의 전자가 전도띠에 있고, 또는 소수의 정공이 가전자띠에 있으면, 저밀도 상황으로 간주할 수 있어, 아주 좋은 근사로 페르미 통계를 무시할 수 있습니다. (예를 들어, 전자 한 개가 전도띠로 들뜨면, 유일한 전자이기 때문에, 파울리 원리를 완전히 무시할 수 있습니다. 채우려고 하는 상태가 이미 채워져 있을 가능성은 없습니다!) 결과적으로 전도 전자 또는 가전자띠의 정공 밀도가 낮으면 드루드 이론이 매우 잘 작동합니다. 나중에 17.3절에서 이 문제로 돌아와 이 서술을 훨씬 더 정확하게 만들 것입니다.

어쨌든 준고전적 묘사에서 전도띠에 있는 전자에 대한 간단한 드루드 수송 방정식(실제로 뉴턴의 방정식)을

$$m_e^* \, d\mathbf{v}/dt = -e(\mathbf{E} + \mathbf{v} \times \mathbf{B}) - m_e^* \, \mathbf{v}/\tau$$

와 같이 쓸 수 있습니다. 여기서 m_e^*는 전자의 유효 질량입니다. 오른쪽의 첫 번째 항은 전자의 로런츠 힘이고, 두 번째 항은 적절한 산란시간 τ를 가진 저항입니다. 산란 시간은 입자 이동의 용이성을 측정하는 소위 *이동도mobility* μ를 결정합니다.[12] 이동도는 일반적으로 전기장에 대한 속도의 비율로 정의됩니다. 드루드 접근법에서

$$\mu = |\mathbf{v}|/|\mathbf{E}| = |e\tau/m^*|$$

와 같은 식을 얻습니다.

비슷하게, 가전자띠에 있는 정공에 대해서

$$m_h^* \, d\mathbf{v}/dt = e(\mathbf{E} + \mathbf{v} \times \mathbf{B}) - m_h^* \, \mathbf{v}/\tau$$

와 같이 운동방정식을 쓸 수 있습니다. m_h^*는 정공의 유효 질량입니다. 여기서 정공의 전하는 양의 값을 가진다는 것을 다시 유의하십시오. 전기장은 전자가 없는 것(정공)을 끌어당기는 방향과 반대 방향으로 전자를 끌어당기는 것입니다 – 말이 됩니다.

3장과 4장으로 되돌아 가보면, 우리가 이해할 수 없었던 수수께끼 중 하나는 홀 계수의 부호가 때때로 바뀐다는 것입니다(표 3.1 참조). 어떤 경우에는 전하 운반자가 양전하를 띤 것처럼 보입니다. 이제 이것이 진실이라는 것을 이해합니다. 어떤 물질에서는 정공이 주 전하운반자입니다!

[12] 이동도는 전자와 정공 모두에 대해 양수로 정의됩니다.

240   CHAPTER 17   반도체 물리

17.2 불순물로 전자 또는 정공을 더하기: 도핑

순수한 띠 절연체 또는 반도체에서 가전자띠에서 전도띠까지 (광자 또는 열적으로) 전자를 들뜨게 하면 전도띠에서 전자의 밀도(일반적으로 '음'의 전하를 나타내는 n이라고 합니다)는 가전자띠에 남은 정공의 밀도(일반적으로 '양'의 전하를 의미하는 p라고 합니다)와 정확히 같다고 확신할 수 있습니다. 그러나 순수하지 않은 반도체 또는 띠절연체에서는 그렇지 않습니다.

불순물이 없는 반도체는 *고유반도체intrinsic semiconductor*이라고 알려져 있습니다. 고유의 반대, 불순물이 존재하는 경우 *비고유반도체 extrinsic semiconductor*로 알려져 있습니다.

이제 비고유의 경우를 더욱 주의해서 살펴보도록 하겠습니다. 예를 들어, 약 1.1 eV의 띠틈을 갖는 반도체인 실리콘(Si)을 고려합시다. 이제 인(P) 원자가 그림 17.2의 위에 표시된 것처럼 격자의 Si 원자 중 하나를 대체한다고 가정해 보십시오. 주기율표에서 Si의 바로 오른쪽에 있는 이 P 원자는 그림 17.2의 아래에 표시된 것처럼 Si 원자에 여분의 양성자와 여분의 전자를 더한 것으로 생각할 수 있습니다.[13] 가전자띠가 이미 채워져 있기 때문에 추가된 전자는 전도띠로 들어가야 합니다. P 원자는 전자를 전도띠에 주기 때문에 실리콘에서 *주개 donor*(또는 *전자 주개electron donor*)로 알려져 있습니다. n은 전도띠에서 전자의 밀도를 나타내기 때문에, 때때로 n-*도펀트dopant*[14]로 알려져 있습니다.

마찬가지로, 주기율표에서 Si의 왼쪽에 직접 접하고 있는 원소인 알루미늄을 고려할 수 있습니다. 이 경우, 알루미늄 도펀트는 Si보다 하나 적은 전자를 제공하므로, 가전자띠에서 전자 하나가 빠져있는 상태가 됩니다. 이 경우에, p는 정공 밀도에 대한 기호이기 때문에 Al은 *전자 받개electron acceptor* 또는 p-*도펀트*로 알려져 있습니다.[15,16]

더 화학 지향적인 언어로, 그림 17.3에 나타난 바와 같이 주개와 받개를 묘사할 수 있습니다. 고유의 경우에, 모든 전자는 두 전자의 공유 결합에 묶여있습니다. n-도펀트에는 묶여있지 않은 여분의 전자가 있고, p-도펀트에는 묶여있지 않은 여분의 (전자 1개가 적은) 정공이 있습니다.

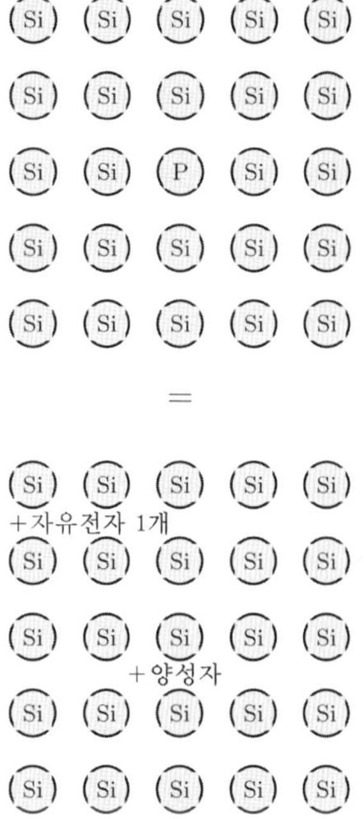

그림 17.2 반도체 도핑 그림. Si를 P로 도핑하면 하나의 자유 전자가 첨가되어 전도띠에서 자유롭게 돌아다니고 핵에 양전하가 하나 남게 됩니다.

[13] 여분의 중성자도 있지만, 여기서는 별다른 역할을 하지 않습니다.

[14] '도펀트'는 일반적으로 특성을 변경하기 위해 물체에 삽입된 화학 물질을 의미합니다. 이 정의는 물리학 분야 이외에도 광범위하게 적용됩니다(예를 들어, 랜스 암스트롱Lance Armstrong, 제리 가르시아Jerry Garcia(둘 다 금지 약물을 복용한 것으로 판명됨:역자 주)).

[15] 그렇습니다. 흔한 도펀트 인은 화학적 기호 P를 가지고 있지만, 성가시게도 Si에서는 p-도펀트가 아니고, n-도펀트 입니다.

[16] 붕소(B)는, Al보다 더 빈번하게, Si에서 p-도펀트로 사용됩니다. B는 주기율표에서 Al 바로 위에 있기 때문에 동일한 화학적 역할을 합니다.

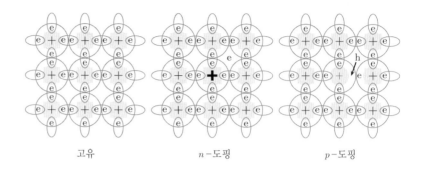

그림 17.3 반도체 도핑 그림. **왼쪽:** 고유인 경우, 모든 전자는 두 전자의 공유 결합으로 묶여 있습니다. **가운데:** n-도펀트의 경우 결합되지 않은 여분의 전자가 있고, 도펀트는 여분의 핵전하를 가지고 있습니다. **오른쪽:** p-도펀트의 경우 모든 결합을 완성하기에는 전자가 적기 때문에 (h로 표시된) 여분의 정공이 있고, 핵전하가 고유인 경우보다 양전하가 적습니다(약간 작아 보이는 +부호).

고유 n-도핑 p-도핑

17.2.1 불순물 상태

도펀트를 추가할 때 어떤 일이 발생하는지 더 신중하게 생각해 보겠습니다. 명확성을 위해 Si과 같은 반도체에 P와 같은 n-도펀트를 추가하는 것을 고려해 봅시다. 고유 Si 시료에 단일 n-도펀트를 추가하면 전도띠의 띠틈 위에 단일 전자를 얻습니다. 이 전자는 질량이 m_e^*인 자유입자처럼 행동합니다. 그러나, P 핵으로 인해 결정의 어느 지점에 하나의 추가 양전하 $+e$가 생깁니다. 자유 전자는 이 양전하에게로 끌어당겨져 수소원자와 유사한 얽매인 상태를 형성합니다. 진짜 수소원자와, 불순물 핵과 전도띠의 전자가 얽매인 상태 사이에는 두 가지 주요 차이점이 있습니다. 우선, 전자는 유효 질량 m_e^*를 가지며, 이는 전자의 진짜(원래의) 질량과 크게 차이가 납니다(일반적으로 전자의 원래 질량보다 작습니다). 둘째, 퍼텐셜 $V = e^2/(4\pi\epsilon_0 r)$로 서로 끌어당기는 두 전하 대신에 퍼텐셜 $V = e^2/(4\pi\epsilon_r\epsilon_0 r)$로 서로 끌어당깁니다. 여기서 ϵ_r은 물질의 상대 유전율(또는 상대 유전상수)입니다. 이 두 가지 작은 차이를 고려해서 양자역학 수업에서 실제 수소에서와 똑같이 수소의 얽매인 상태의 에너지를 계산할 수 있습니다.

수소원자의 에너지 고윳값이 $E_n^{\mathrm{H-atom}} = -\mathrm{Ry}/n^2$와 같이 주어진다는 것을 기억해 낼 수 있습니다. 여기서 Ry는 뤼드베리 상수이고, 전자의 질량이 m일 때

$$\mathrm{Ry} = \frac{me^4}{8\epsilon_0^2 h^2} \approx 13.6\ \mathrm{eV}$$

와 같이 주어집니다. 이에 해당하는 수소원자 파동함수의 반지름은 $r_n \approx n^2 a_0$이고, 보어 반지름은

$$a_0 = \frac{4\pi\epsilon_0 \hbar^2}{me^2} \approx .51 \times 10^{-10} \ \text{m}$$

과 같습니다. 반도체에서 수소유사hydrogenic 불순물 상태에 대한 비슷한 계산을 하면 정확히 같은 표현식을 얻는데, 다만 ϵ_0은 $\epsilon_0\epsilon_r$로 대체되고 m은 m_e^*로 대체됩니다. 결과는

$$\text{Ry}^{\text{eff}} = \text{Ry}\left(\frac{m_e^*}{m}\frac{1}{\epsilon_r^2}\right)$$

와

$$a_0^{\text{eff}} = a_0\left(\epsilon_r \frac{m}{m_e^*}\right)$$

입니다. 반도체의 유전 상수가 일반적으로 크고(가장 일반적인 반도체의 경우 10 정도) 유효 질량이 종종 작기 때문에(m의 1/3 이하), 실제 뤼드베리 상수 값에 비해 유효 뤼드베리 상수 Ry^{eff}가 작게 됩니다. 유효 보어 반지름 a_0^{eff}는 진짜 보어 반지름[17]에 비해 아주 큽니다. 예를 들어, 실리콘[18]에서 유효 뤼드베리 상수, Ry^{eff}는 0.1 eV보다 훨씬 작고, a_0^{eff}는 30 Å 이상입니다. 따라서, 이 주개 불순물은 전도띠의 바닥 바로 아래에(에너지가 띠 바닥 아래에서 Ry^{eff}만큼만) 고유 에너지 상태를 형성합니다. 절대 온도 0 K에서 이 고유상태는 채워질 것이지만, 수소유사 오비탈에 얽매인 전자를 전도띠로 들뜨게 하기 위해서는 단지 작은 온도만 필요합니다.

이 물리적 현상의 묘사는 그림 17.4에 나와 있습니다. 여기서 우리는 주개 또는 받개 불순물을 가진 반도체에 대한 에너지 다이어그램을 그렸습니다. 여기에서 에너지 고유상태는 위치의 함수로 그려집니다. 가전자띠와 전도띠(위치 축으로는 균일합니다) 사이에, 다수의 모여 있는 수소원자 유사 고유상태가 있습니다. 이들 상태의 에너지는 각각의 불순물 원자가 다른 불순물 원자에 의해 영향을 받기 때문에, 모두 정확히 같지는 않습니다. 불순물의 밀도가 충분히 높으면 전자(또는 정공)가 한 불순물에서 다음 불순물로 깡충뛰기가 가능하고 *불순물 띠 impurity band*를 형성하게 됩니다.

유효 뤼드베리 상수가 매우 작기 때문에, 각각의 불순물 고유상태는 전도띠보다 약간 낮거나 가전자띠보다 높습니다. 작은 온도로도 이러한

[17] 큰 보어 반경은 *사실상* 유전 상수 ϵ_r에 대한 연속 근사법을 사용하는 것을 정당화한다는 점에 유의하십시오. 작은 길이의 스케일에서, 전기장은 원자의 미세한 구조로 인해 매우 불균일하지만, 충분히 큰 길이의 스케일에서 우리는 고전적인 전자기학을 사용하고 단순히 유전 상수를 갖는 매질로 물질을 모형화할 수 있습니다.

[18] 실리콘은 이방성 띠를 가지므로, 이방성 질량을 가집니다. 실제 식은 훨씬 더 복잡합니다.

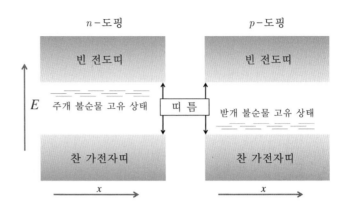

그림 17.4 (왼쪽) 주개 불순물 또는 (오른쪽) 받개 불순물이 첨가된 반도체의 에너지 다이어 그램. 불순물에 결합된 수소유사 오비탈의 에너지 고유상태는 각각의 불순물이 이웃 불순물에 의해 영향을 받기 때문에 모두 같지 않습니다. 저온에서, 주개 불순물 고유상태가 채워지고, 받개 고유상태는 비어있습니다. 그러나 온도가 올라감에 따라 주개 고유상태의 전자가 전도띠로 들뜨게 되고, 비슷하게 받개 고유상태의 정공이 가전자띠로 들뜨게 됩니다.

주개 또는 받개가 열을 받아서 띠로 들뜰 수 있습니다. 따라서 불순물이 운반자에 결합할 정도로 낮은 온도를 제외하고는 불순물이 단순히 운반자를 띠에 넣는 것으로 생각할 수 있습니다. 따라서, 주개 불순물은 자유 전자를 전도띠에 주는 반면, 받개 불순물은 가전자띠에 자유 정공을 제공합니다. 그러나 매우 낮은 온도에서 이 운반자는 각각의 핵에 결합되어 더 이상 전기를 운반할 수 없는데, *운반자 동결carrier freeze-out*이라고 알려진 현상입니다. 우리는 일반적으로 동결이 발생하지 않을 정도로 (실온과 같은) 충분히 높은 온도에 있다고 가정합니다.

불순물이 없는 경우, 페르미 에너지(0 K에서 화학 퍼텐셜)는 띠 틈의 중간에 있습니다. 주개 불순물이 첨가되면, 0 K에서, 띠틈의 상부 근처의 불순물 상태가 채워집니다. 따라서 페르미 에너지는 띠틈의 상단으로 이동합니다. 다른 한편으로, 받개가 추가될 때, 띠틈의 바닥 근처에 있는 받개 상태는 비어 있습니다(핵에 묶인 정공의 결합 상태임을 기억하십시오!). 따라서 페르미 에너지는 띠틈의 하단으로 이동합니다.

불순물의 광학적 영향 (돌아가기)

16.5.4절에서 이전에 언급한 바와 같이, 물질에 불순물이 있으면 광학적 특성에 극적인 영향을 줄 수 있습니다. 불순물의 두 가지 주요 광학 효과가 있습니다. 첫 번째 효과는 불순물이 절연 물질에 전하 운반자를 첨가하여, 절연체를 적어도 어느 정도 전기가 통하는 물질로 바꾸는 것입니다. 이것은 분명히 빛과 상호작용에 중요한 영향을 미칠 수 있습니다. 두 번째 중요한 효과는 띠틈 내에 새로운 에너지 준위를 만드는 것입니다. 불순물이 도입되기 전에, 가능한 가장 낮은 에너지 전이는 띠틈의 전체 에너지이지만, 이 경우에는 불순물 상태 사이에서, 또는

띠에서 불순물 상태로의 광학 전이를 할 수 있습니다.

17.3 반도체의 통계물리

이제 통계물리학에 대한 지식을 사용하여 유한 온도에서 띠의 점유 정도를 분석합니다.

그림 17.5와 같이 띠구조를 생각해 보십시오. 전도띠의 최소 에너지는 ϵ_c로 정의되고 가전자띠의 최대 에너지는 ϵ_v로 정의됩니다. 띠틈의 에너지는 이에 상응하여 $E_{\text{gap}} = \epsilon_c - \epsilon_v$가 됩니다.

식 4.10의 자유 전자에 대한 단위 부피당 상태밀도(2개의 스핀 상태를 갖는 3차원에서)는

$$g(\epsilon \geqslant 0) = \frac{(2m)^{3/2}}{2\pi^2\hbar^3}\sqrt{\epsilon}$$

와 같이 주어집니다. 전도띠에 있는 전자들은 (a) 띠의 바닥이 에너지 ϵ_c에 있고, (b) 그것들이 유효 질량 m_e^*를 가지는 것 외에는, 자유 전자와 정확히 같습니다. 따라서, 전도띠 바닥 부근의 전자에 대한 상태밀도는

$$g_c(\epsilon \geqslant \epsilon_c) = \frac{(2m_e^*)^{3/2}}{2\pi^2\hbar^3}\sqrt{\epsilon - \epsilon_c}$$

와 같습니다. 비슷하게, 가전자띠 꼭대기 부근의 정공에 대한 상태밀도는

$$g_v(\epsilon \leqslant \epsilon_v) = \frac{(2m_h^*)^{3/2}}{2\pi^2\hbar^3}\sqrt{\epsilon_v - \epsilon}$$

와 같이 주어집니다. 주어진 화학 퍼텐셜 μ에서 전도띠의 총 전자 밀도 n은, 온도의 함수로

$$n(T) = \int_{\epsilon_c}^{\infty} d\epsilon\, g_c(\epsilon)\, n_F(\beta(\epsilon - \mu)) = \int_{\epsilon_c}^{\infty} d\epsilon\, \frac{g_c(\epsilon)}{e^{\beta(\epsilon - \mu)} + 1}$$

와 같이 주어집니다. 여기서 n_F는 페르미 점유 인자, $\beta^{-1} = k_B T$입니다. 만약 화학 퍼텐셜이 전도띠보다 '충분히 아래'에 위치하고 있다면,

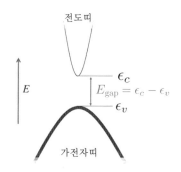

그림 17.5 가전자띠 꼭대기(대부분 채워짐)와 전도띠 바닥(대부분 비어 있음) 근처의 반도체 띠 다이어그램. 이 다이어그램은 직접 띠틈을 보여주지만 이 절의 고려 사항은 간접 띠틈에도 적용됩니다.

$$\frac{1}{e^{\beta(\epsilon-\mu)}+1} \approx e^{-\beta(\epsilon-\mu)}$$

와 같이 근사할 수 있습니다.

다시 말해, 온도가 충분히 낮아 띠 내의 전자 밀도가 매우 낮을 때, 페르미 통계는 볼츠만 통계로 대체될 수 있습니다. (17.1.1절에서 이미 이 원칙을 적용하였습니다! 페르미 통계를 고려하지 않는 고전적인 접근 방식인 드루드 이론이 진짜로 반도체의 띠틈 위의 전자에 대해 매우 잘 맞는다고 이미 논의했습니다.) 따라서

$$\begin{aligned}
n(T) &\approx \int_{\epsilon_c}^{\infty} d\epsilon\, g_c(\epsilon) e^{-\beta(\epsilon-\mu)} = \frac{(2m_e^*)^{3/2}}{2\pi^2\hbar^3} \int_{\epsilon_c}^{\infty} d\epsilon\, (\epsilon-\epsilon_c)^{1/2} e^{-\beta(\epsilon-\mu)} \\
&= \frac{(2m_e^*)^{3/2}}{2\pi^2\hbar^3} e^{\beta(\mu-\epsilon_c)} \int_{\epsilon_c}^{\infty} d\epsilon\, (\epsilon-\epsilon_c)^{1/2} e^{-\beta(\epsilon-\epsilon_c)}
\end{aligned}$$

와 같은 식을 얻습니다. 마지막 적분항은 ($y^2 = x = \epsilon - \epsilon_c$를 이용하여)

$$\begin{aligned}
\int_0^{\infty} dx\, x^{1/2} e^{-\beta x} &= 2\int_0^{\infty} dy\, y^2 e^{-\beta y^2} = -2\frac{d}{d\beta}\int_0^{\infty} dy\, e^{-\beta y^2} \\
&= -\frac{d}{d\beta}\sqrt{\frac{\pi}{\beta}} = \frac{1}{2}\beta^{-3/2}\sqrt{\pi}
\end{aligned}$$

와 같이 정리됩니다. 따라서 전도띠에서 전자 밀도에 대한

$$n(T) = \frac{1}{4}\left(\frac{2m_e^* k_B T}{\pi\hbar^2}\right)^{3/2} e^{-\beta(\epsilon_c-\mu)} \tag{17.8}$$

와 같은 표준식을 얻습니다. 이것은 전적으로 주로 화학 퍼텐셜과 전도띠 바닥 차이의 지수함수적인 들뜸이고, 앞인자는 온도에 따라 너무 빨리 변하지 않습니다(분명히 지수함수는 온도에 따라 매우 빠르게 변합니다!).

비슷하게, 가전자띠에서 정공의 밀도 p를 온도의 함수로

$$p(T) = \int_{-\infty}^{\epsilon_v} d\epsilon\, g_v(\epsilon)\left[1 - \frac{1}{e^{\beta(\epsilon-\mu)}+1}\right] = \int_{-\infty}^{\epsilon_v} d\epsilon\, \frac{g_v(\epsilon)e^{\beta(\epsilon-\mu)}}{e^{\beta(\epsilon-\mu)}+1}$$

와 같이 쓸 수 있습니다.[19] 다시 μ가 가전자띠의 꼭대기보다 훨씬 위에 있다면, $e^{\beta(\epsilon-\mu)} \ll 1$와 같은 조건이 되므로 위 식을

[19] 페르미 인자 n_F가 상태가 전자에 의해 점유될 확률을 준다면, $1-n_F$는 정공에 의해 점유될 확률을 줍니다.

$$p(T) = \int_{-\infty}^{\epsilon_v} d\epsilon \, g_v(\epsilon) e^{\beta(\epsilon-\mu)}$$

로 대체할 수 있습니다. 그리고 같은 종류의 계산을 통해

$$p(T) = \frac{1}{4}\left(\frac{2m_h^* k_B T}{\pi\hbar^2}\right)^{3/2} e^{-\beta(\mu-\epsilon_v)} \tag{17.9}$$

와 같은 식을 얻게 됩니다. 또다시 정공이 화학 퍼텐셜에서 *아래*에 있는 가전자띠로 들뜸을 보여줍니다(정공을 아래 가전자띠로 내리려면 에너지가 필요합니다!).

질량 작용 법칙

식 17.8과 17.9를 결합하면 다음과 같은 매우 중요한 관계식이 생깁니다.

$$
\begin{aligned}
n(T)p(T) &= \frac{1}{2}\left(\frac{k_B T}{\pi\hbar^2}\right)^3 (m_e^* m_h^*)^{3/2} e^{-\beta(\epsilon_c-\epsilon_v)} \\
&= \frac{1}{2}\left(\frac{k_B T}{\pi\hbar^2}\right)^3 (m_e^* m_h^*)^{3/2} e^{-\beta E_{\text{gap}}}
\end{aligned} \tag{17.10}
$$

여기서 띠틈 에너지 $E_{\text{gap}} = \epsilon_c - \epsilon_v$를 사용했습니다. 식 17.10은 때때로 *질량 작용 법칙*law of mass action[20]으로 알려져 있고, 이 식은 물질의 도핑과 무관합니다.

고유 반도체

고유(즉, 도핑되지 않은) 반도체의 경우, 전도띠에 들뜬 전자의 수는 가전자띠에 남겨진 정공의 수와 같아야하므로 $p = n$입니다. 그 다음 식 17.8을 식 17.9로 나누면

$$1 = \left(\frac{m_e^*}{m_h^*}\right)^{3/2} e^{-\beta(\epsilon_v+\epsilon_c-2\mu)}$$

식을 얻을 수 있습니다. 양변을 로그를 취하면,

$$\mu = \frac{1}{2}(\epsilon_c + \epsilon_v) + \frac{3}{4}(k_B T)\ln(m_h^*/m_e^*) \tag{17.11}$$

[20] 여기에서 '질량 작용 법칙'이라는 말은 화학에서 따온 것입니다. 화학 반응에서 두 물체 A와 B는 화합물 AB와 평형을 이루고 있습니다. 이것은 종종

$$A + B \rightleftharpoons AB$$

와 같이 표시됩니다. 농도의 비율을 나타내는 화학 평형 상수 K가 있습니다.

$$K = \frac{[AB]}{[A][B]}$$

여기서 $[X]$는 X의 농도입니다. 질량 작용 법칙은 상수 K가 개별 농도와 무관하게 고정되어 있다는 것을 말합니다. 반도체 물리학에서 매우 비슷합니다. 단지 '반응'은

$$e + h \rightleftharpoons 0$$

전자와 정공의 소멸을 나타내고, 따라서 $[e]=n$, $[h]=p$의 곱은 일정합니다.

와 같은 유용한 식이 나옵니다. 절대온도 0 K에서, 화학 퍼텐셜은 정확하게 띠틈의 가운데에 위치합니다.

이 식을 사용하거나, 제약 조건 $n = p$와 함께 질량 작용 법칙을 사용하면 반도체에서 전하 운반자의 고유 밀도에 대한

$$n_{\text{intrinsic}} = p_{\text{intrinsic}} = \sqrt{np} = \frac{1}{\sqrt{2}} \left(\frac{k_B T}{\pi \hbar^2} \right)^{3/2} (m_e^* m_h^*)^{3/4} e^{-\beta E_{\text{gap}}/2}$$

와 같은 식을 얻을 수 있습니다.

도핑된 반도체

도핑된 반도체의 경우, 질량 작용 법칙은 여전히 유효합니다. 운반자 동결이 일어나지 않을 정도로 온도가 충분히 높다고 가정하면(즉, 운반자가 불순물에 묶여있지 않으면),

$$n - p = (\text{주개 밀도}) - (\text{받개 밀도})$$

이 성립합니다. 이 식은 질량 작용 법칙과 함께, 풀 수 있는 두 개의 미지수를 가지는 두 개의 방정식을 줍니다.[21] 간단히 말하면, 만약 우리가 고유 운반자 밀도가 도펀트 밀도보다 훨씬 높은 온도에 있다면, 도펀트는 그다지 중요하지 않으며, 화학 퍼텐셜은 식 17.11에서와 같이 대략 띠틈의 가운데에 위치합니다(이것이 *고유* 영역입니다). 반면에, 고유 밀도가 도펀트 밀도보다 훨씬 작은 온도에 있는 경우, 운반자 농도가 주로 도펀트 밀도에 의해 결정되는 저온 상황으로 생각할 수 있습니다(이것은 *비고유* 영역입니다). n-도핑된 경우에, 전도띠 바닥은 주개로부터 온 전자로 채워지고, 화학 퍼텐셜은 전도띠 쪽으로 이동합니다. 마찬가지로, p-도핑된 경우에, 정공은 가전자띠의 꼭대기를 채우고, 화학 퍼텐셜은 가전자띠를 향해 아래로 이동합니다. 이런 강한 도핑의 경우, 다수 운반자 농도는 도핑으로부터만 얻어지는 반면에, 소수 운반자 농도는 – 매우 작은 것일 수 있는 – 질량 작용 법칙을 통해 얻어집니다. 다음 장에서 볼 수 있듯이 반도체 소자를 제작하려면 도핑을 통해, 전하를 가진 운반자를 반도체에 추가할 수 있는 기능이 절대적으로 중요합니다.

---

[21] 여기에 이 두 방정식을 푸는 방법이 있습니다.

$$D = \text{도핑} = n - p$$

이라고 합시다. 더 나아가 $n > p$이므로 $D > 0$이라고 가정합니다(반대 가정을 하여 다시 계산할 수 있습니다). 또한

$$I = n_{\text{intrinsic}} = p_{\text{intrinsic}}$$

이고 질량 작용 법칙에서,

$$I^2 = \frac{1}{2} \left(\frac{k_B T}{\pi \hbar^2} \right)^3 (m_e^* m_h^*)^{3/2} e^{-\beta E_{\text{gap}}}$$

입니다. $np = I^2$를 사용하여,

$$D^2 + 4I^2 = (n - p)^2 + 4np$$
$$= (n + p)^2$$

와 같은 식을 세울 수 있습니다. 따라서

$$n = \frac{1}{2} \left(\sqrt{D^2 + 4I^2} + D \right)$$
$$p = \frac{1}{2} \left(\sqrt{D^2 + 4I^2} - D \right)$$

의 식을 얻게 됩니다. 본문에 명시된 바와 같이 만약 $I \gg D$면, 도핑 D는 중요하지 않습니다. 한편, 만약 $I \ll D$ 이면, 다수 운반자 밀도는 도핑에 의해서만 결정되고, 열적 인자 I는 중요하지 않고, 소수 운반자 밀도는 질량 작용 법칙에 의해 고정됩니다.

- 정공은 가전자띠에 전자가 없는 것입니다. 이들은 양전하(전자는 음전하를 가짐)와 양의 유효 질량을 가집니다. 정공의 에너지는 가전자띠로 내려가면서 더 큰 (띠의 최대점에서 멀어지는) 운동량에서 더 커집니다. 전하 운반자로서 정공의 양전하가 홀 계수의 부호에 대한 수수께끼를 설명합니다.
- 유효 전자질량은 전도띠 바닥의 곡률에 의해 결정됩니다. 정공의 유효 질량은 가전자띠 꼭대기의 곡률에 의해 결정됩니다.
- 드루드 이론에서 전하 운반자의 이동도는 $\mu = |e\tau/m^*|$입니다.
- 전도띠로 전자가 거의 들뜨지 않거나, 가전자띠에 정공이 거의 없는 경우 볼츠만 통계는 페르미 통계에 대한 좋은 근사를 제공하며, 드루드 이론은 정확해집니다.
- 전자나 정공은 열적으로 들뜨거나 도핑을 통해 계에 추가될 수 있으며, 물질의 광학적, 전기적 특성을 크게 변화시킬 수 있습니다. 질량 작용 법칙에 따라 np 곱은 도핑 양과 무관하게 고정됩니다(온도, 유효 질량, 띠틈에만 의존합니다).
- 질량 작용 법칙을 유도하는 방법을 알아야 합니다!
- 온도가 아주 낮은 곳에서는 운반자가 동결되고, 그것들이 떨어져 나왔던 원래 불순물 원자에 갇혀있게 됩니다. 그러나 유효 뤼드베리 에너지는 매우 작기 때문에, 운반자는 띠로 쉽게 이온화됩니다.

참고자료

- Ashcroft and Mermin, 28장 (정공과 유효 질량에 관한 매우 훌륭한 기술이 12장에 있습니다. 특히 225쪽 이후를 보십시오.)
- Rosenberg, 9장
- Hook and Hall, 5.1~5.5절
- Kittel, 8장
- Burns, 10.17은 제외하고 이 이후의 10장
- Singleton, 5~6장
- Ibach and Luth, 12~12.5절
- Sze, 2장

17.1 정공

(a) 반도체 물리학에서 정공이란 무엇을 의미하며 왜 유용합니까?

(b) 반도체에서 가전자띠 꼭대기 부근의 전자는 다음과 같은 에너지를 가집니다.

$$E = -10^{-37}|\mathbf{k}|^2$$

여기서 E의 단위는 J이고 k는 m^{-1}입니다. 전자가 $\mathbf{k} = 2 \times 10^8 \text{ m}^{-1}\hat{x}$ 상태에서 제거되었습니다. 여기서 $\hat{x}$는 x방향의 단위 벡터입니다. 정공에 대해 다음 (과 그 부호까지)을 계산하시오 .

    (i) 유효 질량

    (ii) 에너지

    (iii) 운동량

    (iv) 속도

▶ 거의 같은 운동량을 갖는 정공이 밀도 $p = 10^5 \text{ m}^{-3}$로 있다면, 전류 밀도와 그 부호를 계산하시오.

17.2 질량 작용 법칙과 반도체 도핑

(a) 띠틈 에너지(E_g)가 온도($k_B T$)보다 훨씬 크다고 가정합시다. 일정한 T의 고유 반도체에서 전자수(n)와 정공수(p)의 곱은 전도띠의 상태밀도와 가전자띠의 상태밀도(유효 질량을 통해), 그리고 띠틈 에너지에만 의존한다는 것을 보이시오.

▶ n, p, np곱에 대한 식을 유도하시오.

    적분 $\int_0^\infty dx\, x^{1/2}e^{-x} = \sqrt{\pi}/2$를 사용해야 할 수도 있습니다.

(b) 실리콘과 게르마늄의 띠틈은 각각 1.1 eV와 0.75 eV입니다. 실리콘과 게르마늄에서 전자와 정공 모두에 대하여, 유효 질량은 등방성이고 거의 동일하며, 원래 전자 질량의 약 0.5배라고 가정할 수 있습니다. (실제로 유효 질량은 동일하지 않고, 더 나아가 유효 질량은 모두 이방성이지만, 여기서는 대략적으로 추정합니다.)

▶ 실온에서 고유(도핑되지 않은) 실리콘에 대한 전도 전자 농도를 추정하시오.

▶ '고유' 거동이 나타나게 하는 이온화 불순물의 최대 농도를 대략적으로 추정하시오.

▶ 실온에서 게르마늄의 전도 전자 농도를 추정하시오.

(c) 그림 17.6의 그래프는 특정 n-도핑된 반도체에 대한 전하-운반자 농도와 온도 사이의 관계를 보여줍니다.

▶ 반도체의 띠틈과 주개 이온의 농도를 추정하시오.

▶ 이러한 데이터를 측정할 수 있는 실험 방법을 자세히 설명하고, 실험 오류의 가능한 원인을 제시하시오.

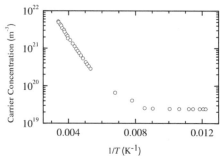

그림 17.6 연습문제 17.2의 그림

17.3 화학 퍼텐셜

(a) 고유 반도체의 화학 퍼텐셜이 저온에서 띠틈의 가운데에 위치함을 보이시오.

(b) 반도체에 (i) 주개와 (ii) 받개가 도핑된 경우 화학 퍼텐셜이 온도에 따라 어떻게 변하는지 설명하시오.

(c) 직접 띠틈 반도체가 10^{23} 전자/m^3의 밀도로 도핑되었습니다. 띠틈이 1.0 eV이고 전도띠와 가전자띠에서 운반자의 유효 질량이 각각 0.25와 0.4 전자질량인 경우, 실온에서 정공 밀도를 계산하시오. 힌트: 연습문제 17.2의 결과를 사용하시오.

17.4 에너지 밀도

반도체 가전자띠에서 전자의 에너지 밀도가

$$\left(\epsilon_c + \frac{3}{2}k_B T\right)n$$

와 같이 주어짐을 보이시오. 여기서 n은 전자 밀도이고, ϵ_c는 전도띠 바닥의 에너지입니다.

17.5 반도체

다음과 같은 반도체 시료의 특성을 결정하기 위한 실험에 대해 설명하시오. (i) 다수 운반자 부호, (ii) 운반자 농도, (하나의 운반자 유형이 지배적이라고 가정) (iii) 띠틈, (iv) 유효 질량, (v) 다수 운반자의 이동도.

17.6 반도체(심화)

반도체의 흡수 특성과 이것이 띠틈과 어떻게 관련되는지를 설명하시오. 직접 반도체와 간접 반도체의 구별의 중요성을 설명하시오. 반도체 결정에 대해 연구하기 위해 어떤 대역의 광학 스펙트럼이 흥미로울까요?

17.7 반도체(더 심화)

주개 원자에 의해 n형 반도체에 도입된 전자 상태의 에너지를 추정할 수 있는 모형을 대략 설명하시오. 이 에너지에 대한 식을 적고, 왜 이 에너지 준위가 전도띠 가장자리에 매우 가깝게 위치하는지 설명하시오.

17.8 최대 전도도*

특정 반도체의 정공의 이동도는 μ_h이고, 전자의 이동도는 μ_e이라고 가정합시다. 반도체의 총 전도도는

$$\sigma = e\left(n\,\mu_e + p\,\mu_h\right)$$

과 같습니다. 여기서 n과 p는 각각 전도띠에서 전자의 밀도와 가전자띠에서 정공의 밀도를 말합니다. 도핑과 상관없이 도달할 수 있는 최대 전도도가

$$\sigma = 2e\,n_{\mathrm{intrinsic}}\sqrt{\mu_e\,\mu_h}$$

와 같음을 보이시오. $n_{\mathrm{intrinsic}}$은 고유 운반자 밀도입니다. 어떤 $n-p$의 값에서 이 전도도가 얻어집니까?

17.9 $n-$과 $p-$도펀트 둘 다에 의한 홀 효과*

반도체의 가전자띠에서 정공의 이동도는 μ_h이고 밀도는 p, 전도띠에서 전자의 이동도는 μ_e이고 밀도는 n이라고 가정합시다. 드루드 이론을 사용하여 이 시료의 홀 비저항을 계산하시오.

반도체 소자

Semiconductor Devices

반도체 전자 소자의 개발은 의심의 여지없이 세상을 변화시켰습니다. 아마도 현시대의 가장 큰 기술적 진보로 여겨져, 오늘날 전자 제품의 존재를 당연한 것으로 받아들이는 것을 과장이라 말할 수 없습니다. 우리(실제로 세상!)는 이 전체 산업이 양자 응집물질물리학에 대한 우리의 상세한 이해로 인해 존재한다는 사실을 결코 놓치지 말아야 합니다.

　반도체 소자 물리학에 대한 깊은 논의가 다소 포함되기는 하지만, 일부 기본 소자의 작동 방식에 대한 일반적인 아이디어를 제시하는 것은 어렵지 않습니다.[1] 이 장은 일부 중요한 소자에 대한 간단한 기초 수준의 설명을 제공하기 위한 것입니다.

[1] 이 장의 끝에 있는 참고자료를 보십시오.

18.1 띠구조 공학

반도체 소자를 만들려면 재료의 세부 특성(띠틈, 도핑 등)을 제어해야 하고 이러한 여러 특성을 가진 반도체들을 조합할 수 있어야 합니다.

18.1.1 띠틈 설계

소자 가공의 간단한 예는 알루미늄–갈륨–비소입니다. 갈륨비소는 약 $E_{\mathrm{gap}}(\mathrm{GaAs}) = 1.4\,\mathrm{eV}$의 직접 띠틈($\mathbf{k} = 0$)을 갖는 반도체입니다(그림 14.6에서와 같은 섬아연광 구조를 가지고 있습니다). 알루미늄비소는 Ga가 Al로 대체되고 $\mathbf{k} = 0$에서 띠틈[2]이 약 2.7 eV인 것을 제외하고는 동일한 구조를 가집니다. 또한 일정 비율(x)의 Ga의 Al로 대체된 합금 (화합물)을 생성할 수 있으며, 이는 $\mathrm{Al}_x\mathrm{Ga}_{1-x}\mathrm{As}$로 표시됩니다. 매우 좋은 근사로, 직접 띠틈은 순수한 GaAs와 순수한 AlAs의 직접 띠틈

[2] AlAs는 실제로 간접 띠틈 반도체이지만, $x < 0.4$ 정도의 경우 $\mathrm{Al}_x\mathrm{Ga}_{1-x}\mathrm{As}$는 직접 띠틈을 가집니다.

사이값 채우기를 통해 구할 수 있습니다. 따라서 대략

$$E_{\mathrm{gap}}(x) = (1-x)1.4\,\mathrm{eV} + x\,2.7\,\mathrm{eV}$$

와 같은 식을 얻습니다. 이러한 종류의 합금 구조를 제조함으로써, 물질에서 우리가 원하는 임의의 띠틈을 얻을 수 있습니다.[3] 섞이는miscible 재료[4]를 합금함으로써 물질의 특성(예를 들어 띠틈)을 설계하는 이러한 기술은 매우 광범위하게 적용될 수 있습니다. 원하는 특성을 가진 재료를 만들기 위해 3, 4, 5개의 원자로 이루어진 화합물을 혼합하는 것은 드문 일이 아닙니다.

소자 물리학의 관점에서, 예를 들어 반도체로부터 레이저를 제작하려고 합니다. 정공을 전자와 재결합시키는 최저 에너지 전이는 띠틈 에너지(일반적으로 '레이징'에너지)입니다. 반도체의 조성을 바꿈으로써, 띠틈의 에너지를 조절하고, 따라서 레이저의 광학 진동수를 조절할 수 있습니다. 이 장의 나머지 부분에서 다양한 반도체 소자를 제작하는 데 띠틈 공학이 얼마나 강력한지에 대한 더 많은 예를 살펴보겠습니다.

18.1.2 균일하지 않은 띠틈

위치에 따라 변하는 재료(또는 재료의 합금)의 구조를 제조함으로써, 계에서 전자 또는 정공에 대한 보다 복합적인 환경을 설계할 수 있습니다. 예를 들어, 그림 18.1에 표시된 구조를 생각해 보십시오. 여기서 더 작은 띠틈을 갖는 GaAs 층은 더 큰 띠틈을 갖는 AlGaAs[5]의 두 층 사이에 들어가 있습니다.[6] 이 구조는 '양자 우물quantum well'로 알려져 있습니다. 일반적으로 여러 종류의 반도체로 만들어진 구조는 *반도체 이종구조semiconductor heterostructure*로 알려져 있습니다.[7] 그림 18.2는 수직 위치 z의 함수로 양자우물 구조의 띠 다이어그램을 나타냅니다. 띠틈은 AlGaAs 영역보다 GaAs 영역에서 더 작습니다. 띠틈 에너지의 변화는 전자(또는 정공)가 느끼는 퍼텐셜로 생각할 수 있습니다. 예를 들어, 전도띠에서 전자는 AlGaAs 영역보다 양자우물 영역(GaAs 영역)에 있을 경우 더 낮은 에너지를 가질 수 있습니다. 이 영역에는 에너지가 낮은 전도띠에 전자가 갇히게 됩니다. 상자안입자처럼, 그림과 같이 z방향으로 전자운동의 불연속적인 고유상태가 생기게 됩니다. 가전자띠의 정공에 대한 상황도 비슷하고(정공을 가전자띠 안으로 밀어 넣으려면 에너지가 필요하다는 것을 기억하십시오), 양자 우물에

---

[3] 재료를 임의 비율의 x로 합금함으로써, 계가 더 이상 정확하게 주기적이지 않고 대신 임의의 혼합물이 될 수 있음을 인정해야 합니다. 긴 파장의 전자파동(즉, 전도띠 바닥 또는 가전자띠 꼭대기 근처의 상태)에 관심이 있는 한, 이 무작위성은 매우 효과적으로 평균화되어 없어지고, 이 계를 대략적으로 As와 $Al_x Ga_{1-x}$ 평균 원자에 대한 주기 결정으로 볼 수 있습니다. 이것을 '가상 결정' 근사'virtual crystal' approximation라고 합니다.

[4] '섞이는miscible'은 '혼합 가능'을 의미합니다.

[5] 간결성을 위해 '$Al_x Ga_{1-x}$As' 대신 'AlGaAs'로 자주 씁니다.

[6] GaAs와 AlGaAs는 두 물질의 격자상수가 거의 같기 때문에 이종구조를 만드는 데 특히 좋은 재료입니다. 결과적으로 AlGaAs는 GaAs 표면에 아주 잘 부착되며, 그 반대도 마찬가지입니다. 격자상수가 많이 다른 물질 사이에 이종구조를 구축할 경우 필연적으로 계면에 결함이 생깁니다.

[7] 반도체 이종구조 소자(반도체 레이저 및 이종구조 트랜지스터 포함)의 개발로 2000년 조레스 알표로프Zhores Alferov와 허버트 크뢰머Herbert Kroemer가 노벨상을 수상했습니다.

있는 정공에 대해 유사하게 상자안입자 상태가 있을 것입니다.

이 절의 중요한 물리학은 반도체의 전자가 (위치의 함수로서 퍼텐셜로 간주할 수 있는) 전도띠 바닥의 에너지를 느끼고(또는 그에 따라 정공이 가전자띠 꼭대기 에너지를 볼 수 있습니다) 그 안에 갇히게 됩니다!

변조 도핑과 2차원 전자 기체

전자(또는 정공)를 양자 우물에 집어넣기 위해서는, 일반적으로 이종구조에 (각각 $n-$ 또는 $p-$) 도펀트를 집어넣어야 합니다. 매우 유용한 묘책은 진짜 도펀트 원자를 양자우물 *밖에* 두는 것입니다. 퍼텐셜 에너지가 우물에서 더 낮기 때문에, $n-$주개에서 떨어져 나온 전자는 그림 18.1과 18.2에서처럼 우물에 빠지고 거기에 갇히게 될 것입니다.[8,9] 예를 들어, 그림 18.1, 18.2와 같이, 도펀트를 GaAs 영역이 아닌 AlGaAs 영역에 놓을 수 있습니다. 이 묘책은 '변조 도핑modulation doping'[10]으로 알려져 있으며, 운반자가 도펀트 이온에 부딪치지 않고, 우물 영역 내에서 자유롭게 이동할 수 있게 합니다. 이러한 운반자는 아주 긴 평균 이동 거리를 가질 수 있고, 이는 저전력 소자 설계에 매우 유용합니다.

양자 우물에 갇힌 전자는 2차원으로 자유롭게 이동할 수 있지만, 제3의 방향(그림 18.1, 18.2에서 z - 축 방향을 나타냄)으로 운동이 제한됩니다. 저온에서, 갇힌 전자가 우물 밖으로 뛰어 나가거나, 심지어 더 높은 상자안입자 상태로 뛰어나가기에 충분한 에너지를 가지고 있지 않으면, 전자 운동은 엄격하게 2차원에 제한됩니다.[11] 2차원에서 이러한 전자에 대한 연구는 끈 이론string theory과 양자 컴퓨팅quantum computation과 같은 다양한 분야와의 놀라운 연결을 통하여 새롭고 흥미로운 물리학의 진정한 보물[12]로 밝혀졌습니다. 불행히도 이 계에 대한

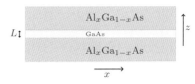

그림 18.1 양자 우물을 이루고 있는 반도체 이종구조. GaAs 영역에서, 전도띠는 AlGaAs 영역보다 에너지가 낮고, 가전자띠는 더 높은 에너지에 있습니다. 따라서 전도띠의 전자와 가전자띠의 정공은 GaAs 영역에 갇히게 됩니다.

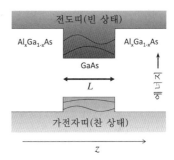

그림 18.2 양자 우물의 띠 다이어그램. 전도띠에서 단일 전자는 양자우물에서 상자 안의 입자 상태로 갇히게 됩니다. 마찬가지로, 가전자 띠의 정공도 양자 우물에 갇히게 됩니다.

---

[8] 전자가 주개 이온으로부터 너무 멀리 떨어지면, (축전기처럼) 전하가 축적되므로 우물에 빠지는 전자의 수는 이 충전 에너지에 의해 제한됩니다. 이것은 다음에 논의할 $p-n$ 접합의 물리와 유사합니다.

[9] 비슷하게, $p-$주개에 의해 만들어진 정공은 우물 '위로 떨어져' 갇히게 됩니다!

---

[10] 변조 도핑은 호르스트 슈퇴르머Horst Störmer와 레이 딩글Ray Dingle이 발명했습니다. 슈퇴르머는 나중에 이 기술로 가능해진 연구로 노벨상을 수상했습니다! 주석 12를 참조하세요. 슈퇴르머는 내가 벨 연구소에서 일할 때 한동안 나의 상사의 상사였습니다.

[11] 이것을 2차원 전자 기체 또는 '2DEG(투덱)'이라고 합니다.

[12] 여러 연구자가 2차원 전자 기체 연구로 노벨상을 수상하였습니다: 1985년 폰 클리칭von Klitzing, 1998년 추이Daniel Tsui, 슈퇴르머, 로플린Robert Laughlin(1장의 주석 2 참조). 2010년 노벨상을 수상한 탄소의 단일 원자층인 그래핀에서 전자의 연구(가임Geim과 노보셀로프Novoselov, 19장의 주석 7 참조)도 매우 밀접한 관련이 있습니다.

[13] 이것은 내가 가장 좋아하는 주제 중 하나 이므로 다음 책의 주제가 될지도 모릅니다. 아마도 마약 밀수업자를 물리치는 아마존의 물리학자에 대한 낭만적 스릴 러를 쓴 후 다음 책이 될 것입니다.

자세한 연구 내용은 이 책의 범위를 벗어납니다.[13]

18.2 *p–n* 접합

가장 단순하지만 가장 중요한 반도체 구조 중 하나는 *p–n* 접합입니다. 이것은 단순하게 *p*–도핑된 반도체가 *n*–도핑된 반도체와 직접 접촉하는 계입니다. 이 결과가 주는 물리학은 매우 놀랍습니다!

p–n 접합을 이해하기 위해 먼저 그림 18.3과 같이 *p*–도핑된 반도체와 *n*–도핑된 반도체를 따로 고려해 보겠습니다(그림 17.4와 비교해 보십시오). *n*–도핑된 계는 음전하를 띤 자유 전자를 갖고 *p*–도핑된 계는 양전하를 띤 자유정공을 갖지만, 전하를 띤 이온은 이동 전하 운반자의 전하를 보상해야 하므로, 두 계 모두 전체적으로 전기적 중성이어야 합니다. 그림 18.3에 나타난 바와 같이, *n*–도핑된 반도체에서 화학 퍼텐셜은 띠틈의 맨 위 근처에 있는 반면, *p*–도핑된 반도체에서 화학 퍼텐셜은 띠틈의 맨 아래 근처에 있습니다. 따라서 두 물질이 접촉하게 되면 전도띠의 전자가 가전자띠로 떨어지게 되어, 빈 정공 상태(그림 18.3의 화살표로 표시됨)를 채워 전자와 정공이 모두 '쌍소 멸pair-annihilation'합니다. 이 쌍소멸 과정은 소멸된 쌍당 E_{gap} 에너지의 이득을 주게 됩니다(여기서 E_{gap}은 전도띠의 바닥과 가전자띠 꼭대기 사이의 띠틈 에너지입니다).

그림 18.3 *n*–도핑된 반도체의 화학 퍼텐셜(왼쪽)은 띠틈의 꼭대기 근처에 있는 반면, *p*–도핑된 반도체의 경우(오른쪽) 띠틈의 바닥 근처에 있습니다(그림 17.4와 비교). *n*–도핑된 반도체는 대부분 비어있는 전도띠에 자유 전자 (e^-) 운반자를 갖지만 양이온으로 인해 전기적으로 중성으로 남아 있습니다. 비슷하게, *p*–도핑된 반도체는 대부분 채워진 가전자띠에 자유 정공 (h^+) 운반자를 가지며, 음이온 때문에 전기적으로 중성을 유지합니다. 두 개의 반도체가 결합되면 전자는 더 낮은 화학 퍼텐셜로 떨어지면서 빈 정공을 채우게 됩니다(따라서 화살표로 표시되듯이 소멸됩니다).

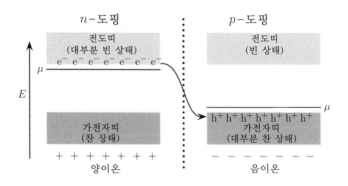

전자가 정공으로 떨어지고 소멸된 후에는 자유 운반자가 전혀 없는 영역이 계면 근처에 생길 것입니다. 이것을 '결핍 영역depletion region' 또는 '공간전하 영역space charge region'이라고 합니다(그림 18.4를 보십

시오). 이 영역은 전하를 띤 이온은 있지만 중성으로 만들 운반자가 없기 때문에 전하를 띠게 됩니다. 따라서 양전하를 띠고 있는 이온들으로부터 음전하를 띠고 있는 이온들을 향하는 전기장이 존재합니다(즉, 전기장은 n-도핑된 영역으로부터 p-도핑된 영역을 향합니다). 이 전기장은 축전기와 매우 비슷합니다. 중간에 전기장이 있고 양전하가 음전하와 공간적으로 분리되어 있습니다. 이제 다른 정공을 없애기 위해 결핍 영역을 가로 질러 전자를 추가 이동시키는 것을 생각해 봅시다. 소멸 과정은 E_{gap}만큼의 에너지 이득을 제공하지만, 결핍 영역을 가로 질러 전자를 이동시키는 과정은 $-e\Delta\phi$의 에너지를 소비합니다. 여기서 ϕ는 퍼텐셜입니다. 결핍 영역이 충분히 크면(축전기의 전하가 충분히 커서 $\Delta\phi$가 커집니다), 더 이상 전자와 정공이 소멸되는 것이 더 이상 바람직하지 않게 됩니다. 따라서 결핍 영역은 이 두 에너지 크기가 같아질 때까지만 커집니다.[14]

[14] 접합을 평행판 축전기로 아주 간단하게 근사할 수 있습니다. (전하가 2개의 평행판 위가 아니라, 접합의 부피 전체에 분포되기 때문에 평행판 축전기는 아닙니다). 간단히 하기 위해 p-영역의 받개 도핑밀도 $n_a = p$가 n-영역의 주개 도핑밀도 $n_d = n$과 같다고 가정합시다. 단위 면적당 평행판 축전기의 전하용량은 $\epsilon_0\epsilon_r/w$인데 여기서 w는 결핍 폭, ϵ_r는 상대 유전상수, ϵ_0는 일반적인 진공 유전율입니다. 축전기의 단위 면적당 총 전하량은 $nw/2$이므로 축전기 양단의 전압은 $\Delta\phi = Q/C = nw^2/(2\epsilon_0\epsilon_r)$ 입니다. $e\Delta\phi$를 갭 에너지 E_{gap}과 같다고 놓으면, w의 근사값을 구할 수 있습니다. 연습문제 18.3에서 이 계산을 더욱 꼼꼼히 해야 합니다.

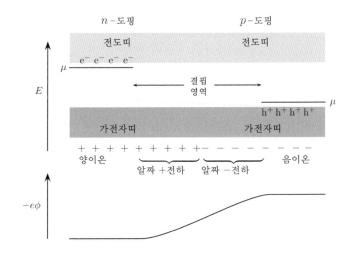

그림 18.4 p-n 계면 근처의 전자가 정공으로 빠지면서 전자와 정공이 모두 소멸되면, 계면 근처에 자유 운반자가 없는 결핍 영역이 있습니다. 이 영역에서 전하를 띤 이온은 전기장을 만듭니다. 해당 퍼텐셜 $-e\phi$가 그림의 아래에 표시됩니다. 다른 전자가 결핍 영역을 가로지를 때 필요한 에너지($-e\phi$의 계단 크기로)가 정공을 소멸시키는 전자에 의해 얻어지는 띠틈 에너지보다 클 때까지, 결핍 영역은 계속 커지게 됩니다.

그림 18.4에 그림으로 표시된 p-n 접합의 묘사는 약간 오해를 불러일으킬 수 있습니다. 그림의 위쪽 부분에서 접합을 가로 질러 전자를 이동시켜 정공을 소멸시키는 과정이 에너지를 항상 낮추는 것처럼 보입니다(왼쪽 전자의 화학 퍼텐셜이 정공의 화학 퍼텐셜보다 높게 그려져 있기 때문에). 이 그림의 위쪽 부분에서 빠진 사실은 접합의 전하에 의해 만들어진 퍼텐셜을 분명하게 나타내지 않는다는 것입니다(그림의 아래 반쪽에 나타나 있습니다만). 따라서 (띠구조) 운동에너지뿐만 아니라 퍼텐셜을 반영하기 위해, 이 그림을 다시 그리는 것이 편리합니다. 이것은 그림 18.5에 나와 있습니다.

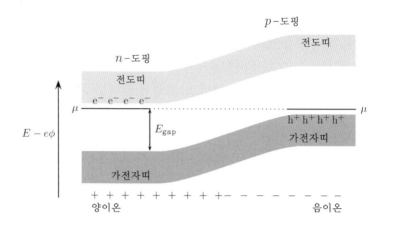

그림 18.5 전압이 가해지지 않은 $p-n$ 접합의 밴드 다이어그램. 정전 퍼텐셜이 띠 에너지에 추가된다는 점을 제외하고는, 그림 18.4와 정확히 동일합니다. 이 그림에서 왼쪽 대 오른쪽의 (전기)화학 퍼텐셜이 같다는 것은 전자가 왼쪽이나 오른쪽으로 움직이기 위한 알짜 구동력이 없음을 나타냅니다. 그러나 결핍 영역에는 알짜 전기장이 있으므로, 이 영역에서 광자를 흡수하여 전자-정공 쌍이 생성되면 전자가 왼쪽으로 흐르고 정공이 오른쪽으로 흘러서 알짜 전류를 생성합니다. 결핍 영역의 총 퍼텐셜 강하는 정확히 띠틈에 해당함에 유의하십시오.

이 그림에서, 그림의 양쪽에서 이동된 화학 퍼텐셜은 이제 같은 높이에 있습니다. 즉, 띠 에너지의 낮춤이 퍼텐셜의 변화에 의해 정확하게 보상된다는 사실을 반영합니다.[15] 따라서 전자를 이 접합에서 오른쪽 또는 왼쪽으로 움직이게 하는 힘은 없습니다.

태양 전지

반도체에 빛을 가하면 광자의 에너지가 띠틈의 에너지보다 클 경우 전자-정공 쌍이 들뜰 수 있습니다.[16] 이제 그림 18.5의 $p-n$ 접합을 빛에 노출시키는 것을 고려합시다. 반도체의 대부분의 영역에서 생성된 전자와 정공은 빠르게 재소멸됩니다. 그러나, 결핍 영역에서, 이 영역의 전기장으로 인해, 생성된 전자는 왼쪽으로 (n-도핑된 영역을 향해) 흐르고, 생성된 정공은 오른쪽으로 (p-도핑 된 영역을 향해) 흐르게 됩니다. 두 경우 모두, 전류가 오른쪽으로 흐르고 있습니다(음의 전하가 왼쪽으로 흐르는 것과 양의 전하가 오른쪽으로 흐르는 것은 모두 오른쪽으로 전류를 흐르게 합니다). 따라서, $p-n$ 접합은 빛에 노출됨으로써 자발적으로 전류(따라서 전압, 따라서 전력)를 만듭니다. 태양 전지solar cell, 광전지photovoltaics 또는 광 다이오드photodiode로 알려진 이 원리를 기반으로 하는 장치는 현재 전 세계에 수백억 달러의 전기에너지를 공급합니다!

정류: 다이오드

이 $p-n$ 접합은 *정류rectification*라는 놀라운 특성을 가지고 있습니다. 전류가 접합을 통해 한 방향으로는 쉽게 흐르지만 다른 방향으로는 쉽게(매우 높은 저항으로) 흐르지 않습니다.[17] *다이오드diode*[18]로 알려진 비대칭 소자는 많은 전기 회로의 중요한 부분을 차지하고 있습니다.

정류 효과를 이해하기 위해 p–n접합에 약간의 전압을 가하는 것을 가정해서 그림 18.6과 같은 상황을 얻습니다.

이 그림은 그림 18.5에서 E_{gap}의 퍼텐셜 언덕이 가해진 전압에 의해 낮아진 것을 제외하고는 그림 18.5와 똑같습니다. 그림 18.5에서 왼쪽과 오른쪽 화학 퍼텐셜이 정렬되어 있지만, 여기에서는 정렬되어 있지 않습니다. 전류를 생성할 수 있는 네 가지 과정이 있습니다(그림에서 ①–④로 표시됩니다). 전류 흐름의 양을 결정하기 위해 한 번에 하나씩 고려해 봅시다.

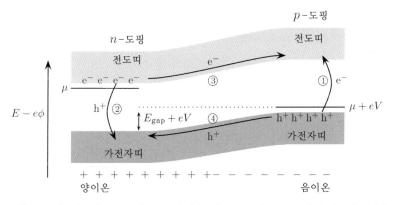

그림 18.6 전압이 가해진 p–n 접합의 띠 다이어그램(그림 18.5와 비교하십시오). 이 경우 다이어그램의 오른쪽이 가해진 전압에 의해 아래쪽으로 내려갑니다(그림에서 $+eV$는 음수입니다). 전류를 만들 수 있는 4가지 과정이 표시됩니다. 가해진 전압이 없으면, 알짜 전류는 0입니다. 전압이 가해지면 전류는 흐릅니다 – 음의 eV에는 쉽게 흐르지만, 양의 eV에는 쉽게 흐르지 않습니다.

과정 ①과 ②: 다이어그램의 오른쪽(p–도핑된 쪽)에서, 전자가 전도띠로 열적으로 들뜰 수 있습니다(과정 ①). 이 전자들 중 일부는 왼쪽으로 경사를 따라 아래로 흐를 것입니다. 비슷하게, 다이어그램의 왼쪽(n–도핑된 쪽)에서, 정공은 가전자띠로 열적으로 들뜰 수 있으며(과정 ②) 오른쪽으로 경사를 거슬러 흐르게 됩니다. 두 경우 모두, 들뜬 운반자의 수는 일반적인 $e^{-E_{\text{gap}}/k_B T}$의 형태로 활성화됩니다.[19] 최종 전류는 오른쪽으로 흐르게 됩니다(전자는 왼쪽으로 흐릅니다). 따라서 이 전류의 기여는

$$I_{\text{right}} \propto e^{-E_{\text{gap}}/k_B T} \tag{18.1}$$

와 같습니다.

[17] 1874년 카를 페르디난트 브라운Karl Ferdinand Braun은 반도체 정류 현상을 발견했지만, 다음 세기 중반까지는 자세히 이해하지 못했습니다. 이 발견은 무선기술 개발의 기초가 되었습니다. 브라운은 1909년 굴리엘모 마르코니Guglielmo Marconi와 함께 무선 전신에 대한 공로로 노벨상을 수상했습니다. 브라운은 아마도 현대 통신만큼 중요한 것으로 보이는 음극선관(CRT)을 발명했는데, 최근 LCD 디스플레이 시대가 도래할 때까지, 오랫동안 텔레비전용 화면에 사용되었습니다. CRT는 여러 나라에서 '브라운관'으로 알려져 있습니다.

[18] 'di–ode'는 그리스어에서 유래한 것으로 '두 경로'를 의미하며, 이러한 소자는 두 개의 다른 면(p, n 면)을 가지고 있다는 것을 일컫습니다.

[19] 질량 작용 법칙에 따라, 식 17.10은 $np \propto e^{-E_{\text{gap}}/k_B T}$입니다. 계의 각 면에서, 다수 운반자 밀도는 도핑 밀도에 의해 고정되며, 소수 운반자 밀도는 지수 함수적으로 들뜹니다.

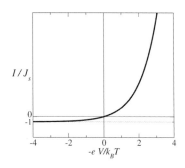

그림 18.7 다이오드의 전류-전압 관계(식 18.3). 순방향 전압 방향으로는 전류가 쉽게 흐르지만 역방향 전압 방향으로는 쉽게 흐르지 않습니다. y축의 크기는 포화 전류 J_s에 의해 결정되는데, 이는 일반적으로 온도와 소자의 다른 세부 사항의 함수입니다.

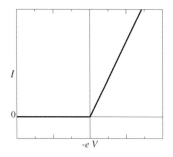

그림 18.8 다이오드의 전류-전압 관계를 단순화한 그림. 대략적으로 다이오드가 순방향 전압 방향으로는 옴의 법칙을 따르는 것으로 보고, 반대 방향으로는 전류가 흐르지 않는 것으로 생각합니다.

[20] 제3법칙을 위반하면 안되므로!

그림 18.9 회로의 다이오드 기호. 전류는 화살표 방향(p에서 n쪽으로)으로 쉽게 흐르지만 반대 방향으로는 흐르지 않습니다. 전자는 전류 방향과 반대 방향으로 흐릅니다.

과정 ③과 ④: 다이어그램 왼쪽의 전도띠(n-도핑된)에 있는 전자가 열적으로 들떠서 결핍층의 퍼텐셜 경사를 거슬러 올라갑니다(과정 ③). 그들이 p-도핑된 쪽에 도달하면 정공으로 소멸됩니다. 가해진 전압이 없을 경우(그림 18.4에 그림으로 표시된 바와 같이) 전자가 올라가야할 퍼텐셜 언덕은 정확히 높이 E_{gap}입니다. 따라서 이 전류의 양은 $\propto e^{-E_{\text{gap}}/k_B T}$입니다. 비슷하게, 오른쪽($p$-도핑된 쪽)의 가전자띠의 정공은 열적으로 들떠서 n-도핑된 쪽을 향하여 퍼텐셜 경사 아래로 내려가 전자와 소멸됩니다(과정 ④). 다시 가해진 전압이 없는 경우 이 전류의 양은 $\propto e^{-E_{\text{gap}}/k_B T}$입니다. 이 두 경우 모두, 전류는 왼쪽으로 흐릅니다(전자는 오른쪽으로 흐릅니다).

계에 전압이 가해지면, 퍼텐셜 언덕의 높이가 E_{gap}에서 $E_{\text{gap}} + eV$로 바뀌게 되고, 이에 따라 이 두 과정 (③과 ④)에 대한 전류가 변경되어

$$I_{\text{left}} \propto e^{-(E_{\text{gap}}+eV)/k_B T} \qquad (18.2)$$

식을 얻습니다. 그러나 과정 ①과 ②의 경우 전압 바이어스는 들뜬 운반자의 수를 바꾸지 않으므로 I_{right}는 전압과 무관합니다.

따라서 이 소자의 총 전류 흐름은 $I_{\text{left}} + I_{\text{right}}$의 네 가지 프로세스 합계입니다. 방정식의 생략된 앞쪽 항이 아니라, 지수항만을 추적했지만, 18.1과 18.2는 앞쪽 항이 동일해야 한다고 쉽게 주장할 수 있습니다. 가해진 전압(또는 조사된 광자)이 없으면 계에 알짜 전류가 없어야 하므로[20]

$$I_{\text{total}} = J_s(T) \left(e^{-eV/k_B T} - 1 \right) \qquad (18.3)$$

와 같이 쓸 수 있습니다. 여기서 $J_s \propto e^{-E_{\text{gap}}/k_B T}$는 포화 전류로 알려져 있습니다. 식 18.3은 '다이오드 방정식diode equation'으로 알려져 있고 그림 18.7에 그려져 있습니다. 전류는 한 방향(소위 *순방향 전압forward bias* 방향)으로 쉽게 흐르지만, 반대 방향(*역방향 전압reverse biase* 방향)으로 매우 잘 흐르지 않습니다. 초보 수준에서 다이오드는 그림 18.8의 단순화된 그림처럼 보이는 회로 소자라고 생각할 수 있습니다 – 순방향 전압 방향의 저항은 옴의 법칙을 만족하고(전압에 비례하는 전류), 역방향 바이어스의 경우 전류는 전혀 없습니다. 여러분들은 다이오드

를 사용하여 어떤 종류의 실용적인 회로를 만들 수 있는지 생각하는 것이 흥미로울 수 있습니다(연습문제 18.5 참조). 회로도에서 다이오드는 그림 18.9와 같이 표시됩니다.

발광 다이오드

똑같은 $p-n$ 접합구조가 전류로부터 빛을 만드는 데 사용될 수 있습니다 – 위에서 말한 태양전지와 반대 과정입니다. 전도띠의 전자와 가전자띠의 정공이 둘 다 있는 곳 어디에서도(그러나 주로 결핍 영역에서), 전자는 정공과 소멸할 수 있고, 이 과정에서 광자를 방출합니다.[16] 빛을 만드는 데 사용될 때, 이 소자는 발광다이오드light-emitting diode 또는 LED라 불립니다. LED 빛은 전력 소모가 매우 적고 수명도 길기 때문에, 모든 다른 전기 조명원을 빠르게 대체하고 있습니다.[21]

18.3 트랜지스터

아마도 20세기의 가장 중요한 발명[22]은 트랜지스터transistor일 것입니다 – 모든 현대 전자 회로의 기초를 이루는 단순한 반도체 증폭기입니다. 모든 아이패드, 아이팟, 아이폰, 아이북에는 문자 그대로 수십억 개의 트랜지스터가 포함되어 있습니다. 알람시계, TV 또는 라디오와 같은 간단한 장치에도 수천 또는 수백만 개가 들어 있습니다.[23]

많은 종류의 최신 트랜지스터가 있지만, '금속 산화물 반도체 전계 효과 트랜지스터, Metal-Oxide-Semiconductor Field Effect Transistor'

[21] 빨간색 LED가 1960 이후로 존재했지만, 조명에 필요한 더 높은 진동수의 빛을 얻는 데 수 십년이 걸렸습니다. 파란색 LED의 개발이 매우 중요한 것으로 여겨져 이것을 발명한 아카사키Akasaki, 아마노Amano, 나카무라Nakamura가 2014년 노벨상을 수상하였습니다.

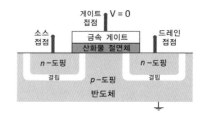

그림 18.10 게이트에 전압이 가해지지 않은 n-MOSFET 트랜지스터. 소스, 드레인 접합 주위의 영역은 n-도핑되고, 나머지 반도체는 p-도핑됩니다. p-도핑된 영역으로부터 n 영역을 분리하는 결핍층에 주목하십시오. 게이트 전극에 전압이 없는 경우, 이 소자는 그림 18.11과 같이 본질적으로 2개의 다이오드가 반대로 연결된 소자이므로 전류와 드레인 사이 어느 방향으로도 쉽게 흐를 수 없습니다. 반도체(S) 위에 산화물(O) 절연체 또 그 위에 금속(M)인 소자의 물리적 구조가 MOS-FET 라는 이름을 준다는 것에 주목하십시오. 이 소자에는 접지를 포함하여(오른쪽 아래) 4개의 전기 접점이 있습니다.

---

[22] 트랜지스터의 발명은 보통 1947년 존 바딘John Bardeen, 월터 브래튼Walter Brattain, 윌리엄 쇼클리William Shockley의 벨연구소팀에 의한 것으로 인정됩니다. 팀 관리자인 쇼클리는 훌륭했지만 매우 난해한 사람이었습니다. 쇼클리는 바딘과 브래튼이 그의 도움 없이 시제품 제작에 성공했다는 사실을 알게 되면서 격분했습니다. 쇼클리는 (올바르게) 노벨상에 포함되었지만(디자인을 상당히 발전시킨 공로로), 그는 바딘과 브래튼이 근원적으로 더 이상 이 소자 개발에 기여할 수 없도록 만들었습니다. 바딘은 벨연구소를 떠나 일리노이 대학교로 가서 초전도 이론에 대한 연구를 시작하여 두 번째 노벨상을 수상했습니다(6.1절의 주석 5 참조). 나중에 쇼클리는 인종차별주의자로 여겨지는 견해를 지지하면서 우생학의 강력한 지지자가 되었습니다. 그는 대부분의 친구와 가족과 멀어진 채, 세상을 떠났습니다. 그의 유산 가운데 긍정적인 면은, 현재 '쇼클리의 천장Shockley's Ceiling'으로 알려진 뉴욕주 샤완겅크Shawangunks에서 멋진 암벽 등반 경로를 개척한 것입니다.

[23] 트랜지스터의 발명만큼 중요한 것은 단일 실리콘에 수백만 개의 트랜지스터를 어떻게 넣는지 알아내는 것이었습니다. 소위 '집적 회로 integrated circuit'의 발명은 잭 킬비Jack Kilby에게 노벨상을 가져다주었습니다. 로버트 노이스Robert Noyce는 몇 달 후에 비슷한 소자를 발명하고, 인텔을 설립했습니다.

의 약자인 MOSFET[24]이 지금까지 가장 일반적입니다. 그림 18.10에서 게이트gate에 전압이 가해지지 않은 n-MOSFET 소자의 구조를 보여 줍니다. 소스source와 드레인drain 접합 주위의 영역은 n-도핑되고, 나머지 반도체는 p-도핑되어 있습니다. 결핍층은 n-도핑 영역과 p-도핑 영역 사이에 형성됩니다. 따라서 게이트에 전압이 가해지지 않는 경우, 유효 회로는 그림 18.11과 같이 두 개의 다이오드가 반대로 연결된 p-n접합과 같습니다. 결과적으로 게이트에 전압이 없으면 전류가 소스와 드레인 사이 어느 방향으로도 쉽게 흐를 수 없습니다. 특히 반도체(**S**) 위에 산화물(**O**) 절연체 그리고 그 위에 금속(**M**)인 소자의 물리적 구조에 주목하십시오. 이들 3개의 층은 약어 MOS-FET의 MOS를 포함합니다[25](현대의 소자에서 가장 많이 사용되는 반도체는 실리콘이고 산화물은 이산화실리콘입니다).

금속 게이트에 양의 전압이 가해질 때(반도체에 부착된 접지에 대하여), 금속 게이트는 평행판 축전기의 하나의 판으로 작용합니다. 반도체는 축전기의 다른 판을 형성하므로 게이트의 양의 전압은 산화물 절연체 바로 아래의 영역에 음전하를 끌어당깁니다. 이러한 전하의 인력은 게이트에 가해진 전기장의 결과이기 때문에 '전계 효과'로 알려져 있습니다. ('전계 효과 트랜지스터'라는 용어는 약어 MOSFET의 FET입니다.) 결과적으로, 게이트 전압이 특정 임계 전압($V_{\text{threshold}}$)보다 충분히 큰 경우, 게이트 아래의 영역은 실질적으로 n형이 됩니다. 이것은 소스에서 드레인까지 모든 방향으로 뻗어있는 n-형 반도체의 연속적인 통로가 있다는 것을 의미하고, 결과적으로 소스와 드레인 사이의 전도율이 그림 18.12와 같이 매우 커짐을 의미합니다. 이러한 방식으로, 게이트에 가해진 (상대적으로 작은) 전압은 소스와 드레인 사이의 큰 전류를 제어할 수 있어, 작은 신호를 증폭할 수 있습니다.

n-MOSFET 트랜지스터의 거동을 보다 상세하게 결정하려면 전자가 통로 영역으로 어떻게 끌어당겨지는지 고려해야 합니다. 이것은 p-n접합에 사용했던 고려 사항과 매우 비슷합니다. 예를 들면, 게이트 퍼텐셜은 띠구조를 '구부리며' (그림 18.6과 비슷합니다) 게이트에 아주 가까운 곳의 전도띠가 화학 퍼텐셜 부근까지 구부러져 전자로 채워지기 시작합니다. 전도띠로의 운반자 들뜸은 화학 퍼텐셜과 전도띠의 바닥 사이의 에너지 차이의 지수 함수에 의존하므로(식 17.8 참

[24] 첫 번째 MOSFET은 1960년에 만들어졌습니다(한국인 강대원과 아탈라Mohammed Atalla가 벨연구소에서 제작: 역자 주). 비록 1926년 릴리엔펠드Julius Edgar Lilienfeld가 특허에서 본질적으로 동일한 구조를 제안했지만, 작동에 필요한 것을 완전히 이해하지는 못했습니다.

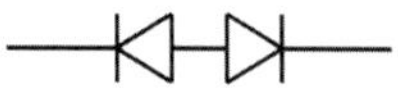

그림 18.11 게이트 전압이 없는 경우 n-MOSFET은 여기에 표시된 것처럼 두 개의 p-n접합이 거꾸로 연결된 구조입니다. 어느 방향으로도 전류가 쉽게 흐를 수 없습니다.

[25] 실제로, 트랜지스터는 금속이 아닌 게이트 그리고/또는 산화물이 아닌 절연층을 사용하여 완벽하게 제작할 수 있습니다. 이들 구조를 더 포함하기 위해, 때때로 '절연 게이트 전계 효과 트랜지스터 insulated gate field effect transistor'를 의미하는 'IGFET'라는 용어도 사용합니다.

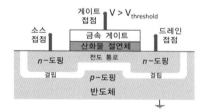

그림 18.12 게이트에 전압 $V > V_{\text{threshold}}$가 가해진 n-MOSFET. 여기서, 전자는 게이트로 끌어당겨져, 산화층에 가까운 영역이 실질적으로 n-도핑이 됩니다. 결과적으로, n 영역은 소스와 드레인 사이에 연속적인 전도 통로를 형성하고 전류는 이제 이 두 영역 사이에서 쉽게 흐르게 됩니다. (그림 18.10과 비교)

조), 소스에서 드레인까지 통로 전도도는 게이트에 가해진 전압에 지수함수적으로 민감하게 변합니다.

소스와 드레인 주변 영역이 p-도핑되고, 나머지 반도체가 n-도핑되는 p-MOSFET을 만들 수도 있습니다. 이러한 소자의 경우, 게이트 전압이 충분히 음의 값이 되어 게이트 아래 영역으로 정공이 끌리고, 소스와 드레인 사이에 전도성 p-채널을 형성하게 될 때, 소스와 드레인 사이에 전도가 시작될 것입니다. 현대의 디지털 회로는 거의 항상 동일한 실리콘 위에 만들어진 n-과 p-MOSFET의 조합을 사용합니다. 이것을 상보complementary MOS 로직 또는 'CMOS'라고 합니다. 회로도에서 MOSFET은 그림 18.13과 같이 자주 표현됩니다. 그러나 이 유형의 장치에는 많은 변형이 있으며, 모두 약간씩 다른 기호가 있는 것에 유의하십시오. 특별한 이 기호는 접지 접점이 소스 전극에 연결되어 있음을 나타내고 회로에서 매우 자주 있는 일입니다.

그림 18.13 회로도에서 n-과 p-MOSFET의 일반적인 기호. 이 기호에서 접지는 소스에 연결되어 있음을 나타냅니다 – 이는 종종 회로에 사용되는 경우입니다. 소자가 다른 상황에서 사용되는 경우 (비슷한 모양의) 다른 기호가 사용될 수 있습니다.

요약

- 반도체를 섞어서 띠틈을 조절할 수 있습니다.
- 띠틈은 운반자의 퍼텐셜로 작용하므로 양자 우물이라고 알려진 상자안입자 퍼텐셜을 만들 수 있습니다.
- p-도핑된 반도체와 n-도핑된 반도체 사이의 접합은 이동 운반자가 없고, 내부 전기장으로 결핍층을 형성합니다. 이 구조는 태양 전지와 다이오드의 기초가 됩니다.
- 반도체에 가해지는 외부 퍼텐셜은 운반자를 특정 영역으로 끌어들여 소자의 전도 특성을 크게 변화시킬 수 있습니다. 이 '전계 효과'는 MOSFET의 기초입니다.

참고자료

반도체 소자에 대한 좋은 책들이 많이 있습니다.
- Hook and Hall, 6장은 p-n접합을 상당히 잘 다루고 있습니다.
- Burns, 10.17절은 p-n접합을 다루고 있습니다.
- Ashcroft and Mermin, 29장에서 p-n접합을 다룹니다(혼란을 야기할 정도로 매우 깊이 다룹니다).
- Ibach and Luth, 12장에서 간단한 반도체 소자를 많이 다루고 있습니다.
- Sze, 반도체 소자에 대해 더 많이 배우고 싶다면 시작하기에 좋은 책입니다.

18.1 반도체 양자 우물

(a) 양자우물이 $Ga_{1-x}Al_xAs$ 층으로 둘러싸인 두께 L nm의 GaAs 층으로 형성됩니다(그림 18.2 참조). $Ga_{1-x}Al_xAs$의 띠틈이 GaAs보다 아주 크다고 가정합시다. 전자의 질량을 m_e라고 하면 GaAs에서 전자 유효 질량은 $0.068m_e$인 반면, 정공 유효 질량은 $0.45m_e$입니다.

▶ 전자와 홀의 퍼텐셜 모양을 그려 보시오.
▶ 양자우물의 띠틈이 GaAs 재료의 띠틈보다 0.1 eV 더 크면 L의 대략적인 값은 얼마입니까?

(b)* 이 구조는 어디에 쓸모가 있을까요?

18.2 양자 우물의 상태밀도

(a) 이전 연습문제에서 설명한 양자우물을 고려하시오. 양자 우물에서 전자와 정공의 상태밀도를 계산하시오. 힌트: 이차원 전자 기체이지만 여러 개의 상자안입자 상태가 있다는 것을 잊지 마십시오.

(b) AlGaAs로 둘러싸인 GaAs의 1차원 선인 소위 '양자선quantum wire'을 고려하시오. 선의 단면은 측면이 30 nm인 정사각형으로 간주할 수 있습니다. 양자선 내의 전자나 정공의 상태밀도를 기술하시오. 왜 이 양자선으로 아주 좋은 레이저를 만들 수 있을까요?

18.3 $p-n$ 접합*

급격한 $p-n$접합에서 결핍층의 원인을 설명하고, 접합에서 정류가 어떻게 발생되는지 논의하시오. 필요한 가정을 말하고, $p-n$접합의 결핍층의 총너비 w가

$$w = w_n + w_p$$

와 같이 주어짐을 보이시오. 여기서

$$w_n = \left(\frac{2\epsilon_r \epsilon_0 N_A \phi_0}{e N_D (N_A + N_D)} \right)^{1/2}$$

이고 w_p도 비슷한 식을 가집니다. 여기에서 ϵ_r은 상대 유전율이고, N_A와 N_D는 단위 부피당 받개와 주개 밀도이며, ϕ_0는 전압이 가해지지 않은 $p-n$접합의 퍼텐셜차입니다. 결핍 영역에 이온전하가 있는 경우 푸아송 방정식을 사용하여 ϕ를 계산해야합니다.

▶ 총 결핍 전하를 계산하고 추가 전압 V가 가해질 때 이것이 어떻게 변하는지 계산하시오.
▶ 다이오드의 차동differential 전기용량은 무엇이고 전자 회로에서 다이오드를 축전기로 사용하는 것이 유용한 이유는 무엇입니까?

18.4 단일 이종접합*

최소 전도띠 에너지 ϵ_{c1}을 갖는 n-도핑된 반도체와 최소 전도띠 에너지 ϵ_{c2}를 갖는 도핑되지 않은 반도체($\epsilon_{c1} < \epsilon_{c2}$) 사이의 급격한 접합을 고려하십시오. 이 구조가 어떻게 두 반도체 사이의 계면에서 2차원 전자 기체를 생성할 수 있는지 정성적으로 설명하시오. 위치의 함수로 퍼텐셜를 그려 보시오.

18.5 다이오드 회로

AC(교류) 신호를 DC(직류) 신호로 변환하기 위해 다이오드(그리고 필요한 기타 간단한 소자)를 사용하여 회로를 설계하시오.

▶ 이 장치를 사용하여 라디오 수신기를 설계할 수 있습니까?

18.6 CMOS 회로*

n-MOSFET 하나와 p-MOSFET 하나(그리고 일부 전압 소스 등)로 걸쇠latch 역할을 할 수 있는 회로를 설계하시오. 가능한 두 가지 상태에서 안정적이고 단일 비트 메모리를 작동시키는 것을 말합니다(즉: 켜져 있으면 자체적으로 그 상태를 유지하고, 꺼져 있으면 자체적으로 그 상태를 유지합니다.)

18.7 빛 방출*

(a) 전도띠(유효 질량 m_e^*)와 가전자띠(유효 질량 m_h^*)가 열적으로 채워진다고 가정하면, 진동수의 함수로 방출되는 광전력light power의 세기를 결정하시오. 전도띠에 운동량이 $\hbar\mathbf{k}$이고 스핀이 σ인 전자가 있고, 가전자띠에는 운동량이 $\hbar\mathbf{k}$이고 스핀이 $-\sigma$인 전자가 비어있는 경우, 광자가 일정한 시간 τ 만에 방출된다고 가정할 수 있습니다.

(b) 발광 다이오드에서 들뜬 전자와 정공의 소멸이 연속적으로 일어나는데도 어떻게 이들의 수는 일정하게 유지되나요?

자성과 평균장 이론

Magnetism and Mean Field Theories

원자의 자기적 성질: 상자성과 반자성

Magnetic Properties of Atoms: Para- and Dia-Magnetism

우리의 첫 번째 질문은 왜 우리는 자성체에 관심을 가지는가입니다. 자기적 현상이 고대로부터 알려져 있었지만,[1] 무엇이 이 효과[2]를 일으키는지에 대한 어떠한 이해도 양자역학의 발견되기 이전에는 존재하지 않았습니다. 물리학의 상대적으로 작은 구석과 같아 보이지만, 우리가 매우 많은 관심을 쏟아야 하는(실제로 다섯 개의 장) 자성은 양자역학과 통계역학 모두의 효과를 관측하는 데 특별히 좋은 곳이라는 것을 알게 될 것입니다.[3] 16.4절에서 언급한 바와 같이 전자의 띠 이론이 잘 맞지 않은 곳이 자석의 기술입니다. 사실, 이것이 정확하게 자석을 흥미롭게 만드는 그 무엇입니다! 실제로, 자성은 (매우 매우 어렵고, 답이 알려지지 않은 채로 문제가 많이 남아있는) 극도로 활발한 물리학의 연구영역입니다. 응집물질물리학의 많은 부분이 이론적으로나 실험적으로나 모두 계속적으로 자성을 복잡한 양자물리와 통계물리학의 이해를 위한 시험대로 이용하고 있습니다.

대부분의 자기적 현상이 *전자*들의 양자역학적 행동에 기인한다는 것을 강조합니다. 핵들이 자기 모멘트를 가지고 있기 때문에, 자성에 기여할 수 있습니다. 핵자기 모멘트의 크기는 (일반적으로) 전자에 비해 매우 작습니다.[4]

[1] 아마도 과거로 거슬러 올라가, BC 수천 년 전에 (문헌 기록은 BC 600 전까지 존재합니다) 중국인과 그리스인 모두 아마도 Fe_3O_4 또는 자철석(또한 자기화되었을 때 로드스톤loadstone으로 알려진)의 자기적 성질에 대해서 알고 있었을 것입니다. 한 전설에 따르면 마그네시아Magnesia라는 지역에서 마그네스Magnes라는 이름을 가진 목동의 신발에 있던 못이 커다란 금속 바위에 붙었다고 하고, 이 과학적 현상은 그의 이름을 따서 지었다고 합니다.

[2] 참을 수 없는 치명적 매력animal magnetism(농담이었습니다).

[3] 닐스 보어와 헨드리카 판 리우엔Hendrika van Leeuwen에 의한 정리가 있습니다. 이것은 양자역학 없이 통계역학(즉, 고전적 통계역학)의 어떤 방법도 영이 아닌 자기화를 만들어 낼 수 없다는 것을 보인 것입니다.

[4] 이것을 이해하기 위해서는 전자의 자기 모멘트의 크기를 주는 보어 마그네톤이 $\mu_B = e\hbar/(2m)$ 라는 것을 기억해야 합니다. 여기서, m은 전자 질량입니다. 만약 우리가 핵 모멘트에 기인한 자성을 고려했었다면, 전형적인 모멘트는 전자 질량 대비 핵질량의 비율(1000이 넘는 인자)로 작은 값일 것입니다. 그럼에도 불구하고 비록 작지만 핵의 자성은 여전히 존재합니다.

19.1 자성의 종류에 대한 기초 정의

먼저 약간의 정의를 내려 봅시다. 약한 자기장의 경우에 대해 생각해보면, 계의 자기화 $\mathbf{M}$(단위 부피당 모멘트)은 가해진 자기장의 크기 $\mathbf{H}$에 (자기) 감수율 χ로 선형적으로 변하는 관계를 가지고 있습니다.[5] 작은 자기장[6] $\mathbf{H}$에 대해서

$$\mathbf{M} = \chi\mathbf{H} \tag{19.1}$$

로 쓸 수 있습니다. χ는 차원이 없다는 것에 주의하십시오.[7] 작은 감수율에 대해서(강자성일 경우는 예외이지만, 감수율은 거의 항상 작은 값을 가집니다) $\mu_0\mathbf{H}$와 $\mathbf{B}$ 사이에는 약간의 차이가 있습니다(μ_0은 진공의 투자율), 따라서,

$$\mathbf{M} = \chi\mathbf{B}/\mu_0 \tag{19.2}$$

와 같이 쓸 수 있습니다.

정의 19.1 *상자성체paramagnet는 $\chi > 0$인 물질입니다(즉, 최종적인 자기화가 가해진 자기장과 같은 방향입니다).*

4.3절에서 우리는 (파울리) 상자성체를 마주했었습니다. 또한 자유 스핀의 상자성에 익숙했을 수도 있습니다(19.4절에서 다시 다루게 될 것입니다). 정성적으로 상자성은 자기 모멘트가 가해진 자기장에 따라서 방향을 바꿀 수 있으면 언제든지 일어납니다 – 가해진 자기장의 방향으로 자기화가 일어납니다.

정의 19.2 *반자성체diamagnet는 $\chi < 0$인 물질입니다(즉, 최종적인 자기화가 가해진 자기장에 반대방향입니다).*

우리는 반자성을 19.5절에서 더 많이 논의할 것입니다. 우리가 보게 되듯이, 다른 자기 효과에 의해서 가려지지만 않는다면, 반자성은 아주 도처에서 일어나며, 일반적으로 발생하는 현상입니다. 예를 들어, 물과 대부분의 다른 생물학적 물질들은 반자성을 띕니다.[8] 정성적으로 반자성을 유도 전류가 그것의 원인이 되는 변화에 반대가 되는 장을

---

[5] 감수율은 $\mathbf{H}$에 대해서 정의됩니다. 긴 막대 모양의 시료를 자기장에 평행하게 배치한 상태에서는 $\mathbf{H}$는 시료의 안쪽, 바깥쪽에서 똑같습니다. 그리고 이것은 실험자가 직접 조절할 수 있습니다. 감수율은 이러한 표준적인 배치에 대하여 정의됩니다. 그러나 시료 속의 임의의 전자가 경험하는 자기장 $\mathbf{B}$는 가해진 자기장 $\mathbf{H}$와 수식 $\mathbf{B} = \mu_0(\mathbf{H}+\mathbf{M})$를 통해서 연결되어 있다는 것을 기억해야 합니다.

[6] 임의의 자기장에서 보다 더 일반적인 "차동" 감수율 $d\mathbf{M}/d\mathbf{H}$을 또한 정의할 수 있습니다.

[7] 자기학을 연구하는 데 많은 서로 다른 형식의 단위들이 사용됩니다. 우리는 SI 단위계에 집중할 것입니다(그렇게 되면 χ가 차원이 없게 됩니다). 그러나 다른 책들에서는 단위 체계가 바뀔 수 있음에 유의해야 합니다.

[8] 반자성이 그것을 만드는 자장을 밀치고, 자기장 최솟점으로 끌려가는 것에 주목하는 것은 흥미로운 일입니다. 언쇼Earnshaw의 정리는 자유 공간에서 자기장 $\mathbf{B}$의 국소 최댓값은 금지되나, 국소 최솟값은 존재한다는 것입니다. 따라서 반자성체를 자유 공간에 부양하는 것이 가능합니다. 1997년 안드레 가임Andre Geim은 이 효과를 이용하여 혼란에 빠진 개구리를 공중 부양시켰습니다. 이 위업으로 그는 2000년 이그노벨상을 수상했습니다(이그노벨Ig-Nobel상은 '할 수 없는 또는 재현될 수 없는' 연구에 주어지는 것입니다). 10년 후 그는 단일층 탄소 시트인 그래핀graphene의 발견으로 진짜 노벨상을 받았습니다. 이것으로 그는 이그-노벨상과 진짜 노벨상을 모두 수상한 아직까지 유일한 사람이 되었습니다.

만들어 내는 렌츠의 법칙(패러데이 법칙의 일부)의 의미와 유사한 것으로 생각할 수 있습니다. 그러나 이 유추는 정확하지 않습니다. 만약 자기장이 전선의 고리에 적용될 때, 전류가 흘러 반대 방향으로 자기화를 만들 것입니다. 그러나 (비초전도성의) 전선 고리의 전류는 결국 줄어들어 0으로 되돌아 갈 것이고, 남아 있는 자기화는 없어지게 됩니다. 반면, 반자성체 속에서는 외부 자기장이 남아있는 한 오랫동안 자기화가 남아 있게 됩니다.

또한 완전한 논의를 위해서 강자성체를 정의해야합니다 – 우리가 '자석'으로 생각하는 것입니다(냉장고에 쪽지가 붙어있게 하는 물건).

정의 19.3 *강자성체ferromagnet는 외부 자기장이 걸리지 않아도 M 이 영이 아닐 수 있는 물질입니다.*[9],[10]

자발적spontaneous 그리고 *비자발적non-spontaneous* 자성을 구분하는 것은 가치가 있습니다. 강자성체와 같이 외부에서 인가된 자기장이 없을 때에도 자기화가 생기면, 자성을 *자발적*이라 부릅니다. 이 장의 남아있는 부분에서는 비자발적 자성에 대해서 주로 다룰 것입니다. 그리고 20장에서 다시 자발적 자성으로 되돌아 올 것입니다.

자성에 대한 많은 물리는 한 번에 하나의 원자를 고려하는 것만으로도 이해할 수 있는 것으로 밝혀졌습니다. 이것이 이 장의 전략입니다 – 단일 원자의 자기적 행동에 대해서 공부할 것이고, 19.6절에서만 많은 원자들이 한꺼번에 고체를 형성할 때 어떻게 물리가 변화하는지를 고려하게 될 것입니다. 그래서 여러분들이 이전의 수업에서[11] 배운 원자물리학을 약간 되돌아보는 방식으로 논의를 시작하려 합니다.

19.2 원자물리: 훈트 규칙

고립된 원자에 있는 전자들의 근본적인 것들로 시작합니다(즉, 물질 내에서 원자들은 고립되어 있지 않고 다른 원자들에 의해 묶여있다는 사실을 무시합니다). 기초 양자역학으로부터 원자 오비탈 속의 전자는 4개의 양자수 $|n,l,l_z,\sigma_z\rangle$ 에 의해서 구별됨을 기억하십시오. 5.2절에서 어떻게 쌓음 원리와 마델룽 규칙이 n과 l 껍질들이 주기율표에서 채워지는 순서를 결정하는지를 설명하였습니다. 대부분의 원자들은 여러

[9] 여기서 강자성의 정의는 준강자성체 ferrimagnets를 포함하는 광범위한 정의입니다. 준강자성은 20.1.2절에서 공부할 것입니다. 때때로 사람들이 더 제한된 정의로 사용하는 (통상적으로 사용하는) 준강자성을 제외한 강자성의 정의를 언급합니다. 어쨌든 여기서 주어진 광범위한 정의는 흔한 일입니다.

[10] 이 문장에서 '*아닐 수 있는*' 단어의 사용은 다소 교묘한 말입니다. 21.1절에서 강자성, 비록 그것이 영이 아닌 자기화 M을 만드는 미시적 경향성을 가지고 있을지라도, 거시적으로 영의 자기화 M을 가질 수 있다는 것을 보게 될 것입니다.

[11] 앞선 교과과정에서 이것을 *배웠어야만* 합니다. 그러나 만약 아니라면, 당신의 잘못이 아닙니다! 이 항목은 비록 진짜로 배워야 하는 것이지만, 최근의 물리학 교과과정에서는 거의 배우지 않습니다. 대신 이 항목의 많은 것들은 실제로 화학 교과과정에서 배웁니다!

개의 채워진 껍질들과 하나의 부분적으로 채워진 껍질(*가전자* 껍질)들을 가지고 있습니다. 자성의 많은 부분들을 이해하기 위해서, 껍질들이 부분적으로 채워진 이러한 경우에서, 가능한 l_z 오비탈 중에 무엇이 채워지는지 그리고 어떤 σ_z 스핀 상태들이 채워진 것인지 알아내야만 합니다. 특히, 이 전자들이 알짜 자기 모멘트를 가질 것인지 여부를 알고 싶습니다.

고립되어 있는 원자에 대하여 '훈트 규칙들'[12]이라고 알려진 일련의 규칙이 있고, 이것이 전자들이 오비탈를 어떻게 채우는지, 계가 어떤 스핀 상태를 가지게 되는지, 그래서 원자가 자기 모멘드를 가질 수 있는지를 결정합니다. 이 규칙들을 표시하는 아마도 가장 간단한 방법은 구체적인 예를 고려하는 것입니다. 여기에서 이미 5.2절에서 논의한 바 있는 프라세오디움(Pr) 원자를 다시 고려합니다. 그곳에서 언급한 대로, 이 원소는 원자로 있을 때, 최외각 껍질인 f-껍질에서 3개의 전자를 가집니다. 이는 각운동량 $l = 3$, 그리하여 7 가지 가능한 l_z 값을 가지게 됩니다. 또한, 물론, 두 가지 가능한 스핀값이 각 전자들에 허용되어 있습니다. 따라서 가능한 궤도/스핀 상태들 어디에 세 개의 전자들을 채워야 할까요?

훈트 첫 번째 규칙 (다른 말로 바꾸면): 전자들은 그들의 스핀을 정렬하려고 한다.

이러한 규칙으로 Pr 속의 3개의 가전자들이 같은 방향으로 그들의 스핀을 정렬해서, $S = 1/2$이 3개 모여 총 스핀 각운동량은 $S = 3/2$이 됩니다. 그래서 국소적으로(같은 원자에 있다는 것을 말합니다), 세 개의 전자들은 강자성처럼 행동합니다 – 모두 한 방향으로 배열합니다.[13] 이러한 정렬의 이유는 19.2.1절에서 논의할 것입니다, 그러나 간단하게 말하면, 전자들의 (또한 전자와 핵 사이의) 쿨롱 상호작용의 결과입니다. 쿨롱 에너지는 전자들의 스핀이 정렬될 때 더 낮아집니다. 여기서 우리는 전자들을 어떤 궤도 상태에 집어넣을지 결정해야 합니다. 이것을 위하여 또 다른 규칙이 필요합니다.

훈트 두 번째 규칙 (다른 말로 바꾸면): 전자들은 훈트 첫 번째 규칙과 일치되게, 총 각운동량을 최대화하려고 한다.

[12] 프리드리히 헤르만 훈트Friedrich Hermann Hund는 중요한 물리학자이자 화학자였습니다. 그의 일은 양자역학 아주 초기의 원자 구조에 대해 시작되었습니다 – 그는 훈트 규칙을 1925년에 작성했습니다. 그는 또한 6.2.2장에서 배웠던 분자 오비탈 이론의 창시자 중 한 명으로 인정받았습니다. 사실, 분자 오비탈 이론은 때때로 훈트–멀리컨 분자 오비탈 이론으로 알려져 있습니다. 노벨상 수락연설에서 멀리컨Robert Mulliken은 훈트에게 깊은 감사를 표했습니다(그러나 훈트는 그 노벨상을 공동수상하지 못했습니다). 훈트는 1997년 101살의 나이에 세상을 떠났습니다. 단어 '훈트'는 독일어로 '개dog'를 의미합니다.

[13] 우리는 이것이 실제 강자성이라고 부르지 않을 것입니다. 왜냐하면 여기서는 거시적인 물질이 아니라 단일 원자를 이야기하고 있기 때문입니다!

Pr 원자의 경우, 최대 가능 각운동량 $L_z = 6$을 만들기 위해서 $l_z = 3$, $l_z = 2$, $l_z = 1$ 상태들을 채울 것입니다 (이것은 $L = 6$을 줍니다. 회전 불변에 의해서 우리는 어떠한 방향으로도 동일하게 **L** 방향을 가리킬 수 있습니다). 따라서 그림 19.1과 같이 오비탈들을 채울 수 있습니다. 그림에서 스핀들을 가능한 한 L_z를 최대화하는 방향으로(훈트 두 번째 규칙) 집어넣었고, 모든 스핀을 정렬하였습니다(훈트 첫 번째 규칙). 같은 오비탈에 두 전자를 집어넣을 수 없다는 것에 주목해야 합니다. 왜냐하면, 스핀은 정렬되어야 하고, 파울리 원리를 따라야 합니다. 궤도 각 운동량을 최대화시키는 규칙은 또다시 쿨롱 상호작용의 물리로부터 유도된 것입니다.

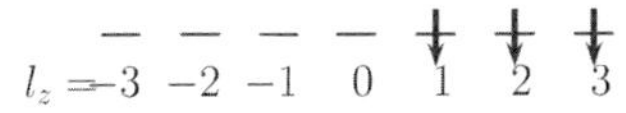

이제, $S = 3/2$, $L = 6$이라는 결과를 얻게 되었으나, 여전히 어떻게 스핀과 각운동량을 서로에 대해서 정렬 할 것인가에 대해서 생각할 필요가 있습니다. 마지막 규칙이 이에 대한 답을 줍니다.

훈트 세 번째 규칙 (다른 말로 바꾸면): 훈트 첫 번째 규칙과 두 번째 규칙에서 주어진 대로, 오비탈과 스핀 각운동량은 정렬되거나 또는 반대로 정렬되어서, 총 각운동량이 $J = |L \pm S|$이 됩니다. 부호는 오비탈의 껍질이 반 이상 차거나(+) 또는 반 이하로(−) 차느냐에 따라 결정됩니다.

이 규칙의 이유는 상호작용의 물리학이 아니고, 스핀-궤도 결합spin-orbit coupling의 결과입니다. 해밀토니언은 전형적으로 스핀-궤도 항 $\alpha \mathbf{l} \cdot \boldsymbol{\sigma}$을 가질 것이고, α의 부호는 어떻게 스핀과 각 운동량이 에너지를 낮추기 위해서 정렬하는지를 결정할 것입니다.[14] 그래서 Pr 원자의 경우, $L = 6$, $S = 3/2$, 그리고 껍질이 절반 채움보다 작은 경우로서 총 각운동량은 $J = L - S = 9/2$가 됩니다.

사람들이 종종 J를 원자의 '스핀'이라 말하는데, 이것은 주의해야만 합니다. 이것을 집요하게 사용하기는 하지만, 정확한 용어는 아닙니다. 더 정확하게는 J는 원자 안에 있는 전자들의 총 각운동량이고, S는 J의 스핀 성분입니다.

$$l_z = -3 \quad -2 \quad -1 \quad 0 \quad 1 \quad 2 \quad 3$$

그림 19.1 Pr 원자의 f 껍질을 채우는 것은 훈트의 규칙들과 일치합니다. 스핀들을 정렬하고 L을 최대화하기 위해서 L_z를 최대화 합니다.

[14] 절반 채움에서 부호가 바뀌는 것은 α(이 것은 항상 양수입니다)의 부호가 변화하는 신호가 되지 못합니다. 사실은 세심한 부기법적인 특성입니다. 껍질이 절반보다 적게 차 있는 한, 모든 스핀들은 정렬되는데, 이 경우 $\sum_i \mathbf{l}_i \cdot \boldsymbol{\sigma}_i = \mathbf{S} \cdot \mathbf{L}$이고, 항상 **L**이 **S**와 반대로 정렬하는 것을 선호합니다. 껍질이 절반 차면, $L = 0$입니다. 절반 채워진 껍질에 스핀 하나를 더 추가할 때, 이 스핀은 파울리 배타 원리에 의해서 절반 채워진 껍질의 스핀들에 대해서 반드시 반대로 정렬해야만 합니다. 스핀-궤도 결합 $\mathbf{l}_i \cdot \boldsymbol{\sigma}_i$은 추가된 스핀이 자신의 오비탈 각운동량 $\mathbf{l}_i$와 반대로 정렬하게 만듭니다. 각 운동량 $\mathbf{l}_i$는 절반 채워진 껍질이 $L = 0$을 가지고 있기 때문에, 총 궤도 각운동량 L과 같습니다. 이것은 궤도 각운동량이 지금 알짜 스핀과 나란히 정렬되었다는 것을 의미합니다. 왜냐하면, 대부분의 알짜 스핀은 절반 채워진 껍질의 스핀들로 구성되고, 추가되는 전자의 스핀과 반대로 정렬하기 때문입니다.

19.2.1 왜 모멘트는 정렬하는가?

약속한 대로, 왜 훈트 규칙들이 작동하는지에 대해서 대략적으로 논의하기 위해서 다시 돌아 왔습니다. 특히, 왜 자기 모멘트들(실제 스핀 모멘트들 또는 오비탈 모멘트들)이 서로에 대해서 정렬하는 것을 좋아하는지를 알려고 합니다. 이 절은 정성적일 뿐이지만, 적어도 올바른 물리의 대략적인 아이디어를 제공할 것입니다.

먼저 훈트 첫 번째 규칙에 집중합시다. 왜 스핀들이 정렬하려고 하는지 물어봅시다. 무엇보다도 자기 쌍극자 상호작용과는 아무런 관련이 없다는 것을 강조합니다. 스핀의 자기 쌍극자는 서로 상호작용을 할 때, 쌍극자 모멘트들은 보어 마그네톤 크기 정도이고, 이 에너지 크기는 매우 작습니다 – 너무 작아서 흥미로운 것이 되지 못합니다. 대신, 정렬은 쿨롱 상호작용 에너지에서 옵니다. 이것이 어떻게 작동하는지를 보기 위해서, 한 원자에 있는 두 전자의 파동함수를 생각해 보겠습니다.

순진한 주장

파울리의 배타 원리에 의한 전체 파동함수는 반대칭적antisymmetric이어야만 합니다. 일반적으로

$$\Psi(\mathbf{r}_1, \sigma_1; \mathbf{r}_2, \sigma_2) = \psi_{\mathrm{orbital}}(\mathbf{r}_1, \mathbf{r}_2) \; \chi_{\mathrm{spin}}(\sigma_1, \sigma_2)$$

와 같이 쓸 수 있습니다. 여기서, $\mathbf{r}_i$은 입자의 위치이고, σ_i는 스핀입니다. 지금, 만약 두 스핀이 정렬되었다면, 예를 들어, 모두가 위 스핀이라고 하면 (즉, $\chi_{\mathrm{spin}}(\uparrow, \uparrow) = 1$이고, 다른 스핀 배열은 $\chi_{\mathrm{spin}} = 0$입니다), 스핀 파동함수는 대칭이고 공간 파동함수는 ψ_{orbital}은 반대칭입니다. 결과로서

$$\lim_{\mathbf{r}_1 \to \mathbf{r}_2} \psi_{\mathrm{orbital}}(\mathbf{r}_1, \mathbf{r}_2) \to 0$$

와 같은 식을 얻습니다. 따라서 정렬된 스핀들의 전자들은 서로 가까이 있을 수 없어서, 계의 쿨롱 에너지를 낮출 수 있게 됩니다.

이 주장이 바로 교과서에서 자주 언급되었던 내용입니다. 불행히도 이것이 온전한 이야기가 아닙니다.

더 정확하게

사실 중대한 쿨롱 상호작용은 핵과 전자 사이의 것이라는 것이 밝혀졌습니다. 그림 19.2처럼 두 전자와 핵이 있는 경우를 고려합시다. 이 그림에서 한 전자가 보는 핵의 양전하는 다른 전자에 의한 음의 전하에 의해서 가려진다는 것에 주목해야 합니다. 이러한 가림screening은 핵과 전자의 결합에너지를 낮추게 됩니다. 그러나 두 스핀이 정렬할 때, 전자들은 서로 밀치게 되고, 핵을 가리는 효과가 감소하게 됩니다. 이 경우에서, 전자들은 완전한 핵전하를 보게 되어 더 강하게 묶여있게 되고, 따라서 에너지를 낮추게 됩니다.

이것을 이해하는 또 다른 방법은 스핀들이 정렬되지 않을 때, 때때로 한 전자가 핵과 전자 사이에 있는 상황을 고려하는 것입니다 – 그 결과 다른 전자가 보았을 때 유효전하를 낮추어서, 결합 에너지가 줄어들고, 원자의 총에너지가 증가하게 됩니다. 그러나 전자들의 스핀이 정렬될 때는, 파울리 원리는 이러한 배열이 일어나는 것을 심하게 방해하여, 계의 총 에너지를 낮추게 됩니다.

교환 에너지

같은 방향으로 정렬된 두 스핀과 반대 방향으로 정렬된 두 스핀 사이의 에너지 차이는 교환 *상호작용*exchange interaction 또는 *교환 에너지*exchange energy로 알려져 있습니다. 빈틈없는 독자는 한 오비탈에서 다른 오비탈로 '교환된' 깡충뛰기 행렬 성분을 말할 때, 원자물리학자가 '교환'이라는 단어를 사용하는 것을 기억해 낼 것입니다(6.2.2절 주석 13). 사실 지금의 이름은 아주 깊게 연관되어 있습니다. 연관성을 보기 위해서 정렬된 스핀의 두 전자와 반대로 정렬된 두 전자들 사이의 에너지 차이를 아주 간단하게 계산해 보겠습니다. 만약, 우리가 $A(\mathbf{r})$과 $B(\mathbf{r})$로 표시된 두 개의 서로 다른 오비탈에 있는 두 전자가 있다면 일반적인 파동함수를 $\psi = \psi_{orbital}\chi_{spin}$ 처럼 적을 수 있습니다. 그리고 전체 파동함수는 반드시 반대칭이야만 합니다. 만약 우리가 스핀이 정렬된 것을 선택하면 (삼중상태triplet, $|\uparrow\uparrow\rangle$, 대칭 상태), 공간 파동함수는 반드시 반대칭이 되어야 하고, $|AB\rangle - |BA\rangle$로 쓸 수 있습니다.[15] 반대 방향으로 정렬된 스핀들을 선택하면 (단일상태singlet, $|\uparrow\downarrow\rangle - |\downarrow\uparrow\rangle$, 반대칭 상태), 공간 파동함수는 반드시 대칭적 $|AB\rangle + |BA\rangle$이어야만 합니다. 쿨롱 상호작용 $V(\mathbf{r}_1, \mathbf{r}_2)$를 더하면, 단일과 삼중 상태 사이의

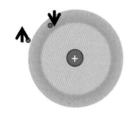

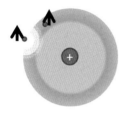

그림 19.2 왜 정렬된 스핀은 낮은 에너지를 가지는가(훈트 첫 번째 규칙). 이 그림에서 파동함수는 전자들 중 하나만 그렸습니다. 반면 다른 전자(더 왼쪽에 있는 것)는 고정된 위치에 있는 것처럼 그렸습니다. **위**: 두 전자가 반대 스핀을 가질 때, 고정된 전자가 본 유효 핵전하는 다른 전자에 의한 가림에 의해서 감소하였습니다. **아래**: 그러나 스핀이 정렬되었을 때, 두 전자는 서로 가까이 갈 수 없고 고정된 전자는 오히려 더 많은 핵의 전하를 보게 됩니다. 이와 같이 스핀이 정렬된 두 전자의 경우에는 고정된 전자의 핵에 대한 결합은 더욱 강할 것이고, 그리하여, 더 낮은 에너지 배열을 얻게 될 것입니다.

[15] 여기서 $|AB\rangle$은 $A(\mathbf{r}_1)B(\mathbf{r}_2)$를 의미합니다.

에너지 차이는

$$E_{\text{singlet}} = (\langle AB| + \langle BA|) V (|AB\rangle + |BA\rangle)$$

$$E_{\text{triplet}} = (\langle AB| - \langle BA|) V (|AB\rangle - |BA\rangle)$$

$$E_{\text{exchange}} = E_{\text{singlet}} - E_{\text{triplet}} = 4\text{Re}\langle AB|V|BA\rangle$$

와 같이 쓸 수 있습니다. 교차항 $\langle AB|V|BA\rangle$에서 두 전자는 '교환된 exchanged' 위치를 가지기 때문에 이 이름을 가지게 되었습니다.

분자와 고체에서 자기 상호작용

이러한 형식의 주장들에 대해서는 다소 주의를 기울여야 합니다 – 특히, 원자들 대신에 분자들에 대해서 적용될 때 주의해야 합니다. 이원자 분자의 경우(예를 들어 H_2), 두 개의 전자와 두 개의 핵을 가지고 있습니다. 가림 효과(그림 19.2)가 여전히 있고, 전자들이 정렬할 때, 단일 원자에 있는 두 전자들의 경우보다 다소 덜 효과적입니다 – 왜냐하면, 대부분의 시간에 두 전자는 상대 핵들 근처에 있기 때문입니다. 더욱이 전자들은 반대로 정렬하려고하는 경쟁하는 효과가 있습니다. 6.2.1절에서 언급한 것처럼 우리가 공유 결합을 논의했을 때, 두 핵을 사각형 우물처럼(그림 6.3을 보십시오) 생각할 수 있고, 결합은 실제로 상자안입자 문제로 생각할 수 있습니다. 이 큰 두 원자 상자에서 가장 낮은 에너지 (대칭적인) 파동함수가 있습니다. 그리고 두 전자 모두 이 에너지가 낮은 공간 파동함수에 같이 갈 수 있게 하려면 두 전자의 스핀은 반대로 정렬될 것입니다. 따라서 인접한 원자들에 전자들이 같은 방향으로 정렬할지 또는 반대로 정렬할지를 결정하는 것은 꽤 어려운 일입니다. 일반적으로 두 가지 방식이 모두 가능합니다(23장에서 더 깊게 토의할 것입니다).

19.3   외부 자기장과 원자 속 전자의 결합

어떻게 전자 모멘트들(오비탈 또는 스핀)이 서로 정렬하는지를 논의하였으므로, 이제 어떻게 원자 속 전자들이 외부 자기장과 결합하는가에 대한 주제로 전환하려고 합니다.

자기장이 없을 때, 원자 속 전자의 퍼텐셜은

$$\mathcal{H}_0 = \frac{\mathbf{p}^2}{2m} + V(\mathbf{r})$$

와 같은 식으로 주어집니다.[16] 여기서 V는 핵으로부터(그리고 또한 다른 전자들로부터)의 정전기적 퍼텐셜입니다. 이제 외부 자기장이 가해지는 경우를 고려합시다. 자기장 $\mathbf{B}$ 속에서 전하를 띤 입자의 최소 결합을 포함한 해밀토니언은

$$\mathcal{H} = \frac{(\mathbf{p} + e\mathbf{A})^2}{2m} + g\mu_B \mathbf{B} \cdot \boldsymbol{\sigma} + V(\mathbf{r})$$

다음과 같습니다.[17] 여기서 $-e$는 입자(전자)의 전하이고, $\boldsymbol{\sigma}$는 전자 스핀, g는 전자 g-인자 (근사적으로 2), $\mu_B = e\hbar/(2m)$은 보어 마그네톤, 그리고 $\mathbf{A}$는 벡터 퍼텐셜입니다. 균일한 자기장에 대해서. $\nabla \times \mathbf{A} = \mathbf{B}$의 관계로부터, $\mathbf{A} = \frac{1}{2}\mathbf{B} \times \mathbf{r}$로 잡을 수 있습니다. 따라서,

$$\mathcal{H} = \frac{\mathbf{p}^2}{2m} + V(\mathbf{r}) + \frac{e}{2m}\mathbf{p} \cdot (\mathbf{B} \times \mathbf{r}) + \frac{e^2}{2m}\frac{1}{4}|\mathbf{B} \times \mathbf{r}|^2 + g\mu_B \mathbf{B} \cdot \boldsymbol{\sigma} \quad (19.3)$$

와 같은 식을 얻을 수 있습니다.[18] 방정식의 첫 번째 두 항은 자기장이 없을 때 해밀토니언 $\mathcal{H}_0$에 해당합니다. 그 다음 항은 다시

$$\frac{e}{2m}\mathbf{p} \cdot (\mathbf{B} \times \mathbf{r}) = \frac{e}{2m}\mathbf{B} \cdot (\mathbf{r} \times \mathbf{p}) = \mu_B \mathbf{B} \cdot \mathbf{l} \quad (19.4)$$

와 같이 적을 수 있습니다. 여기서, $\hbar\mathbf{l} = \mathbf{r} \times \mathbf{p}$는 전자의 궤도 각운동량입니다. 이 식을 제이만Zeeman 항이라 불리는 $g\mu_B \mathbf{B} \cdot \boldsymbol{\sigma}$을 포함하여 다시 정리하면,

$$\mathcal{H} = \mathcal{H}_0 + \mu_B \mathbf{B} \cdot (\mathbf{l} + g\boldsymbol{\sigma}) + \frac{e^2}{2m}\frac{1}{4}|\mathbf{B} \times \mathbf{r}|^2 \quad (19.5)$$

이 됩니다. *상자성* 항이라고 알려진, 방정식 우측의 중간 항은 분명히 외부 자기장과 전자의 총 자기모멘트의 상호작용을 나타냅니다(오비탈 모멘트 $-\mu_B \mathbf{l}$과 스핀 모멘트 $-g\mu_B \boldsymbol{\sigma}$ 두 가지 모두). 자기장 $\mathbf{B}$가 가해질 때, 이 모멘트들은 자기장 $\mathbf{B}$를 따라서 정렬하려고($\mathbf{l}$과 $\boldsymbol{\sigma}$는 $\mathbf{B}$와 반대로 정렬합니다) 하여, 외부 자기장에 의해서 에너지가 낮아지게 된다는 것에 주의해야 합니다.[19] 결과적으로 모멘트는 가해진 자기장

[16] 다시, 자기장 강도 H와 혼동을 피하기 위해서 자기에 대해 논의할 때 해밀토니언은 $\mathcal{H}$를 사용합니다. 자기장 세기는 $H = B/\mu_0$입니다.

[17] 최소 결합은 $\mathbf{p} \to \mathbf{p} - q\mathbf{A}$을 요구한다는 것을 기억하십시오. 여기서 q는 입자의 전하입니다. 우리의 입자는 전하 $q = -e$를 가지고 있습니다. 음의 전하는 또한 전자 스핀 자기 모멘트가 자신의 스핀에 반대로 정렬하는 것의 원인이 됩니다. 그래서 가해진 자기장에 반대로 스핀 방향을 잡는 것이 낮은 에너지 상태가 됩니다 (그래서, 제이만 항 $g\mu_B \mathbf{B} \cdot \boldsymbol{\sigma}$이 양의 부호를 가집니다). 벤 프랭클린을 탓하십시오(4.3절의 주석 15를 보십시오).

[18] p_i가 r_i와 교환되지 않은 반면, $j \neq i$에 대해서는 r_j와 교환되는 것에 주의하십시오. 따라서 $\mathbf{p}$와 $\mathbf{B} \times \mathbf{r}$ 사이에서 순서는 문제가 되지 않습니다.

[19] 만약 자기 모멘트의 부호가 당신을 혼란스럽게 한다면, 모멘트는 항상 $-\partial F/\partial B$라는 것을 기억하는 것이 좋습니다. 그리고 온도 0 K에서 자유 에너지는 그냥 에너지입니다.

방향과 같은 방향으로 생성되었고, 이 항은 상자성을 일으키게 됩니다.

식 19.5의 마지막 항은 해밀토니언의 *반자성 항*이라고 알려져 있으며, 반자성의 효과에 대한 원인이 되는 항입니다. 이 항은 B의 제곱에 비례하기 때문에 자기장이 가해졌을 때, 원자의 총 에너지 *증가*의 원인이 됩니다. 그래서 이 항은 위에서 고려한 상자성 항과 반대의 효과를 주게 됩니다. 작은 B 값에 대해서는, 이 항이 자기장의 제곱에 비례하기 때문에 상자성 항(B에 선형적으로 비례하는)보다 덜 중요하게 됩니다.

해밀토니언의 두 가지 항들은 외부의 자기장에 대한 원자의 상자성적 그리고 반자성적 응답 모두에 해당하는 것입니다. 우리는 각각을 다음 두 절에서 다룰 것입니다. 이 시점에서 여전히 단일 원자의 자기적 응답을 고려하고 있음을 명심해야 합니다!

19.4 자유 스핀 (퀴리 또는 랑주뱅) 상자성

식 19.5의 상자성항의 효과를 고려하는 것으로 시작할 것입니다. 해밀토니언 $\mathcal{H}_0$는 해결했으므로, 해밀토니언의 이 부분은 집중할 필요가 없습니다 – 다만 전자의 스핀 σ 그리고/또는 오비탈 각운동량 l에 관심이 있습니다. 이 시점에서 또한 해밀토니언의 반자성 항을 무시합니다. 이 효과는 상자성항에 비해서 일반적으로 매우 약하기 때문입니다.

자유 스핀 1/2

복습으로 아마도 통계물리학 과정으로부터 익숙한 더 간단한 경우, 자유 스핀 1/2을 고려합시다. 단일 스핀 1/2의 해밀토니언은

$$\mathcal{H} = g\mu_B \mathbf{B} \cdot \boldsymbol{\sigma} \tag{19.6}$$

와 같이 주어진다는 것을 기억해 내십시오. 여기서, g는 2로 지정한 스핀의 g-인자이고, $\mu_B = e\hbar/(2m)$은 보어 마그네톤입니다. 오비탈 모멘트를 무시한 단일 자유 전자에 대한 식 19.5의 상자성 항을 단순화한 것으로 생각할 수 있습니다. $\mathbf{B} \cdot \boldsymbol{\sigma}$의 고윳값은 $\pm B/2$이고 분배함수는

$$Z = e^{-\beta\mu_B B} + e^{\beta\mu_B B} \tag{19.7}$$

와 같습니다. 그리고 대응하는 자유 에너지는 $F = -k_B T \ln Z$이고, 자기 모멘트(스핀 당)는

$$\text{moment} = -\frac{\partial F}{\partial B} = \mu_B \tanh(\beta \mu_B B) \qquad (19.8)$$

와 같습니다.

만약, 시료에 많은 원자들이 있다면, 부피당 자기 모멘트 자기화, M을 정의할 수 있습니다. 작은 자기장에서(작은 인수에 대해서 tanh 함수를 전개하면) 우리는

$$\chi = \lim_{H \to 0} \frac{\partial M}{\partial H} = \frac{n\mu_0 \mu_B^2}{k_B T} \qquad (19.9)$$

와 같은 감수율을 얻을 수 있습니다. 여기서 n은 단위 부피당 스핀의 수입니다($B \approx \mu_0 H$ 관계를 사용하였습니다. 여기서 μ_0는 진공의 투자율입니다). 식 19.9은 감수율의 '퀴리 법칙'[20]으로 알려져 있습니다 (실제로, 임의의 감수율은 $\chi \sim C/(k_B T)$와 같은 모양을 가지고 있고, 퀴리 법칙으로 알려져 있습니다. 여기서 C는 임의의 상수입니다). 자유 스핀과 연관된 상자성은 종종 퀴리 상자성 또는 랑주뱅 상자성[21]이라고 불립니다.

자유 스핀 J

해밀토니언의 실제 상자성 항은 우리의 단순한 스핀 1/2 모형, 식 19.6보다 더 복잡하게 될 것입니다. 대신에, 식 19.5를 이용하여, 원자 내의 여러 전자들로 일반화시키면,

$$\mathcal{H} = \mu_B \mathbf{B} \cdot (\mathbf{L} + g\mathbf{S}) \qquad (19.10)$$

와 같은 모양의 해밀토니언을 고려할 필요가 있습니다. 여기서, 원자의 모든 전자들을 한꺼번에 고려한 $\mathbf{L}$과 $\mathbf{S}$는 궤도와 스핀 성분들이 함께 들어 있습니다. 훈트의 규칙들이 L, S, J의 값들을 알려준다는 것을 기억하십시오. 식 19.10의 형태는 약간 불편해 보입니다. 왜냐하면 훈트 제3규칙은 $J = L + S$에 대해서 말하지 $L + gS$에 대해서 말하지 않기 때문입니다. 다행스럽게도, 우리가 관심 있는 유형의 행렬 성분에 대하여(훈트 규칙들의 지배를 받는 J, S, L의 값 변화 없이 $\mathbf{J}$의 방향을

[20] 피에르 퀴리Pierre Curie로부터 이름을 따왔습니다. 피에르의 자기학에 대한 업적은 그의 엄청나게 눈부신mega-brilliant 부인인 마리아 스크워도프스카-퀴리Marie Skłodowska-Curie와 결혼하기 아주 이전에 이루어진 것입니다. 그녀는 피에르와 함께 노벨 물리학상을 수상했습니다. 그리고 피에르가 죽은 후 노벨 화학상을 수상했습니다 (6.1절의 주석 5를 보십시오). 두 노벨상 중간 즈음에 피에르는 길을 건너다 마차에 치여서 죽었습니다(조심하십시오!).

[21] 폴 랑주뱅Paul Langevin은 피에르 퀴리의 학생이었습니다. 그는 많은 중요한 과학적 발견들로 잘 알려져 있습니다. 그는 마리 퀴리 남편의 죽음 몇 년 후 마리 퀴리와 대단한 스캔들을 만들어서 또한 잘 알려져 있습니다(그 때 랑주뱅은 결혼을 한 상태였습니다). 비록 그 사건은 바로 끝이 났지만, 얄궂게도 랑주뱅의 손자는 퀴리의 손녀와 결혼을 했고 아들을 낳았습니다 - 이들 셋 모두 물리학자입니다.

재설정합니다), 해밀토니언 식 19.10은

$$\mathcal{H} = \tilde{g}\mu_B \mathbf{B} \cdot \mathbf{J} \tag{19.11}$$

와 정확하게 같습니다. 여기서 $\tilde{g}$는 (란데 g-인자라고 알려진) 유효 g-인자[22]이고,

$$\tilde{g} = \frac{1}{2}(g+1) + \frac{1}{2}(g-1)\left[\frac{S(S+1) - L(L+1)}{J(J+1)}\right]$$

와 같이 주어집니다.

새로운 해밀토니언으로부터, 분배함수

$$Z = \sum_{J_z = -J}^{J} e^{-\beta \tilde{g}\mu_B B J_z} \tag{19.12}$$

를 만드는 것은 쉬운 일입니다. 스핀 1/2 경우와 유사하게 원자들의 밀도 n을 고려하면 자기화와 감수율을 결정할 수 있습니다(연습문제 19.7을 보십시오). 결과는, 퀴리 형태이며, 단위 부피당 감수율이

$$\chi = \frac{n\mu_0(\tilde{g}\mu_B)^2}{3}\frac{J(J+1)}{k_B T}$$

와 같이 주어집니다(식 19.9와 비교해 보십시오). 퀴리 법칙 감수율은 낮은 온도에서 *발산*한다는 점에 주목하십시오.[23] 만약 이 항이 0이 아니면, (즉, J가 0이 아니면) 어떠한 다른 형태의 상자성 또는 반자성과 비교하여도, 퀴리 상자성이 지배적 항이 됩니다.[24]

---

[23] 지금의 계산은 유한 온도 열역학 계산으로 0 K에서 발산하는 감수율을 줍니다. 뒤에 나오는 몇 절에서 파울리와 밴블렉 van Vleck 상자성뿐만 아니라, 라모어 Larmor와 란다우 반자성을 공부할 것입니다. 이러한 계산 모두는 0 K에서 양자 계산이고, 항상 훨씬 더 작은 유한한 감수율을 주게 됩니다.

[24] 초전도는 포함하지 않습니다.

[22] 이 식의 유도는 어렵지 않습니다(약간 주제에서 벗어나긴 하지만). 서로 다른 J_z 상태들 사이에서 $\mathbf{B} \cdot (\mathbf{L} + g\mathbf{S})$의 행렬 성분을 결정하는 데 관심이 있습니다. 이것을 위해서 우리는

$$\mathbf{B} \cdot (\mathbf{L} + g\mathbf{S}) = \mathbf{B} \cdot \mathbf{J}\left[\frac{\mathbf{L} \cdot \mathbf{J}}{|\mathbf{J}|^2} + g\frac{\mathbf{S} \cdot \mathbf{J}}{|\mathbf{J}|^2}\right]$$

의 식을 적습니다. 마지막 괄호는 그냥 숫자가 되어 버립니다. 아래

$$\left[\frac{|\mathbf{J}|^2 + |\mathbf{L}|^2 - |\mathbf{J} - \mathbf{L}|^2}{2|\mathbf{J}|^2}\right] + g\left[\frac{|\mathbf{J}|^2 + |\mathbf{S}|^2 - |\mathbf{J} - \mathbf{S}|^2}{2|\mathbf{J}|^2}\right]$$

와 같이 다시 적어서 계산합니다. 최종적으로 $\mathbf{J} - \mathbf{L} = \mathbf{S}$와 $\mathbf{J} - \mathbf{S} = \mathbf{L}$로 대치합니다. 다음, $|\mathbf{J}|^2 = J(J+1)$과 $|\mathbf{S}|^2 = S(S+1)$, $|\mathbf{L}|^2 = L(L+1)$를 대입하고, 약간의 계산을 하면, 원하는 결과를 얻게 됩니다.

여담: 식 19.7과 19.12로부터, 자유 스핀의 분배함수는 단지 차원이 없는 비율 $\mu_B B/(k_B T)$의 함수라는 것에 주목합니다. 이것으로부터 엔트로피 S가 또한 똑같이 차원이 없는 비율의 함수라는 것을 끌어낼 수 있습니다. 자기장 B와 온도 T에서 자유 스핀들의 계를 가정하고, 주위로부터 열적으로 고립시킵니다. 만약 우리가 단열적으로 자기장 B를 감소시킨다면, S가 고정되어야만 하기 때문에, 온도는 반드시 B가 감소하는 것과 비례하여, 떨어져야 합니다. 이것이 단열 자기소거 냉장고adiabatic demagnetization refrigerator의 원리입니다.[25,26]

[25] 극저온 단열 자기소거 냉장고는 통상 전자의 모멘트가 아니라 *핵*의 모멘트에 의존합니다. 그 이유는 핵들에 대해서는 아주 낮은 온도까지 (필수적인) 자유 스핀 근사가 성립합니다. 이것들은 일반적으로 주위와 꽤 잘 분리되어 있습니다. 이 기술로는 $1\ \mu K$ 이하 온도를 얻는 것이 가능합니다.

[26] 단열 자기소거의 아이디어는 디바이가 생각해냈습니다.

19.5 라모어 반자성

퀴리 상자성은 $J \neq 0$이면 언제나 압도적이기 때문에, 유일한 조건으로 원자가 $J = 0$이면 반자성을 관측할 가능성이 있습니다. 이것이 발생하는 전형적 상황은 불활성 기체와[27] 같이 완전히 채워진 껍질 배열을 가진 원자들의 경우이고, 여기서는 $L = S = J = 0$입니다. 또 다른 가능성은 $L = S$가 0이 아닌데도 $J = 0$이 되는 경우입니다(훈트 규칙들을 이용하여, 껍질이 절반 채워진 것보다 전자 하나가 적으면 이것이 발생하는 것을 보일 수 있습니다). 어떤 경우에도, 식 19.5의 상자성항의 기댓값은 0이고, 대부분의 경우 무시할 수 있습니다.[28] 그래서 우리는 식 19.5의 마지막 항, 반자성 항의 효과를 고려할 필요가 있습니다.

$\mathbf{B}$가 $\hat{z}$ 방향으로 가해진 경우를 가정하면, 해밀토니언(식 19.5)의 반자성 항의 기댓값을

[27] N_2처럼 채워진 *분자* 오비탈 껍질로 이루어진 분자들도 매우 비슷합니다.

$$\delta E = \frac{e^2}{8m}\langle |\mathbf{B} \times \mathbf{r}|^2\rangle = \frac{e^2 B^2}{8m}\langle x^2 + y^2\rangle$$

[28] 사실, 더 정확하게는, 비록 $\mathbf{J} = \mathbf{L} + \mathbf{S}$가 0이 될 수도 있지만, 식 19.5의 상자성 항은 만약 $\mathbf{L}$과 $\mathbf{S}$가 각각 0이 아니면 2차 미동 이론에서 중요하게 될 것입니다. 2차 항에서 계의 에너지는

$$\delta E_0 \sim + \sum_{p>0} \frac{|\langle p|\mathbf{B}\cdot(\mathbf{L} + g\mathbf{S})|0\rangle|^2}{E_0 - E_p}$$

에 비례하는 항에 의해서 보정될 것입니다. 그리고 분자에 있는 행렬 성분은 $|p\rangle$가 바닥상태와 L과 S가 같지만 다른 J를 가지면 일반적으로 0이 아닙니다(우리의 유효 해밀토니언 식 19.11은 고정된 J 안에서만 타당하다는 것을 기억하십시오). B가 증가함에 따라 이 에너지는 *감소하기* 때문에, 이 항은 상자성 특성을 가집니다. 이 유형의 상자성은 노벨상 수상자인 존 해즈브룩 밴블렉John Hasbrouck van Vleck의 이름을 따서 *밴블렉 상자성*으로 알려져 있습니다. 그는 1961–62년 옥스퍼드 발리올Balliol 대학의 교수였지만, 그 이후 학문적인 삶의 대부분을 하버드에서 보냈습니다.

와 같이 쓸 수 있습니다. 원자는 회전 대칭 구조를 가진다는 사실을 사용하면,

$$\langle x^2 + y^2 \rangle = \frac{2}{3} \langle x^2 + y^2 + z^2 \rangle = \frac{2}{3} \langle r^2 \rangle$$

와 같이 쓸 수 있습니다. 따라서,

$$\delta E = \frac{e^2 B^2}{12m} \langle r^2 \rangle$$

의 식을 얻게 됩니다. 전자당 자기 모멘트는[29]

$$\text{moment} = -\frac{dE}{dB} = -\left[\frac{e^2}{6m} \langle r^2 \rangle \right] B$$

와 같습니다. 계의 전자 밀도 ρ가 주어진다면, 감수율은

$$\chi = -\frac{\rho e^2 \mu_0 \langle r^2 \rangle}{6m} \tag{19.13}$$

와 같이 됩니다. 이 결과, 식 19.13은, *라모어 반자성Larmor diamagnetism*으로 알려져 있습니다.[30] 대부분의 원자들에 대해서 $\langle r^2 \rangle$은 보어 반경 제곱의 크기를 가지고 있습니다. 사실, 동일한 표현은 아주 큰 전도성 분자들에 대해서도 적용될 수 있습니다. 이 경우, 전자들이 자유롭게 분자의 크기만큼 움직일 수 있어야 하고 $\langle r^2 \rangle$은 원자의 반경의 제곱이 아니라 분자의 반경에 제곱을 취해야 합니다.

19.6 고체 속의 원자

지금까지 우리는 항상 하나의 고립된 원자의 자성(상자성 또는 반자성)을 고려하였습니다. 비록 원자적 묘사가 어떻게 자성이 생기는지에 대한 아주 좋은 아이디어를 주었지만, 고체 속의 상황은 사뭇 다릅니다. 15장, 16장에서 논의한 것과 같이 원자들이 함께 뭉쳐 있을 때, 전자 띠구조가 물질의 물리를 정의합니다 – 원자들이 서로 고립되어 있다고 생각할 수 없습니다. 그래서 원자 기반의 계산들이 얼마나 실제 물질에 적용이 될지, 안 될지에 좀 더 주의를 기울여야 합니다.

[29] 여기서 자기 모멘트는 전자의 궤도에 의해서 둘러싸인 면적 $\langle r^2 \rangle$에 비례합니다. 전류 고리에 대한 자기화 또한 고리의 면적에도 비례합니다. 이것은 모호하게 렌츠의 법칙과 유사한 것으로 우리의 반자성에 대한 이해와 부합합니다.

[30] 조지프 라모어Joseph Larmor는 1800년대 후반에 꽤 중요한 물리학자였습니다. 여러 가지 중에서 그는 로런츠보다 2년 앞서서, 그리고 아인슈타인에 7년 앞서서, 시간 팽창과 길이 수축에 관한 로런츠 변환 논문을 발표했습니다. 그러나 그는 에테르를 주장했었고, 적어도 1927년까지 (아마도 더 오랫동안) 상대론을 거부하였습니다.

19.6.1 금속의 파울리 상자성

4.3절에서 자유 페르미 기체의 감수율을 계산한 것을 기억하십시오. 우리는

$$\chi_{\text{Pauli}} = \mu_0 \mu_B^2 g(E_F) \tag{19.14}$$

와 같은 식은 얻었습니다. 여기서, $g(E_F)$는 페르미 면에서의 상태밀도입니다. 우리는 보통의 띠구조를 가진 금속에 대해서 이 표현이 성립할 것이라고 기대할 수 있습니다 – 유일한 변화는 상태밀도가 수정되어야 한다는 것입니다. 실제로, 이 식은 Li 또는 Na 같은 간단한 금속들에서 상당히 잘 성립합니다.

스핀당 페르미 기체의 감수율(식 19.14)은 대략적으로 $k_B T/E_F$ 인자만큼 자유 스핀(식 19.9)의 감수율보다 작은 것에 주목하십시오(자유 전자 기체에 대해서 식 4.11을 이용하여 이것을 증명할 수 있습니다). 파울리 배타 원리에 기인한 이러한 아이디어에 익숙해져야만 합니다. 단지 페르미 면 근처의 아주 적은 일부 스핀들에 대해서만 뒤집힘이 일어나고, 따라서 감수율이 작아지게 됩니다.

19.6.2 고체의 반자성

라모어 반자성(19.5 절) 계산은 불활성 기체 원자들과 같이 각자 $J = L = S = 0$인 고립된 원자들에 적용된 것입니다. 낮은 온도에서 불활성 기체 원자들은 아주 약하게 결합된 결정이고 같은 계산이 계속 적용됩니다(He의 경우와 같이 고체가 되지 않고, 낮은 온도에서 초유체가 되는 경우는 제외합니다[31]). 식 19.13을 불활성 기체 결정에 적용하여, 전자 밀도 ρ를 원자 밀도 n과 원자당 전자수(원자 번호, Z)의 곱으로 간단히 둘 수 있습니다. 따라서 불활성 기체 원자들에 대해서

$$\chi_{\text{Larmor}} = -\frac{Zne^2 \mu_0 \langle r^2 \rangle}{6m} \tag{19.15}$$

와 같은 식을 얻게 됩니다. 여기서 $\langle r^2 \rangle$은 원자 반경의 의해서 결정됩니다.

사실, 임의의 물질에 대해서, (궤도 운동과 자기장의 결합인) 해밀토니언의 반자성 항은 약간의 반자성을 주게 될 것입니다. 핵심 오비탈에

[31] 애석합니다. 초유체는 이 책의 영역을 넘어섭니다. 이것은 극도로 흥미로운 것이고, 나는 여러분들이 그것에 대해서 더 공부하기를 권합니다!

있는 전자들의 반자성을 고려하는 경우에도, 식 19.15는 대체로 상당히 정확합니다. 그러나 금속 내의 전도 전자들에 대하서는, 훨씬 복잡한 계산을 통해,

$$\chi_{\mathrm{Landau}} = -\frac{1}{3}\chi_{\mathrm{Pauli}}$$

와 같은 소위 란다우 반자성Landau diamagnetism항이 생깁니다(4장의 주석 14를 보십시오). 이 항이 파울리 상자성과 합쳐져서, 1/3만큼의 전도 전자의 총 상자성을 줄이게 됩니다.

만약, 예를 들어, 구리 같은 금속의 경우, 위에서 설명한 파울리 상자성(란다우 효과에 의해서 바로 고쳐진)에 기인한 상자성이라고 결론을 내리려 할 수도 있습니다. 그러나 구리는 실제로 반자성입니다! 이에 대한 이유는 구리의 핵심 전자들은 충분한 라모어 반자성을 가지고 있어서, 전도 전자들의 파울리 상자성을 압도하게 됩니다! 실제로, 금속들에서 라모어 반자성은 종종 충분히 강해서 파울리 상자성을 압도할 수 있습니다(특별히 반자성에 기여하는 많은 핵심 전자들을 가지고 있는 무거운 원소들에 대해서 이것은 사실입니다). 그러나 물질 속에는 자유 스핀들이 있게 되면, 퀴리 상자성이 발생하게 되고, 이것은 항상 어떠한 반자성보다 더 강합니다.[24]

19.6.3 고체의 퀴리 상자성

어디에서 자유 스핀들을 찾을 수 있나?

19.4절에서 논의한 바와 같이, 퀴리 상자성은 원자 속 자유 스핀의 재배열을 기술합니다. 어떻게 '자유 스핀'이 고체에서 생기게 되는지 물어 볼 수 있습니다. 지금까지 고체 속 전자들에 대한 이해는 (스핀이 전혀 뒤집힐 수 없는) 완전히 채워진 띠, 또는 (4.3절에서 파울리 감수율 계산이 유효한) 부분적으로 채워진 띠 속의 전자를 통하였습니다 – 비록 구체적인 띠구조를 반영한 페르미 면에서 상태밀도가 (그리고 란다우 보정을 포함하여) 수정되더라도. 그래서 어떻게 우리가 자유 스핀을 가질 수 있을까요?

16.4절의 모트 절연체의 기술로 되돌아가서 생각해 봅시다. 이 물질에서 전자간 쿨롱 상호작용은 충분히 강해서, 두 전자가 이중으로 격자의 같은 위치를 점유할 수 없습니다. 이 결과 자리당 하나의 전자만이

있는 것은 다른 자리로 전자가 이동할 수 없게 하는 전자들의 '교통체증'을 유발하는 것과 같습니다. 이러한 종류의 모트 절연체가 형성될 때, 자리당 정확히 전자 하나가 있게 되고, 위 스핀이거나 아래 스핀 상태가 될 수 있게 됩니다. 이렇게 해서 각 자리에서 자유 스핀을 가지게 되고, 퀴리 상자성을 기대하게 됩니다![32]

더 일반적으로 원자당 가전자수 N개를 가지고 있는 경우, 훈트 규칙들에 의해 오비탈을 채우는 과정에서, 자유 스핀들이 생기는 경우를 기대할 수 있을 것입니다. 다시, 만약 쿨롱 상호작용이 충분히 강하여 전자들이 근처의 자리로 깡충뛰기 할 수 없다면, 계는 모트 절연체가 될 것이고, 스핀들이 자유롭다고 생각할 수 있습니다.

자유 스핀 묘사의 수정

물질 속의 자유 스핀들을 찾았다면, 고립된 원자에서 자유 스핀과 물질 속의 자유 스핀들 사이의 중요한 차이가 있는지 질문할 수 있습니다.

하나의 가능한 수정은 물질 내에서 원자당 전자들의 수가 달라지는 경우입니다. 예를 들어, 5.2절에서 Pr 원자가 가전자 껍질($4f$)에서 세 개의 자유 전자가 (19.2절에서 알게 된 것처럼) 총 각운동량 $J = 9/2$를 가짐을 알았습니다. 그러나 많은 화합물에서 Pr은 +3가 이온으로 존재합니다. 이 경우 Pr 원자는 $6s$ 전자 2개와 f 전자 한 개를 빼앗깁니다. 결국 f 껍질에 두 개의 전자를 가진 Pr 원자가 되고, 각 운동량 $J = 4$이 됩니다(훈트 규칙들을 이용하여 이것을 체크할 수 있어야만 합니다!)

또 다른 가능성은 원자들이 회전 대칭적 환경을 더 이상 가지지 못하는 경우입니다. 근처의 원자들에 의한 퍼텐셜인 '결정장crystal field'을 느낍니다. 이 경우 오비탈의 각운동량은 더 이상 보존되지 않고 같은 L^2을 갖는 상태들의 겹침도 깨어지게 됩니다. 이 현상은 '*결정장 분리 crystal field splitting*'라고 알려져 있습니다.

이런 물리의 묘사로서 한 방향의 격자상수가 다른 두 방향의 격자상수와 다른 경우인 정방격자 결정(그림 12.11)에서 가정할 수 있습니다. 길이 방향으로 늘어진 상자 속에 있는 원자에서, 만약 각 운동량이 다른 방향 대신에 길이가 긴 방향(가령, $\hat{z}$ 방향)으로 향하게 된다면, 에너지가 낮아지는 것을 예상할 수 있을 것입니다. 이 경우, $L_z = +L$, $L_z = -L$이 다른 가능한 L 값들에 비해서 낮은 에너지를 가질 것이라

[32] 모트 절연체가 독립적인 자유 스핀들을 초래한다는 이 묘사는 23장에서 더 자세하게 논의할 것입니다. 아주 약하게, 약간의 (가상적) 깡충뛰기는 항상 일어나고, 이것은 충분히 낮은 온도에서 거동을 변화시킬 것입니다.

고 생각할 수 있을 것입니다.

결정장 분리 때문에 일어날 수 있는 또 다른 경우는 궤도 각운동량의 기댓값이 0으로 고정되는 것입니다(예를 들어, 만약 바닥상태가 $L_z = +L$ 그리고 $L_z = -L$의 중첩이라면). 이 경우, 각 운동량은 문제로부터 완전히 분리되고(오비탈 각운동량의 *억제quenching*로 알려진 현상), 자기적으로 활성화되는 자유도는 단지 스핀들입니다 – 자기장에 의해서 단지 **S**만이 재배열될 수 있습니다. 이것이 바로 대부분의 전이금속에서 일어나는 현상입니다.[33]

이 절에서 집으로 가져가야할 가장 중요한 전달 사항은 원자들은 많은 다른 유효 J 값을 가질 수 있으며, 어떤 스핀과 궤도 운동 자유도가 활성화되는지를 정하기 전에 계의 미시적인 상세한 내용을 알 필요가 있습니다. 자기장에 의해서 재배열될 수 있는 자기 모멘트가 있을 때, 그 물질은 상자성이 된다는 것을 기억해야 합니다.

마지막으로 주의사항이 있습니다. 이 장 대부분을 통하여 우리는 원자들의 자성을 한꺼번에 하나로 취급하였습니다. 다음 장에서는 원자들이 주변과 자기적으로 결합된 경우에 대해서 무슨 일이 일어나는지를 생각해 보려고 합니다. 온도가 원자들 사이의 결합 세기보다 매우 높을 때는, 원자들을 한꺼번에 하나로 다루는 우리의 근사는 일반적으로 적절한 근사가 됩니다. 그러나, 충분히 낮은 온도에서는, 심지어 매우 약한 결합조차도 아주 중요하게 됩니다, 22장에서 좀 더 자세한 내용을 보게 될 것입니다.

[33] 전이금속 3d 껍질은 4s 전자들에 의해서만 주변으로부터 가려집니다. 반면, 희토류에 대해서는 4f 껍질은 6s와 5p에 의해서 가려집니다. 따라서 전이금속들은 희토류보다 훨씬 더 결정장 미동에 민감합니다.

요약

- 감수율 $\chi = dM/dH$은 상자성에 대해서는 양수이고 반자성에 대해서는 음수입니다.
- 상자성의 원인: (a) 자유 전자 기체(4.3 절)의 파울리 상자성, (b) 자유 스핀의 상자성 – 자유 스핀의 상자성을 계산하는 간단한 통계물리 연습문제를 알아야 합니다.
- 자유 스핀의 크기는 훈트의 규칙으로 결정됩니다. 원자의 결합 또는 원자의 주변 환경(결정장)은 이 결과를 변화시킬 수 있습니다.
- 라모어 반자성은 원자들이 $J = 0$을 가질 때 일어날 수 있습니다. 그러므로 강한 상자성을 가지지 않습니다. 이것은 일차 미동 이론에서 해밀토니언의 반자성 항으로부터 옵니다. 전자당 반자성은 오비탈 반경의 제곱에 비례합니다.

- Ibach and Luth, 8.1절
- Hook and Hall, 7장
- Ashcroft and Mermin, 31장과 교환 에너지 관련 32장
- Kittel, 11장
- Blundell, 2장과 교환 에너지 관련 4.2절
- Burns, 15A장
- Goodstein, 5.4a~c절 (반자성은 다루지 않습니다.)
- Rosenberg, 11장 (반자성은 다루지 않습니다.)
- Pauling, 훈트 규칙에 관한 보충과 화학 관련 내용
- Hook and Hall, 교환 에너지 관련 부록 D

CHAPTER 19 연습문제

19.1 ‡원자물리학과 자성

(a) 왜 어떤 원자들은 상자성이고, 다른 것들은 반자성인지를 이들 물질의 전자구조를 참고하여 정성적으로 설명하시오.

(b) 훈트 규칙들과 쌓음 원리를 이용하여 아래에 고립된 원자들에 대해서 L, S, J 를 결정하시오.

    (i) 황(S), 원자번호 = 16

    (ii) 바나듐(V), 원자번호 = 23

    (iii) 지르코늄(Zr), 원자번호 = 40

    (iv) 디스프로슘(Dy), 원자번호 = 66

19.2 원자물리학(심화)

(a) 고체 어븀(원자번호 = 68)에서는, 각 원자에서 나온 하나의 전자가 넓은 띠를 만듭니다. 그래서 각각의 Er 원자는 11개의 f전자가 있습니다. Er 원자의 11개 전자에 대한 란데 g-인자(국소화된 모멘트)를 계산하시오.

(b) 고체 유로퓸(원자번호 = 63)에서는, 각 원자에서 나온 하나의 전자가 넓은 띠를 만듭니다. 그래서 각각의 Eu 원자는 7개의 f전자가 있습니다. Eu 원자의 7개 전자에 대한 란데 g-인자(국소화된 모멘트)를 계산하시오.

19.3 훈트 규칙*

원자의 껍질이 각 운동량 l을 가진다고 가정합시다 ($l=0$은 s-껍질, $l=1$은 p-껍질 등, l 껍질은 $2l+1$개의 궤도 상태를 가집니다. 그리고 궤도 상태당 두 개의 스핀 상태를 가집니다). 훈트 규칙들에 기초하여 n과 l의 함수로 S, L, J 에 대한 일반적인 공식을 유도하시오.

19.4 ‡상자성과 반자성

망간(Mn, 원자번호 = 25)은 2000 K에서 증기압 10^5 Pa에서 원자 증기를 형성합니다. 이 증기를 이상기체로 생각할 수 있습니다.

(a) 독립된 망간 원자의 L, S, J를 결정하시오. 2000 K에서 이 기체의 (퀴리) 감수율에 대한 상자성적 기여분을 결정하시오.

(b) 퀴리 감수율에 추가하여, 망간 원자는 채워진 핵심 오비탈들에 의한 약간의 반자성적 감수율을 가질 것입니다. 2000 K에서 기체의 라모어 반자성을 결정하시오. 망간 원자 반경은 1 Å으로 두십시오. 여러분들이 사용하는 모든 공식의 유도과정을 정확히 알아야 합니다!

19.5 ‡반자성

(a) 아르곤은 원자번호 18을 가지는 불활성 기체로, 원자 반경은 대략 0.188 nm입니다. 낮은 온도에서 fcc 결정을 형성합니다. 고체 아르곤의 자기 감수율을 추산하시오.

(b) n-형 실리콘에서 불순물에 갇혀있는 전자의 파동함수는 수소원자 형식을 가집니다. $10^{20}\,\mathrm{m}^{-3}$ 주개를 가지는 실리콘 결정의 반자성 감수율을 추산하시오. 유효 질량은 $m^* = 0.4 m_e$이고, 상대 유전율은 $\epsilon_r = 12$입니다. 주위의 실리콘 원자들의 반자성과 이 값들과 비교하면 어떻게 될까요? 실리콘은 원자번호 14이고, 원자량은 28.09입니다. 밀도는 $2.33\,\mathrm{g/cm}^3$입니다.

19.6 ‡상자성

자기장 B 안에서 가전자수가 1이고 스핀 $S = 1/2$(그리고 $L = 0$)를 가지고 있는 원자 기체를 생각합시다. 기체는 밀도 n을 가지고 있습니다.

(a) B와 T의 함수로 자기화를 계산하시오. 감수율을 결정하시오.

(b) 스핀들에 의한 이 기체의 비열에 대한 기여분을 계산하시오. 이 기여분을 $\mu_B B / (k_B T)$의 함수로 그리시오.

19.7 스핀 J 상자성*

상호작용하지 않는 스핀 J 원자들의 계에 대해서 해밀토니언이

$$\mathcal{H} = \tilde{g}\mu_B \mathbf{B} \cdot \mathbf{J}$$

와 같이 주어졌습니다.

(a)* B와 T의 함수로 자기화를 결정하시오.

(b) 감수율이 다음과 같이 주어짐을 보이시오.

$$\chi = \frac{n\mu_0 (\tilde{g}\mu_B)^2}{3} \frac{J(J+1)}{k_B T}$$

여기서 n은 스핀들의 밀도입니다(이 연습문제의 (a)에 대한 완전한 표현식 없이도 해결할 수 있습니다!)

19.8 훈트 규칙들과 g-인자들

특별한 절연체 물질은 밀도 ρ인 Gd^{3+} 이온(부분적으로 채워진 f-껍질 안에 7개의 전자를 가지고 있습니다.)을 제외하고는 자성 원소를 가지고 있지 않습니다. 두 번째 물질은 Gd^{3+} 이온들 대신에 Dy^{3+} 이온(부분적으로 채워진 f-껍질 안에 9개의 전자를 가지고 있습니다.)들을 가지는 것을 제외하고 첫 번째 물질과 동일합니다.

(a) 이들 물질들을 아주 큰 자기장에 놓았을 때 이온들의 자기 모멘트들이 모두 정렬합니다. 두 물질의 포화 자기 모멘트들의 비율을 계산하시오.

(b) 작은 자기장에서 두 물질의 자기 감수율의 비를 계산하시오. 한 물질이 Fe^{3+} 이온(부분적으로 채워진 d-껍질 안에 5개의 전자를 가집니다.)들을 갖고 다른 물질은 Mn^{3+} 이온(부분적으로 채워진 d-껍질 안에 4개의 전자를 가집니다.)들을 가지는 경우에 대한 비슷한 실험을 고려하시오.

(c) Mn^{3+}을 가지고 있는 물질의 자기 감수율보다 Fe^{3+}를 가지고 있는 물질의 자기 감수율이 대략 1.45 배 크다는 것을 보이시오.
(힌트: 이것이 잘못된 것처럼 보인다면, 주석 33을 읽고 다시 시도해 보시오.)

자발적 자기 질서: 강자성, 반강자성, 준강자성

Spontaneous Magnetic Order: Ferro-, Antiferro-,
and Ferri-Magnetism

19.2.1절의 끝에서 분자, 고체에 훈트 규칙을 적용하는 것이 믿을 만한 것이 되지 못함을 언급하였습니다. 왜냐하면, 몇 가지 효과들 중 어떤 것이 강한가에 달려있기 때문에 주위 원자의 스핀들이 같은 방향으로 정렬되는 것을 선호할지 아니면 반대 방향으로 정렬되는 것을 더 선호할 수 있기 때문입니다(23장에서 어떻게 이러한 현상이 일어나는지에 대한 상세한 모형들을 보여 줄 것입니다). 이 장에서는 단순히 인접한 스핀들 사이의 상호작용(*교환* 상호작용이라 불리고, 19.2.1절의 끝에 있는 논의를 참조하십시오)이 있다고 *가정하고*, 어떻게 인접한 스핀들 사이의 상호작용이 많은 스핀들을 거시적 스케일에서 정렬시킬 수 있는지 탐험해 보려 합니다.

먼저 절연체를 가정합시다. 즉, 전자들은 한 원자에서 다른 원자로 깡충뛰기를 하지 않습니다.[1] 그러면 모형 해밀토니언을

$$\mathcal{H} = -\frac{1}{2}\sum_{i,j} J_{ij}\mathbf{S}_i \cdot \mathbf{S}_j + \sum_i g\mu_B \mathbf{B} \cdot \mathbf{S}_i \qquad (20.1)$$

와 같이 쓰게 됩니다. 여기서 $\mathbf{S}_i$는 원자[3] i의 스핀[2]이고, $\mathbf{B}$는 스핀들[4]이 느끼는 자기장입니다. 여기서 $J_{ij}\mathbf{S}_i \cdot \mathbf{S}_j$는 스핀 i와 스핀 j 사이의 상호작용 에너지입니다.[5] 중복으로 계산되는 것을 피하기 위해서 바깥쪽에 인자 1/2을 포함하고 있는 것에 유의하십시오. 왜냐하면, 합은 실제로 모두 J_{ij}와 J_{ji}를 모두 포함하기 때문입니다(이들은 서로 같은 값입니다).

[1] 만약 16.4절과 19.6.3절에서 기술한 것처럼, 강한 상호작용이 전자의 깡충뛰기를 방해하고 있는 모트 절연체라면 아마 이 상황일 것입니다. 또한 23장에서 더 복잡해진, 그러나 중요한 강자성체 속의 전자들이 움직이는 경우를 다룰 것입니다.

[2] 우리가 간결화된 자기 모형을 논의할 때, 아주 종종 실제로 S, L, J의 구별 없이, 각운동량을 S로 적습니다. 심지어 이것이 진짜 물질의 궤도 각운동량으로부터 왔다고 하더라도, 이 변수를 '스핀'이라고 부르는 것, 이것 또한 관습적인 것입니다.

[3] 특정한 원자와 연관된 모멘트는 국소 모멘트*local moment*로 알려져 있습니다.

[4] 다시 한 번 마지막 항의 플러스 부호는 우리가 전자의 모멘트들을 이야기하고 있다는 것을 가정합니다(4.3절의 주석 15를 보시오).

[5] *경고*: 많은 참고자료는 하이젠베르크의 본래 관습을 사용합니다. 상호작용 에너지는 $J_{ij}\mathbf{S}_i \cdot \mathbf{S}_j$ 대신에 $2J_{ij}\mathbf{S}_i \cdot \mathbf{S}_j$로 정의되는 것을 사용합니다. 그러나 더 많은 최근의 연구자들은 우리가 여기서 하는 것처럼, $J_{ij}\mathbf{S}_i \cdot \mathbf{S}_j$를 사용합니다. 이것은 식 20.5에 있는 이징 모형에 대한 관습과 잘 일치하고, 관습 $2J$는 결코 사용되지 않습니다. 어쨌든, 길거리에서 누군가가 당신에게 J에 대해 말하면, 당신은 인자 2를 포함하는지 아닌지를 물어 보아야만 합니다.

만약 $J_{ij} > 0$이면, 스핀 i와 스핀 j가 같은 방향으로 정렬될 때, 에너지가 낮아지고, 반대로 만약 $J_{ij} < 0$이면, 스핀들이 반대 방향으로 정렬될 때, 에너지가 낮아집니다. 이 에너지 차이가 19.2.1절에서 기술한 교환 에너지라고 불리는 것입니다. 따라서 J_{ij}를 교환 상수exchange constant라고 부릅니다.

스핀들 사이의 결합은 스핀들 사이의 거리가 증가할수록 일반적으로 급격히 작아집니다. 사용하기 좋은 모형으로 인접한 스핀들만 서로 상호작용하는 모형을 들 수 있습니다. 우리는 식 20.1을(자기장 $\mathbf{B}$를 무시하고)

$$\mathcal{H} = -\frac{1}{2} \sum_{i,j\,\mathrm{neighbors}} J_{ij}\,\mathbf{S}_i \cdot \mathbf{S}_j$$

처럼 쓸 수 있습니다. 우리는 i, j가 근접한 것이라는 것을 표시하기 위해서 브라켓 $\langle i, j \rangle$를 사용합니다.

$$\mathcal{H} = -\frac{1}{2} \sum_{\langle i,j \rangle} J_{ij}\,\mathbf{S}_i \cdot \mathbf{S}_j$$

각 스핀이 자신의 근접한 스핀과 같은 세기로 결합하는 균일한 계 안에서는 J_{ij}를 생략할 수 있습니다 (왜냐하면, 모두가 동일한 값을 가지고 있기 때문입니다). 결국,

$$\mathcal{H} = -\frac{1}{2} \sum_{\langle i,j \rangle} J\,\mathbf{S}_i \cdot \mathbf{S}_j \tag{20.2}$$

와 같은 *하이젠베르크 해밀토니언*Heisenberg Hamiltonian이라고 불리는 식을 얻게 됩니다.

20.1 (자발적) 자기 질서

강자성체의 경우처럼, 외부에서 자기장이 가해지지 않을 때에도 자성(자기 모멘트들의 정렬)이 생겨날 수 있습니다. 이 형식의 현상은 *자발적* 자기 질서라고 합니다(왜냐하면, 자기장 적용 없이 일어나기 때문입니다). 해밀토니언의 자기적 상호작용이 실제로 자발적 자기 질서를 언제 가져오는지는 미묘한 통계역학적 질문입니다. 우리 분석의 수준

에서 계는 항상 자성 해밀토니언을 '만족하는' 바닥상태를 찾을 수 있다고 가정합니다. 22장에서, 어떻게 온도가 자기 질서를 깨뜨리게 되는지 깊이 생각해 볼 것입니다.

20.1.1 강자성체

만약 $J > 0$이면, 인접한 스핀들은 같은 방향으로 정렬하려고 할 것입니다. 이 경우 거시적 자기 모멘트를 만드는 모든 스핀들이 함께 정렬할 때 바닥상태가 됩니다 – 이것이 우리가 *강자성체*이라고 부르는 것이고,[6] 그림 20.1의 왼쪽에 그려진 것입니다. 강자성 연구는 이 책 나머지의 대부분에 해당합니다.

20.1.2 반강자성체

반면, 만약 $J < 0$이면, 인접한 스핀들은 반대방향으로 향하려고 합니다. 그리고 가장 자연스럽게 정렬된 배열은 주기적인 상황입니다. 그림 20.1에 표시된 것처럼, 스핀들이 교대로 반대방향으로 정렬됩니다. 이것이 반강자성체로 알려진 것입니다. 이러한 반강자성체는 0의 자기화를 가지지만 여전히 자기적으로 정렬된 것입니다. 이 형식의 반주기적인 바닥상태는 때때로 *네엘 상태Néel state*라고 알려져 있습니다. 1930년대 루이 네엘Louis Néel이 이 상태의 존재를 제안하였습니다.[7,8] 방향을 표시하는 스핀 묘사가 올바른 양자역학적 묘사가 아니라 고전적인 것이라는 것에 주의해야 합니다(연습문제 20.1을 보십시오). 특히, 스핀이 작을 때(스핀 1/2처럼) 양자역학적 효과는 강하고, 고전적 직관은 맞지 않게 됩니다. 그러나 스핀이 1/2보다 클 때는 고전적 묘사가 여전히 매우 좋습니다.

회절을 이용한 반강자성체 탐지하기

반강자성체가 0의 알짜 자기화를 가질 때, 어떻게 우리는 그것들이

[6] 하이젠베르크 강자성의 고전적 예는 EuO이고, 70 K 이하에서 강자성입니다. 이 물질은 아주 간단한 NaCl 구조를 가지며, 모멘트 S는 Eu 위에 있습니다. 여기서 Eu는 f 껍질에 일곱 개의 전자들을 가지고 있고, 훈트 규칙에 의해서 이것은 $J = S = 7/2$입니다.

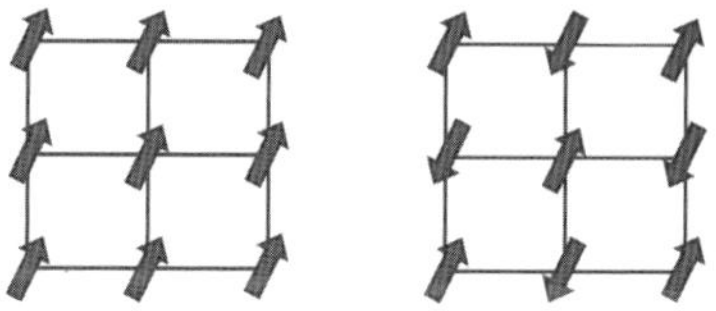

그림 20.1 자기 스핀 배열들. **왼쪽**: 강자성, 모든 스핀들이 정렬되어 있습니다(적어도 약간의 거시적 영역에서는). **오른쪽**: 반강자성체, 인접하는 스핀들이 반대로 정렬되어 있으나, 주기적입니다. 소위 네엘Néel 상태에서는 알짜 자기화가 0입니다.

[8] 반강자성체에 대한 예로서 NiO과 MnO (둘 모두 NaCl 구조를 가집니다. 각각 Ni, Mn가 스핀을 가집니다)를 들 수 있습니다. 매우 중요한 종류의 반강자성체들로는 $LaCuO_2$ 같은 물질인데, 도핑이 되었을 때, 고온 초전도체가 됩니다.

[7] 네엘은 1970년 이 일로 노벨상을 수상했습니다. 위대한 레프 란다우(란다우에 대해서는 4장 주석 18을 보십시오) 또한 네엘과 거의 동시에 반강자성을 제안했습니다. 그러나 그 직후, 란다우는 반강자성체가 실제로 자연에 존재하는지 의심하기 시작했습니다(그의 추론은 두 스핀이 하나는 항상 위 스핀, 다른 하나는 항상 아래 스핀을 가지는 대신에 양자역학적 단일 상태singlet를 만들 것이라는 사실에 기초를 두고 있습니다). 란다우가 산란 실험을 통해 반강자성체가 실제임을 확신하기까지 거의 15년이 걸렸습니다. 이 15년 중 한 해 동안을 스탈린과 나치를 비교한 일로 란다우는 감옥에서 보냈습니다. 아주 운 좋게도 처형되지는 않았습니다.

존재하는지를 알 수 있을까요? 거시적 세계에서 그것들의 특징은 무엇일까요? 온도의 함수로 자기 감수율을 조사함으로써 반강자성체의 특징을 찾는 것이 가능합니다.[9] 그러나 이 방법은 다소 간접적이며, 더 직접적인 접근법은 (22.2.2절의 소개된 기법인) 중성자 회절을 이용하여 스핀의 배열을 조사하는 것입니다(특히, 연습문제 22.5를 보십시오). 14.2절에서 언급한 것처럼, 중성자들은 산란되는 물체의 스핀 방향에 민감합니다. 만약, 들어오는 중성자의 스핀 극성을 고정하면, 반강자성체에 있는 원자들은 두 가지 가능한 스핀 상태에 대해 다르게 산란할 것입니다. 그 다음 중성자들은 이 반강자성체의 단위 낱칸의 크기를 실제로 $2a$로 보게 됩니다. 여기서, a는 원자들 사이의 거리입니다(같은 스핀을 가지는 두 원자들 사이의 거리가 $2a$입니다). 따라서 반강자성적으로 스핀이 정렬될 때, 중성자들은 역격자 벡터 $G = 2\pi/(2a)$에서 산란 피크를 만들게 되고, 모든 원자들이 같은 방식으로 정렬되면 피크는 존재하지 않습니다. 실험에서 이 형태의 중성자 산란은 반강자성 정렬이 존재하는 것을 명확하게 보여줍니다.[10]

쩔쩔매는frustrated 반강자성체

특정한 격자 위에서 특정한 상호작용에 대한 바닥상태가 모든 스핀들의 상호작용을 '만족하지' 못할 수 있습니다. 예를 들어, 삼각형의 격자를 고려합시다. 만약 반강자성적 상호작용이 있다면, 근처의 스핀들에 대해서 모든 스핀들이 반대방향으로 정렬하는 것은 불가능합니다. 그림 20.2 왼쪽에 보인 것처럼 삼각형 위에서는, 일단 두 스핀이 서로 반대로 정렬하게 되면, 나머지 스핀은 독립으로 양쪽 스핀에 반대로 정렬할 수 없게 됩니다(스핀들이 고전적 변수들이라고 가정하면) 삼각형 위에서 반강자성적 하이젠베르크 해밀토니언의 바닥상태는 그림 20.2 오른쪽에 표시된 배열이 됩니다. 각 결합이 제대로 반대로 정렬되어 최적화된 것은 아니지만, (적어도 스핀이 고전적 변수라고 가정하면) 전체적인 에너지는 이 해밀토니언에 최적화되었습니다.

20.1.3 준강자성체

만약 물질의 자기적 구조를 보기 시작한다면, 여러 가지의 다른 흥미로운 가능성을 찾을 수 있습니다. 아주 흔한 가능성은 단위 낱칸 안에 모멘트가 다른 여러 종류의 원자들이 있는 경우입니다. 비록 반강자성

그림 20.2 삼각형 반강자성체의 그림. 왼쪽: 삼각형 격자 위에서 반강자성은 쩔쩔매고 있습니다. 모든 스핀들이 모든 이웃들과 반대로 정렬할 수 없습니다. 오른쪽: 고전적 스핀들에 대한 (큰 S) 삼각형 위의 반강자성 상호작용의 바닥상태는 오른쪽에 있는 상태입니다. 여기서 스핀들은 이웃에 대해 120도 회전하여 있게 됩니다.

적 정렬(근처의 스핀이 서로 반대로 향하고)을 가지고 있지만, 원자들은 서로 다른 모멘트를 가지고 있어서 알짜 모멘트가 여전히 있습니다. 그림 20.3에서 보인 예처럼, 작은 모멘트들이 큰 모멘트들과 반대 방향으로 향하고 있습니다. 반강자성 정렬을 가지는 이 형태의 배열은 서로 다른 스핀 종류 때문에 여전히 *준강자성ferrimagnetism*이라고 부르는 알짜 자기화를 가지고 있습니다. 사실, 산화철(Fe_3O_4) 같은 가장 흔한 자석들은 준강자성을 가지고 있습니다. 때때로 사람들은 준강자성을 강자성의 부분집합으로 여기지만(왜냐하면 0의 자기장에서도 0이 아닌 알짜 자기 모멘트를 가지고 있기 때문입니다), 반면 다른 사람들은 '강자성' 정의에서 준강자성을 제외하기도 합니다.[11]

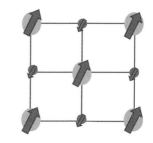

그림 20.3 준강자성체의 그림. 배치 방법은 반강자성이지만, 서로 다른 스핀 종류들은 다른 모멘트를 가지기 때문에, 알짜 자기화가 존재합니다.

[11] 과학계가 그렇게 많은 정의들에 합의할 수 없는 그 사실이 때때로 삶을 어렵게 만듭니다.

20.2 깨진 대칭성

정렬된 상태들에서 스핀이 실제로 어느 방향으로 향할 것인지에 대한 질문은 아직 하지 않았습니다. 엄밀하게 이야기하면, 식 20.2의 해밀토니언은 회전 대칭입니다 – 자기화는 어떠한 방향을 가리켜도 상관없고 에너지도 동일합니다! 그러나, 실제 계에서, 이것은 드문 경우입니다. 원자는 격자 속에서 느끼는 비대칭적 환경 때문에, 스핀이 다른 방향보다 더 선호하는 방향이 있습니다(이것에 대한 물리학은 19.6절에서 논의하였습니다). 더 정확하게 하이젠베르크 해밀토니언에 추가적인 항을 집어넣어야 할 필요가 있습니다. 하나의 가능성은

$$\mathcal{H} = -\frac{1}{2} \sum_{\langle i,j \rangle} J \mathbf{S}_i \cdot \mathbf{S}_j - \kappa \sum_i (S_i^z)^2 \tag{20.3}$$

와 같이 쓰는 것입니다[12] (다시 외부 자기장을 제외하였습니다). 여기서 κ 항은 스핀이 $+\hat{z}$ 방향 또는 $-\hat{z}$ 방향을 가리키는 것을 선호하고, 다른 방향을 선호하지 않습니다($\hat{z}$ 방향으로 늘여진 이방등축 결정에 대한 상상이 적절할 것입니다). 이 κ 항의 에너지는 특정 방향을 선호하기 때문에, 때때로 *비등방 에너지anisotropy energy*로 알려져 있습니다. 또 다른 가능한 해밀토니언은

$$\mathcal{H} = -\frac{1}{2} \sum_{\langle i,j \rangle} J \mathbf{S}_i \cdot \mathbf{S}_j - \tilde{\kappa} \sum_i [(S_i^x)^4 + (S_i^y)^4 + (S_i^z)^4] \tag{20.4}$$

[12] 작은 스핀 양자수에 대해서는 추가된 항들은 아마도 사소할 것입니다. 예를 들어, 스핀 1/2에 대해서 $(S_x)^2 = (S_y)^2 = (S_z)^2 = 1/4$을 얻습니다. 그러나 S가 커지면, 스핀은 더욱더 고전적 벡터처럼 될 것이고, 비등방(κ) 항들은 해당 방향으로 스핀이 배열되도록 할 것입니다.

와 같고, 직교 좌표의 한 방향을 향하는 스핀을 선호합니다 – 그들 사이의 각도로 향하는 것이 아닙니다.

어떤 경우에는 (19.6절에서 논의한 것처럼) 계수 κ가 중대할 수 있습니다. 다른 경우들에서는 그것이 아주 작을 수도 있습니다. 그러나 순수 하이젠베르크 해밀토니언 식 20.2는 특정한 방향을 선호하지 않기 때문에, 매우 작은 비등방(κ) 항조차도 (외부 자기장이 없을 때) 바닥상태의 자기화의 방향을 결정할 것입니다. 우리는 이 항이 '대칭성을 깬다breaks the symmetry'라고 말합니다. 물론, 다른 대칭성은 남아 있을 것입니다. 식 20.3의 예에서 만약 상호작용이 강자성이라면, 바닥상태 자기화는 모든 스핀들이 $\hat{z}$ 방향을 향하거나, 또는 동등하게 모든 스핀들이 $-\hat{z}$ 방향을 향하게 될 것입니다.

20.2.1 이징 모형

비등방(κ) 항이 만약 극도로 크다면, 이 항은 해밀토니언을 근본적으로 바꾸게 됩니다. 예를 들어, 스핀 S인 하이젠베르크 모형을 생각합시다. 아주 큰 계수 κ 항을 식 20.3에 대입하면, 스핀들은 $S_z = +S$ 또는 $S_z = -S$ 둘 중 하나가 될 것이고, S_z의 모든 다른 값들은 아주 큰 에너지를 가집니다. 이 경우, 아래와 같은 새로운 유효 모형이 가능합니다.

$$\mathcal{H} = -\frac{1}{2}\sum_{\langle i,j \rangle} J\sigma_i \sigma_j + g\mu_B B \sum_i \sigma_i \tag{20.5}$$

여기서 $\sigma_i = \pm S$입니다 (그리고 우리는 외부 자기장 B를 다시 도입하였습니다). 이 모형은 통계물리학에서 아주 중요한 모형인 *이징*Ising *모형*[13]으로 알려져 있습니다.[14]

[13] '이징'은 적절히 'Eesing' 또는 'Eezing'처럼 발음될 수 있습니다. 미국에서는 습관적으로 'Eye-sing, 아이징'으로 잘못 발음됩니다. 이징 모형은 실제로 빌헬름 렌츠Wilhelm Lenz가 발명하였습니다(스티글러 법칙의 또 하나의 예입니다. 15.2절의 주석 11을 보십시오). 이징Ernest Ising은 그의 학위 논문을 위해서 이 모형에 대해 공부하고 있던 대학원 학생이었습니다. 그러나 그는 곧 학계를 떠나 미국의 대학에서 가르치는 일을 했는데, 여기서 사람들이 당연히 그를 '아이징'이라고 불렀습니다.

[14] 이징 모형은 통계역학의 '수소 원자'로 종종 언급됩니다. 왜냐하면 이것은 극도로 단순한 것이지만, 복잡한 통계역학계들의 가장 중요한 특성 중 많은 것들을 보여 주기 때문입니다. 모형의 1차원 버전은 1925년 이징에 의해서 풀렸습니다. 그리고 모형의 2차원 버전은 1944년 온사게르Lars Onsager에 의해서 풀렸습니다(노벨 화학상 수상자입니다. 우습게도 그는 1933년 나의 모교 브라운 대학교에서 해고되었습니다). 온사게르의 업적은 볼프강 파울리가 2차 세계대전 이후 [전쟁 중 물리학에서] 온사게르의 2차원 이징 모형의 정확한 해 이외에는 별 흥미로운 일이 일어나지 않았다'라고 적을 정도로 아주 중요한 것으로 평가되었습니다 (아마도 파울리는 전쟁 동안 물리학의 놀라운 발전의 시간에 의해 약간 판단력을 잃어버렸는지도 모릅니다). 만약 여러분이 용감하다면, 스스로 1차원 이징 모형을 풀어보려는 시도를 할 수도 있습니다(연습문제 20.5와 20.6을 보십시오).

- 강자성체: 스핀들이 정렬합니다. 반강자성체: 근접한 스핀들이 반대로 정렬하고, 알짜 자기화가 없습니다. 준강자성: 근처의 스핀들이 반대로 정렬합니다. *그러나* 교대로 있는 스핀들이 서로 다른 크기를 가지고 있습니다. 그래서 알짜 자기화가 있습니다.

- 하이젠베르크 항 $-J\mathbf{S}_i \cdot \mathbf{S}_j$를 포함하는 유용한 해밀토니언은 등방 스핀을 위한 것이고, 이징 $-JS_i^z S_j^z$ 해밀토니언은 특정한 한 방향으로 정렬되는 것을 선호하는 스핀을 위한 것입니다.

- 스핀들은 일반적으로 (하이젠베르크 모형이 제안하는 것처럼) 모든 방향을 동등하게 좋아하지 않습니다. 스핀이 특정한 축들을 선호하게 하는 비등방 항들은 약할 수도 강할 수도 있습니다. 이 항들이 약하더라도, 동등한 방향 가운데서 한 방향을 선택할 수 있습니다.

- Blundell, 5.1~5.3절 (아주 좋은 논의이긴 하나, 동시에 우리가 22장에서 공부할 평균장 이론을 다룹니다.)
- Burns, 15.4~15.8절 (같은 언급)
- Hook and Hall, 8장 (같은 언급)
- Kittel, 12장
- Blundell, 4장 (스핀–스핀 상호작용의 메커니즘)

CHAPTER 20 연습문제

20.1 강자성 대 반강자성 상태들

아래의 하이젠베르크 해밀토니언

$$\mathcal{H} = -\frac{1}{2}\sum_{\langle i,j \rangle} J\,\mathbf{S}_i \cdot \mathbf{S}_j + \sum_i g\mu_B \mathbf{B} \cdot \mathbf{S}_i \quad (20.6)$$

을 고려합시다. 그리고 이 연습문제에서는 $\mathbf{B} = 0$입니다.

(a) $J > 0$에 대해서, 즉, 강자성의 경우에 대해서, 직관은 이 해밀토니언의 바닥상태는 단순히 모든 스핀들이 정렬한 것이어야 한다는 것을 알려줍니다. 이런 상태를 고려합시다. 이것이 식 20.6의 해밀토니언의 고유상태라는 것을 보이고, 에너지를 구하시오.

(b) $J < 0$에 대해서, 입방격자에서 반강자성체의 경우, (최소한 $\mathbf{B} = 0$) 스핀들이 교대로 반대 방향으로 향하는 상태가 고유상태라는 것을 기대를 할 수 있습니다. 불행히도, 이것은 정확하게 참이 아닙니다. 계의 이런 상태를 고려합시다. 문제의 이 상태는 해밀토니언의 고유상태가 아님을 보이시오.

비록 번갈아 있는 위치에 스핀들이 교대로 배열해 있는 직관은 완전하지 않지만, 아주 큰 스핀 S를 가질 때는 타당해 보입니다. 작은 스핀들에 대해서는 (스핀 1/2과 같은) 우리는 소위 '양자요동quantum fluctuation'을 고려할 필요가 있습니다(이것은 훨씬 더 높은 수준의 것이어서 여기서 다루지 않을 것입니다).

20.2 쩔쩔맴

연습문제 20.1의 하이젠베르크 해밀토니언($J < 0$인 경우)을 고려하고, 스핀들을 고전적 벡터로 취급하시오.

(a) (그림 20.2처럼) 만약 계가 단지 세 개의 스핀들로 삼각형으로 배열되어 있다면, 바닥상태는 각 스핀이 그 주위 이웃에 120도 회전하여 있음을 보이시오.

(b) 무한의 삼각형 격자에 대해서, 바닥상태는 어떻게 될까요?

20.3 스핀파spin wave*

스핀 S 강자성체에 대해서, 특히 큰 S에 대해서, 우리의 '고전적' 직관은 상당히 잘 맞고, 바닥상태 위의 들뜸 스펙트럼을 조사하기 위해서 간단한 근사를 사용할 수 있습니다. 먼저 임의의 연산자 운동에 대한

$$i\hbar \frac{d\hat{O}}{dt} = [\hat{O}, \mathcal{H}]$$

와 같은 하이젠베르크 방정식을 기억해 내십시오. 여기서 $\mathcal{H}$는 해밀토니언입니다(식 20.6의 $\mathbf{S}_i$가 스핀 S 연산자입니다).

(a) 식 20.6 해밀토니언의 스핀들에 대한 운동방정식들을 유도하시오. 아래의 식을 유도하시오.

$$\hbar \frac{d\mathbf{S}_i}{dt} = \mathbf{S}_i \times \left(J \sum_j \mathbf{S}_j - g\mu_B \mathbf{B} \right) \quad (20.7)$$

여기서 합은 i의 이웃인 j에 대한 것입니다. 강자성의 경우, 특히 만약 S가 클 경우, 스핀들을 연산자들이 아닌 고전적 변수들로 취급할 수 있습니다. 바닥상태에서, 우리는 모든 $\mathbf{S}_i = \hat{z}S$로 둘 수 있습니다($\mathbf{B}$는 $-\hat{z}$ 방향이라고 가정하고, 바닥상태는 스핀들이 $\hat{z}$ 방향으로 정렬되어 있습니다). 이제 들뜸상태를 고려하기 위하여, 해 근처에서 스핀을 미동시켜

$$
\begin{aligned}
S_i^z &= S - \mathcal{O}((\delta S)^2/S) \\
S_i^x &= \delta S_i^x \\
S_i^y &= \delta S_i^y
\end{aligned}
$$

로 쓸 수 있습니다. 여기서 우리는 δS^x와 δS^y는 S에 비해서 작다고 가정합니다. δS^x와 δS^y에 대해서 일차인 운동의 방정식을 얻기 위해서 작은 미동에 대해서 (식 20.7) 운동방정식을 전개하시오.

(b) 나아가

$$
\begin{aligned}
\delta S_j^x &= A_x e^{i\omega t - i\mathbf{k}\cdot\mathbf{r}_j} \\
\delta S_j^y &= A_y e^{i\omega t - i\mathbf{k}\cdot\mathbf{r}_j}
\end{aligned}
$$

와 같은 파동 같은 해들을 가정합니다. 이 가설풀이해는 이전에 포논을 공부할 때부터 아주 친숙해 보일 것입니다. 이 식을 여러분들이 유도한 운동방정식들에 대입하시오.

▶ S_i^x와 S_i^y는 $\pi/2$만큼 어긋난 위상을 가짐을 보이시오. 이것은 무엇을 의미하나요?

▶ 강자성체의 '스핀파'에 대한 분산 곡선이 $\hbar\omega = |F(\mathbf{k})|$임을 보이시오. 여기서 입방격자를 가정하면

$$
\begin{aligned}
F(\mathbf{k}) = {}& g\mu_B|B| \\
& + JS(6 - 2[\cos(k_x a) + \cos(k_y a) + \cos(k_z a)])
\end{aligned}
$$

입니다.

▸ 실험에서 이들 스핀파를 어떻게 검출할 수 있을까요?

(c) 외부 자기장이 0인 경우를 가정합시다. 여러분들이 방금 유도한 스펙트럼에서 스핀파 들뜸에 기인하는 비열이 $T^{3/2}$에 비례함을 보이시오.

20.4 작은 하이젠베르크 모형

(a) 단지 두 개의 스핀으로 된 사슬을 가진 하이젠베르크 모형을 고려합시다. 이러한 해밀토니언은

$$\mathcal{H} = -J\mathbf{S}_1 \cdot \mathbf{S}_2$$

와 같습니다. 만약 이러한 스핀들이 $S = 1/2$을 가진다면, 이 계의 에너지 스펙트럼을 계산하시오. 힌트: $2\mathbf{S}_1 \cdot \mathbf{S}_2 = (\mathbf{S}_1 + \mathbf{S}_2)^2 - \mathbf{S}_1^2 - \mathbf{S}_2^2$를 이용하시오.

(b) (그림 20.2에서 보인 것처럼) 이제 삼각형을 만드는 세 개의 스핀들을 고려합시다. 다시 이들 스핀들은 $S = 1/2$이라 가정합시다. 계의 스펙트럼을 계산하시오. 힌트: (a)와 같은 방법을 사용하시오!

(c) 이제 사면체를 형성하는 네 개의 스핀들을 고려합시다. 다시 이들 스핀들은 $S = 1/2$라 가정합니다. 계의 스펙트럼을 계산하시오.

20.5 $B = 0$인 1차원 이징 모형

(a) 스핀 $S = 1$인 1차원 이징 모형을 고려합시다. 자기장이 0일 때, N 스핀 사슬에 대한 해밀토니언을

$$\mathcal{H} = -J\sum_{i=1}^{N-1} \sigma_i \sigma_{i+1}$$

와 같이 씁니다. 여기서 각 σ_i는 ± 1의 값을 가집니다. 분배함수는

$$Z = \sum_{\sigma_1, \sigma_2, \dots, \sigma_N} e^{-\beta \mathcal{H}}$$

와 같습니다. $R_i = \sigma_i \sigma_{i+1}$로 변환하여 분배함수를 R 변수들에 대한 합으로 다시 쓰고, 분배함수를 계산하시오.

▸ 자유 에너지는 어떠한 온도에서도 뾰족점cusp 또는 불연속을 가지지 않음을 보이시오. 그래서 1차원 이징 모형에서는 상전이가 없다는 결론을 내리시오.

(b)* 주어진 온도 T에서, M개의 연속적인 스핀들이 동일한 방향을 향할 확률에 대한 표현을 구하시오. 큰 M에 대해서 M에 따라 이 확률이 어떻게 감소할까요? T가 작아짐에 따라서 무슨 일이 일어날까요? $N \gg M$을 가정할 수 있습니다.

20.6 $B \neq 0$인 1차원 이징 모형*

스핀 $S = 1$인 1차원 이징 모형을 고려합시다. 자기장 B에서 N개의 스핀 사슬에 대한 해밀토니언을(식 20.5)

$$\mathcal{H} = \sum_{i=1}^{N} \mathcal{H}_i \qquad (20.8)$$

와 같이 씁니다. 여기서

$$\mathcal{H}_1 = h\sigma_1$$
$$\mathcal{H}_i = -J\sigma_i\sigma_{i-1} + h\sigma_i \qquad \text{for } i > 1$$

이고, 각 σ_i는 ± 1값을 가집니다. 그리고 간결하게 표기하기 위해서 $h = g\mu_B B$를 정의합니다. M번째 스핀이 특별한 상태에 있다고 하면 (식 20.8 해밀토니언 합의 첫 M 항들) 첫 M 스핀들에 대한 부분 분배함수를 정의합시다. 즉,

$$Z(M, \sigma_M) = \sum_{\sigma_1, \dots, \sigma_{M-1}} e^{-\beta \sum_{i=1}^{M} \mathcal{H}_i}$$

이고 완전한 분배함수는 $Z = Z(N, +1) + Z(N, -1)$ 입니다.

(a) 이들 분배함수들이

$$Z(M, \sigma_M) = \sum_{\sigma_{M-1}} T_{\sigma_M, \sigma_{M-1}} Z(M-1, \sigma_{M-1})$$

의 귀납식을 만족함을 보이시오. 여기서 T는 2×2 행렬입니다. 행렬 T를 구하시오(T는 '전달 행렬 transfer matrix'로 알려져 있습니다).

(b) $(N-1)$차까지 올려진 행렬 T에 관하여 완전한 분배함수를 쓰시오.

(c) 큰 N 극한에서 스핀당 자유에너지를

$$F/N \approx -k_B T \log \lambda_+$$

와 같이 쓸 수 있음을 보이시오. 여기서 λ_+는 행렬 T의 두 고윳값들 중에서 큰 값입니다.

(d) 이 자유에너지로부터, 자기화를 유도하시오. 그리고 스핀당 감수율이

$$\chi \propto \beta e^{2\beta J}$$

와 같음을 보이시오. 이것은 높은 온도 T에서 퀴리 형태와 일치합니다.

20.7 비등방 항들

이 장의 주석 12에서 지적한 것처럼 스핀 S의 값이 작을 경우, 비등방 항들은 사소한 것일 수 있습니다.

(a) 식 20.4의 비등방 항이 중요해지는 스핀 S의 가장 작은 값은 무엇인가요?

(b) $S_x^4 + S_y^4$ 형태의 비등방 항을 고려하시오. 어떤 상황에서 그러한 항들을 찾을 수 있는가요? 이 항이 중요해지는 S의 가장 작은 값은 무엇인가요? S의 이 값에 대해서 이 표현을 적을 수 있는 더 간단한 방법이 있는가요? 큰 S에 대해서도 동일한 단순화가 가능한가요?

20.8 강자성 스핀파**

(a) 자기장 0일 경우의 입방격자 반강자성체를 고려하시오. 연습문제 20.3의 방법을 이용하여 운동방정식

$$\hbar \frac{d\delta\mathbf{S}_i}{dt} = \pm\, JS\hat{z} \times \left(\sum_j \left[\delta\mathbf{S}_j + \delta\mathbf{S}_i \right] \right)$$

을 유도하시오. 여기서 $\pm$은 자리 i가 짝수 자리 부분격자인지, 홀수 자리 부분격자인지에 따라 달라지고 δ는 $x-y$ 방향에서 평형 위치로부터 벗어난 정도를 의미하고, 또한, j에 대한 합은 i의 이웃에 대한 것입니다.

(b) δS^x와 δS^y에 대한 방정식을 각각 취급하는 대신에 $\delta S^+ = \delta S^x + i\delta S^y$에 대한 하나의 운동방정식을 고려하는 것이 더 편합니다. 파동 가설풀이(이원자 사슬처럼 낱칸에 두 개의 원자가 있기 때문에 두 개의 운동방정식을 취급합니다)를 만들어서 반강자성 스핀파 스펙트럼

$$\hbar\omega(k) = 2JS\sqrt{\sin^2 k_x a + \sin^2 k_y a + \sin^2 k_z a}$$

을 구하시오.

20.9 1차원에서 쩔쩔맴*

쩔쩔맴 상호작용을 얻는 또 하나의 방식은 인접 상호작용이 다음-인접 상호작용과 경쟁할 때입니다. 해밀토니안

$$H = -J_1 \sum_i \sigma_i \sigma_{i+1} - J_2 \sum_i \sigma_i \sigma_{i+2}$$

을 고려합시다. 여기서, 두 상호작용은 동시에 만족될 수 없도록 $J_1, J_2 < 0$입니다.

연습문제 20.5의 방법을 이용해서 연습문제 20.6에서 고려한 상황으로 문제를 바꾸고, 해에 대한 동일한 방법을 따라서 온도의 함수로 자유에너지를 찾으시오. 자유에너지로부터 두 인접한 스핀들이 정렬할 확률을 결정하시오. 낮은 온도에서 이 변화는 J_1/J_2의 함수로 어떻게 됩니까?

자기 구역과 히스테리시스

Domains and Hysteresis

21.1 강자성체의 거시적 효과: 자기 구역

강자성체에서는, 앞 장에서 기술한 하이젠베르크(또는 이징) 모형처럼 계의 모든 스핀들이 정렬할 것이라 생각할 수 있습니다. 그러나 실제 자석에서는, 자주 이렇게 되지 않습니다. 그림 21.1에서 보여준 것처럼 왜 이렇게 되는지 이해하기 위해서, 시료를 두 개로 분리하는 것을 가정해 봅시다. 두 개의 자기 쌍극자들을 가지고 있다면. 그림 21.1의 가장 오른쪽에 보인 것처럼 두 개 중 하나만 뒤집으면 에너지를 낮추게 되는 것이 확실합니다(두 개의 자석에서 N극들은 서로 밀쳐냅니다[1]). 이 에너지, 자석의 장거리 쌍극자 힘은 하이젠베르크 또는 이징 모형에서 전혀 기술되지 않습니다. 이 모형들에서 스핀들 사이의 최근접 상호작용만을 포함하였습니다. 19.2.1절에서 언급한 대로 실질적인 전기적 스핀 (또는 오비탈 모멘트) 사이의 자기 쌍극자 힘은 근접한 스핀들 사이의 쿨롱 상호작용에서 유도된 '교환'힘과 비교하면 매우 작습니다. 그러나 거시적인 자석을 만들기 위해서 전체 원자들을 한꺼번에 생각하면 (10^{23}개!), 그들의 쌍극자 모멘트를 합한 효과는 대단한 것일 수 있습니다.

[1] 쌍극자 힘을 이해하는 또 다른 방법은 만약 두 자석을 서로 반대로 정렬하면 자기장이 무척 낮아지는 것을 깨닫는 것입니다. 전자기장은 에너지 $\int dV |B|^2/\mu_0$ 를 지니기 때문에, 이 자기장 에너지를 최소화하는 것이 두 쌍극자의 에너지를 낮추는 것입니다.

그림 21.1 쌍극자 힘이 자기 구역들을 만듭니다. **왼쪽**: 본래의 강자성체. **가운데**: 본래의 강자성체가 두 동강 났습니다. **오른쪽**: 만약 그들의 모멘트가 반대로 정렬한다면 서로 옆에 있는 두 쌍극자의 에너지가 낮아집니다. 깨어진 두 조각은 그들의 에너지를 낮추기 위해서 반대방향으로 정렬하려고 할 것입니다(여기에서는 오른쪽에 있는 조각이 뒤집혀져 있습니다). 이것은 큰 강자성체에서 자기 구역이 만들어질 수 있다는 것을 암시합니다.

[2] 1900년대 초기부터의 자석 연구의 아버지 중 한 사람인 피에르-어네스트 바이스Pierre-Ernest Weiss의 이름을 붙였습니다.

[3] 구역 벽들은 또한 반강자성체에서도 발생합니다. 자기화 방향 변환 대신에, 우리는 벽의 왼쪽에는 위 스핀들이 짝수 자리들에 있고 아래 스핀들이 홀수 자리들에 있는 반면, 구역 벽의 오른쪽에는 위 스핀들이 홀수 자리들에 있고 아래 스핀들이 짝수 자리들에 있는 상황을 상상합니다. 구역 벽에서, 두 이웃 자리들은 반대로 정렬되지 않고 같은 방향으로 정렬될 것입니다. 반강자성체는 알짜 자기화가 없기 때문에, 구역 벽들에 강자성이 존재한다는 주장은 반강자성체에 대해서 타당하지 않습니다. 실은, 구역 벽들이 반강자성체로 존재하는 것은 유한 온도에서 가능하기는 하지만 에너지 면에서 항상 불리합니다.

그림 21.2 강자성에 대한 몇 가지 가능한 구역 구조들. **왼쪽**: 각 구역에서 모멘트는 위 아니면 아래만 가리킬 수 있는 이징 같은 강자성체. **가운데**: 이 강자성체에 외부 자기장이 위쪽 방향으로 가해졌을 때, 아래 구역들이 쪼그라들고 위 구역은 확장되면서 알짜 모멘트를 만들 것입니다(원자당 국소 모멘트는 일정하게 남아 있고 단지 자기 구역의 크기만 바뀝니다). **오른쪽**: 이 강자성체에서 모멘트는 임의의 (직각의) 결정축 방향들을 가리킬 수 있습니다.

[4] 예를 들어 식 20.4의 해밀토니언을 보십시오. 비록 이 특별한 해밀토니언에는 장거리 자기 쌍극자 상호작용이 적혀 있지 않지만, 모멘트들이 좌표축들 방향만을 가리키게 될 것입니다. 따라서 자기 구역이 만들어지지는 않을 것입니다.

물론, 실제의 강자성(또는 준강자성)에서, 물질들은 실제로 깨어져 분리되지는 않지만, 그럼에도 불구하고 서로 다른 영역들은 쌍극자 에너지를 최소화하기 위해서 서로 다른 방향의 자기화를 가질 수 있습니다. 모멘트들이 모두 주어진 한 방향으로 정렬한 지역은 *자기 구역* domain 또는 *바이스 구역* Weiss domain으로 알려져 있습니다.[2] 자기화가 방향을 바꾸는 자기 구역의 경계는 구역 벽으로 알려져 있습니다.[3] 자기 구역 구조들로 가능한 예는 그림 21.2에 그려져 있습니다. 왼쪽의 두 그림에서 모멘트가 위로 또는 아래로 향할 수 있는 이징 같은 강자성체를 상상할 수 있습니다. 가장 왼쪽 그림은 알짜 자기화가 0인 자석을 보여줍니다. 구역 벽을 따라서, 강자성 해밀토니언은 '만족되지 못합니다.' 다른 말로하면, 구역 벽의 한 쪽에 위 스핀 원자들이 있으면 이웃 원자들은 아래 스핀이 됩니다 – 국소 해밀토니언에 의하면 그들은 위 스핀 이웃만 있어야합니다. 계는, 장거리 쌍극자 힘과 연관된 *광역* global 에너지를 최소화하기 위해서 구역 벽을 따라서 에너지 비용을 지불하는 상황이 발생한 것입니다.

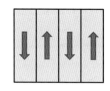 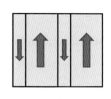 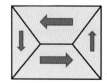

만약, 위로 향하는 작은 외부 자기장을 계에 가하는 경우, 가운데 그림과 같은 상황을 얻게 됩니다. 위로 향하는 구역들이 커지게 되고, 아래로 향하는 구역들이 줄어들어 시료 전체의 자기화를 부여하게 될 것입니다. 그림 21.2의 가장 오른쪽 그림에서는 모멘트가 임의의 결정축 방향으로 배열된 시료를 생각해 볼 수 있습니다.[4] 다시 이 그림에서 총 자기화는 0이고, 다소 복잡한 자기 구역 구조를 가지고 있습니다.

21.1.1 구역 벽 구조와 블로흐/네엘 벽

강자성체 구역의 상세한 기하학은 여러 요소들에 의존합니다. 먼저, 전체적인 시료의 기학학적 구조에 의존합니다(예를 들어, 시료가 아주 길고 얇은 막대 모양이고 긴 축을 따라서 자기화되었다면, 자기 구역을 형성함으로써 아주 작은 에너지 이득만 있을 것입니다). 또한 이웃 상호작용과 장거리 쌍극자 상호작용의 상대적 에너지에 의존합니다. 인접한 상호작용에 비해 장거리 쌍극자 힘의 세기가 증가하는 것은 명백하게 자기 구역의 크기를 감소시킬 것입니다(장거리 쌍극자 힘이 없다면, 무한대 크기의 자기 구역을 가져다 줄 것입니다). 마지막으로, 시료 속의 무질서는 자기 구역의 모양과 크기에 영향을 주게 될 것 입니다. 예를 들어, 시료가 다결정이면, 각 자기 구역은 미소결정(crystallite, 미시적 단결정)처럼 될 것입니다 – 21.2.2절에서 논의할 경우입니다. 이 절에서 우리는 구역 벽의 미시적 구조에 대해 자세히 살펴볼 것입니다.

지금까지 우리의 구역 벽에 대한 논의는 스핀들이 결정의 축에 의해서 선택된 특정한 방향을 가리키는 것을 가정하였습니다. 즉, 식 20.3 (또는 20.4)에서 비등방 항 κ는 아주 강합니다. 그러나 종종 이것이 사실이 아닌 상황이 발생합니다 – 스핀들은 위 또는 아래를 선호할 수 있습니다. 그러나 대신에 다른 방향들을 가리키는 것에 대한 엄청난 에너지 손실은 없습니다. 이 경우, 그림 21.3 아래에 표시된 것처럼 자기 구역 벽은 위를 가리키다 아래를 가리키는 부드러운 회전을 만들 수 있습니다. 이런 형태의 부드러운 구역 벽은 스핀이 구역 벽의 방향에 대해서 어떤 방향으로 회전하는지에 따라, *블로흐 벽Bloch wall* 또는 *네엘 벽Néel wall*으로 알려져 있습니다[5] (여기서 더 이상 논의하지는 않지만, 다소 미묘한 차이가 있습니다). 구역 벽의 길이(그림의 L, 즉, 얼마나 많은 스핀들이 위도 아니고 아래도 아닌지)는 분명히 식 20.3의 $-JS_i \cdot S_j$항(때때로 *스핀 경직도spin stiffness*라고 알려짐)과 이방성인 κ항 사이의 균형에 의존합니다. 만약 κ/J이 아주 크면, 스핀들은 위 아니면 아래 둘 중 하나만 가리켜야만 합니다. 이 경우, 구역 벽은 그림 21.3의 위에 그려진 것처럼 아주 급격합니다. 반대로 κ/J 값이 작으면, 다른 방향을 향하는 데 에너지 비용이 적게 듭니다. 그리고 각자 스핀이 대부분 이웃의 방향을 가리키게 됩니다. 이 경우, 구역 벽은 그림 21.3 아래 표시된 것처럼 아주 두꺼울 것입니다.

[5] 우리는 이미 자기학의 영웅들을 만났습니다. 펠릭스 블로흐와 루이스 네엘.

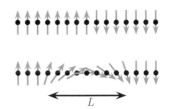

그림 21.3 자기 구역 벽 구조들. **위:** 급격한 구역 벽. 만약 비등방 에너지(κ)가 극도로 커져서 스핀들이 위 아니면 아래를 가리켜야만 하면 이 구조가 실현될 수 있습니다(즉, 이것은 실제 이징 계입니다). **아래:** 블로흐/네엘 벽(실제로 이것은 네엘 벽을 묘사하고 있습니다). 여기서 거리 척도 L 범위에서 스핀은 위에서 아래로 연속적으로 뒤집힙니다. 여기서 비등방 에너지는 작아집니다. 그래서 단지 작은 에너지 벌칙 비용으로 스핀은 중간 정도의 각도를 가리킬 수 있습니다. 구역 벽을 천천히 뒤트는 것은 다소 작은 스핀 경직 에너지를 필요로 할 것입니다.

아주 간단한 스케일링 논의는 어떻게 블로흐/네엘 벽이 두꺼워지는지에 대한 아이디어를 제공합니다. 벽의 길이가 격자상수 N개에 해당한다고 합시다. 즉 구역 벽 내에서 뒤틀림의 진짜 길이가 $L = Na$가 됩니다(그림 21.3). 대략 스핀 뒤틀림이 N 스핀에 대해서 균일하게 일어난다면, 스핀과 이웃 사이 스핀 뒤틀림 각도가 $\delta\theta = \pi/N$이 됩니다. 식 20.3의 해밀토니언 첫 항 $-J\mathbf{S}_i \cdot \mathbf{S}_j$은 이웃한 스핀들 사이의 각도로 다시

$$E_{\mathrm{one-bond}} = -J\mathbf{S}_i \cdot \mathbf{S}_j = -JS^2 \cos(\theta_i - \theta_j)$$

$$= -JS^2 \left(1 - \frac{(\delta\theta)^2}{2} + \dots \right)$$

와 같이 적을 수 있습니다(여기서, 스핀은 고전적 벡터로 근사합니다). 여기서, $\delta\theta$가 작다는 사실을 이용하여 코사인 함수를 전개했습니다. 자연스럽게, 만약 두 개의 인접한 스핀들이 정렬되면, 즉, $\delta\theta = 0$, 이 항의 에너지는 최소가 됩니다. 그러나 만약 정렬이 잘 안 되면, 에너지 벌칙

$$\delta E_{\mathrm{one-bond}} = JS^2(\delta\theta)^2/2 = JS^2(\pi/N)^2/2$$

이 생깁니다. 이것은 결합당 에너지입니다. 그래서 이 스핀의 '경직도'에 기인한 구역 벽의 에너지는

$$\frac{\delta E_{\mathrm{stiffness}}}{A/a^2} = NJS^2(\pi/N)^2/2$$

와 같습니다. 여기서, 우리는 구역 벽의 단위 면적 A당 에너지를 구하였고, 면적은 격자상수 a의 단위로 얻을 수 있습니다.

반면, 스핀들이 정확하게 위 또는 아래가 아닐 때, 식 20.3에서 에너지 벌칙은 스핀당 κS^2에 비례합니다. 이 항에 기인한 에너지가 스핀당 κS^2 정도로 추정되고, 뒤틀림의 길이를 따른 총합은

$$\frac{\delta E_{\mathrm{anisotropy}}}{A/a^2} \approx \kappa S^2 N$$

입니다. 그래서 구역 벽의 총 에너지는

$$\frac{E_{\mathrm{tot}}}{A/a^2} = JS^2(\pi^2/2)/N + \kappa S^2 N$$

입니다. 이것은 손쉽게 최소화할 수 있고, 최소 구역 벽 뒤틀림의 길이는 $L = Na$입니다. 여기서 N은

$$N = C_1\sqrt{J/\kappa} \tag{21.1}$$

와 같습니다. 그리고 단위 면적당 최소 구역 벽 에너지는

$$\frac{E_{\text{tot}}^{\min}}{A/a^2} = C_2 S^2 \sqrt{J\kappa}$$

와 같습니다. 여기서 C_1, C_2는 한 자리수 크기를 가지는 상수들입니다 (우리는 여기서 근사의 투박함에 대해서 고려하지 않을 것입니다. 그러나 연습문제 21.3을 보십시오). 기대한 것처럼, 구역 벽 거리는 J/κ와 함께 증가합니다. 많은 실제 물질들에서 구역 벽 길이는 격자상수의 수백 배가 될 수 있습니다.

구역 벽들은 단위 면적당 에너지 비용이 들기 때문에 에너지적으로 유리하지 않습니다. 그러나 이 장의 시작 부분에서 언급한 것처럼, 이 에너지 비용은 구역 벽을 만드는 장거리 쌍극자 에너지와 비교될 정도입니다. 자기 구역 벽이 필요로 하는 에너지가 클수록, (구역 벽의 수를 최소화하기 위해서) 개별 구역은 더 커지게 됩니다. 만약 결정이 극도로 작다면(또는, 다결정 속의 단일 미소결정을 고려하면), 결정의 크기가 구역 벽 뒤틀림의 최적 크기보다 아주 작은 경우가 생깁니다. 이 경우, 미소결정 속의 스핀들은 항상 서로 정렬된 상태를 유지하게 됩니다.

21.2 강자성의 히스테리시스

21.2.1 무질서 고정

우리는 강자성체들이 그림 21.4에서 보인 것처럼 가해진 자기장에 대해서 히스테리시스hysteresis 고리를 보이는 것을 전자기학의 경험으로부터 알고 있습니다. 강한 자기장을 가한 후, 자기장이 0으로 되돌아왔을 때, 자기화가 남아 있습니다. 지금 우리는 왜 이것이 사실인지 물어볼 수 있습니다. 짧게 말하면, 이것은 자기화를 바꾸는 데 상당히 큰 활성화 에너지가 필요하기 때문입니다.

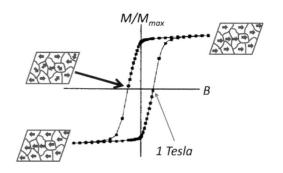

[6] 사마리움 코발트 자석은 특히 높은 영구 자기화를 갖습니다(네오디뮴 자석만이 더 큰 자기화를 가집니다). 펜더 기타 Fender Guitars가 이 물질을 이용해서 일부 전자기타용 픽업 자석을 만듭니다.

21.2.2 단일-구역 미소결정

예를 들어, 많은 미소결정으로 만들어진 강자성을 생각해 봅시다. 21.1.1절에서 구역 벽들이 충분히 작은 미소결정에서는 만들어지기 힘들다는 것을 알았습니다. 그래서 미소결정이 충분히 작으면 각 미소결정의 지점에서 모든 모멘트는 단 하나의 방향을 향할 것입니다. 그래서 미소결정 속 모든 미시적 모멘트(스핀 또는 오비탈 모멘트)들이 서로 고정되고 같은 방향을 가리킨다고 가정해 봅시다. 외부 자기장 안에서 미소결정의 부피당 에너지는

$$E/V = E_0 - \mathbf{M} \cdot \mathbf{B} - \kappa'(M_z)^2$$

와 같이 쓸 수 있습니다. 여기서, $\mathbf{M}$은 자기화 벡터이고, M_z는 $\hat{z}$축 결정 방향의 자기화 성분입니다. 비등방향 κ'은 식 20.3 해밀토니언의 비등방향 κ로부터 온 것입니다.[7] 여기서 J 항이 없다는 것에 주목해야 합니다. 만약, 미소결정 안에서 모든 모멘트가 항상 같은 방향으로 정렬되면, 이것은 그냥 상수가 되기 때문입니다.

외부 자기장 $\mathbf{B}$가 $\hat{z}$축 방향으로 향하면(비록, 우리는 위로 또는 아래로 향하는 것을 허용하지만)

$$E/V = E_0 - |M||B|\cos\theta - \kappa'|M|^2(\cos\theta)^2 \tag{21.2}$$

의 식을 얻습니다. 여기서, $|M|$은 자기화의 크기이고, θ는 $\hat{z}$축에 대한 자기화의 각도입니다.

[7] 특히, ρ가 부피당 스핀의 수일 경우 $\mathbf{M} = -g\mu_B S\rho$이기 때문에, $\kappa' = \kappa/[(g\mu_B)^2\rho]$로 쓸 수 있습니다. 더욱이 $-\mathbf{M}\cdot\mathbf{B}$항은 정확히 부피당 제이만 에너지 $+g\mu_B\mathbf{B}\cdot\mathbf{S}$입니다.

이 에너지가 −1에서 1까지 변화할 수 있는 변수($\cos\theta$)의 포물선 함수라는 것을 알게 됩니다. 이 에너지의 최솟점은 항상 자기화가 외부 자기장과 같은 방향을 가리킬 때입니다(여기서, $\hat{z}$축 방향 또는 $-\hat{z}$축

방향, $\theta = 0$ 또는 π에 해당하는). 그러나 작은 B_z에 대해서, 에너지는 θ에 단조함수는 아닙니다. 실제로 B에 반대 방향으로 자기화될 때도 국소적인 최소점이 있습니다(왜냐하면, κ' 항은 $\hat{z}$축을 가리키는 것을 선호하기 때문입니다). 그림 21.5에서 이를 도식적으로 보여줍니다. 자기화가 가해진 자기장 $B < B_{\mathrm{crit}}$에 대해 반대 방향이 되는 경우에도 에너지의 국소 최소점이 있다는 것을 보이는 것은 어렵지 않습니다(연습 21.2를 보시오). 여기서 B_{crit}는

$$B_{\mathrm{crit}} = 2\kappa'|M|$$

입니다. 그래서 만약 자기화가 $-\hat{z}$ 방향이고 자기장 $B < B_{\mathrm{cirt}}$가 $+\hat{z}$ 방향으로 가해지면, 모멘트를 뒤집기 위해서는 활성화 에너지 장벽이 필요합니다. 사실, 식 21.2의 에너지는 *부피당* 에너지입니다. 활성화 장벽은 매우 커질 수 있습니다.[8] 결과적으로 충분히 강한 자기장 ($B > B_{\mathrm{cirt}}$)이 활성화 에너지를 낮춰 줄 때 비로소 모멘트가 뒤집힙니다. 명백히 이런 유형의 활성화 장벽이 그림 21.4의 히스테리시스 현상을 일으킬 수 있습니다.

[8] 원리적으로 스핀들은 열적으로 활성화되거나 또는 양자역학적 터널링에 의해서 활성화 에너지 장벽을 극복할 수 있습니다. 그러나 활성화 에너지가 충분히 클 경우(즉, 큰 미소결정에 대해서), 이들은 모두 크게 억제될 것입니다.

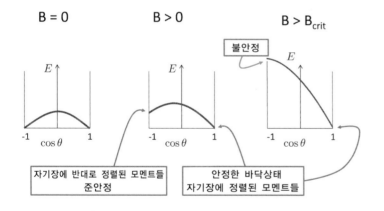

그림 21.5 각도의 함수로 자기장에서 비등방 강자성체의 에너지. **왼쪽**: 0의 자기장에서 비등방에 기인하여, 만약 스핀들이 $+\hat{z}$ 또는 $-\hat{z}$ 방향을 가리키면, 에너지는 가장 낮게 됩니다. **가운데**: 자기장이 $+\hat{z}$ 방향으로 걸릴 때, 모멘트들이 자기장 방향으로 정렬할 할 경우 에너지는 가장 낮게 됩니다. 그러나, 모멘트들이 반대 방향을 가리키는 준안정 해가 있습니다. 모멘트들은 뒤집기 위해서는 활성화 에너지 장벽을 넘어야만 합니다. **오른쪽**: 충분히 큰 자기장에 대해서 준안정 해는 더 이상 없습니다.

21.2.3 구역 고정과 히스테리시스

단일 결정 시료에서도, 무질서는 자기 구역 물리학에서 극도로 중요한 역할을 합니다. 예를 들어, 만약 결정에서 결함을 통과하면 구역 벽은 에너지를 낮출 수 있습니다. 어떻게 이런 일이 일어나는지를 알아보기 위해서, 그림 21.6에 나타낸 이징 강자성 구역 벽을 살펴봅시다. 이웃

하는 스핀들이 정렬되는 대신에 반대로 정렬된 결합은 굵은 선분으로 표시하였습니다. 두 그림에서 구역 벽은 같은 점에서 시작하고 끝이 납니다. 그러나 오른쪽에서는 결정 속 결함(원자가 사라진 위치)을 통과하는 경로를 따릅니다. 구역 벽이 사라진 원자의 위치와 교차할 때, 반대로 정렬된 결합(표시된)의 수는 적어지고, 에너지도 낮아집니다. 낮아진 에너지는 구역 벽이 사라진 위치에 달라붙게 하기 때문에, 구역 벽이 무질서에 *고정*pinned 되었다고 말합니다. (21.1.1절에서 본 것처럼) 실제 구역 벽이 격자상수의 수백 배만큼 두꺼워도, 이들은 여전히 무질서에 붙으려는 경향을 가진다는 것을 이해하기 쉽습니다.

그림 21.6 구역 벽 고정. 만약 구역 벽이 결정의 결함의 위치를 관통하면, 구역 벽의 에너지는 낮아집니다. 여기서, 점은 스핀이 없어진 것을 의미합니다. 스핀들이 반대로 정렬한 굵은 선분들 각각은 에너지 비용을 지불합니다. 구역 벽이 사라진 스핀의 위치와 교차할 때, 몇 개의 굵은 선분이 줄어들어서 이것은 낮은 에너지 배열이 됩니다(12개의 선분 조각들이 왼쪽에 있으나, 오른쪽에는 단지 10개만 있습니다.)

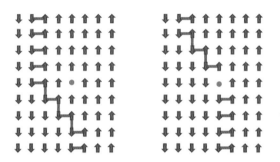

이 장의 시작 부분에서 언급한 것처럼, 강자성체에 외부 자기장이 가해질 때, 구역 벽이 새로운 자기 구역을 구성하도록 움직이고(그림 21.2의 왼쪽 두 그림을 보십시오), 그 결과 새로운 자기화를 만듭니다. 그러나 시료에 무질서가 있으면, 구역 벽은 무질서에 고정될 수 있습니다. 구역 벽이 무질서와 교차하는 곳에서 낮은 에너지 배열이 만들어지고, 구역 벽을 움직이기 위해서는 활성화 에너지가 필요합니다. 21.2.2절에서 찾았던 것과 유사한, 이 활성화 에너지는 자석의 히스테리시스를 유발합니다. 사실, 단일 구역 미소결정의 히스테리시스가 결정 시료의 히스테리시스와 비슷하다고 생각할 수 있습니다. 단지 차이점은 미소결정의 경우에서 구역 벽들은 항상 미소결정들 사이에만 존재합니다(각 미소결정 안에서는 모든 모멘트들이 완전히 정렬되어 있습니다). 그러나 두 경우 모두 구역 벽이 자유롭게 움직이는 것을 방해하는 것은 시료의 미시적 구조입니다.

자기화를 극도로 잘 유지하는 강자성체를 만들려고 하는 경우가 있습니다 – 즉, 강한 히스테리시스를 가지고 심지어 자기장이 가해지지 않았는데도 아주 큰 자성을 가집니다. 이것이 '강한' 자석(또한 '영구'

자석으로 알려져 있습니다)입니다. 강한 자석을 만드는 좋은 비법은 구역 벽을 강하게 고정시키기 위해 적절한 무질서와 미세구조를 삽입하는 것으로 밝혀졌습니다.

여담: 세상의 디지털 정보의 대부분을 저장하는 자기 디스크 드라이브는 자기 히스테리시스의 아이디어에 기초를 두고 있습니다. 디스크 그 자체는 약간의 강자성 물질로 만들어져 있습니다. 아주 작은 영역을 위 방향 또는 아래 방향으로 자기화시키기 위해서 자기장을 가하고, 이 자기화는 그 영역에 남아 있게 되고 나중에 읽을 수 있습니다.

요약

- 강자성에서 단거리 상호작용은 비록 모든 자기 모멘트가 정렬하는 것을 선호하지만, 장거리 자기 쌍극자 힘들은 반대로 정렬하는 것을 선호합니다. 정렬된 모멘트의 자기 구역들은 다른 구역들이 다른 방향을 가리키는 것들과 타협합니다. 아주 작은 결정이 단일 구역일 수 있습니다.

- 실질적인 구역 벽 경계는 단일 결합 거리에서 갑작스런 스핀의 뒤집힘이 아니라 스핀의 연속적인 회전일 수 있습니다. 이 스핀 구조의 크기는 강자성 에너지와 비등방 에너지의 비율에 의존합니다(즉, 스핀들이 위 방향과 아래 방향 사이를 가리키는 데 비용이 매우 많이 든다면, 벽은 여러 단일 결합 길이에 걸쳐 있을 것입니다).

- 만약 구역 벽이 고체 속에서 특정 종류의 무질서와 교차한다면, 구역 벽은 더 낮은 에너지를 가집니다. 이 결과는 구역 벽의 *고정*을 초래합니다 – 구역 벽이 무질서에 붙게 됩니다.

- 아주 큰 결정에서, 자기화의 변화는 구역의 크기 변화에 의해서 생겨납니다. 아주 작은 미소결정을 가진 다결정 시료에서 자기화의 변화는 개개의 단일 구역 미소결정이 뒤집어져서 발생합니다. 이 두 가지 과정들은 모두 활성화 에너지를 필요로 합니다(만약 구역 벽이 고정되어 있다면, 구역 움직임은 활성화 에너지를 필요로 합니다). 이것이 강자성 자기화의 히스테리시스 현상의 원인이 됩니다.

참고자료

- Hook and Hall, 8.7절
- Blundell, 6.7절
- Burns, 15.10절
- Ashcroft and Mermin, 33장의 끝 부분

역시 좋습니다 (우리와는 다른 순서로 물질을 다룹니다):

- Rosenberg, 12장
- Kittel, 12장

CHAPTER 21 연습문제

21.1 구역 벽과 기하학

가령 강자성체가 모멘트 μ_B를 가지고 스핀 밀도가 ρ라고 가정합시다.

(a) 이 물질의 조각이 반경 r, 길이 $L \gg r$인, 긴 원형의 막대를 형성한다고 가정합시다. 외부 자기장이 없을 때, 모든 모멘트들이 막대의 방향인 L 방향으로 정렬되었다면, 이 강자성체의 자기 에너지를 계산하시오. (힌트: 정렬된 자기 쌍극자의 부피는 표면 위의 자기 홀극의 밀도와 같습니다.)

(b) 이제 물질이 $r \gg L$ 형태로 가정합시다. 이제 자기 에너지는 어떻게 됩니까?

(c) 만약 구역 벽이 이 물질에 도입되었다면, 서로 다른 기하구조에서 자기 에너지를 최소화하려면, 어디로 들어갈까요? 구역 벽을 도입하여 얼마나 많은 자기 에너지가 절약되었는지 추산하시오.

(d) 이 물질에서 스핀들이 입방격자로 배열되었고, 근접 이웃들 사이의 교환 에너지가 J로 표시되며 비등방성 에너지는 매우 크다고 가정합시다. 구역 벽은 얼마나 많은 에너지를 지불해야 할까요? 이 에너지를 자기 에너지와 비교하면, 어떤 시료들이 구역 벽을 가지는지에 대하여 무슨 결론을 내려야 하는가요?

(e) 교환 에너지와 비등방성 에너지들 얘기할 때 격자상수 a가 종종 도입되는데, 이는 에너지를 단위 길이당 또는 단위 부피당 에너지로 표현하는 데 사용

됩니다. 통상의 자기 물질인 자철석에 대해서, 교환 에너지는 $JS^2/a = 1.33 \times 10^{-11}$ J/m이고 비등방성 에너지는 $\kappa S^2/a^3 = 1.35 \times 10^4$ J/m³입니다. 구역 벽의 폭과 단위 면적당 에너지를 추산하시오. *사용하는 모든 공식들의 유도 과정을 확실히 알아야 합니다!*

21.2 미소결정을 위한 임계 장

(a) 자기장 안에서 미소결정의 에너지가

$$E/V = E_0 - |M||B|\cos\theta - \kappa'|M|^2(\cos\theta)^2$$

와 같이 주어질 때, $|B| < B_{crit}$에 대하여 국소 에너지 최솟점이 존재함을 보이시오. 여기서 자기화는 가해진 자기장에 반대로 향합니다. B_{crit}를 찾으시오.

(b)* (a)에서 **B**가 자기화의 비등방 방향으로 정렬된다는 가정을 했었습니다. 만약 이들 방향들이 정렬되지 않으면, 어떤 일이 일어날 수 있는지를 기술하시오.

(c) 작은 B에 대해서, 계가 국소 최솟점에서 광역 최솟점으로 변환한 활성화 에너지는 대략 (부피당 에너지로) 얼마나 될까요?

(d) 1 nm 반경을 가진 구형 자철석의 강자성 결정에 대해서 (실질적인 숫자로) 활성화 에너지가 얼마나 되는지를 추산해 보시오. 여러분들은 연습 21.1.e에 있는 매개변수들을 사용할 수 있습니다 (또한 약간의 다른 매개변수들을 추산할 필요가 있습니다).

21.3 정확한 구역 벽의 해*

21.1.1절에서 사용한 비등방(κ)항의 에너지에 대한 근사는 성가실 정도로 투박합니다. 좀 더 정확히 말한다면 차라리 우리는 $\kappa S^2(\cos(\theta_i))^2$라고 적고, 모든 스핀들 i에 대해서 합해야 합니다. 비록 이 때문에 문제가 더 복잡해지지만, 스핀 뒤틀림이 느려서 우리가 유한 차이 $\delta\theta$를 미분으로 바꿀 수 있고, 위치에 대한 합을 적분으로 바꿀 수 있는 한, 이 문제는 여전히 풀 수 있습니다. 이 경우, 우리는 구역 벽의 에너지를

$$E = \int \frac{dx}{a} \left\{ \frac{JS^2 a^2}{2} \left(\frac{d\theta(x)}{dx} \right)^2 + \kappa S^2 [\sin\theta(x)]^2 \right\}$$

와 같이 적을 수 있습니다. 여기서 a는 격자상수입니다.

(a) 변분을 이용하여 이 에너지가

$$(Ja^2/\kappa)d^2\theta/dx^2 - \sin(2\theta) = 0$$

의 조건일 때 최소가 됨을 보이시오.

(b) 이 미분 방정식은

$$\theta(x) = 2\tan^{-1}\left(\exp\left[\sqrt{2}(x/a)\sqrt{\frac{\kappa}{J}} \right] \right)$$

의 해를 가지고 있음을 증명하시오. 따라서 동일한 $L \sim \sqrt{J/\kappa}$ 크기를 가지고 있음을 나타냅니다.

(c) 구역 벽의 총 에너지가 아래와 같음을 보이시오.

$$E_{\text{tot}}/(A/a^2) = 2\sqrt{2}\,S^2\sqrt{J\kappa}$$

21.4 초상자성superparamagnetism

연습문제 21.2.d에서 토의한 자철석 구들의 계를 고려하시오. 만약 온도가 연습문제 21.2에서 토의한 활성 온도보다 더 크면 히스테리시스는 없을 것이고, 외부 자기장이 0인 계는 자기화를 유지하지 못할 것입니다. 계의 온도가 활성 온도보다 위에 있다고 가정하면, 온도의 함수로 이 계에 대한 자기 감수율을 추산하시오. 결과를 전형적인 상자성체의 감수율과 비교하시오. 힌트: 전체의 자철석은 지금 하나의 아주 큰 스핀으로 행동합니다. (작은 강자성 입자들에서 커진 상자성은 종종 "초상자성"으로 알려져 있습니다.)

평균장 이론
Mean Field Theory

자기계의 해밀토니언이 주어지면, 자기화를 온도의 함수로 (그리고 외부 자기장의 함수로) 어떻게 예측하는가에 대한 이론적인 일이 남아 있습니다. 분명히 낮은 온도에서는 스핀들이 최대한 정렬할 것이고, 높은 온도에서 스핀들은 열적으로 요동할 것이며 무질서하게 될 것입니다. 그러나 온도와 외부 자기장의 함수로 자기화를 계산하는 것은 일반적으로 아주 어려운 일입니다. 몇 가지 아주 간단하고 정확하게 풀리는 모형들(가령, 1차원 이징 모형, 연습 20.5와 20.6을 보십시오)을 제외하고, 우리는 근사에 의존해야만 합니다. 가장 중요하고 아마도 가장 간단한 근사가 '평균장 이론mean field theory'일 것입니다. 일반적으로 '평균장 이론'은 일정하지 않은 어떤 양을 평균하여 근사를 취하는 방법입니다.[1] 비록 평균장 이론은 많은 변형들을 가지고 있지만, 특별히 평균장의 간단하고 유용한 종류는 '분자장 이론molecular field theory' 또는 '바이스 평균장 이론Weiss mean field theory'[2]으로 알려져 있습니다. 우리는 이것을 깊이 있게 다룰 것입니다.

분자장 또는 바이스 평균장 이론은 일반적으로 두 가지 단계로 진행됩니다.

- 먼저, 한 자리(또는 단위 낱칸, 또는 어떤 작은 영역)를 조사하고, 그것을 정확하게 취급합니다. 이 자리(단위 낱칸, 작은 영역)를 벗어난 모든 것들은 기댓값('평균')으로 근사합니다.
- 두 번째 단계는 자체일관성self-consistency을 부여하는 것입니다. 전체 계의 모든 자리(또는 단위 낱칸, 작은 영역)는 똑같이 보여야 합니다. 그래서 우리가 정확하게 다루는 한 자리는 다른 모든 자리와 똑같은 평균을 가져야 합니다.

[1] 2장에서 우리가 고체 비열의 볼츠만, 아인슈타인 모형들 다루었을 때 우리는 이미 평균장 이론의 또 다른 예를 보았습니다. 거기서 각 원자가 이웃하는 원자 모두가 만들어낸 조화 우물에 갇혀서 있는 것을 고려하였습니다. 그 단일 원자는 정확하게 다루어졌으나, 이웃하는 원자들은 단지 근사적으로만 다루었습니다. 그 근사에서 간단히 퍼텐셜 우물을 형성하기 위해서 원자들의 위치는 본질적으로 평균화되었습니다 – 그리고 더 이상 이웃들에 대한 이야기는 없습니다. 비슷한 또 다른 예는 18장 주석 3에 주어진 것입니다. 여기서 As가 첨가된 Al과 Ga의 합금은 어떤 평균화된 원자 Al_xGa_{1-x}로 대체되었고, 여전히 주기적인 결정으로 간주되었습니다.

[2] 바이스 구역에 이름이 붙은 동일한 피에르-어네스트 바이스입니다.

이 절차는 극도로 일반적인 것이고 자기에서부터 액체 결정, 유체 역학에 걸친 문제들에 적용될 수 있습니다. 여기서는 강자성에 적용하는 절차를 보일 것입니다. 연습문제 22.5에서 어떻게 평균장 이론이 반강자성체에 적용될 수 있는지 논의할 것입니다(그 이상의 일반화는 명확합니다).

22.1 강자성 이징 모형을 위한 평균장 방정식

예제로서 스핀 1/2 이징 모형

$$\mathcal{H} = -\frac{1}{2} \sum_{\langle i,j \rangle} J \sigma_i \sigma_j + g \mu_B B \sum_j \sigma_j$$

을 고려합시다. 여기서 $J > 0$이고 $\sigma = \pm 1/2$는 스핀의 z-성분입니다. 자기장 B는 $\hat{z}$축 방향으로 가해졌습니다(통상 μ_B는 보어 마그네톤입니다). 거시적 계로, 이것은 10^{23}개의 자유도를 가지는 통계역학계입니다. 여기서 모든 자유도는 지금 서로 결합되어 있습니다. 다른 말로 하면, 아주 어려운 문제처럼 보입니다!

평균장 이론을 구현하기 위해서, 문제의 한 자리 i에 집중합니다. 이 위치에 대한 해밀토니언은

$$\mathcal{H}_i = \left(g \mu_B B - J \sum_j \sigma_j \right) \sigma_i$$

와 같이 쓸 수 있습니다. 여기서 합은 i 자리 이웃의 모든 자리 j에 대한 것입니다. 우리는 괄호 속의 항을 마치 스핀 i가 보는 어떤 유효한 자기장으로 생각할 수 있습니다. 그래서 우리는 $B_{\text{eff},i}$를

$$g \mu_B B_{\text{eff},i} = g \mu_B B - J \sum_j \sigma_j$$

와 같이 정의합니다. 다시 j는 i의 이웃 자리입니다. 지금, $B_{\text{eff},i}$는 상수가 아니고 연산자입니다. 왜냐하면 그것은 몇 가지 값을 가질 수 있는 변수 σ_j를 포함하고 있기 때문입니다. 그러나 평균장 이론의 첫 번째 원리는 자리 i가 아닌 단순히 모든 양들의 평균을 취하는 것입니

다. 그래서 우리는 자리 i의 해밀토니언을 $\mathcal{H}_i = g\mu_B \langle B_{\text{eff}} \rangle \sigma_i$로 씁니다. 이것은 식 19.6에서 상자성을 공부할 때 고려한 해밀토니언과 정확하게 같은 것이고 쉽게 풀 수 있습니다. 간단하게, 분배함수를

$$Z_i = e^{-\beta g\mu_B \langle B_{\text{eff}} \rangle /2} + e^{\beta g\mu_B \langle B_{\text{eff}} \rangle /2}$$

와 같이 쓸 수 있습니다. 이것으로부터 자리 i의 스핀 기댓값

$$\langle \sigma_i \rangle = -\frac{1}{2} \tanh\left(\beta g\mu_B \langle B_{\text{eff}} \rangle /2\right) \tag{22.1}$$

을 유도할 수 있습니다(식 19.8과 비교하십시오). 그러나 우리는 또한

$$g\mu_B \langle B_{\text{eff}} \rangle = g\mu_B B - J\sum_j \langle \sigma_j \rangle$$

와 같이 쓸 수 있습니다. 평균장 이론의 둘째 단계 접근은 $\langle \sigma \rangle$를 격자의 모든 자리에서 같게 하는 것입니다. 그래서

$$g\mu_B \langle B_{\text{eff}} \rangle = g\mu_B B - Jz\langle \sigma \rangle \tag{22.2}$$

와 같은 식을 얻게 됩니다. 여기서 z는 자리 i의 이웃들인 j의 수입니다(이것은 격자의 *배위수coordination number*라고 알려진 것이고, 이 인수는 j에 대한 합으로 대체될 수 있습니다). 더 나아가, 다시 $\langle \sigma \rangle$가 모든 격자에서 같다고 가정하면, 식 22.1, 22.2로부터, 우리는 $\langle \sigma \rangle$를 위한 자체일관성 방정식

$$\langle \sigma \rangle = -\frac{1}{2} \tanh\left(\beta\left[g\mu_B B - Jz\langle \sigma \rangle\right]/2\right) \tag{22.3}$$

을 얻게 됩니다. 자리당 모멘트 기댓값은

$$m = -g\mu_B \langle \sigma \rangle \tag{22.4}$$

와 같이 주어집니다.[3]

22.2 자체일관성 방정식의 해

자체일관성 방정식, 식 22.3은 여전히 풀기에는 복잡합니다. 하나의

[3] 스핀은 모멘트와 반대를 가리킨다는 것을 기억하십시오! 벤 프랭클린, 당신은 왜 우리를 이렇게 고문합니까? (4.3절의 주석 15를 보십시오).

접근법은 그래프로 해를 찾는 것입니다. 간단히 하기 위해서, 자기장 B를 0으로 둡시다. 그 다음 아래 자체일관성 방정식

$$\langle \sigma \rangle = \frac{1}{2} \tanh \left(\frac{\beta J z}{2} \langle \sigma \rangle \right) \tag{22.5}$$

을 얻습니다.

그런 다음 매개변수 $\beta J z/2$의 값을 선택합니다. $\beta J z/2 = 1$을 선택하여 시작해 보면, 이것은 좀 작은 값입니다. 즉, 높은 온도입니다. 그러면, 그림 22.1의 위에서와 같이, $\langle \sigma \rangle$의 함수로 식 22.5의 우변과 식 22.5의 좌변을 모두 그려봅니다. 좌변은 $\langle \sigma \rangle$이므로 직선, $y = x$를 그렸다는 것에 주목해야 합니다. 두 곡선이 만나는, 즉 왼쪽과 오른쪽이 같은 곳에 단 하나의 점이 있다는 것을 보게 됩니다. 이 경우, 이 점은 $\langle \sigma \rangle = 0$입니다. 이것으로부터 우리는 평균장 근사 안에서, 이 온도값에 대해서 0의 자기장에서 자기화가 없다는 결론을 내립니다.

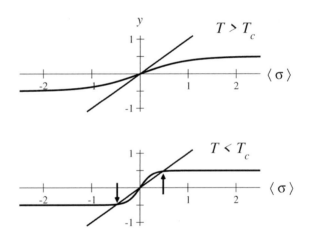

그림 22.1 평균장 자체일관성 방정식의 그림해. 위: 상대적으로 고온인 $\beta J z/2 = 1$. 부드러운 곡선은 식 22.5의 tanh입니다. 직선은 그냥 $y = x$입니다. 식 22.5는 단지 두 곡선이 만나는 점, 즉 $\langle \sigma \rangle = 0$에서만 만족됩니다. 이는 평균장 근사에서 이 온도에서는 자기화가 없음을 의미합니다. 아래: 상대적으로 낮은 온도 $\beta J z/2 = 4$. 여기서, 곡선들은 세 군데 ($\langle \sigma \rangle = 0$과 $\langle \sigma \rangle = \pm 0.479$)에서 만납니다. 0이 아닌 자기화와 자체일관성 방정식들의 해는 계가 강자성이라는 것을 말해줍니다(0의 자기화를 갖는 해는 비물리적인 것이고, 연습문제 22.2를 보십시오).

이제 $\beta J z/2 = 4$처럼 온도를 충분히 낮추어 봅시다. 비슷하게 그림 22.1의 아래에 식 22.5의 우변을 $\langle \sigma \rangle$의 함수로 그리고, 식 22.5의 좌변을 그렸습니다(직선은 다시 $y = x$입니다). 그러나, 여기서, 우리는 세 가지 가능한 자체일관성 방정식에 대한 해들이 있음을 알 수 있습니다. $\langle \sigma \rangle = 0$ 해와 화살표로 표시한 두 개의 0이 아닌 해 $\langle \sigma \rangle \approx \pm 0.479$가 있습니다. 두 개의 0이 아닌 해는 낮은 온도에서 이 계에 외부 자기장에 없을 때조차 0이 아닌 자기화를 가질 수 있다는 것을 말해줍니다. 즉, 이것이 강자성입니다.

자기화가 두 방향 모두를 가리키는 해가 가능하다는 사실은 아주 자연스러운 것입니다. 이징 강자성은 위 스핀, 아래 스핀으로 분극될 수 있습니다. 그러나 같은 온도에서 0 자기화를 가지는 자체일관 해를 가지는 것은 다소 혼란스러워 보입니다. 연습문제 22.2에서 세 가지 해가 있을 때, 0의 자기화 해는 실제로 최대 자유 에너지의 해이지, 최소 자유 에너지의 해가 아니어서, 이것은 제외됩니다.[4]

그래서 높은 온도에서 계는 0의 자기화를 가지고 (그리고 우리는 다음 절에서 이것이 상자성이라는 것을 보게 될 것입니다) 반면, 낮은 온도에서는 0이 아닌 자기화가 만들어지고, 계는 강자성이 됩니다.[5] 이러한 두 거동 사이의 전이가 특정한 온도 T_c에서 일어나고, 이 온도는 *임계 온도critical temperature*[6] 또는 *퀴리 온도Curie temperature*[7]로 불립니다. 그림 22.1로부터 정확하게 직선이 tanh 곡선에 접선이 되는 순간, 즉 tanh의 기울기가 1이 될 때, 하나의 해에서 세 가지 해로 변화하는 것이 명확합니다. 이러한 접선 조건은 임계 온도를 결정합니다. tanh를 작은 인수에 대해서 전개하면

$$1 = \frac{1}{2}\left(\frac{\beta_c J z}{2}\right)$$

와 같은 접선 조건 얻게 됩니다. 또는 동등하게 임계 온도는

$$k_B T_c = \frac{Jz}{4}$$

입니다.

이 절에서 기술한 그래프 방법을 이용하여 우리는 원칙적으로 모든 온도에서 식 22.5의 자체일관성 방정식을 풀 수 있습니다(비록 멋진 해석적 표현은 없지만, 항상 수치적으로 풀 수 있습니다). 그림 22.2에 결과가 있습니다. 충분히 낮은 온도에서 모든 스핀들이 완전히 정렬한 것에 주목해야합니다($\langle\sigma\rangle = 1/2$, 스핀 1/2에 대해서 이것이 가능한 최댓값입니다). 그림 22.3에서 평균장 이론의 예측과 실제 자기화 실험 측정을 온도의 함수로 비교하였습니다(비록 정확하지는 않지만). 일반적으로 매우 잘 일치합니다. 또한, 유한한 자기장 B가 있을 때에도, 원칙적으로 식 22.3의 자체일관성 방정식을 풀 수 있습니다.

[4] 특히, 자체일관성 방정식 함수의 미분을 통해서 최솟점을 찾을 때와 비슷하다는 것을 보였습니다 – 물론 최댓점을 찾을 때도 마찬가지입니다.

[5] (결정이 녹는 것처럼) 또 다른 어떤 것이 먼저 발생하지 않는 한, 고온에서 강자성이 상자성으로 바뀌는 것은 아주 일반적인 현상입니다.

[6] 엄밀히 말하면 전이가 2차일 때에만, 즉 자기화가 이 온도에서 연속적으로 변할 때, 임계 온도라고 불러야만 합니다. 이징 모형에 대해서 이것은 사실이지만, 어떤 자기계에서는 이것은 사실이 아닙니다.

[7] 다시 피에르의 이름을 따서 지었습니다.

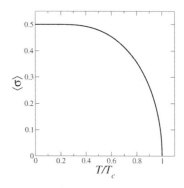

그림 22.2 온도의 함수로서 자기화. 그림은 외부 자기장이 없을 때, 스핀 1/2 이징 모형의 평균장 근사 방법으로 온도의 함수로 자리당 모멘트의 크기를 $g\mu_B$ 단위로 보여줍니다.

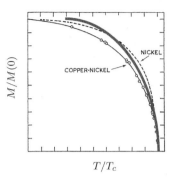

그림 22.3 온도의 함수인 자기화의 평균장 예측과 실험 측정의 비교. 굵은 선은 스핀 1/2에 대한 이징 모형 평균장 예측입니다(그림 22.2와 완벽히 같습니다). 파선은 니켈의 자기화에 대한 실험 측정값입니다. 그리고 작은 점들은 니켈-구리 합금입니다. 수직축은 자기화를 0 K에서의 자기화로 나눈 값입니다. 데이터는 Sucksmith 등의 Rev. Mod. Phys. **25**, 34 (1953); http://rmp.aps.org/abstract/RMP/v25/i1/p34_1. 미국물리학회의 허가를 받아 사용하였습니다.

[8] 사실 이 발산은 물리적입니다. 온도가 T_c를 향해 감소하면, 발산은 약간의 고정된 자기화 M을 만들기 위해서 외부 자기장 B가 점점 더 작아져도 된다는 것을 알려줍니다. 사실 이것은 말이 됩니다. 왜냐하면, 온도가 T_c이하로 내려가면 심지어 외부 자기장 B가 없어도 자기화는 0이 아닐 것이기 때문입니다.

22.2.1 상자성 감수율

높은 온도에서 외부 자기장이 0일 때, 자기화가 0일 것입니다. 그러나 유한 자기장에서는, 유한 자기화가 있을 것입니다. 약한 자기장을 가하고, 자체일관성 방정식 식 22.3을 풀어봅시다. 가해진 자기장이 작기 때문에 유도된 $\langle \sigma \rangle$도 작다고 가정할 수 있습니다. 따라서 우리는 식 22.3의 tanh를 전개하여

$$\langle \sigma \rangle = \frac{1}{2} \left(\beta \left[Jz\langle \sigma \rangle - g\mu_B B \right] / 2 \right)$$

식을 얻을 수 있습니다. 재배열을 하면

$$\langle \sigma \rangle = -\frac{\frac{1}{4}(\beta g\mu_B)B}{1 - \frac{1}{4}\beta Jz} = -\frac{\frac{1}{4}(g\mu_B)B}{k_B(T - T_c)}$$

결과가 나옵니다. 이 식은 $\langle \sigma \rangle$가 작을 때에만 적용되는 것입니다. 자리당 모멘트는 $m = -g\mu_B\langle \sigma \rangle$로 주어집니다(식 22.4를 보십시오). 이것을 단위 낱칸의 부피로 나누면 자기화 M을 줍니다. 그래서 다음과 같은 감수율

$$\chi = \mu_0 \frac{\partial M}{\partial B} = \frac{\frac{1}{4}\rho(g\mu_B)^2\mu_0}{k_B(T - T_c)} = \frac{\chi_{\text{Curie}}}{1 - T_c/T} \tag{22.6}$$

을 얻게 됩니다. 여기서, ρ는 단위 부피당 스핀의 수이고, χ_{Curie}는 (상호작용하지 않은) 스핀 1/2 입자계의 순수한 퀴리 감수율입니다(식 19.9와 비교하십시오). 식 22.6은 *퀴리-바이스 법칙*Curie-Weiss law으로 알려져 있습니다. 임계 온도 이상에서 강자성은 대략적으로 다소 증가된 감수율을 가지는 상자성이라는 것을 알게 됩니다. 계가 강자성이 될 때, 전이 온도에서 감수율은 발산한다는 것에 주목해야 합니다.[8]

22.2.2 추가적으로 드는 생각

연습문제 22.5에서 또한 반강자성에 대해 공부할 것입니다. 이 경우, 계를 단위 낱칸당 두 자리를 대표하는 두 가지 부분격자로 나눕니다. 이 예제에서 각각의 부분격자에서, 정확히 하나의 스핀을 취급하려고

합니다. 그러나 강자성체의 경우처럼, 각 스핀은 이웃으로부터 단지 평균장을 봅니다. 더 복잡한 단위 낱칸에 대해서도 일반화할 수 있습니다.

여담: 식 22.6과 비교하여, 반강자성 이징 모형을 푼 결과가

$$\chi = \frac{\chi_{\text{Curie}}}{1 + T_c/T}$$

와 같다는 것에 주목할 가치가 있습니다. 감수율의 이 차이점이 반강 자성체의 발견에 이르는 길을 가리킵니다(20.1.2절을 보십시오).

강자성과 반강자성 모두에서, 임계 온도보다 아주 높은 온도에서 (교환 에너지 척도 J보다 아주 큰 값) 계는 순수한 자유 스핀 퀴리 상자성체처럼 행동하는 것을 볼 수 있습니다. 우리는 19.6.3절에서, 어디에서 퀴리 상자성이 실현될 수 있는 자유 스핀을 찾을 수 있냐고 질문했습니다. 이제 교환 에너지에 비해서 충분히 높은 온도에서 임의의 강자성 또는 반강자성 (또는 준강자성)은 자유 스핀이 될 것이라는 것을 발견했습니다. 실제로, 우리가 자유 스핀을 관찰한다고 생각할 때, 충분히 낮은 에너지 척도에서는 스핀들이 서로 결합된 것을 보는 것은 항상 거의 사실입니다!

평균장 이론의 원리는 아주 일반적인 것이고 물리학에서 방대한 어려운 문제들에 적용될 수 있습니다. 문제가 무엇이든지, 원리는 같습니다 – 계의 약간의 작은 부분을 고립시켜서 정확히 풀고, 그 작은 계의 외부 모두에 대한 평균을 구하고, 그리고 나서 자체일관성 조건을 요구합니다. 작은 계의 평균은 계의 나머지의 평균과 같아 보입니다.

평균장 접근법은 단순한 근사이지만, 다양한 물리 현상을 알아내는 아주 좋은 근사법으로 빈번하게 이용됩니다. 더 나아가, 이것의 많은 약점들은 초기의 평균장 접근법에 대한 연속적인 수정을 고려함으로써 체계적으로 개선될 수 있습니다.[9]

---

[9] 적극적인 학생은 평균장 이론을 체계적으로 개선하는 여러 가지 방법들을 생각하고 싶어 할지 모릅니다. 한 가지 접근법은 연습문제 22.6에서 논의됩니다.

- 강자성에 대한 평균장 이론 계산을 이해하십시오. 여러분들이 어떻게 이것을 반강자성, 준강자성, 다른 스핀들, 이방성 모형 등에 일반화시킬 수 있는지를 이해하십시오.
- 강자성에 대한 평균장 이론의 중요한 결과는 다음과 같습니다.
  - 퀴리 온도라고 알려진 전이 온도에서, 낮은 온도 강자성 상으로부터 높은 온도 상자성 상으로 유한 온도 상전이가 일어납니다.
  - 퀴리 온도 이상에서 상자성 감수율은 $\chi = \chi_{\mathrm{Curie}} / (1 - T_c / T)$ 입니다. 여기서, χ_{Curie}는 자리들 사이의 강자성 결합이 없을 때의 감수율입니다.
  - T_c 이하에서 자기 모멘트가 커지고, 아주 낮은 온도의 포화 상태까지 증가합니다.

평균장 이론에 대한 참고자료

- Ibach and Luth, 8장 (특히 8.6, 8.7절)
- Hook and Hall, 8장 (특히 8.3, 8.4절)
- Kittel, 12장 도입부
- Burns, 15.5절
- Ashcroft and Mermin, 33장
- Blundell, 5장

CHAPTER 22 연습문제

22.1 ‡강자성체의 바이스 평균장 이론

입방격자 위의 스핀 1/2 강자성 하이젠베르크 해밀토니언

$$\mathcal{H} = -\frac{J}{2} \sum_{\langle i,j \rangle} \mathbf{S}_i \cdot \mathbf{S}_j + g\mu_B \mathbf{B} \cdot \sum_i \mathbf{S}_i \quad (22.7)$$

을 고려합시다. 여기서, $J > 0$이고 합에서 $\langle i,j \rangle$로 표시된 것은 입방격자에서 이웃에 위치한 자리들, i와 j에 대한 합을 의미합니다. 그리고 $\mathbf{B}$는 외부에서 가해진 자기장이고, 간단히 $\hat{z}$ 방향이라고 가정합니다. 앞에 위치한 1/2 인자는 각 쌍의 스핀들이 단 한 번만 계산되기 위해서 포함되었습니다. 각 자리 i는 스핀 $S = 1/2$의 스핀 $\mathbf{S}_i$를 가진다고 가정하였습니다. 여기서 μ_B는 통상적인 보어 마그네톤으로 양수가 되도록 정의하였습니다. 마지막 항이 +부호를 가진다는 사실은 전자의 전하가 음이라는 것이고, 자기 모멘트는 스핀의 방향과 반대입니다. 만약 우리가 이들이 핵스핀이라고 하면, 그 부호는 반대가 될 것입니다(그리고 크기는 큰 핵질량 때문에 아주 작아질 것입니다).

(a) 여러분들의 관심을 하나의 특별한 스핀 $\mathbf{S}_i$에 집중하고, 이 스핀에 대한 유효 해밀토니언을 적으시오. $j \neq i$인 모든 변수들 $\mathbf{S}_j$를 연산자 대신에 기댓값 $\langle \mathbf{S}_i \rangle$처럼 다루시오.

(b) 온도와 고정된 변수 $\langle \mathbf{S}_j \rangle$로 $\langle \mathbf{S}_i \rangle$를 계산하여 평균장 자체일관성 방정식을 얻으시오. 자기화 $M = |\mathbf{M}|$를 $\langle \mathbf{S} \rangle$와 스핀의 밀도로 쓰시오.

(c) 높은 온도에서, 이 근사의 감수율 $\chi = dM/dH = \mu_0 dM/dB$을 구하시오.

(d) 이 근사에서 임계 온도를 구하시오.

▶ 이 임계 온도로 감수율을 쓰시오.

(e) 외부 자기장이 0일 때($B = 0$), 임계 온도 이하에서, $M \neq 0$을 가진 자체일관성 방정식의 해들이 있음을 그림으로 보이시오.

(f) 이제 각 자리에 $S = 1$ 스핀이 있다고 가정하고 (a)–(d)를 반복하시오(S_z가 −1, 0, 1의 값들을 가짐을 의미합니다).

22.2 브래그-윌리암스Bragg-Williams 근사

이 연습문제는 바이스 평균장 방정식들을 얻는 다른 접근법을 제공합니다. 간단히 다시 각 자리에서 스핀 1/2 변수들을 가정할 것입니다. 계에서 N 격자 자리들을 가정합니다. 평균 스핀 값을 $\langle S_i^z \rangle = s$라고 둡시다. 그래서 스핀이 위로 향할 확률은 $P_\uparrow = 1/2 + s$이고, 반면 스핀이 아래로 향할 확률은 $P_\downarrow = 1/2 - s$입니다. 위 스핀 또는 아래 스핀의 수는 각각 $NP_\uparrow$와 $NP_\downarrow$가 됩니다. 여기서 N은 계의 총 격자 자리 수입니다.

(a) 먼저 자리들이 서로 상호작용하지 않는 경우를 고려해 봅시다. 작은 바른틀 앙상블microcanonical ensemble에서 주어진 (s에 의해서 결정되는) 위 스핀과 아래 스핀에 대하여 배열(마이크로 상태)의 수를 계산할 수 있습니다. 큰 N 극한에서, $S = k_B \ln \Omega$를 사용하여 계의 엔트로피를 계산하시오.

(b) 모든 자리들이 각각 위를 가리킬 확률 $P_\uparrow$와 아래를 가리킬 확률 $P_\downarrow$를 가지고 있고 이들은 독립이라고 가정합니다. 두 인접한 자리가 같은 방향을 향할 확률, 두 인접한 자리가 반대 방향을 향할 확률을 계산하시오.

▶ 이 결과를 사용하여 해밀토니언의 기댓값 근사를 계산하시오. 주의: 현실에서, 이것은 정확한 결과가 아닙니다. 서로 근처에 있는 자리들은 같은 스핀의 경우 에너지를 낮추기 때문에 같은 방향을 가지려는 경향성이 있습니다. 우리는 여기에서 이 효과를 무시했습니다.

(c) 위에서 얻은 (a), (b)의 결과들을 합쳐서, 자유 에너지에 대한 근사

$$
\begin{aligned}
F &= E - TS \\
&= Nk_B T \left[\left(\frac{1}{2} + s \right) \ln \left(\frac{1}{2} + s \right) \right. \\
&\quad \left. + \left(\frac{1}{2} - s \right) \ln \left(\frac{1}{2} - s \right) \right] \\
&\quad + g\mu_B B_z N s - JN z s^2/2
\end{aligned}
$$

를 유도하시오. 여기서 z는 각 스핀이 가지는 이웃들의 수이고, 외부 자기장 $\mathbf{B}$가 $\hat{z}$ 방향이라고 가정하였습니다(스핀이 전자 스핀이어서 외부 자기장과 상호작용하는 에너지는 $+g\mu_B \mathbf{B} \cdot \mathbf{S}$와 같습니다).

(d) 변수 s에 대하여 이 표현의 극값을 구하여, 바이스 평균장 방정식을 얻으시오.

▶ 임계 온도 이하에서 평균장 방정식에 세 개의 해가 있음에 주목하시오.

▶ s에 대한 F의 이계 미분을 조사함으로써, $s = 0$ 해는 실제로 자유 에너지의 최소가 아니라 최대임을 보이시오.

▶ $B = 0$에 대해서 임계 온도 위와 아래 모두 $F(s)$를 그리시오. 0이 아닌 B에서도 그리시오.

22.3 스핀 S 평균장 이론

연습문제 19.7의 결과를 이용하여, g-인자, 배위수 z, 근접-이웃 교환 에너지 J_{ex}가 주어졌을 때, 스핀 S 강자성체에 대하여 평균장 이론으로 임계 온도를 계산하시오(만일 이것이 어떻게 유도되었는지 기억하지 못한다면 연습 19.7을 다시 푸는 것이 유용할 것입니다).

22.4 낮은 온도 평균장 이론

연습문제 22.1로부터 $S=1/2$ 강자성체 평균장 계산을 고려합시다. 0 K에서, 자석은 완전히 자화됩니다.

(a) 아주 낮은 온도 극한에서 자기화를 계산하시오. 온도가 0으로 접근할 때 완전 분극과의 차이가 지수적으로 작아지는 것을 보이시오.

(b)* 이제 스핀 S 강자성체를 고려합시다. 낮은 온도 극한에서 자기화를 결정하시오. 여러분들의 결과를 연습문제 22.3의 결과로 편리하게 표현할 수 있습니다.

(c)* 사실 이 지수적 거동은 실험적으로 관측되는 것이 아닙니다! 이 이유는 연습문제 20.3에서 다루었던 스핀파와 연관이 있습니다. 그러나 평균장 이론에는 포함되지 않았습니다. 그 연습문제의 결과를 약간 이용하여 (대략적으로) 낮은 온도에서 강자성체 자기화의 거동을 결정하시오.

22.5 반강자성체를 위한 평균장 이론

이 연습 문제를 위해서 3차원 입방격자 위에서 스핀 1/2 반강자성 모형에 대하여 분자 장 (바이스 평균장) 근사를 사용합니다. 이제 여기서 $J<0$이기 때문에 이웃하는 스핀들이 반대방향으로 향하게 하는 것을 제외하고는 완전한 해밀토니언은 정확히 식 22.7입니다($J>0$이고 이웃 스핀들이 같은 방향으로 향하게 하는 강자성과 비교해 보시오). 간단히 외부 자기장은 $\hat{z}$ 방향이라고 가정합시다.

평균장 수준에서, 이 해밀토니언의 정렬된 바닥상태는 스핀들이 교대로 위, 아래를 향할 것입니다. 번갈아 있는 자리들에 의한 부분격자들을, 부분격자 A, 부분격자 B로 각각 부르도록 합시다(즉, A 자리들은 $i+j+k=$ 홀수인 격자 좌표 (i,j,k)를 갖고 반면 B 자리들은 $i+j+k=$짝수인 격자 좌표를 갖습니다). 평균장 이론에서 인접한 스핀들 사이의 상호작용은 평균 스핀을 갖는 상호작용으로 대치됩니다. $s_A = \langle S^z \rangle_A$를 부분격자 A 위에서 스핀들의 평균값이라고 하고, 마찬가지로 $s_B = \langle S^z \rangle_B$를 부분격자 B 위에서 스핀들의 평균값이라고 둡니다(이들이 또한 $\pm \hat{z}$ 방향을 향한다고 가정합니다.)

(a) 부분격자 A 위의 단일 자리에 대한 평균장 해밀토니언을 적고, 부분격자 B 위의 단일 자리에 대한 평균장 해밀토니언을 적으시오.

(b) 아래와 같은 평균장 자체일관성 방정식들을 유도하시오.

$$s_A = \frac{1}{2}\tanh(\beta[JZs_B - g\mu_B B]/2)$$
$$s_B = \frac{1}{2}\tanh(\beta[JZs_A - g\mu_B B]/2)$$

여기서 $\beta = 1/(k_B T)$입니다. $J<0$임을 기억하십시오.

(c) $B=0$으로 둡시다. 두 자체일관성 방정식을 단일 자체일관성 방정식으로 만드시오. (힌트: 대칭성을 활용하여 간단히 하시오! s_A 대 s_B를 그려 보시오.)

(d) $s_{A,B}$가 임계점 근처에서 작다고 가정하고, 자체일관성 방정식들을 전개합니다. 계가 반강자성이 되는 임계 온도 T_c를 유도하시오. (즉, $s_{A,B}$가 0이 아니게 됩니다.)

(e) 어떻게 우리가 실험적으로 반강자성을 검출할까요?

(f) 이 평균장 근사에서, 자기 감수율은

$$\chi = -(\rho/2)g\mu_0\mu_B \lim_{B \to 0} \frac{\partial(s_A + s_B)}{\partial B}$$

와 같이 적을 수 있습니다. (왜 인자 1/2가 앞에 나옵니까?)

▸ $T > T_c$에 대해서 이 감수율을 유도하고, T_c로 그것을 쓰시오.

▸ 여러분들의 결과를 유사한 강자성체(연습문제 22.1)와 비교하시오. 사실, 반강자성체들의 존재를 처음 암시한 것은 이 유형의 측정입니다!

(g)* $T < T_c$에 대해서

$$\chi = \frac{(\rho/4)\mu_0(g\mu_B)^2(1-(2s)^2)}{k_BT + k_BT_c(1-(2s)^2)}$$

임을 보이시오. 여기서 s는 엇갈림 모멘트입니다. (즉, $s(T) = |s_A(T)| = |s_B(T)|$).

▸ 이 저온의 결과와 (f)의 결과를 비교하시오.

▸ 모든 T에서 감수율을 스케치하시오.

22.6 평균장에 대한 보정*

d-차원에서 입방격자 위의 스핀 1/2 이징 강자성을 고려합시다. 평균장 이론을 고려할 때, 정확히 단일 스핀 σ_i을 다루고, 평균 스핀 $\langle\sigma\rangle$을 얻기 위해서, 각 면들에서 $z = 2d$ 이웃들이 고려됩니다. 여러분들이 계산해야 하는 임계 온도는 $k_BT_c = Jz/4$입니다.

평균장 이론을 개선하기 위하여, 대신에 두 연결된 스핀들 σ_i와 $\sigma_{i'}$의 블록을 다룹니다. 이 블록의 바깥쪽 이웃들은 평균 스핀 $\langle\sigma\rangle$을 가진다고 가정합니다. 블록 안 스핀들의 각자는 $2d-1$개의 평균 이웃들을 가집니다. 이 개선된 평균장 이론을 이용하여 임계 온도를 위한 새로운 방정식을 쓰시오(이것은 초월 방정식일 것입니다). 이 개선된 임계 온도의 추정이 더 단순한 평균장 이론 모형에서 얻은 것보다 높은가요 아니면 낮은가요?

22.7 차동 감수율*

자기화 또는 자기장이 0이 아닐 때에도 차동 감수율 $\chi = \mu_0 dM/dB$을 정의할 수 있습니다. 연습문제 22.1에서 정의된 스핀 1/2 강자성체를 고려하시오. 평균장 자체일관성 방정식을 이용하여 차동 감수율이 항상

$$\chi = \frac{(\rho/4)\mu_0(g\mu_B)^2[1-(2s)^2]}{k_BT - k_BT_c[1-(2s)^2]}$$

와 같이 주어짐을 보이시오. 여기서 $s = \langle\sigma\rangle$은 자리당 스핀, 그리고 ρ는 자리의 밀도입니다. 음함수 미분뿐만 아니라 약간의 쌍곡삼각함수 등식들이 필요할 것입니다. 또한 위의 연습문제 22.5의 결과를 보시오.

상호작용으로부터의 자기학: 허바드 모형

Magnetism from Interactions: The Hubbard Model

지금까지 우리는 서로간의 상호작용 때문에 정렬된 격자 위의 고립된 스핀들의 맥락에서만 강자성을 논의했습니다. 그러나 사실 많은 물질들은 자기 모멘트들, 정렬된 스핀들이 고정되지 않고 계를 돌아다니는 방식의 자성을 가지고 있습니다. 이러한 현상은 *떠도는 강자성itinerant ferromagnetism*이라고 알려져 있습니다.[1] 예를 들어, 위 스핀의 숫자와 아래 스핀의 숫자가 서로 다른 자유 전자 기체를 가정하는 것은 쉬운 일입니다. 그러나 완전히 자유로운 전자들에 대해서 동일한 위, 아래의 스핀 수를 갖는 것이 서로 다른 수를 가지는 것 보다 항상 낮은 에너지를 가집니다.[2] 그렇다면 전자는, 외부 자기장이 없는 경우에도, 스핀을 분극화하기로 결정하는 방법은 무엇일까요? 범인은 전자들 사이의 강한 쿨롱 상호작용입니다. 한편으로 반강자성 또한 전자들 사이의 강한 상호작용이 원인이 될 수 있다는 것을 보게 될 것입니다!

허바드 모형[3]은 전자들 사이의 상호작용으로 생기는 자성을 이해하려는 시도입니다. 현대 응집물질물리학에서 상호작용하는 전자들의 가장 중요한 모형입니다. 이 모형을 이용하여 우리는 어떻게 상호작용이 강자성과 반강자성 모두를 만들어 낼 수 있는지 보게 될 것입니다 (19.2.1절에서 잠시 설명되었습니다).

---

[1] 여기서 떠도는itinerant이란 것은 자신의 집 없이 장소를 바꾸어서 여행하는 것을 의미합니다(라틴어 iter 또는 itiner는 여정 또는 길을 의미합니다-누군가가 궁금하다면). 철과 같은 우리가 친숙한 대부분의 강자성체는 떠도는 것입니다.

[2] 계에서 N개의 위 스핀 전자의 총에너지는 $NE_F \sim N(N/V)^{2/d}$에 비례합니다. 여기서 d는 계의 차원입니다(여러분들은 이것을 쉽게 증명할 수 있어야 합니다). $a(>0)$와 어떤 상수 C를 써서, $E = CN^{1+a}$라고 쓸 수 있습니다. $N_\uparrow$개의 위 스핀과 $N_\downarrow$개의 아래스핀의 경우, 총에너지는 $E = CN_\uparrow^{1+a} + CN_\downarrow^{1+a} = C(N_\uparrow^{1+a} + (N-N_\uparrow)^{1+a})$가 되고 N은 전자의 총수입니다. $dE/dN_\uparrow = 0$으로 두면, 바로 $N_\uparrow = N/2$일 때 최소 에너지 배열이 됩니다.

---

[3] 영국의 물리학자 존 허바드John Hubbard는 이 모형을 1963년 작성하였고, 즉시 이것은 상호작용하는 전자를 이해하려고 하는 시도의 매우 중요한 예가 되었습니다. 이 모형의 성공에도 불구하고, 허바드는 자신의 모형이 얼마나 중요하게 되었는지를 보지 못하고 상대적으로 젊은 나이로 1980년 세상을 떠났습니다. 1986년 '고온초전도' 현상이 베드노르츠Johannes Georg Bednorz와 뮐러Karl Alexander Müller에 의해서 발견되었을 때(다음 해에 이것으로 노벨상을 수상하게 됩니다), 연구자들은 즉시 이 현상의 이해는 허바드 모형을 연구함으로써만 가능하다고 믿게 되었습니다. (이 책에서 우리가 초전도를 논의할 공간이 없어서 유감입니다.) 그 후 20년에 걸쳐 허바드 모형은 응집물질물리학에서 *가장* 중요한 질문으로 그 지위를 가지게 되었습니다. 이 주제에 대해서 수만의 논문들이 발표되었지만, 이것의 완전한 해는 찾기 힘든 상태입니다.

4 대부분의 입문서들이 허바드 모형을 다
루지 않는 그 이유는 장 이론 방법인 '이
차 양자화second quantization'라고 불리
는 표기법을 사용하여 도입되기 때문입
니다. 이 접근법을 사용하지 않을 것입니
다. 그래서 이 모형의 물리에 아주 깊숙
히 파고 들어갈 수는 없습니다. 그렇다고
하더라도, 이 장은 아마도 책의 다른 나
머지 부분보다 수준이 높을 것입니다.

5 1차원에서 허바드 모형은 정확히 풀립
니다.

모형은 상대적으로 간단히 기술됩니다.[4] 먼저 11장에서 했듯이 깡충
뛰기 매개변수 t를 이용하여 전자의 띠에 대해서 꽉묶음 모형을 씁니다
(1차원, 2차원, 3차원 중에서 하나를 선택할 수 있습니다[5]). 이것을
해밀토니언 H_0로 부를 것입니다. 11장에서 유도한 대로(그리고 지금은
2차원, 3차원에서 유도하는 것이 쉬울 것입니다) d차원에서 띠의 전체
폭이 $4dt$입니다. 이 띠에 우리가 원하는 만큼의 많은 전자들을 더할
수 있습니다. 띠에 들어있는 자리 당 전자수를 도핑 x로 정의합시다(그
래서, $x/2$는 두 스핀을 채울 수 있는 밴드의 상태에 대한 비율입니다).
우리가 띠에 있는 모든 상태들을 채우지 않는 한 $(x < 2)$, 상호작용이
없을 경우, 이렇게 부분적으로 채워진 꽉묶음 띠는 금속이 됩니다. 마
지막으로 허바드 상호작용Hubbard interaction

$$H_{\text{interaction}} = \sum_i U\, n_{i\uparrow}\, n_{i\downarrow} \qquad (23.1)$$

을 포함시킵니다. 여기서, $n_{i\uparrow}$은 자리 i에서 스핀이 위인 전자의 수이
고, $n_{i\downarrow}$은 스핀이 아래인 자리 i의 전자수입니다. 그리고 $U > 0$는
밀치는 허바드 상호작용 에너지라고 알려진 에너지입니다. 두 전자가
격자의 같은 자리에 앉을 때, 이 항은 에너지 벌점 U를 줍니다. 이
단거리 상호작용 항은 전자간 쿨롱 상호작용Coulomb interaction의 근사
적 표현입니다. 완전한 허바드 모형 해밀토니언은 운동 에너지와 상호
작용 항들의 합으로

$$H = H_0 + H_{\text{interaction}}$$

와 같이 주어집니다.

23.1 떠도는 강자성

왜 이 제자리on-site 상호작용이 자성을 만들게 될까요? 우선 계의 모든
전자들이 동일한 스핀 상태를 가진다고 가정합시다('스핀 분극' 배열).
만약 이것이 사실이면, 파울리 배타 원리에 의해서, 두 전자는 같은
자리에 앉을 수 없습니다. 이 경우 허바드 상호작용 항의 기댓값은
0이 될 것입니다.

$$\langle \text{Polarized Spins} | H_{\text{interaction}} | \text{Polarized Spins} \rangle = 0$$

이것이 이 상호작용 항이 가질 수 있는 가장 낮은 에너지입니다. 반대로 우리가 한 스핀 종류로만으로 띠를 채우면 페르미 에너지(그래서 계의 운동 에너지)는 전자들이 두 가지 가능한 상태들에 걸쳐 분포하는 경우보다 훨씬 더 높을 것입니다. 따라서 스핀들이 정렬할지 안 할지를 정하는 데 퍼텐셜 에너지와 운동 에너지 사이의 약간의 경쟁이 있을 것 입니다.

23.1.1 허바드 강자성 평균장 이론

스핀들이 정렬할지 안 할지를 정량적으로 정하기 위해,

$$U \, n_{i\uparrow} \, n_{i\downarrow} = \frac{U}{4}(n_{i\uparrow} + n_{i\downarrow})^2 - \frac{U}{4}(n_{i\uparrow} - n_{i\downarrow})^2$$

의 식에서 출발합니다. 이제 모든 연산자 $n_{i\uparrow}$와 $n_{i\downarrow}$를 기댓값들로 근사합니다.

$$U \, n_{i\uparrow} \, n_{i\downarrow} \approx \frac{U}{4}\langle n_{i\uparrow} + n_{i\downarrow}\rangle^2 - \frac{U}{4}\langle n_{i\uparrow} - n_{i\downarrow}\rangle^2$$

이 근사는 22장에서 마주친 것과 비슷한 평균장의 형식입니다.[6] 우리는 연산자들을 기댓값들로 대치하였습니다. 첫 항의 기댓값 $\langle n_{i\uparrow} + n_{i\downarrow}\rangle$은 자리 i의 전자의 평균 숫자이고, 자리당 입자의 평균수입니다.[7] 이것은 도핑 x와 동일하고, 고정된 값을 사용할 것입니다. 이에 상응하게, 두 번째 기댓값 $\langle n_{i\uparrow} - n_{i\downarrow}\rangle$는 계의 자기화와 연관된 것입니다. 특히, 각 전자는 자기 모멘트 μ_B를 가지기[8] 때문에 자기화는

$$M = (\mu_B/v)\langle n_{i\downarrow} - n_{i\uparrow}\rangle$$

아래와 같습니다. v는 단위 낱칸의 부피입니다. 그래서 이 근사 안에서, 허바드 상호작용 에너지의 기댓값은

$$\langle H_{\text{interaction}} \rangle \approx (V/v)(U/4)\left(x^2 - (Mv/\mu_B)^2\right) \tag{23.2}$$

와 같습니다.[9] 여기서 V/v는 계에 있는 자리의 수입니다. 예측한 것처럼, 자기화 M이 증가하면, 상호작용 에너지의 기댓값이 감소합니다. 스핀들이 실제로 분극하는지 정하기 위해서, 운동 에너지 비용에 대한 이 퍼텐셜 에너지의 이득에 무게를 두어야만 합니다.

23.1.2 스토너 기준[10]

[10] 이것은 당신의 레게머리 길이 또는 그레이트풀 데드(Grateful Dead, 미국 락밴드: 역자 주) 쇼를 본 숫자와는 아무런 상관이 없습니다(내 생각에 나는 여섯 번 쇼를 보러 간 것 같네요). (stoner 는 영국 영어로 특정한 수의 돌을 세는 사람이나 물건을 의미함: 역자 주)

여기서 우리의 모형에서 스핀을 분극시키는 운동 에너지 비용을 계산하고, 퍼텐셜 에너지 이득과 이것의 균형을 취할 것입니다. 이 계산이 파울리 상자성을 공부할 때(그러나 우리는 명료함을 위해서 그것을 반복할 것입니다.) 4.3절에서 했던 것과 거의 동일한 계산임을 인식하게 될 것입니다.

같은 수의 위 스핀과 아래 스핀 상태를 가지고 있는 전자계를 고려합시다(간단히 0 K를 가정합니다). $g(E_F)$는 단위 부피당 페르미 면에서 총 상태밀도입니다(두 스핀을 동시에 고려합니다). 자, 이제 적은 수의 스핀을 뒤집어서, 아래처럼 위 스핀과 아래 스핀 페르미 면들이 살짝 다른 에너지를 가지게 합시다.[11]

$$E_{F,\uparrow} = E_F + \delta\epsilon/2$$
$$E_{F,\downarrow} = E_F - \delta\epsilon/2$$

[11] 우리가 만약 매우 주의 깊다면, $\delta\epsilon$를 변화시키면서 전체 전자 밀도 $\rho_\uparrow + \rho_\downarrow$를 고정시키기 위해서, E_F를 조절할 것입니다. 아주 작은 $\delta\epsilon$에 대해서 $\delta\epsilon$를 바꾸어도 E_F가 변하지 않고 남아있는 것을 알 수 있습니다. 그러나 큰 $\delta\epsilon$에 대해서 이것은 사실이 아닙니다.

위와 아래 스핀의 전자 밀도의 차이는

$$\rho_\uparrow - \rho_\downarrow = \int_0^{E_F + \delta\epsilon/2} dE \, \frac{g(E)}{2} - \int_0^{E_F - \delta\epsilon/2} dE \, \frac{g(E)}{2}$$

와 같습니다. 여기서, 단위 부피당 위 스핀 또는 아래 스핀에 대한 상태 밀도가 $g(E)/2$라는 사실을 이용하였습니다.

비록, 이 지점에서 앞으로 진행할 수 있고, 임의의 $\delta\epsilon$에 대해서 적분(연습문제 23.1을 보십시오)을 수행할 수 있지만, 현재 논의를 위해서는 $\delta\epsilon$가 아주 작은 간단한 경우를 고려하는 것만으로도 충분합니다. 이 경우, 우리는

$$\rho_\uparrow - \rho_\downarrow = \delta\epsilon \frac{g(E_F)}{2}$$

를 얻을 수 있습니다. 위와 아래 전자들의 수 차이

$$M = \mu_B(\rho_\downarrow - \rho_\uparrow) = -\mu_B \delta\epsilon \frac{g(E_F)}{2}$$

는 계의 자기화와 연관되어 있습니다.[8] 단위 부피당 운동 에너지는 좀더 까다롭습니다. 아래 식을 씁니다.

$$K = \int_0^{E_F + \delta\epsilon/2} dE \; E \; \frac{g(E)}{2} + \int_0^{E_F - \delta\epsilon/2} dE \; E \; \frac{g(E)}{2}$$

$$= 2\int_0^{E_F} dE \; E \; \frac{g(E)}{2} + \int_{E_F}^{E_F + \delta\epsilon/2} dE \; E \; \frac{g(E)}{2} - \int_{E_F - \delta\epsilon/2}^{E_F} dE \; E \; \frac{g(E)}{2}$$

$$\approx K_{M=0} + \frac{g(E_F)}{2}\left[\left(\frac{(E_F + \delta\epsilon/2)^2}{2} - \frac{E_F^2}{2}\right) - \left(\frac{E_F^2}{2} - \frac{(E_F - \delta\epsilon/2)^2}{2}\right)\right]$$

$$= K_{M=0} + \frac{g(E_F)}{2}(\delta\epsilon/2)^2$$

$$= K_{M=0} + \frac{g(E_F)}{2}\left(\frac{M}{\mu_B g(E_F)}\right)^2 \tag{23.4}$$

여기서 $K_{M=0}$은 알짜 자기화를 가지고 있지 않는 계에 대한 단위 부피당 운동 에너지입니다(위 스핀 전자수와 아래 스핀 전자수가 같습니다).

이제 식 23.2에 이 결과를 더하여 단위 부피당 계의 총 에너지를

$$E_{\text{tot}} = E_{M=0} + \left(\frac{M}{\mu_B}\right)^2\left[\frac{1}{2g(E_F)} - \frac{vU}{4}\right]$$

얻습니다. 여기서 v는 단위 낱칸의 부피입니다. 따라서

$$U > \frac{2}{g(E_F)v}$$

일 경우, 0에서부터 자기화가 증가함에 따라 계의 에너지가 낮아집니다. 떠도는 강자성을 위한 이 조건은 *스토너 기준Stoner criterion*으로 알려져 있습니다.[12,13]

여담: 식 23.4에 이르기 위해서 우리는 많은 일들을 했습니다. 사실, 전혀 계산하지 않고 섹션 4.3에서 우리가 했었던 파울리 감수율의 계산에 기초하여 그것을 쓸 수도 있을 것입니다. 계에 위 방향으로 외부 자기장이 가해졌을 때, 장과 스핀들의 결합으로부터 유도된 에너지가 있다는 것을 먼저 기억하십시오. 이것은 $\mu_B(\rho_\uparrow - \rho_\downarrow)B = -MB$로 주어집니다($B$의 양의 방향을 M의 양의 방향으로 정의합니다. 따라서 같은 방향으로 정렬되면 낮은 에너지를 가지게 됩니다). 또한 4.3절에서 우리가 유도한 전자계의 (파울리) 감수율이

$$\chi_{\text{Pauli}} = \mu_0 \mu_B^2 \, g(E_F)$$

[12] 에드먼드 스토너Edmund Stoner는, 무엇보다도, 파울리보다 1년 앞선 1924년에 파울리 배타 원리를 찾아낸 영국의 물리학자입니다. 그러나 스토너의 일들은 전자의 스펙트럼과 거동에 집중되었습니다. 그리고 그는 배타 원리가 전자의 근본적인 성질이라고 선언하는 데 충분히 용감하지 못했습니다. 그는 1919년 20살의 나이에 당뇨병 진단을 받았고, 8년 동안 점진적으로 쇠약해졌습니다. 1927년 인슐린 처방이 가능해져 그는 생명을 구했습니다. 그는 1969년 세상을 떠났습니다.

[13] 비록 스토너 기준으로 이러한 형식의 계산이 지난 50년간 축복으로 자리 잡았지만, 많은 것들처럼 진실은 좀 더 복잡합니다. 예를 들어, 최근의 수치적 연구는 강자성은 허바드 모형 안에서 낮은 전자 밀도에서는 결코 일어나지 않는다는 것을 보여주었습니다! 그러나 격자에서 건너뛰는 것에 국한되지 않은 밀치는 페르미온에 대한 수치 해석은 강자성을 실제로 보여줍니다.

라는 것을 기억하십시오. 자기장 B가 가해졌을 때, 자기화 $\chi_{\text{Pauli}}B/\mu_0$ 가 유도되는 것을 의미합니다. 따라서 외부 자기장 안에 있는 계의 에너지는 반드시

$$E(M) = \frac{M^2\mu_0}{2\chi_{\text{Pauli}}} - MB + \text{Constant}$$

의 형식이 되어야만 한다는 결론을 즉시 내릴 수 있습니다. 이것이 맞는지 알아보기 위해서, 주어진 B에 대하여, 에너지를 M에 대해서 최소화하면, 제대로 $M = \chi_{\text{Pauli}}B/\mu_0$을 얻는 것을 발견하게 됩니다. 그래서 0의 자기장 B에서, 에너지는 정확히

$$E(M) - \text{Constant} = \frac{M^2\mu_0}{2\chi_{\text{Pauli}}} = \frac{M^2}{2\mu_B^2 g(E_F)}$$

와 같아야 합니다! 이것은 식 23.4와 정확히 같습니다.

23.2 모트 반강자성

사실, 허바드 모형은 위의 평균장 계산보다 아주 더 복잡합니다. 이제 격자 자리당 정확히 하나의 전자가 도핑된 상황을 고려합시다. 상호작용하지 않는 전자들에 대해서 이것은 절반이 채워진 띠이고 그래서 전도체입니다. 그러나 우리가 아주 큰 U를 가지는 허바드 상호작용을 켜면 계는 절연체가 됩니다. 이것을 보기 위해서, 하나의 전자가 모든 자리에 앉은 것을 가정해 봅시다. 한 전자가 움직이기 위해서는, 반드시 이미 점유되어 버린 이웃 자리로 깡충뛰어야만 합니다. 그러므로 이 절차는 에너지 U의 비용이 들게 되고, 만약 U가 충분히 크다면, 깡충뛰기는 일어날 수 없습니다. 이것이 정확히 16.4절에서 논의했던 모트 절연체의 물리학입니다.

각 자리당 움직이지 못하는 전자가 하나 있을 경우, (외부 자기장이 없을 때) 어떤 방법으로 스핀들이 정렬하는지 이제 물어볼 수 있습니다. 사각격자 또는 입방격자에 대해서 두 가지 명백한 선택사항이 있습니다. 스핀들이 이웃과 나란히 정렬되기를 바라거나 또는 이웃과 반대로 정렬되기를 바랄 것입니다(강자성 또는 반강자성). 반강자성을 더 선호한다는 것이 밝혀집니다! 이것을 보기 위해서 그림 23.1 왼쪽에

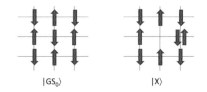

그림 23.1 반채움half-filled 허바드 모형의 스핀 배열. **왼쪽:** t가 아주 작은 극한에서 제안된 반강자성 바닥상태. **오른쪽:** 작은 t 값의 극한에서 한 자리로부터 전자가 이웃한 자리로 건너뛸 때 발생하는 높은 에너지 상태. 이중 점유에 대한 에너지 벌점은 U입니다.

표시된 반강자성 상태 $|GS_0\rangle$를 고려합시다. 깡충뛰기가 없는 이 상태는 (정확하게 각 자리에 하나의 전자가 있는 임의의 상태들처럼) 0의 에너지를 가지는 고유상태입니다. 그 다음 깡충뛰기를 미동으로 더하는 것을 고려합시다. 깡충뛰기 해밀토니언은 전자가 한 자리에서 다른 자리로 (깡충뛰기 진폭 $-t$를 가지고) 건너뛰는 것을 허용하기 때문에, 그림23.1의 오른쪽처럼 전자는 이웃한 자리로 '가상적virtual'으로 건너뛸 수 있습니다. 우측의 상태 $|X\rangle$는 더 높은 에너지를 가집니다(깡충뛰기가 없을 때 이것은 이중 점유이기 때문에 에너지 U를 가집니다). 2차 미동 이론을 이용하여

$$E = E(|GS_0\rangle) + \sum_X \frac{|\langle X|H_{\text{hop}}|GS_0\rangle|^2}{E_{GS_0} - E_X} = E(|GS_0\rangle) - \frac{Nz|t|^2}{U}$$

의 식을 얻습니다. 첫 번째 줄에서 합은 상태 $|GS_0\rangle$로부터 단일 깡충뛰기로 도달할 수 있는 모든 $|X\rangle$ 상태들에 대한 것입니다. 두 번째 줄에서 이런 항의 숫자가 Nz가 됩니다. 여기서 z는 배위수(최근접 이웃의 수)이고, N은 자리의 수입니다. 여기에 하나의 자리에서 다른 이웃으로 깡충뛰기 진폭에 해당하는 $-t$를 집어넣었습니다. 스핀들이 모두 정렬되었다면 가상적인 중간 상태 $|X\rangle$가 존재할 수 없을 것입니다. 왜냐하면, 그것은 파울리 배타 원리를 위배하는 것이기 때문입니다(전자의 깡충뛰기는 스핀 상태를 보존하기 때문에, 스핀은 깡충뛰기하는 동안 뒤집힐 수 없고, 엄밀하게 이중 점유는 없습니다). 따라서 우리는 모트 절연체 속에서 U가 큰 극한에서는 강자성 상태에 비해서 반강자성 상태가 더 낮은 에너지를 가진다는 결론을 내리게 됩니다.

확실히 이 주장은 다소 속임수처럼 보입니다(그러나 이것은 정확합니다!). 이 주장을 더 엄밀하게 만들기 위해서, 다수의 전자들을 가지고 있는 상태들의 표현 방법에 대해 주의해야만 합니다. 이것은 일반적으로 장이론 기법들을 요구하게 됩니다. (고난도의 기법 없이) 이것이 수행되는 아주 간단한 예제가 이 장의 부록에 제시되어 있습니다.

그럼에도 불구하고, 반강자성 모트 절연체 상태가 대응 상태인 강자성 상태보다 낮은 에너지를 가지는 이유는 정밀한 논거 없이 정성적으로 이해할 수 있습니다. 각 자리에서 전자는 이웃과 상호작용으로 갇혀 있다고 생각합니다. 강자성의 경우, 전자는 이웃 자리들로 외출할 수 없습니다. 왜냐하면 파울리 배타 원리 때문입니다(이웃 상태들은 점유

[14] 입자가 퍼텐셜 우물 $V(x)$에 있을 때와 비슷하게, $V(x)$가 아주 큰 위치에서도 전자를 발견할 약간의 확률이 있습니다.

[15] Δx가 증가하면, Δp가 감소합니다. 따라서 하이젠베르크의 불확정성 원리에 따라서 입자의 운동에너지는 낮아집니다.

[16] 스코트랜드에서 태어난 데이비드 사울레스David Thouless는 현대 응집물질물리학에서 가장 중요한 이름들 중 하나입니다. 그는 위상학의 아이디어를 응집물질물리에 응용하여 2016년 노벨상을 수상하였습니다. 요스케 나가오카는 일본의 저명한 이론 물리학자입니다.

되어 있습니다). 그러나 반강자성체의 경우, 전자들은 외출할 수 있습니다. 심지어 전자는 에너지가 더 높은 이웃 자리들을 배회할 때도, 이것이 일어날 수 있는 약간의 확률이 존재합니다.[14] 전자 파동함수가 퍼져 나가게 하면 항상 에너지가 낮아집니다.[15]

사실, 일반적으로 (사각형격자 또는 입방격자의) 모트 절연체는 반강자성체입니다(약간 다른 흥미로운 물리로 이런 경향을 압도하지만 않는다면). t, U, 도핑 x에 대한 상당한 구간에서 바닥상태가 반강자성이라고 일반적으로 믿어지고 있습니다. 많은 실제 물질들이 반강자성 모트 절연체의 예로 생각됩니다. 흥미롭게도, 아주 아주 강한 제자리 상호작용의 극한($U \to \infty$)에서, 심지어 단 하나의 홀을 절반 채워진 모트 절연체에 추가한다면, 모트 반강자성체가 강자성체로 변할 것입니다! 나가오카Nagaoka와 사울레스Thouless에 의한 다소 놀라운 결과 (엄밀하게 증명된 허바드 모형에 대한 몇 가지 주요 결과 중 하나)가 이 모형의 복잡성을 보여줍니다.[16]

요약

- 허바드 모형은 꽉묶음 깡충뛰기 t와 제자리 '허바드' 상호작용 U를 포함합니다.
- 부분적으로 채워진 띠에 대해서, 밀치는 상호작용은 (충분히 강하면) 계를 (떠도는) 강자성으로 만듭니다. 정렬된 스핀들은 이중으로 자리를 점유하지 않기 때문에 낮은 에너지를 가집니다. 그러므로 비록 모든 스핀들이 정렬되는 데 높은 운동 에너지 비용이 들더라도 U에 대해서 낮은 에너지를 가집니다.
- 절반 채워진 띠의 경우, 밀치는 상호작용은 모트 절연체가 반강자성이 되게 합니다. 가상적인 깡충뛰기는 반대로 정렬된 이웃한 스핀들의 에너지를 낮춥니다.

허바드 모형에 관한 참고자료

불행히도 장이론과 이차 양자화 배경지식 없이 읽을 만한 참고자료는 내가 아는 한 본질적으로 없습니다.

23.3 부록: 수소 분자에 대한 허바드 모형

반강자성을 보여주는 미동 계산은 아주 기만적이기 때문에, 원칙적으로, 적절하게 수행되는 실제 (그러나 아주 간단한) 계산을 보여주는 것이 쓸모가 있다고 생각됩니다. 다시 이 내용이 좀 더 높은 수준이 될 수밖에 없음을 고려하기 바랍니다. 그러나 만약 여러분들이 허바드 모형에서 반강자성의 논의에 대해서 혼동된다면, 이 부록을 읽어서 좀 더 깨닫게 될 것입니다.

여기에 주어진 계산은 수소 분자에 대한 허바드 모형을 다룰 것입니다. 여기서, 총 두 개의 전자를 가지고 서로 가까이 있는 두 핵 A와 B를 고려합시다 – 그리고 각 원자에 대해서 바닥상태의 오비탈(s–오비탈)만을 고려합니다.[17] 그러면 전자들이 들어갈 수 있는 네 가지의 가능한 상태는

$$A\uparrow \quad A\downarrow \quad B\uparrow \quad B\downarrow$$

입니다. 전자 1을 $A\uparrow$ 상태에 집어넣는 것을 표시하기 위해서, 파동함수를

$$|A\uparrow\rangle \quad \longleftrightarrow \quad \varphi_{A\uparrow}(1)$$

와 같이 표시합니다. 여기서 φ는 파동함수이고, (1)은 스핀 좌표 σ_1뿐만 아니라 위치 $\mathbf{r}_1$의 간결한 표현입니다.

두 전자 상태에 대해서 전체적으로 반대칭적인 파동함수만 허용됩니다. 그래서 두 단일 전자 오비탈 α와 β(α와 β는 네 가지 가능한 $A\uparrow, A\downarrow, B\uparrow, B\downarrow$ 오비탈중 하나입니다)가 주어진다면, 반대칭적 두 입자 파동함수는 소위 슬레이터 행렬식Slater determinant

$$|\alpha;\beta\rangle = \frac{1}{\sqrt{2}} \begin{vmatrix} \alpha(1) & \beta(1) \\ \alpha(2) & \beta(2) \end{vmatrix}$$
$$= (\alpha(1)\beta(2) - \beta(1)\alpha(2))/\sqrt{2} = -|\beta;\alpha\rangle$$

로 씁니다. 이 슬레이터 행렬식은 임의의 전자수에 대해서도 완전히 반대칭적 파동함수로 일반화될 수 있다는 것을 유의하십시오. 만약, 두 오비탈이 같다면, 파동함수는 사라집니다(파울리 배타 원리에 의해 그래야만 합니다).

[17] 이 기법은 원칙적으로 임의의 오비탈 수, 임의의 전자 수에 대해서 사용될 수 있습니다. 비록 슈뢰딩거 행렬이 아주 고차원이 되면서 정확하게 대각화하는 것이 어려워지고 정확한 해를 얻는 것은 어려워지므로, 결국 세련된 근사 방법들이 필요하게 됩니다.

수소 분자에 대해 제안된 모형에서, 두 전자에 대해서 가능한 여섯 개의 상태는

$$|A\uparrow;A\downarrow\rangle = -|A\downarrow;A\uparrow\rangle$$

$$|A\uparrow;B\uparrow\rangle = -|B\uparrow;A\uparrow\rangle$$

$$|A\uparrow;B\downarrow\rangle = -|B\downarrow;A\uparrow\rangle$$

$$|A\downarrow B\uparrow\rangle = -|B\uparrow;A\downarrow\rangle$$

$$|A\downarrow;B\downarrow\rangle = -|B\downarrow;A\downarrow\rangle$$

$$|B\uparrow;B\downarrow\rangle = -|B\downarrow;B\uparrow\rangle$$

입니다. 허바드 상호작용 에너지(식 23.1)은 이 기저에서는 대각입니다 – 이것은 두 전자가 같은 위치에 있을 때 단순히 에너지 벌점 U를 줍니다. 따라서

$$\langle A\uparrow;A\downarrow|H_{\text{interaction}}|A\uparrow;A\downarrow\rangle = \langle B\uparrow;B\downarrow|H_{\text{interaction}}|B\uparrow;B\downarrow\rangle$$

$$= U$$

을 얻게 됩니다. 그리고 모든 다른 행렬 성분들은 0입니다.

깡충뛰기 항을 계산하기 위해서는 꽉묶음 모형을 소개한 6.2.2절과 11장을 참조해야 합니다. 그 논의와 비슷하게, 진폭 $-t$를 가지는 깡충뛰기 항이 $A\uparrow$ 오비탈에서 $B\uparrow$ 오비탈로 바꾸고, 마찬가지로 $A\downarrow$에서 $B\downarrow$로 바꾸고, 그 반대도 마찬가지입니다(깡충뛰기는 스핀을 바꾸지 않습니다). 그래서, 예를 들어,

$$\langle A\downarrow;B\uparrow|H_{\text{hop}}|A\downarrow;A\uparrow\rangle = -t$$

가 되는데, 여기서 깡충뛰기 항은 B를 A로 바꿉니다. 이것은 비슷하게

$$\langle A\downarrow;B\uparrow|H_{\text{hop}}|A\uparrow;A\downarrow\rangle = t$$

를 의미한다는 데 주의해야 합니다. 왜냐하면 $|A\downarrow;A\uparrow\rangle = -|A\uparrow;A\downarrow\rangle$이기 때문입니다.

여섯 가지 가능한 기저 상태들이 있기 때문에, 해밀토니언은 6×6행렬로 표현됩니다. 그래서 우리는 슈뢰딩거 방정식을

$$\begin{pmatrix} U & 0 & -t & t & 0 & 0 \\ 0 & 0 & 0 & 0 & 0 & 0 \\ -t & 0 & 0 & 0 & 0 & -t \\ t & 0 & 0 & 0 & 0 & t \\ 0 & 0 & 0 & 0 & 0 & 0 \\ 0 & 0 & -t & t & 0 & U \end{pmatrix} \begin{pmatrix} \psi_{A\uparrow A\downarrow} \\ \psi_{A\uparrow B\uparrow} \\ \psi_{A\uparrow B\downarrow} \\ \psi_{A\downarrow B\uparrow} \\ \psi_{A\downarrow B\downarrow} \\ \psi_{B\uparrow B\downarrow} \end{pmatrix} = E \begin{pmatrix} \psi_{A\uparrow A\downarrow} \\ \psi_{A\uparrow B\uparrow} \\ \psi_{A\uparrow B\downarrow} \\ \psi_{A\downarrow B\uparrow} \\ \psi_{A\downarrow B\downarrow} \\ \psi_{B\uparrow B\downarrow} \end{pmatrix}$$

와 같이 쓸 수 있습니다. 여기서 완전한 파동함수는

$$\begin{aligned} |\Psi\rangle &= \psi_{A\uparrow A\downarrow}|A\uparrow;A\downarrow\rangle + \psi_{A\uparrow B\uparrow}|A\uparrow;B\uparrow\rangle + \psi_{A\uparrow B\downarrow}|A\uparrow;B\downarrow\rangle \\ &+ \psi_{A\downarrow B\uparrow}|A\downarrow;B\uparrow\rangle + \psi_{A\downarrow B\downarrow}|A\downarrow;B\downarrow\rangle + \psi_{B\uparrow B\downarrow}|B\uparrow;B\downarrow\rangle \end{aligned}$$

의 합을 말합니다. 우리는 즉시, 해밀토니언이 블록 대각이라는 데 주목합니다. 에너지 $E=0$인 고유상태

$$|A\uparrow;B\uparrow\rangle \qquad |A\downarrow;B\downarrow\rangle$$

를 가지는 것을 알 수 있습니다(깡충뛰기가 허용되지 않고, 이중 점유도 없습니다. 그래서 허바드 상호작용도 없습니다). 남아 있는 4×4 슈뢰딩거 방정식은

$$\begin{pmatrix} U & t & -t & 0 \\ t & 0 & 0 & t \\ -t & 0 & 0 & -t \\ 0 & t & -t & U \end{pmatrix} \begin{pmatrix} \psi_{A\uparrow A\downarrow} \\ \psi_{A\uparrow B\downarrow} \\ \psi_{A\downarrow B\uparrow} \\ \psi_{B\uparrow B\downarrow} \end{pmatrix} = E \begin{pmatrix} \psi_{A\uparrow A\downarrow} \\ \psi_{A\uparrow B\downarrow} \\ \psi_{A\downarrow B\uparrow} \\ \psi_{B\uparrow;B\downarrow} \end{pmatrix}$$

와 같습니다. 에너지 $E=0$인 고유벡터 $\propto (0,1,1,0)$를 하나 더 찾을 수 있는데[18]

$$\frac{1}{\sqrt{2}}\left(|A\uparrow;B\downarrow\rangle + |A\downarrow;B\uparrow\rangle\right)$$

에 해당합니다. 아래의 상태에 대응하는 두 번째 고유상태는 에너지 U를 가지고, 파동함수는

$$\frac{1}{\sqrt{2}}\left(|A\uparrow;A\downarrow\rangle - |B\uparrow;B\downarrow\rangle\right)$$

와 같습니다. 남아 있는 두 개의 고유상태는 좀 더 복잡하고, 에너지는 $\frac{1}{2}\left(U\pm\sqrt{U^2+16t^2}\right)$입니다. 바닥상태는 항상

[18] $E=0$을 가지는 세 개의 상태들은 사실 $S=1$의 $S_z=-1,0,1$ 상태들입니다. 해밀토니언은 회전 불변이기 때문에 이들은 모두 동일한 에너지를 갖습니다.

$$E_{\text{ground}} = \frac{1}{2}\left(U - \sqrt{U^2 + 16t^2}\right)$$

의 에너지를 가집니다. t/U 가 0이 되는 극한에서, 바닥상태 파동함수는

$$\frac{1}{\sqrt{2}}\left(|A\uparrow;B\downarrow\rangle - |A\downarrow;B\uparrow\rangle\right) + \mathcal{O}(t/U) \qquad (23.5)$$

와 매우 가까운데, 여기서 두 전자가 동일한 자리에 있는 확률진폭은 t/U의 일차입니다. 이 극한에서 에너지는

$$E_{\text{ground}} = -4t^2/U$$

와 같게 됩니다. 이것은 우리의 미동 계산 결과와 거의 잘 일치하는 것입니다. 앞 인자가 위의 계산에서 언급한 것과 2만큼 다릅니다. 이러한 차이의 이유는 바닥상태가 단지 한 자리에서는 $\uparrow$ 이면서 또 다른 자리에서 $\downarrow$ 인 상태가 아니고, 이들 두 가지의 중첩이기 때문입니다. 이 중첩은 두 원자 사이의 (공유) 화학 결합으로 볼 수 있습니다.

다른 반대 극한 $U/t \rightarrow 0$ 에서, 단일 전자에 대한 바닥상태 파동함수는 대칭적 중첩인 $(|A\rangle + |B\rangle)/\sqrt{2}$ 입니다(6.2.2절을 보십시오), 여기서 $t > 0$이라고 가정합니다. 이것이 '결합' 오비탈이라 불리는 것입니다. 따라서 두 전자에 대한 바닥상태는 두 스핀을 가지는 이 결합 오비탈을 채우는 것에 지나지 않습니다. 결과는

$$\frac{|A\uparrow\rangle + |B\uparrow\rangle}{\sqrt{2}} \otimes \frac{|A\downarrow\rangle + |B\downarrow\rangle}{\sqrt{2}}$$
$$= \frac{1}{2}\left(|A\uparrow;A\downarrow\rangle + |A\uparrow;B\downarrow\rangle + |B\uparrow;A\downarrow\rangle + |B\uparrow;B\downarrow\rangle\right)$$
$$= \frac{1}{2}\left(|A\uparrow;A\downarrow\rangle + |A\uparrow;B\downarrow\rangle - |A\downarrow;B\uparrow\rangle + |B\uparrow;B\downarrow\rangle\right)$$

와 같습니다. 이중 점유 상태를 제거하면(단순히 그들을 줄쳐내는)[19], 식 23.5와 정확하게 똑같은 결과가 된다는 것에 주목하십시오. 그래서 상호작용은 이 경우 단순히 이중 점유를 억제합니다.

[19] 손으로 이중으로 점유된 오비탈들을 제거하는 것은 (마르틴 구츠빌러Martin Gutzwiller의 이름을 따서) *구츠빌러 투영Gutzwiller projection*으로 알려져 있고, 강하게 상호작용하는 계에 대단히 강력한 근사 방식입니다.

23.1 떠도는 강자성

(a.i) 검토 1: 입방격자 위의 3차원 꽉묶음 모형에 대해서, 유효 질량을 격자상수 a와 최근접 이웃으로의 깡충뛰기 행렬 성분 t로 표현하시오.

(a.ii) 검토 2: 이 꽉묶음 띠에서 전자의 밀도 n이 아주 낮다고 가정하면, 유효 질량 m^*인 자유 전자들처럼 행동한다고 볼 수 있습니다. 스핀 없는 계에 대해서 (0 K에서) 단위 부피당 총에너지가

$$E/V = nE_{\min} + Cn^{5/3}$$

와 같이 주어짐을 보이시오. 여기서 $E_{\min}$은 띠의 바닥의 에너지입니다.

▶ 상수 C를 계산하시오.

(b) 위 스핀 전자의 밀도를 $n_\uparrow$, 아래 스핀 전자의 밀도를 $n_\downarrow$으로 둡시다. 이들을 아래와 같이 적을 수 있습니다.

$$n_\uparrow = (n/2)(1+\alpha) \qquad (23.6)$$
$$n_\downarrow = (n/2)(1-\alpha) \qquad (23.7)$$

여기서 계의 총 알짜 자기화는

$$M = -\mu_B n\alpha$$

와 같습니다. (a)의 결과를 이용하고, 계의 전자의 총 밀도를, n으로 고정하여, 다음 질문에 답하시오.
▶ 단위 부피당 계의 총 에너지를 α의 함수로 계산하시오.
▶ 결과를 α의 4차항까지 전개하시오.
▶ $\alpha=0$일 때 가장 낮은 에너지가 됨을 보이시오.
▶ α의 모든 차수에 대해서 이것이 사실임을 논하시오.

(c) 이제 허바드 상호작용 항

$$H_{\mathrm{Hubbard}} = U\sum_i N_\uparrow^i N_\downarrow^i$$

을 더하는 것을 고려합시다. 여기서 $U \geq 0$이고 N_σ^i은 자리 i에서 스핀 σ인 전자의 수입니다. 위 스핀, 아래 스핀 전자들이 식 23.6, 23.7에서 주어진 밀도 $n_\uparrow$과 $n_\downarrow$의 페르미 바다를 형성한다고 할 때, 이 상호작용 항의 기댓값을 계산하시오.
▶ 이 에너지를 α에 관해서 적으시오.

(d) (b)에서 계산한 운동에너지를 (c)에서 계산한 상호작용 에너지와 함께 더하여, 0이 아닌 α를 선호하는 U 값을 결정하시오.
▶ 이 값보다 너무 크지 않은 U 값들에 대해서, U의 함수로 자기화를 계산하시오.
▶ 왜 이 계산이 단지 근사일 뿐인지 설명하시오.

(e) 이제 사각격자 위의 허바드 상호작용을 가진 2차원 꽉묶음 모형을 고려합니다. 이것이 (d)의 결과를 어떻게 바꿀까요?

23.2 허바드 모형에서 반강자성

깡충뛰기 t와 강한 허바드 상호작용

$$H_{\mathrm{Hubbard}} = U\sum_i N_\uparrow^i N_\downarrow^i$$

을 가지는 꽉묶음 모형을 고려합시다.

(a) 자리당 하나의 전자가 있고, 상호작용 항 U가 아주 강하다면, 왜 계는 절연체가 되어야만 하는지를 정성적으로 설명하시오.

(b) 사각격자 위에서 자리당 1개의 전자를 가지고, 큰 U를 가질 때, 2차 미동 이론을 이용하여 강자성 상태와 반강자성 상태 사이의 에너지 차이를 계산하시오. 어느 쪽이 에너지가 낮은가요?

23.3 나가오카–사울레스 강자성**

(a) $U \rightarrow \infty$인 극한에서 사각 격자의 자리당 한 개의 전자를 가지는 허바드 모형을 고려하시오. 연습문제 23.2를 참조하여 강자성과 반강자성 스핀 배열의 에너지 차이는 얼마입니까?

(b) 주기적인 경계를 가지는 유한 크기의 시스템에서 $N = L^2$ 자리가 있다고 합시다. 계에서 전자 하나를 제거하여 자리당 전자 밀도를 $n = 1 - 1/N$가 되게 합니다. (모든 스핀들이 정렬된) 강자성의 경우, 전자 하나가 제거되면 바닥상태의 에너지는 얼마입니까? 즉, 제거된 단일 전자는 얼마만큼의 운동에너지를 가지고 있었나요? 동등하게, 재워진 스핀분극된 띠에 주입된 정공의 운동에너지는 얼마인가요?

(c) 이제 모트 반강자성체(자리당 단일 전자가 위 스핀, 아래 스핀이 교대로 있는 경우)를 고려하시오. 만약 전자 하나를 제거한다면 반강자성 배경에서 돌아다니는 정공의 깡충뛰기의 효과를 고려할 수 있습니다. 만약 정공이 닫힌 고리 안에서 뛰어다니면 반강자성체에 무슨 일이 일어날까요?

(d) 반강자성체 배경에서 고리 안에서 정공이 뛰어다닐 때, 왜 파동함수는 자신과 보강 간섭할 수 없나요? 왜 자체 보강 간섭의 부재는 스핀들이 분극된 경우와 비교하여 총에너지의 증가를 가져옵니까?

(e) 이 경우에는 강자성이 선호된다는 결론을 내리시오. 이것은 엄격한 증명은 아니지만 본질적으로 정확합니다.

(f) 유한하지만 아주 큰 U에 대하여 왜 이 효과가 무한대의 N까지 지속되지 않은지를 설명하시오.

샘플 시험과 해답

Sample Exam and Solutions

현행의 옥스퍼드 강의 계획서는 소자물리 장과 상호작용과 자성에 관한 마지막 장을 제외하고 이 책 전체를 포함합니다.

괄호 [ ] 속 숫자들은 (또는 영국에서 말하는 '표시mark') 주어진 질문에 할당될 것으로 예상되는 점수를 표시한 것입니다. 주어진 세 시간에 네 문제 모두 풀어야 합니다(또는 옥스퍼드에서처럼 90분에 임의의 두 문제를 풀어야 합니다).

시 험

문제 1. 구조 인자 $S(hkl)$에 대한 공식을 쓰고, *임의*의 면심격자 결정으로부터 회절 패턴이 없어지는 반사 조건을 찾으시오.   [5]

실리콘은 기저가 [0 0 0], [1/4 1/4 1/4]인 입방결정으로 결정화합니다.

(1) 실리콘의 관습 단위 낱칸 안의 모든 원자의 분수좌표fractional coordinates를 쓰시오.

(2) 단위 낱칸의 축과 원자들의 높이를 고려하여, [001] 축에서 아래로 본 실리콘 구조의 평면도를 그리시오.

(3) 구조 안에서 반전 대칭의 중심의 분수좌표를 쓰시오. [반전 대칭의 중심은 x, y, z에 있는 모든 원자에 대해서 동일한 원자가 $-x, -y, -z$에 있을 때입니다.]

(4) $h + k + l = 4n + 2$인 반사들은 회절 패턴의 세기가 0이 되는 것을 보이시오. 그럼에도 불구하고 조심스런 측정에서 (222) 반사의 세기는 작은 피크를 보입니다. 이것에 대한 가능한 설명을 제시하시오.   [11]

실리콘의 포논 분산 관계에서 얼마나 많은 소리 갈래와 광학적 갈래들이 있나요? 여러분들은 (100) 방향을 따라서 얼마나 많은 *구별되는* 갈래들이 있을지를 예상하나요? [4]

문제 2. *브릴루앙 영역*과 *위그너-자이츠 작도*는 무엇을 의미하는지 설명하시오. [4]

체심입방결정(bcc)을 고려합시다. 임의의 사라진 역격자 벡터점을 고려하여, 역격자의 $hk0$ 면의 다이어그램을 그리고, 각 격자점에 (hkl)-지수들을 표시하시오. 위그너-자이츠 작도를 이용하여 다이어그램에 첫째 브릴루앙 영역을 그리시오. [7]

질량 M인 원자들이 교대로 바뀌는 원자간 힘 상수 C_1, C_2를 가지고 최근접 이웃 상호작용만으로 허용된 선형 사슬을 고려합시다. 이 체인에서 *반복* 거리를 a로 두고, 원자의 변위는 u_s와 v_s로 둡시다. 여기서 s는 원자들의 각 쌍에 대한 지수입니다. 운동방정식들이

$$M\frac{\mathrm{d}^2 u_s}{\mathrm{d}t^2} = C_1(v_s - u_s) + C_2(v_{s-1} - u_s)$$
$$M\frac{\mathrm{d}^2 v_s}{\mathrm{d}t^2} = C_2(u_{s+1} - v_s) + C_1(u_s - v_s)$$

와 같음을 보이시오.

$$\omega^2 = \alpha \pm \sqrt{\alpha^2 - \beta \sin^2 \frac{ka}{2}}$$

를 보이시오. 여기서 ω는 파수 k에 대한 진동수입니다. 그래서 α, β를 C_1, C_2, M으로 표현하시오. 브릴루앙 영역 경계에서 ω는 어떻게 되나요? [9]

문제 3. 어떤 유형의 물질들이 *반자성*과 *상자성*을 잘 보여주는지 기술하시오. [3]

절연체 물질이 단위 부피당 N개의 이온들을 가지고 있습니다. 여기서 각 이온은 스핀 $S = 1/2$이고, 란데 g-인자를 가집니다(궤도 각운동량은 $L = 0$입니다). 계의 자화에 대해 온도 T와 가해진 자기장 B의 함수로 표현된 식을 구하시오. 어떤 조건들 아래에서 여러분들의 표현이 $\chi = \alpha N / T$로 주어지는 퀴리 법칙에 도달합니까? 여기서 χ는 자기

감수율, T는 온도, 그리고 α는 비례상수입니다. α를 물리상수들과 g로 표현하시오.   [5]

계의 엔트로피를 온도와 자기장의 함수로 계산하시오[엔트로피 S는 헬름홀츠 자유에너지 F와 $S = -\left(\dfrac{\partial F}{\partial T}\right)_V$ 에 의해서 연결되어 있습니다]. 높은 온도 극한을 구하고 낮은 온도 극한에서 어떻게 될지 예상해 보시오. 이 물질의 결정은 자기장 B_i에서 온도 T_i까지 냉각됩니다. 그 다음, 단열 조건 아래에서 자기장이 변하여 새로운 값 B_f로 되었습니다. 온도의 최종값은 무엇인가요?   [9]

위에서 기술한 과정은 물질을 냉각시키는 방법으로 사용되고, 단열 자기소거로 알려져 있습니다. 이러한 과정으로 얻을 수 있는 온도 극한을 제한하는 인자들에 대해 논하시오.   [3]

문제 4. 반도체 전도띠에서 단위 부피당 상태밀도가 $g(E) = \alpha \sqrt{E - E_c}$로 주어짐을 보이시오. 여기서 E는 전자 에너지이고, E_c는 전도띠의 바닥 에너지입니다. α를 전자의 유효 질량 m_e^*와 $\hbar$로 표현하시오.   [4]

온도 T에서 반도체 전도띠에 있는 전자의 밀도 n이

$$n = AT^{3/2} \exp\left(\frac{\mu - E_c}{k_B T}\right)$$

와 같음을 보이시오. 여기서 μ는 화학 퍼텐셜입니다. A를 m_e^*와 물리 상수로 표현하시오. 비슷한 표현으로 가전자띠에 있는 정공의 밀도 p를 쓰시오. 그리고 고유반도체에서 전자의 수 밀도에 대한 표현을 유도하시오.   [10]

$$\left[\int_0^\infty x^{1/2} e^{-x} dx = \frac{\sqrt{\pi}}{2} \ \text{식이 필요할 것입니다.}\right]$$

n-형 게르마늄(Ge)의 시료 속 소수 운반자(정공)의 밀도는 실온 (300 K)에서 $2 \times 10^{14}\,\mathrm{m}^{-3}$으로 알려져 있습니다. 이 시료 속 주개 이온의 밀도를 계산하시오. 어떻게 게르마늄의 띠틈을 측정할 수 있는지를 간략히 설명하시오.   [6]
[T=300 K에서 게르마늄의 (간접) 띠틈은 0.661 eV입니다. 게르마늄의 전자와 정공의 유효 질량들은 각각 $m_e^* = 0.22 m_e$, $m_h^* = 0.34 m_e$와 같이 가정합니다.]

해 답

문제 1

구조 인자는

$$S(hkl) = \sum_d f_d(\mathbf{G}_{hkl})e^{i\mathbf{G}_{hkl}\cdot\mathbf{x}_d}$$

와 같습니다. 여기서 합은 단위 낱칸 안의 원자 위치들 $\mathbf{x}_d$에 대한 것입니다. 여기서 우리는 관습 단위 낱칸을 가정하고 합은 관습 낱칸 안 모든 d에 대한 것입니다. 산란 퍼텐셜 V에 대하여, 형태 인자 f는

$$f_d(\mathbf{G}_{hkl}) \sim \int \mathbf{dr}V(\mathbf{r})e^{i\mathbf{G}_{hkl}\cdot\mathbf{r}}$$

와 같습니다. 적분은 전 공간에 대한 것임에 주의해야 합니다.

임의의 면심결정에 대해 질문이었다는 것에 주의해야 합니다. 그래서 가장 일반적으로 관습 단위 낱칸은 격자 곱하기 임의의 기저로 이루어져 있습니다. 임의의 원자의 위치를 격자 점 $\mathbf{R}$과 변위 $\mathbf{y}_d$를 이용해서, $\mathbf{x}_d = \mathbf{R} + \mathbf{y}_d$로 씁니다. 그러면 우리는

$$S(hkl) = \sum_d \sum_{\mathbf{R}} f_d(\mathbf{G}_{hkl})e^{i\mathbf{G}_{hkl}\cdot(\mathbf{R}+\mathbf{y}_d)}$$

를 얻습니다. 여기서 d에 대한 합은 기본 단위 낱칸 안의 원자들에 대한 것이고, $\mathbf{R}$에 대한 합은 모든 격자점들에 대한 것입니다. 이것은

$$\begin{aligned} S(hkl) &= \left[\sum_{\mathbf{R}} e^{i\mathbf{G}_{hkl}\cdot\mathbf{R}}\right]\left[\sum_d f_d(\mathbf{G}_{hkl})e^{i\mathbf{G}_{hkl}\cdot\mathbf{y}_d}\right] \\ &= S_{\text{lattice}}(hkl) \times S_{\text{basis}}(hkl) \end{aligned}$$

와 같이 분해됩니다. 그래서 만약 어떤 (hkl)에 대해서 S_{lattice}가 사라지면, 전체 S도 그렇게 됩니다.

지금 질문이 *임의의* 면심 결정에 대한 것이기 때문에, 이것은 일반적인 직교 결정에 관한 것이 될 것입니다! 그래서 직교 기본 격자 벡터들 $\mathbf{a}_1$, $\mathbf{a}_2$, $\mathbf{a}_3$을 정의합니다(반드시 길이가 같을 필요가 없습니다). 결과적으로 직교 기본 역격자 벡터 $\mathbf{b}_1$, $\mathbf{b}_2$, $\mathbf{b}_3$을 줄 것입니다. 관습 단위 낱칸 안 격자점의 좌표는

$$\mathbf{R}_1 = [0, 0, 0]$$
$$\mathbf{R}_2 = [0, 1/2, 1/2]$$
$$\mathbf{R}_3 = [1/2, 0, 1/2]$$
$$\mathbf{R}_4 = [1/2, 1/2, 0]$$

와 같습니다. 여기서 분수 좌표는 기본 격자 벡터들에 대한 분수들을 의미합니다.

$$\mathbf{G}_{hkl} = h\mathbf{b}_1 + k\mathbf{b}_2 + l\mathbf{b}_3$$

를 얻습니다. 따라서

$$S_{\text{lattice}}(hkl) = \sum_{\mathbf{R}} e^{i\mathbf{G}_{hkl}\cdot\mathbf{R}} = 1 + e^{i\pi(k+l)} + e^{i\pi(h+l)} + e^{i\pi(k+h)}$$

가 되는데, 여기서 $\mathbf{a}_i \cdot \mathbf{b}_j = 2\pi\delta_{ij}$를 사용하였습니다. 모든 세 숫자가 짝수 또는 모든 세 숫자가 홀수일 때 0이 아닌 값이 되는 것을 쉽게 알 수 있습니다.

(1) 좌표는 아래와 같습니다.

$[0, 0, 0]$ $[0, 1/2, 1/2]$ $[1/2, 0, 1/2]$ $[1/2, 1/2, 0]$
$[1/4, 1/4, 1/4]$ $[1/4, 3/4, 3/4]$ $[3/4, 1/4, 3/4]$ $[3/4, 3/4, 1/4]$

(2) 평면도. 높이는 a의 단위로 표시했습니다. 표시되지 않은 점들은 높이가 0과 a입니다.

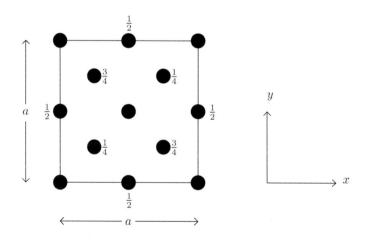

(3) $[u, v, w]$ 위치에 있는 각 원자의 반전 중심의 위치가 $[U, V, W]$라고 한다면, 이들에 대해서 반전된 $[2U-u, 2V-v, 2W-w]$ 위치에서 또한 원자가 있어야만 할 것입니다. 위치 $[1/8, 1/8, 1/8]$에 반전 중심이 있습니다, 반전 변환은

$$[0, 0, 0] \leftrightarrow [1/4, 1/4, 1/4] \tag{A.1}$$
$$[0, 1/2, 1/2] \leftrightarrow [1/4, -1/4, -1/4] = [1/4, 3/4, 3/4] \tag{A.2}$$
$$[1/2, 0, 1/2] \leftrightarrow [-1/4, 1/4, -1/4] = [3/4, 1/4, 3/4] \tag{A.3}$$
$$[1/2, 1/2, 0] \leftrightarrow [-1/4, -1/4, 1/4] = [3/4, 3/4, 1/4] \tag{A.4}$$

와 같습니다.

(4) 기저가 $[0,0,0]$과 $[1/4,\ 1/4,\ 1/4]$이므로

$$S_{\mathrm{basis}} = f_{\mathrm{Si}}(1 + e^{i(\pi/2)(h+k+l)})$$

입니다. 따라서 $h+k+l = 4n+2$에 대해서, 이 값이 사라집니다.

(4)의 마지막 부분은 다소 애매합니다(그리고 많은 학생이 풀지 못할 것으로 예상됩니다). (222) 반사 피크가 관측되는 데는 두 가지 이유가 가능합니다. 첫 번째 이유는 다중 산란입니다. 단일 산란에서 탐지 입자는 (111)에 의해서 산란할 수 있고, (111)에 의한 이차 산란과 이 결과로 초래된 (222) 반사를 관측할 수 있습니다. (222) 피크를 관측할 수 있는 두 번째 이유는 두 원자가 실제로는 동등하지 않다는 것을 깨닫는 것입니다. $[0,0,0]$, $[1/4,1/4,1/4]$에 위치한 두 실리콘 원자는 정확하게 반전된 환경들에 놓여 있습니다. 동등하지 않기 때문에 그들의 형태인자들을 약간 다릅니다. 실제로

$$S_{\mathrm{basis}} = f_{\mathrm{Si}[000]} + f_{\mathrm{Si}[1/4,1/4/1/4]} e^{i(\pi/2)(h+k+l)}$$

와 같이 쓸 수 있고 정확한 소멸 간섭이 아닙니다.

학생들은 기저 원자 $[1/4,1/4,1/4]$의 위치가 정밀한 위치로부터 약간의 차이가 있고 이로 인해서 (222) 피크 또한 관측할 수 있을 것이라고 말할 것 같습니다. 이것은 부분 점수의 가치가 있지만, 이 답의 문제점은 그런 차이에 대한 메커니즘을 내놓기 어렵다는 것입니다. 예를 들

어, 일반적으로 단축 압력uniaxial pressure 또는 심지어 층밀림 변형력 shear sterss도 기본 격자 벡터에 대한 기저 원자의 위치를 바꾸지 못합니다.

기저에 두 원자가 있기 때문에, 포논 모드는 6개 있어야 합니다. 이들 중 3개는 광학 모드이고, 다른 3개는 소리 모드(하나는 종파이고 두 개는 횡파)입니다. (100) 방향을 따라서, 두 횡파 모드는 동일한 에너지를 가집니다(아마도 이것은 문제에서 물어 본 모드들이 '구별되는지'를 묻는다는 의미일 것입니다). 이 마지막 부분은 어렵습니다. 이들 모드들이 겹쳐져있다는 것을 보기 위해서, (100) 축에 대한 90도 회전은 [1/4,1/4,1/4]만큼의 병진과 동등해야 한다는 데 주목해야 합니다. 그래서 하나의 종파 광학 모드, 두 개의 (겹쳐진) 횡파 광학 모드, 하나의 종파 소리 모드, 두 개의 (겹쳐진) 횡파 음향 모드가 있습니다. 이것을 보는 또 다른 방법은 (100) 방향으로 진행하는 파동은 반대 방향으로 진행하는 파동과 동일한 에너지를 가져야만 한다는 사실을 인식하는 것입니다 – 이 방향의 반전은 90도 회전과 동등합니다.

문제 2

*브릴루앙 영역*은 역격자의 단위 낱칸입니다. 격자점 $\mathbf{R}_0$의 *위그너–자이츠 낱칸*은 다른 어떠한 격자점보다 $\mathbf{R}_0$에 더 가까운 모든 점들의 집합입니다(주의: 위그너–자이츠 낱칸은 기본 단위 낱칸이고 격자와 동일한 대칭성을 가지고 있습니다).

위그너–자이츠 작도는 위그너–자이츠 낱칸을 찾아내는 하나의 방법입니다. 이것을 위해서 $\mathbf{R}_0$과 인근의 격자점 사이의 수직이등분선을 찾습니다. 이들 수직이등분선들로 둘러싸인 $\mathbf{R}_0$ 주변의 영역이 위그너–자이츠 낱칸입니다.

밀러 지수들을 정의하기 위해서 우리는 관습 단위 낱칸으로 작업할 것이라는 데 주의해야 합니다. 따라서 관습 낱칸에 대해서,

$$(hkl) = (2\pi/a)(h\hat{x} + k\hat{y} + l\hat{z})$$

가 됩니다. 역격자 점들을 찾는 지름길은 그냥 다음을 기억하는 것입니다. 선택 규칙에 따라, 사라진 밀러 지수들은 $h + k + l$이 홀수인 것들입니다. 역격자를 지나는 $(hk0)$ 단면은

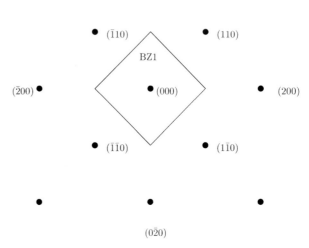

와 같이 보입니다.

우리는 또한 이 문제를 더 어려운 방법으로 풀 수 있습니다. 체심입방(bcc)격자는

$$
\begin{aligned}
\mathbf{a}_1 &= a[100] \\
\mathbf{a}_2 &= a[010] \\
\mathbf{a}_3 &= a[1/2, 1/2, 1/2]
\end{aligned}
$$

와 같은 기본 격자 벡터를 가집니다. 역격자 벡터는

$$
\begin{aligned}
\mathbf{b}_1 &= (2\pi/a)(1, 0, -1) \\
\mathbf{b}_2 &= (2\pi/a)(0, 1, -1) \\
\mathbf{b}_3 &= (2\pi/a)(0, 0, 2)
\end{aligned}
$$

와 같습니다. 이것이 맞는지, 두 가지 방법으로 각각 확인할 수 있습니다. 첫 번째는

$$
\mathbf{b}_i = \frac{\mathbf{a}_j \times \mathbf{a}_k}{\mathbf{a}_1 \cdot (\mathbf{a}_2 \times \mathbf{a}_3)}
$$

의 공식을 이용하는 것입니다. 여기서, i, j, k는 순환적입니다. (더 쉬운) 두 번째 방법은 그냥

$$
\mathbf{a}_i \cdot \mathbf{b}_j = 2\pi\delta_{ij}
$$

식을 확인하는 것입니다. 이들 기본 격자 벡터들의 선형 조합들을 취하여, 더욱 일반적인 면심입방(fcc)격자의 기본 격자 벡터

$$
\begin{aligned}
\mathbf{b}_1{}' = \mathbf{b}_1 + \mathbf{b}_3 &= (4\pi/a)(1/2, 0, 1/2) \\
\mathbf{b}_2{}' = \mathbf{b}_2 + \mathbf{b}_3 &= (4\pi/a)(0, 1/2, 1/2) \\
\mathbf{b}_3{}' = \mathbf{b}_1 + \mathbf{b}_2 + \mathbf{b}_3 &= (4\pi/a)(1/2, 1/2, 0)
\end{aligned}
$$

를 얻을 수 있습니다. 여기서 격자상수가 $4\pi/a$라는 것에 주의하십시오. 앞의 그림은 정확하게 면심입방(fcc)격자의 단면입니다. 사용하기에 아마도 더 명백한 또 하나의 기본 격자 벡터들로

$$
\begin{aligned}
\mathbf{b}_1{}'' = \mathbf{b}_1 - \mathbf{b}_2 &= (2\pi/a)(1, 1, 0) \\
\mathbf{b}_2{}'' = \mathbf{b}_1 + \mathbf{b}_2 + \mathbf{b}_3 &= (2\pi/a)(1, -1, 0) \\
\mathbf{b}_3{}'' &= (2\pi/a)(0, 0, 2)
\end{aligned}
$$

이 있습니다.

운동방정식

$$
\begin{aligned}
M\frac{\mathrm{d}^2 u_s}{\mathrm{d}t^2} &= C_1 (v_s - u_s) + C_2 (v_{s-1} - u_s) \\
M\frac{\mathrm{d}^2 v_s}{\mathrm{d}t^2} &= C_2 (u_{s+1} - v_s) + C_1 (u_s - v_s)
\end{aligned}
$$

은 단지 $F = ma$입니다(이것을 '보여' 주고 무엇을 기대했는지 확실하지 않습니다. 아마도 우리는 라그랑지안Lagrangian을 적고, 오일러–라그랑지Euler-Lagrange 방정식들을 적고, 또는 에너지들을 미분하여 힘을 얻습니다). 가설풀이 파동함수를

$$
\begin{aligned}
u_s &= A e^{iksa - i\omega t} \\
v_s &= B e^{iksa - i\omega t}
\end{aligned}
$$

제안합니다. 운동방정식들에 대입하고 약간의 항을 제거하여,

$$
\begin{aligned}
M(-i\omega)^2 A &= C_1(B - A) + C_2(e^{-ika}B - A) \\
M(-i\omega)^2 B &= C_2(e^{ika}A - B) + C_1(A - B)
\end{aligned}
$$

를 얻습니다. 이것은 행렬 방정식

$$
M\omega^2 \begin{pmatrix} A \\ B \end{pmatrix} = \begin{pmatrix} C_1 + C_2 & -C_1 - C_2 e^{-ika} \\ -C1 - C_2 e^{ika} & C_1 + C_2 \end{pmatrix} \begin{pmatrix} A \\ B \end{pmatrix}
$$

으로 다시 쓸 수 있습니다. 이것은 행렬 특성 방정식

$$(C_1 + C_2 - M\omega^2)^2 - |C_1 + C_2 e^{ika}|^2 = 0$$

이 됩니다. 이것은 다시

$$
\begin{aligned}
M\omega^2 &= C_1 + C_2 \pm |C_1 + C_2 e^{ika}| \\
&= C_1 + C_2 \pm \sqrt{C_1^2 + C_2^2 + 2C_1 C_2 \cos(ka)} \\
&= C_1 + C_2 \pm \sqrt{(C_1 + C_2)^2 + 2C_1 C_2 (\cos(ka) - 1)} \\
&= C_1 + C_2 \pm \sqrt{(C_1 + C_2)^2 - 4C_1 C_2 \sin^2(ka/2)}
\end{aligned}
$$

와 같이 계산됩니다. 그래서

$$\omega^2 = \alpha \pm \sqrt{\alpha^2 - \beta \sin^2 \frac{ka}{2}}$$

이 되고, 여기서

$$\alpha = \frac{C_1 + C_2}{M} \qquad \beta = 4C_1 C_2 / M^2$$

입니다. 브릴루앙 영역 경계에서, $k = \pi/a$이고 $\sin(ka/2) = 1$입니다. 따라서 식

$$
\begin{aligned}
M\omega^2 &= C_1 + C_2 \pm \sqrt{(C_1 + C_2)^2 - 4C_1 C_2} \\
&= C_1 + C_2 \pm \sqrt{(C_1 - C_2)^2} \\
&= 2C_1 \quad \text{or} \quad 2C_2
\end{aligned}
$$

을 얻게 됩니다. 결국 우리는

$$\omega = \sqrt{2C_1/M} \quad \text{or} \quad \sqrt{2C_2/M}$$

와 같은 답을 얻습니다.

문제 3

상자성의 전형적인 예는 다음과 같습니다.

- 상자성체의 대표적 예는 상호작용하지 않는 스핀들의 계입니다 (퀴리 법칙). 국소화된 모멘트들을 가진 원자들이 대표적입니다. 이것은 $J \neq 0$과 같은 채워지지 않은 껍질들로부터 발생합니다.

희토류 이온들이 좋은 예입니다 (모트 절연체 물리학은 각자의 자리에 전자들을 국소화시킬 수 있습니다).

- 강자성체와 반강자성체는 임계 온도 위에서 전형적으로 상자성이 됩니다.
- 자유 전자 기체, 자유 전자 유사 금속들(Na과 K같은 I족 금속들)은 아주 약한 (파울리) 상자성을 가집니다. 특히, 핵심core 전자들의 라모어 반자성은 이 파울리 상자성보다 클 수 있다는 데 주의해야 합니다.
- 밴블렉 상자성체(수준높은 내용)는 국소화된 모멘트 $J = 0$을 가지지만, 2차 미동론에서 $J \neq 0$인 약한 상자성을 보이는 낮은 에너지 들뜸을 가집니다.

반자성의 전형적인 예는 다음과 같습니다.

- $J = 0$이고, 파울리 상자성의 원인이 되는 전도 전자와 밴 블렉 상자성의 원인이 되는 낮은 에너지 들뜸이 없는 원자들. 이것은 불활성 기체들 같이 $J = L = S = 0$을 가지고 있는, 전형적으로 채워진 껍질 배열입니다.
- 채워진 껍질의 분자 오비탈을 가지는 불활성 분자들(다시, $J = L = S = 0$), 예를 들면, N$_2$입니다.
- 만약 라모어(그리고 란다우, 수준높은 내용) 반자성이 파울리 상자성보다 강하면(구리가 이것의 예입니다), 금속들은 반자성체가 될 수 있습니다.
- 초전도체들은 완전한 반자성체입니다(이 책에서 다루지 않았습니다).

고립된 단일 스핀 1/2에 대해서 분배함수를

$$Z = e^{\beta g \mu_B B/2} + e^{-\beta g \mu_B B/2}$$

와 같이 쓸 수 있습니다. 여기서 μ_B는 보어 마그네톤입니다. 그러면 (스핀당) 모멘트의 기댓값은

$$m = -d \ln Z/d(B\beta) = (g\mu_B/2) \tanh(\beta g \mu_B B/2)$$

와 같습니다. 작은 B에 대해서, 이것은

$$m = (g\mu_B/2)^2(B/k_BT)$$

가 됩니다. *고체가 상호작용하지 않는 독립적인 스핀들로 만들어졌다고 가정하면*, 단위 부피당 N 스핀에 대해서 총 자화는

$$M = N(g\mu_B/2)^2(B/k_BT)$$

와 같습니다. 그래서 감수율은

$$\chi = dM/dH = \mu_0 dM/dB = N\mu_0(g\mu_B/2)^2(1/k_BT)$$

와 같고 상수는

$$\alpha = \mu_0(g\mu_B/2)^2/k_B$$

입니다. 엔트로피를 결정하기 위해서,

$$Z = [2\cosh(\beta g\mu_B B/2)]^N$$

이고,

$$F = -k_BTN\ln[2\cosh(\beta g\mu_B B/2)]$$

이고,

$$\begin{aligned} S &= -\partial F/\partial T \\ &= k_BN\ln[2\cosh(\beta g\mu_B B/2)] - k_BN(\beta g\mu_B B/2)\tanh(\beta g\mu_B B/2) \end{aligned}$$

와 같이 됩니다. 높은 온도 극한에서 β는 작습니다. 그래서 두 번째 항은 사라지고 cosh는 1에 접근합니다. 따라서

$$S = k_BN\ln2$$

를 얻게 됩니다. 높은 온도에서 동등하게 점유될 수 있는 상태의 수는 스핀당 두 개이므로 이것은 예상했던 것입니다.

낮은 온도에서 계는 단 하나의 배열로 얼어붙게 됩니다. 그래서 엔트로피가 0으로 예상되는데 열역학 3법칙과 일치합니다. 우리는 실제 계산으로 이것을 확인할 수 있습니다. 낮은 온도에서 β는 큰 값을 가집니다. $2\cosh(\beta g\mu_B/2) \to \exp(\beta g\mu_B/2)$을 사용하고, tanh가 1에 접근하므로, 우리는

$$S = k_B N \ln \exp(\beta g \mu_B B/2) - k_B N(\beta g \mu_B B/2) = 0$$

의 식을 얻습니다.

S는 단지 B/T(독립적으로 B와 T의 함수가 아닙니다)의 함수인 것에 주의해야 합니다. 그래서 만약 우리가 고정된 S를 유지하기 위하여, 임의의 단열적 변화를 만들면, B/T의 비율을 고정해야만 합니다. 따라서

$$T_f = T_i(B_f/B_i)$$

입니다.

실제로 단열 자기소거를 수행하는 데 두 가지 주요 숙고 항목이 있습니다.

(1) 단열 자기소거는 계가 환경으로부터 고립되어 있어야만 작동합니다. 사실 계는 (계가 냉각되는 한계를 제한하는) 환경과 약간의 약한 결합이 있어, 열이 계로 흘러 들어가게 됩니다. 이것은 본질적으로 계를 어떻게 잘 단열할 수 있는가에 대한 이슈가 됩니다.

(2) 충분히 낮은 온도에서, 계는 상호작용하지 않는 스핀들로 이루어진 이상적인 계가 아닐 것입니다. (사실, 실제 온도에서 계가 앙상블을 형성하기 위해서는, 스핀들이 상호작용하여 에너지를 교환하거나 각자 스핀들이 뒤집히는 어떤 메커니즘이 있어야 합니다!) 확실히, 상호작용하는 스핀들에 대해서 엔트로피는 순전히 B/T만의 함수가 아닙니다. 이것은 단열 자기소거는 전혀 작동하지 않는다는 것을 의미하지는 않습니다. 이것은 스핀들이 정렬하기 시작하면 덜 효율적으로 그냥 작동합니다. 만약 어떤 $T < T_c$에서 심지어 $B = 0$에서 스핀들이 정렬되고, 따라서 아주 작은 엔트로피 S_0를 가진다고 가정해 봅시다. 만약 T가 T_c보다 아주 작으면, 아마도 S_0는 지수적으로 작을 것입니다. 지금 여러분들이 초기 엔트로피가 S_0보다 작을 정도로 아주 큰 자기장 B에서 실험을 시작하지 않는 한, 이 온도 아래로 냉각할 수 없습니다 (그리고 이것은 지수적으로 작은 초기 엔트로피를 얻기 위해서 아주 큰 초기 자기장 B를 필요로 합니다).

문제 4

전도띠 속 전자의 에너지는 (띠의 바닥으로부터 너무 멀리 높이 떨어져 있는 에너지에 있지 않다고 가정합니다)

$$E = E_c + \frac{\hbar^2(\mathbf{k} - \mathbf{k}_0)^2}{2m_e^*}$$

와 같습니다. 여기서 $\mathbf{k}_0$는 브릴루앙 영역 안의 전도띠의 최솟점의 위치입니다. 우리는 단일 '골짜기'을 고려하고 있다고 가정합니다(즉, 단 하나의 $\mathbf{k}_0$가 있고, 여기서 띠 에너지가 최소가 됩니다). 또한 우리는 유효 질량이 등방이라고 가정합니다.

$\mathbf{k}_0$ 주변에서 반경 q인 공을 채우는 것을 가정합시다. 우리는

$$E - E_c = \hbar^2 q^2 / (2m_e^*)$$

또는

$$q = \sqrt{2m_e^*(E - E_c)}/\hbar$$

를 얻습니다.

k-공간 안에서 단위 부피당 상태들의 수는 $2V/(2\pi)^3$인데, 앞에 있는 인수 2는 스핀들에 대한 것입니다. 그래서 우리가 반경 q인 공을 채운다고 한다면,

$$n = \left[(4/3)\pi q^3\right] \left(2/(2\pi)^3\right) = q^3/(3\pi^2)$$

를 얻습니다. 단위 부피당 상태밀도는

$$\begin{aligned} g(E) &= (dn/dq)(dq/dE) = (q^2/\pi^2)/(\hbar^2 q/m_e^*) \\ &= q m_e^*/(\hbar^2 \pi^2) = \alpha\sqrt{E - E_c} \end{aligned}$$

와 같습니다. 여기서

$$\alpha = \frac{\sqrt{2}(m_e^*)^{3/2}}{\hbar^3 \pi^2}$$

입니다.

계곡 겹침이 없고 등방 유효 질량만을 다시 가정합니다. 전도띠에서 전자들의 밀도는

$$n = \int_{E_c}^{\infty} dE g(E) n_F(\beta(E - \mu))$$

와 같습니다. 게다가, 페르미 함수가 볼츠만 인수로 대치될 수 있도록 화학 퍼텐셜이 전도띠 바닥에서 너무 가까이 있지 않다는 가정을 해야 합니다. 위 식은

$$
\begin{aligned}
n &= \int_{E_c}^{\infty} dE g(E) e^{-\beta(E - \mu)} \\
&= \alpha e^{-\beta(E_c - \mu)} \int_{E_c}^{\infty} dE (E - E_c)^{1/2} e^{-\beta(E - E_c)} \\
&= \alpha e^{-\beta(E_c - \mu)} \beta^{-3/2} \int_0^{\infty} dx\, x^{1/2}\, e^{-x} \\
&= \alpha e^{-\beta(E_c - \mu)} (k_B T)^{3/2} \frac{\sqrt{\pi}}{2}
\end{aligned}
$$

이 됩니다. 그래서,

$$n = A T^{3/2} \exp\left(\frac{\mu - E_c}{k_B T} \right)$$

이고, 여기서

$$A = k_B^{3/2} \alpha \frac{\sqrt{\pi}}{2} = \left(\frac{k_B m_e^*}{\pi \hbar^2} \right)^{3/2} \frac{1}{\sqrt{2}}$$

입니다. 가전자띠의 정공의 밀도에 대해서, 정말로 (단지 화학 퍼텐셜을 중심으로 에너지를 위아래로 바꾼) 대칭의 결과를 적을 수 있습니다. 그것은

$$p = A T^{3/2} \exp\left(\frac{E_v - \mu}{k_B T} \right)$$

와 같고, E_v는 가전자띠의 꼭대기이고

$$A = \left(\frac{k_B m_h^*}{\pi \hbar^2} \right)^{3/2} \frac{1}{\sqrt{2}}$$

입니다. m_h^*는 정공의 유효 질량입니다.

이 계산의 세부 사항 몇 가지를 채워 나가기 위하여, 가전자띠의 꼭대기 근처에서 부피당 상태의 밀도는

$$g(E) = \alpha_v \sqrt{E_v - E}$$

로 주어집니다. E_v는 가전자띠의 꼭대기에서 에너지이고, m_h^*이 정공의 유효 질량이라고 하면

$$\alpha_v = \frac{\sqrt{2}(m_h^*)^{3/2}}{\hbar^3 \pi^2}$$

입니다. 가전자띠에서 정공의 밀도는

$$p = \int_{-\infty}^{E_v} dE g(E) \left[1 - n_F(\beta(E - \mu))\right]$$

와 같습니다. $1 - n_F$를 볼츠만 인자로 바꾸어시 n의 경우와 아주 비슷한 방법으로

$$p = \int_{-\infty}^{E_v} dE g(E) e^{\beta(E - \mu)}$$

를 얻습니다.

n과 p를 곱함으로써, 질량 작용의 법칙

$$np = \frac{1}{2} \left(\frac{k_B T}{\pi \hbar^2}\right)^3 (m_e^* m_h^*)^{3/2} e^{-\beta E_{\mathrm{gap}}}$$

을 얻게 됩니다. 여기서 $E_{\mathrm{gap}} = E_c - E_v$는 띠틈입니다. 고유 반도체에 대해서 $n = p$이기 때문에,

$$n_i = \sqrt{np} = \frac{1}{\sqrt{2}} \left(\frac{k_B T}{\pi \hbar^2}\right)^{3/2} (m_e^* m_h^*)^{3/4} e^{-\beta E_{\mathrm{gap}}/2}$$

을 얻습니다. 방금 유도한 질량 작용 법칙의 직접적인 응용: 여기서 $T = 300$ K, $E_{\mathrm{gap}} = 0.661$ eV, $m_h^* = 0.34 m_e$, $m_e^* = 0.22 m_e$의 경우

$$np = 1 \times 10^{38} \ \mathrm{m}^{-6}$$

을 얻을 수 있습니다. $p = 2 \times 10^{14} \ \mathrm{m}^{-3}$의 경우,

$$n = 5 \times 10^{23} \ \mathrm{m}^{-3}$$

을 얻습니다. *n − p = 주개 이온들의 밀도 − 받개 이온들의 밀도*이고, *p*는 매우 작기 때문에, 받개 이온들이 시료에 없다고 가정하면, *n*은 주개 이온들의 밀도에 매우 가깝다고 결론을 내릴 수 있습니다.

띠틈의 측정: 고유 시료에 대해서, 아마도 가장 간단한 띠틈 측정 방법은 (홀 계수를 측정하여) 온도의 함수로 운반자들의 밀도를 측정하는 것입니다. 이것은 대략적으로 $e^{-\beta E_{\text{gap}}/2}$처럼 변할 것입니다. 만약 시료가 비고유반도체(여기서 이야기하는 도핑된 시료)이면, 두 가지 접근법이 있습니다. 시료가 고유가 될 때까지(즉, 고유 밀도는 도펀트 밀도보다 크게 됩니다), 시료의 온도를 올릴 수 있습니다. 그 다음, 고유의 경우와 (이 질문 시료에서는 대략 800 K 이상일 것입니다) 같은 방법을 따르면 됩니다. 또는 임의의 온도에서는 광학적 흡수 스펙트럼을 볼 수 있을 것입니다. 띠틈이 간접이라 하더라도, 흡수 스펙트럼 내에 간접 틈 에너지에서 작은 계단이 여전히 있을 것입니다.

이 문제를 통틀어, 온도가 불순물에 대한 운반자 동결carrier freeze-out 온도보다 충분히 높다고 가정하였다는 것에 유의하기 바랍니다. 실온에서는 합리적인 가정입니다.

좋은 책들의 목록

List of Other Good Books

아래는 이 책에 있는 넓은 범위의 주제를 다루는 일반적 목적의 참고자료입니다.

- **Solid State Physics, 2nd ed**

  J. R. Hook and H. E. Hall, Wiley

  이 책은 학생들이 가장 좋아하는 책입니다. 이 주제에 대한 첫 입문서로 Ashcroft and Mermin보다 훨씬 더 입문에 적당합니다.

- **States of Matter**

  D. L. Goodstein, Dover

  이 책의 제3장은 매우 간단하지만 잘 쓰여 있고, 내 책에 수록된 많은 것에 대한 개요로 읽기 쉽습니다(확실히 전부는 아닙니다). 이 책은 또한 도버(Dover)에 의해 출판되었는데, 이것은 이 책이 페이퍼백으로 엄청나게 싸다는 것을 의미 합니다. 경고: SI 단위가 아닌 cgs 단위를 사용하였는데, 좀 귀찮습니다.

- **Solid State Physics**

  N. W. Ashcroft and N. D. Mermin, Holt-Sanders

  이 책은 고체 상태의 물리학에 대한 표준적인 완전한 입문서입니다. 여기서 다루지 않은 주제에 관한 많은 장들이 있으며, 거의 모든 주제에 대해 매우 깊이 있게 다룹니다. 너무 많은 정보를 포함하기 때문에 이 책을 읽는 것이 압도적일 수도 있지만, 거의 모든 것에 대한 좋은 설명이 있습니다. 경고: cgs 단위를 사용합니다.

- **The Solid State, 3ed**

  H. M. Rosenberg, Oxford University Press
  약간 더 수준 높은 이 책은 몇 십 년 전에 옥스퍼드 대학에서 고체물리 수업을 위해 쓰였습니다. 그 후 수업의 일부는 바뀌었지만, 다른 부분은 이 책에서 잘 다루어져 있습니다.

- **Solid-State Physics, 4ed**

  H. Ibach and H. Luth, Springer-Verlag
  또 다른 아주 인기 있는 책. 이것은 Ashcroft and Mermin보다 (Hook and Hall보다는 훨씬 더) 더 수준이 높고, 그 안에 꽤 많은 정보를 가지고 있습니다. 몇몇 현대적인 주제들은 잘 다루어져 있습니다.

- **Introduction to Solid State Physics, 8ed**

  C. Kittel[1], Wiley
  대표적인 교재입니다. 몇 가지 주제에 대한 불분명한 내용으로 엇갈린 평가를 받습니다. Hook보다 좀 더 완전하지만, Ashcroft and Mermin보다 덜합니다. 이 책의 주제와 구성은 현시대에서 볼 때 좀 이상하게 보일지도 모릅니다.

- **Solid State Physics**

  G. Burns, Academic
  또 다른 수준 높은 책. 이 책의 설명들 중 일부는 간결하지만, 매우 좋습니다. 식자 조판은 석기 시대의 것입니다.

- **Fundamentals of Solid State Physics**

  J. R. Christman, Wiley
  약간 더 수준 높은 책, 이 책에는 많은 좋은 문제들이 있습니다. 주제의 순서는 내 마음에 들지 않지만, 그 외에는 매우 쓸모가 있습니다.

  다음은 특정 주제에 대한 좋은 참고 도서입니다(그러나 고체물리학의 일반적인 참고자료로 생각해서는 안 됩니다).

[1] 무슨 가치가 있는지 모르겠지만 Kittel은 내 논문 지도교수의 논문 지도교수의 논문 지도교수였습니다.

- The Structure of Crystals

  M. A. Glazer, Bristol
  아주 멋지고, 아주 짧은 책으로 여러분이 결정 구조에 대해 알고 싶어하는 거의 모든 것을 말해줍니다. 역격자 공간과 회절에 관해 약간만 다루지만, 가장 중요한 부분들을 알게 됩니다.

- The Basics of Crystallography and Diffraction, 3ed

  C. Hammond, Oxford University Press
  이 책은 역사적으로 옥스퍼드 강의의 일부분이었는데, 특히 산란 이론과 결정 구조에 관한 것입니다. 나는 이것을 별로 좋아하지 않지만, 만약 당신이 실제로 회절 실험을 하고 있다면, 아마도 매우 쓸모가 있을 것입니다.

- Structure and Dynamics

  M. T. Dove, Oxford University Press
  특히 산란과 결정 구조를 다룬 더욱 수준 높은 책입니다. 옥스퍼드 응집물질 4학년 마스터즈 선택과목에 사용됩니다.

- Magnetism in Condensed Matter

  S. Blundell, Oxford University Press
  자성에 관해 잘 설명된 수준 높은 책. 옥스퍼드 응집물질 4학년 마스터즈 선택과목에 사용됩니다.

- Band Theory and Electronic Properties of Solids

  J. Singleton, Oxford University Press
  고체 안의 전자와 띠구조에 대한 더 수준 높은 책. 또한 옥스퍼드 응집물질 4학년 마스터즈 선택과목에 사용됩니다.

- Semiconductor Devices: Physics and Technology

  S. M. Sze, Wiley
  반도체 소자 물리학에 대해 좀 더 자세히 알고 싶어 하는 사람들에게 훌륭한 첫 번째 교재입니다.

- Principles of Condensed Matter Physics

  P. M. Chaikin and T. C. Lubensky, Cambridge
  응집물질물리학을 고체 상태보다 훨씬 넓게 다룬 책. 그 중 일부는 상당히 수준이 높습니다.

- The Chemical Bond, 2ed

  J. N. Murrell, S. F. A. Kettle, and J. M. Tedder, Wiley
  화학 결합에 대한 더 기본적인 정보가 필요하다고 느끼면, 시작하기 좋은 책입니다. 아마도 화학자들을 위해 쓰였지만, 물리학자들이 쉽게 읽을 수 있을 것입니다.

- The Nature of the Chemical Bond and the Structure of Molecules and Crystals

  L. Pauling, Cornell
  화학을 정말 배우고 싶다면, 이 책은 대가가 쓴 고전입니다. 처음 몇 장은 매우 읽기 쉽고 물리학자들에게 여전히 흥미롭습니다.

색 인

Indices

이 책에는 두 개의 색인이 있습니다[2].

사람들의 색인에서 노벨상 수상자는 *로 표시했습니다. 그들은 50명이 훨씬 넘습니다. 공정하게 말하자면, 우리가 여기서 언급한 몇몇 노벨상 수상자들(프레드릭 생어 등)은 이 노트에서 직접 언급되고 있지만, 이 책의 내용과는 거의 관계가 없습니다. 반면에, 우리가 언급할 공간이 없었던 응집물질물리학 분야로 상을 받은 더 많은 노벨상 수상자들이 있습니다! 어쨌든, 노벨상 수상자는 총 50명을 훌쩍 넘습니다 (그리고 꽤 많은 인물들도 색인에 포함되어 있습니다).

이름이 거론되는 몇몇 사람들은, 그들의 이름을 사용하는 것이 너무 흔해서 사람으로서 색인화하는 것이 의미가 없기 때문에, 색인에 싣지 않았습니다. 몇 가지 예는 쿨롱Coulomb의 법칙, 푸리에Fourier 변환, 테일러Taylor 전개, 해밀토니언Hamiltonian, 야코비언Jacobian 등입니다. 그러나 다시 슈뢰딩거 방정식과 페르미 통계를 슈뢰딩거와 페르미 아래에 각각 색인화 했습니다. 그래서 나는 완전히 일관성이 없어져 버렸습니다. 그러니 나를 고소하세요.

[2] 이것을 텐서로 만듭시다.

사람들 색인

가르시아, 제리 (Garcia, Jerry) 241

가우스, 카를 프리드리히 (Gauss, Carl Friedrich) 61

가임, 안드레* (Geim, Andre*) 255, 270

강대원, 262

거머, 레스터 (Germer, Lester) 186

겔만, 머리* (Gell-Mann, Murray*) v

골튼, 프란시스 (Galton, Francis) 193

구츠빌러, 마르틴 (Gutzwiller, Martin) 334

나가오카, 요스케 (Nagaoka, Yosuke) 330, 336

나카무라, 슈지* (Nakamura, Shuji*) 261

네엘, 루이* (Néel, Louis*) 291, 301-302

노보셀로프, 콘스탄틴* (Novoselov, Konstantin*) 255

노이스, 로버트 (Noyce, Robert) 261

뇌터, 에미 (Noether, Emmy) 109

뉴턴, 아이작 (Newton, Isaac) 45, 61, 86, 100, 239, 240

뉴튼-존, 아이린 보른 (Newton-John, Irene Born) 70

뉴튼-존, 올리비아 (Newton-John, Olivia) 70

다윈, 찰스 골턴 (Darwin, Charles Galton) 193

다윈, 찰스 로버트 (Darwin, Charles Robert) 193

다이젠호퍼, 요한* (Deisenhofer, Johann*) 197

닥터 수스, 테오도르 가이젤 (Dr. Seuss, Theodore Geisel) 86

데이비슨, 클린턴* (Davisson, Clinton*) 186

뒬롱, 피에르 (Dulong, Pierre) 9-11, 18

드루드, 폴 (Drude, Paul) 25-35, 43, 46-49, 239-240, 246

드브로이, 루이* (de Broglie, Louis*) 186

드 헤베시, 게오르크* (de Hevesy, George*) 180

디랙, 마르짓 (Dirac, Margit) 148

디랙, 폴* (Dirac, Paul*) 37-40, 45, 148, 179, 235

디바이, 피터* (Debye, Peter*) 12-19, 21-23, 31, 37, 55, 99, 104, 108, 119, 125, 191-192, 281

딩글, 레이 (Dingle, Ray) 255

라마크리슈난, 벤카트라만* (Ramakrishnan, Venkatraman*) 197

라모어, 조지프 (Larmor, Joseph) 281–284

라비, 이지도어 아이작* (Rabi, Isidor Isaac*) 37

라우에, 막스 폰* (Laue, Max von*) 179–182, 190–191

란다우, 레프* (Landau, Lev*) 44, 45, 48, 58, 227, 280, 284, 291

란데, 알프레드 (Lande, Alfred) 280

랑주뱅, 폴 (Langevin, Paul) 279

랜다우어, 롤프 (Landauer, Rolf) 140

러더퍼드, 어니스트 로드* (Rutherford, Ernest Lord*) 260

레너드–존스, 존 (Lennard–Jones, John) 95

렌츠, 빌헬름 (Lenz, Wilhelm) 294

렌츠, 하인리히 (Lenz, Heinrich) 282

로런츠, 헨드릭* (Lorentz, Hendrik*) 26, 30, 44, 193, 240, 282

로렌스, 루드비 (Lorenz, Ludvig) 30

로플린, 로버트* (Laughlin, Robert*) 4, 255

뢴트겐, 빌헬름 콘라트* (Roentgen, Wilhelm Conrad*) 199

루팅거, 호아킨 (Luttinger, Joaquin) 236

뤼드베리, 요한네스 (Rydberg, Johannes) 81

리만, 베른하르트 (Riemann, Bernhard) 20, 140

리우엔, 헨드리카 판 (Leeuwen, Hendrika van) 269

릴리엔펠드, 줄리어스 (Lilienfeld, Julius) 262

립스콤, 윌리엄* (Lipscomb, William*) 197

마그네스 (양치기) (Magnes, Shephard) 269

마델룽, 에르빈 (Madelung, Erwin) 57, 62, 67, 271

마르코니, 굴리엘모* (Marconi, Guglielmo*) 259

매더, 존* (Mather, John*) 14

머튼, 로버트 (Merton, Robert) 215

멀리컨, 로버트* (Mulliken, Robert*) 67, 272

멘델레예프, 드미트리 (Mendeleev, Dmitri) 59, 63

모트, 네빌* (Mott, Nevill*) 228, 284–285, 289, 330

뮐러, 카를 알렉스* (Müller, Karl Alex*) 323

미헬, 하르트무트* (Michel, Hartmut*) 197

밀러, 윌리엄 할로우스 (Miller, William Hallowes) 167–169

바딘, 존** (Bardeen, John**) 67, 261

바이스, 피에르 (Weiss, Pierre) 300, 311, 316

밴블렉, 존* (van Vleck, John*) 280-281

버그, 모 (Berg, Moe) 191

베드노르츠, 요하네스* (Bednorz, Johannes*) 323

베테, 한스* (Bethe, Hans*) 37

보른, 막스* (Born, Max*) 13-14, 37, 70

보스, 사티엔드라 (Bose, Satyendra) 11, 22, 106, 110

보어, 닐스* (Bohr, Niels*) 44, 180, 242, 269, 274, 312

보테, 발터* (Bothe, Walther*) 37

볼츠만, 루트비히 (Boltzmann, Ludwig) 9-10, 19, 21, 26, 99, 246, 311

브라베, 오귀스트 (Bravais, Auguste) 145, 156, 157

브라운, 카를 페르디난트* (Braun, Karl Ferdinand*) 259

브래그, 윌리엄 로렌스* (Bragg, William Lawrence*) 179-182, 190-191,
    194, 197

브래그, 윌리엄 헨리* (Bragg, William Henry*) 179-182, 190-191, 194, 197

브래튼, 월터* (Brattain, Walter*) 261

브록하우스, 버트럼* (Brockhouse, Bertram*) 184, 197

브릴루앙, 레옹 (Brillouin, Leon) 101, 105, 109, 110, 117-123, 135, 170-174,
    207-217, 221, 223-228, 230

블로흐, 펠릭스* (Bloch, Felix*) 48, 215-217, 301-302

비데만, 구스타프 (Wiedemann, Gustav) 30, 32, 44, 49

사울레스, 데이비드* (Thouless, David*) 330, 336

사이먼, 스티븐 (Simon, Steven H.) iii

생어, 프레드릭** (Sanger, Fredrick**) 67

세흐트만, 단* (Shechtman, Dan*) 85

쇼클리, 윌리엄* (Shockley, William*) 261

쉐럴, 폴 (Scherrer, Paul) 191

슈뢰딩거, 에르빈* (Schroedinger, Erwin*) 4, 12, 45, 55-56, 65, 70-71,
    128-132, 331

슈퇴르머, 호르스트* (Störmer, Horst*) 4, 255

슐, 클리퍼드* (Shull, Clifford*) 184, 197, 292

스몰리, 리차드* (Smalley, Richard*) 83

스무트, 조지* (Smoot, George*) 14

스크워도프스카-퀴리**, 마리, "퀴리, 마리"를 보시오 (Skłodowska-Curie**,
    Marie, see Marie Curie)

스타이츠, 토머스* (Steitz, Thomas*) 197

스탈린, 이오시프 (Stalin, Joseph) 197

스토너, 에드먼드 (Stoner, Edmund) 326-328

스티글러, 스티븐 (Stigler, Stephen) 215, 294

스피어스, 브리트니 (Spears, Britney) iv

슬레이터, 존 (Slater, John) 38, 331

아레니우스, 스반테* (Arrhenius, Svante*) 59

아마노, 히로시* (Amano, Hiroshi*) 261

아인슈타인, 알베르트* (Einstein, Albert*) 10-12, 19, 21, 23, 45, 99, 108,
    125, 179, 282, 311

아카사키, 이사무* (Akasaki, Isamu*) 261

아탈라, 모하메드 (Atalla, Mohammed) 262

알표로프, 조레스* (Alferov, Zhores*) 254

암스트롱, 랜스 (Armstrong, Lance) 241

앤더슨, 필립* (Anderson, Philip*) 1-3

언쇼, 사무엘 (Earnshaw, Samuel) 270

에렌페스트, 파울 (Ehrenfest, Paul) 25

오펜하이머, 로버트 (Oppenheimer, J. Robert) 70

온사게르, 라르스* (Onsager, Lars*) 294

왓슨, 제임스* (Watson, James*) 197

요나트, 아다* (Yonath, Ada*) 197

요르단, 파스쿠알 (Jordan, Pascual) 37

월러, 이바르 (Waller, Ivar) 193

위그너, 마르짓, "디랙, 마르짓"을 보시오 (Wigner, Margit, see Dirac, Margit)

위그너, 유진* (Wigner, Eugene*) 45, 56, 147-148, 152, 153, 159

윌슨, 케네스* (Wilson, Kenneth*) 3

유카와, 히데키* (Yukawa, Hideki*) 63

이징, 에른스트 (Ising, Ernst) 289, 294-295, 311-317

자이츠, 프레드릭 (Seitz, Fredrick) 148, 152, 153, 155

제벡, 토마스 (Seebeck, Thomas) 32

제이만, 피터르* (Zeeman, Pieter*) 44, 277, 304

조머펠트, 아놀트 (Sommerfeld, Arnold) 33, 37-51

천, 싱선 (Chern, Shiing-Shen) 134

추이, 댄* (Tsui, Dan*) 4, 12

카르만, 테오도어 폰, "폰 카르만, 테오도어"를 보시오 (Karman, Theodore von,
    see von Karman, Theodore)
카플러스, 로버트 (Karplus, Robert) 236
컬, 로버트* (Curl, Robert*) 83
케플러, 요하네스 (Kepler, Johannes) 155
켄드루, 존* (Kendrew, John*) 197
콘, 월터* (Kohn, Walter*) 56
퀴리, 마리** (Curie, Marie**) 67, 279
퀴리, 피에르* (Curie, Pierre*) 279, 280, 315-317
크로네커, 레오폴트 (Kronecker, Leopold) 162
크로니, 랠프 (Kronig, Ralph) 219
크로토, 해럴드* (Kroto, Harold*) 83
크뢰머, 허버트* (Kroemer, Herbert*) 254
크릭, 프랜시스* (Crick, Francis*) 197
클레치코프스키, 브세볼로드 (Klechkovsky, Vsevolod) 57
클루그, 에런* (Klug, Aaron*) 186
클리칭, 클라우스 폰*, "폰 클리칭, 클라우스"를 보시오 (Klitzing, Klaus von*,
    see von Klitzing, Klaus*)
킬비, 잭* (Kilby, Jack*) 261

톰슨, 조지 패짓* (Thomson, George Paget*) 186
톰슨, 조지프 존* (Thomson, Joseph John*) 25, 184, 186
트래볼타, 존 (Travolta, John) 70

파울리, 볼프강* (Pauli, Wolfgang*) 31, 37, 44-46, 49, 239, 273, 275, 280,
    283-284, 286, 324, 326, 327, 329
파이얼스, 루돌프 (Peierls, Rudolf) 140
판데르발스*, 요하네스 디데릭 (Van der Waals, J. D.*) 75-76
판 리우엔, 헨드리카, "리우엔, 헨드리카 판"을 보시오 (van Leeuwen, Hendrika,
    see Leeuwen, Hendrika van)
패러데이, 마이클 (Faraday, Michael) 271
퍼루츠, 맥스* (Perutz, Max*) 197
페니, 로드 바론 윌리엄 (Penney, Lord Baron William) 219
페르미, 엔리코* (Fermi, Enrico*) 31, 37-40, 179-180, 245-246

펜로즈, 로저 (Penrose, Roger) 85

펠티에, 쟝 샤를 (Peltier, Jean Charles) 31-32

포셋, 파라 (Fawcett, Farrah) 70

포플, 존* (Pople, John*) 56, 71

폰 라우에, 막스*, "라우에, 막스 폰*"을 보시오 (von Laue, Max*, see Laue,
    Max von*)

폰 카르만, 테오도어 (von Karman, Theodore) 13-14

폰 클리칭, 클라우스* (von Klitzing, Klaus*) 255

폴링, 라이너스** (Pauling, Linus**) 37, 58, 67, 85, 358

푸아송, 시메옹 (Poisson, Siméon) 164

풀러, 리처드 벅민스터 (Fuller, Richard Buckminster) 83

프란츠, 루돌프 (Franz, Rudolph) 30, 32, 44, 49

프란켄하임, 모리츠 (Frankenheim, Moritz) 156

프랭클린, 로절린드 (Franklin, Rosalind) 197

프랭클린, 벤자민 (Franklin, Benjamin) 44, 277, 313

프티, 알레시스 (Petit, Alexis) 9-11

플랑크, 막스* (Planck, Max*) 13-14, 19, 179

플로케, 가스통 (Floquet, Gaston) 215

하이젠베르크, 베르너 (Heisenberg, Werner*) 37, 45, 289, 290, 299, 330

허바드, 존 (Hubbard, John) 323-334

헤베시, 게오르크 드*, "드 헤베시, 게오르크*"를 보시오 (Hevesy, George de*,
    see de Hevesy, George*)

호지킨, 도러시* (Hodgkin, Dorothy*) 197

홀, 에드윈 (Hall, Edwin) 27-29, 32, 240

후버, 로베르트* (Huber, Robert*) 197

훈트, 프리드리히 (Hund, Friedrich) 271-281, 289

힉스, 피터* (Higgs, Peter*) 3

주제들 색인

가루 회절 (Powder Diffraction) 191-200, 202

가상 결정 근사 (Virtual Crystal Approximation) 254

가전자띠 (Valence Band) 222, 229, 235, 240, 241

가전자수 (Valence) 29, 34, 43, 48, 133-134, 137, 221-222, 231

간접 띠틈 (Indirect Band Gap) 222, 228-230

간접 전이 (Indirect Transition) 228-230

감쇠파(Evanescent Wave) 112, 124, 219

감옥 (Jail) 291

감수율 (Susceptibility)

    차동, 차동 감수율을 보시오 (Differential, *see* Differential Susceptibility)

    전기, 편극율을 보시오 (Electric, see Polarizability)

    자기, 자기 감수율을 보시오 (Magnetic, see Magnetic Susceptibility)

강자성 (Ferromagnetism) 272, 290, 295, 299-307, 315, 318

    정의 (Definition of) 271

    강한 (Hard) 306

    떠도는 (Itinerant) 323-330

    나가오카-사울레스 (Nagaoka-Thouless) 330, 336

    영구 (Permanent) 306

개 (Dog) 272

게코 (Gecko) 76

격자 (Lattice) 115-116, 122, 145-159

    정의 (Definition of) 145-146

격자면 (Lattice Plane) 166

    무리, 격자면 무리를 보시오 (Family of, see Family of Lattice Planes)

격자면 무리 (Family of Lattice Planes) 166, 167, 173, 187

    사이 간격 (Spacing Between) 169

격자상수 (Lattice Constant) 93, 99, 152-155, 169, 194

    정의 (Definition of) 115

결정 운동량 (Crystal Momentum) 109-110, 133, 136, 180, 207, 217, 230

결정면, 격자면을 보시오 (Crystal Plane, see Lattice Plane)

결정장 (Crystal Field) 285-286

결정 회전 방법 (Rotating Crystal Method) 191

결합 오비탈 (Bonding Orbital) 69, 73, 74, 334

겹친 (Degenerate) 209

겹침수, 산란 겹침수를 보시오 (Multiplicity, see Scattering Multiplicity)

고분자 (Polymer) 86

고온 초전도체 (High Temperature Superconductors) 191, 291, 323

고유 반도체 (Intrinsic Semiconductor) 247–248

    정의 (Definition of) 241, 247

고정 (Pinning) 303–307

공유 결합 (Covalent Bond) 65, 68–75, 78–81, 334

공 채우기 (Sphere Packing) 155

관습 단위 낱칸 (Conventional Unit Cell) 147, 152, 154, 159

    bcc 격자의 (of bcc Lattice) 151

    fcc 격자의 (of fcc Lattice) 153

광결정 (Photonic Crystal) 215

광 다이오드 (Photodiode) 258

광전지 (Photovoltaic) 258

광학 모드 (Optical Mode) 119, 123, 173

광학적 성질 (Optical Properties) 120, 228–231

    불순물 효과 (Effect of Impurities) 231

    불순물의 (of Impurities) 244

    절연체와 반도체의 (of Insulators and Semiconductors) 228–229

    금속의 (of Metals) 48, 230–231

교환 상호작용 (Exchange Interaction) 275–276, 289, 299

교환 에너지, 교환 상호작용을 보시오 (Exchange Energy, see Exchange Interaction)

구역 (Domains) 299–307

구역 벽 (Domain Wall) 299–303, 306

구조 인자 (Structure Factor) 165, 183, 184–189, 195, 196, 197

구츠빌러 투영 (Gutzwiller Projection) 334

국소 모멘트 (Local Moment) 289, 300

군속도 (Group Velocity) 104, 110, 236

그래핀 (Graphene) 255

그레이트풀 데드 (Grateful Dead) 326

금속 (Metal) 134, 137, 221, 222, 231

    헤비메탈 (Heavy) 117

금속 결합 (Metallic Bond) 65, 77–78, 132

금속 자유 전자 이론, 좀머펠트 이론을 보시오 (Free Electron Theory of Metals,

see Sommerfeld Theory of Metals)

금속-절연체 전이 (Metal-Insulator Transition) 135-136

금속의 조머펠트 이론 (Sommerfeld Theory of Metals) 37-51, 55

결점들 (Shortcomings of) 47-49

기린 (Giraffe) 51

기본 격자 벡터 (Primitive Lattice Vectors) 145-146, 162

기본 기저 벡터, 기본 격자 벡터를 보시오 (Primitive Basis Vectors, see Primitive Lattice Vectors)

기본 단위 낱칸 (Primitive Unit Cell) 148, 149, 150, 159

정의 (Definition of) 147

기저(Basis) 148

결정의 의미로 (in Crystal Sense) 116, 122, 145-148, 159

벡터 (Vectors)

기본, 기본 격자 벡터를 보시오 (Primitive, see Primitive Lattice Vectors)

기타 (Guitar) 304

깡충뛰기 (Hopping) 72, 129

꽉묶음 모형 (Tight Binding Model) 207, 213, 221, 225-226, 324, 332, 335

공유 결합의 (of Covalent Bond) 70-74, 79-80

1차원의 (of One-Dimensional Solid) 127-137

끈 이론 (String Theory) 1, 255

나비 (Butterfly) 215

나치 (Nazis) 180, 291

냉각 (Refrigeration) 281

열전 (Thermoelectric) 31

네마틱 (Nematic) 85

네엘 벽 (Néel Wall) 301-302

네엘 상태, 반강자성을 보시오 (Néel state, see Antiferromagnetism)

녹음 (Metting) 23

뇌터의 정리 (Noether's Theorem) 109

뉴턴의 방정식 (Newton's Equations) 100, 117, 238-240

다루기 어려운 (Nasty) 16, 140

다이오드, $p-n$ 접합을 보시오. (Diode, see $p-n$ junction)

발광 (Light Emitting) 261, 265

단백질 (Proteins) 197

단순입방격자 (Simple Cubic Lattice) 152, 154, 159, 160, 166, 172, 175, 187–189

    격자면 사이 간격 (Spacing Between Lattice Planes) 169

단열 자기소거 (Adiabatic Demagnetization) 281

단위 낱칸 (Unit Cell) 101, 115–116, 122, 134–135, 146–148

    관습, 관습 단위 낱칸을 보시오 (Conventional, see Conventional Unit Cell)

    정의 (Definition of) 115, 146

    기본, 기본 단위 낱칸을 보시오 (Primitive, see Primitive Unit Cell)

    위그너–자이츠, 위그너–자이츠 낱칸을 보시오 (Wigner‑Seitz, see Wigner‑Seitz Unit Cell)

달러 (Dollars)

    백만 (One Million) 20

도넛 우주 (Doughnut Universe) 14

도펀트 (Dopant)

    정의 (Definition of) 241

    도핑된 반도체 (Doped Semiconductor) 241–244, 248

도핑, 불순물을 보시오 (Doping, see Impurities)

뒬롱–프티 법칙 (Dulong‑Petit Law) 9–11, 18, 19, 21

드루드 모형, 드루드 모형을 보시오 (Drude Model, see Drude Model)

    전자의 (of Electron Transport)

드루드 전자 수송 모델 (Drude Model of Electron Transport) 25–37, 46–49, 239–240, 245, 249

    결점들 (Shortcomings of) 33

디랙 방정식 (Dirac Equation) 235

디바이 고체 모형 (Debye Model of Solids) 12–19, 21–23, 55, 99, 104–108, 117–119, 125, 193

디바이 온도 (Debye Temperature) 16

디바이 진동수 (Debye Frequency) 15

디바이–쉐럴 방법, 가루회절을 보시오 (Debye‑Scherrer Method, see Powder Diffraction)

디바이–월러 인자 (Debye‑Waller Factor) 193

떠도는 강자성, 강자성(떠도는)을 보시오 (Itinerant Ferromagnetism, see Ferromagnetism, Itinerant)

띠구조 (Band Structure) 131–136, 221–227

    공학 (Engineering) 253

    실패 (Failures of) 227

다이아몬드의 (of Diamond) 173
띠너비 (Bandwidth) 132
띠, 띠구조를 보시오 (Band, see Band Structure)
띠 절연체 (Band Insulator) 137, 222, 223, 225, 228, 231, 241
띠틈 (Band Gap) 135, 136, 211, 213, 215, 221, 222, 228
　　　설계 (Designing of) 253-254
　　　직접, 직접 띠틈을 보시오 (Direct, see Direct Band Gap)
　　　간접, 간접 띠틈을 보시오 (Indirect, see Indirect Band Gap)
　　　균일하지 않은 (Non-Homogeneous) 254

라디오 (Radio) 103, 261
라우에 방법 (Laue Method) 191
라우에 방정식, 라우에 조건을 보시오 (Laue Equation, see Laue Condition)
라우에 조건 (Laue Condition) 180-183, 190, 200, 216
란다우 페르미 액체 이론 (Landau Fermi Liquid Theory) 49
란데 g-인자 (Lande g-factor) 280
랜다우어 전도도 식 (Landauer Conductance Formula) 140
레너드-존스 퍼텐셜 (Lennard-Jones Potential) 95
레이저 (Laser) 254
렌츠의 법칙 (Lenz's Law) 271
로런츠 보정 (Lorentz Correction) 193, 195
로런츠-편광 보정 (Lorentz-Polarization Correction) 193
로런츠 힘 (Lorentz Force) 26, 30, 44, 240
로렌스 수 (Lorenz Number) 30
뤼드베리 (Rydberg) 242-243, 249
리만 가설 (Riemann Hypothesis) 20
리만 제타 함수 (Riemann Zeta Function) 16, 20, 22, 140
리보좀 (Ribosomes) 197
린데만 기준 (Lindemann Criterion) 23

마델룽 법칙 (Madelung's Rule) 57-59, 62, 63, 271
　　　예외 (Exceptions to) 63
마델룽 에너지 (Madelung Energy) 67
막달렌 대학 (Magdalen College, Oxford) 56
면심입방격자 (Face-Centered Cubic Lattice) 153-155, 159
　　　첫째, 브리루앙 영역 (First Brillouin Zone of) 172

밀러 지수 (Miller Indices) 167-168

선택 규칙(Selection Rules) 188-190

모트 반강자성 (Mott Antiferromagnetism) 328-330, 336

모트 절연체 (Mott Insulator) 228, 231, 284-285, 289, 328-330

몰당 열용량, 열용량을 보시오 (Molar Heat Capacity, see Heat Capacity)

미동 이론 (Perturbation Theory) 81. 96. 208-209. 281. 329

밀러 지수 (Miller Indices) 166-170, 173, 190

       fcc and bcc 격자 (for fcc and bcc Lattices) 168

바이스 구역 (Weiss Domain, see Domain)

바이스 평균장 이론, 평균장 이론을 보시오 (Weiss Mean Field Theory, see
    Mean Field Theory)

반강자성 (Antiferromagnetism) 291-292, 295, 316

    쩔쩔매는 (Frustrated) 292, 296, 298

    모트, 모트 반강자성을 보시오 (Mott, see Mott Antiferromagnetism) 328

반결합 오비탈 (Antibonding Orbital) 70, 73

반도체 (Semiconductor) 222, 231, 241

    소자 (Devices) 253-265

    이종구조 (Heterostructure) 254-255

    레이저 (Laser) 254

    물리 (Physics) 235-249

    통계물리 (Statistical Physics of) 245-248

반복 영역 방식 (Repeated Zone Scheme) 213, 217

반자성

    정의 (Definition of) 270, 281, 283

    란다우 (Landau) 44

    라모어 (Larmor) 281-284, 286

    차동 감수율 (Differential Susceptibility) 270, 321

받개 (Acceptor) 242, 244

발광 다이오드 (Light Emitting Diode) 187, 261

발리올 대학, 옥스퍼드 (Balliol College, Oxford) 281

배위수 (Coordination Number) 153

밴블렉 상자성, 상자성(밴블렉)을 보시오 (van Vleck Paramagnetism, see
    Paramagnetism, van Vleck)

버키볼(Buckyball) 83

변분 방법 (Variational Method) 71, 128, 210

변조 도핑 (Modulation Doping) 255

보른-오펜하이머 근사 (Born‑Oppenheimer Approximation) 70, 81

보른-폰 카르만 경계 조건, 주기 경계 조건을 보시오 (Born‑von Karman Boundary Condidition, see Periodic Boundary Conditions)

보스 점유인자 (Bose Occupation Factor) 11, 106, 110

보어 마그네톤(Bohr Magneton) 44, 274, 277, 278, 312

볼츠만 고체 모형 (Boltzmann Model of Solids) 9, 19, 21, 99, 311

볼츠만 수송 방정식 (Boltzmann Transport Equation) 26

볼츠만 통계 (Boltzmann Statistics) 245, 249

부피 탄성율(Bulk Modulus) 93

분산 관계 (Dispersion Relation)

    전자의 (of Electrons) 131

    진동 정규 모드의 (of Vibrational Normal Modes) 100

    진동의 (of Vibrations) 118

분수 양자홀 효과 (Fractional Quantum Hall Effect) 4, 255

분자 결정 (Molecular Crystal) 83-84

분자 오비탈 이론, 꽉묶음 모형을 보시오 (Molecular Orbital Theory, see Tight Binding Model MOSFET(MOSFET)) 261-263

분자장 이론, 평균장 이론을 보시오 (Molecular Field Theory, see Mean Field Theory)

불순물 (Impurities) 241-248

불순물 띠 (Impurity Band) 243

불순물 상태 (Impurity States) 242-244

브라베 격자 (Bravais Lattice) 145

    명명법 불일치 (Nomenclatural Disagreements) 145

브라베 격자 유형 (Bravais Lattice Types) 156

브래그 조건 (Bragg Condition) 179-182, 190-191, 193-194, 200

브릴루앙 영역 (Brillouin Zone) 101, 105, 109, 110, 117-124, 136-137, 170-173, 207-218, 221, 223-227

    경계 (Boundary) 104, 121, 136, 137, 209-217, 221, 223-225

    정의 (Definition of) 101, 170

    첫째 (First) 102, 105, 109, 110, 121, 170-172, 217, 225, 226

        정의 (Definition of) 170

        k 상태의 수 (Number of k States in) 170

    둘째 (Second) 122, 171, 224

        정의 (Definition of) 171

브리, 치즈 (Brie, Cheese) 101

블랙홀 (Black Hole) 3

블로흐 벽 (Bloch Wall) 301-303

블로흐 함수 (Bloch Function) 216

블로흐의 정리(Bloch's Theorem) 48, 215-217

비고유 반도체 (Extrinsic Semiconductor)

    정의 (Definition of) 241, 248

비뉴턴성 유체 (Non-Newtonian Fluid) 86

비데만-프란츠 법칙 (Wiedemann‑Franz Law) 31, 32, 44, 49, 140

비등방 에너지 (Anisotropy Energy) 293, 301, 307

비열, 열용량을 보시오 (Specific Heat, see Heat Capacity) 9

    다이아몬드의 (of Diamond) 9, 12-13

    은의 (of Silver) 18, 19

    기체의 (of Gases) 9, 30

    금속의 (of Metals) 19, 31, 43, 48

    1차원 양자 모형의 (of One-Dimensional Quantum Model) 106-108

    고체의 (of Solids) 9-19

    볼츠만 모형, 볼츠만 고체 모형을 보시오 (Boltzmann Model, see Boltzman Model of Solids)

    디바이 모형, 디바이 고체 모형을 보시오 (Debye Model, see Debye Model of Solids)

    아인슈타인 모형, 아인슈타인 고체 모형을 보시오 (Einstein Model, see Einstein Model of Solids)

    표 (Table of) 10

비저항 (Resistivity)

    홀, 홀 비저항을 보시오 (Hall, see Hall Resistivity of Metals) 28

비정질 고체 (Amorphous Solid) 84, 197

비행 시간 (Time-of-Flight) 199

산란 시간 (Scattering Time) 25, 29, 34, 47, 240

산란, 파 산란을 보시오 (Scattering, see Wave Scattering)

    진폭 (Amplitudes) 182-185

    형태 인자, 형태 인자를 보시오 (Form Factor, see Form Factor)

    비정질 고체 (in Amorphous Solids) 197

    액체 (in Liquids) 197

    비탄성 (Inelastic) 198

세기 (Intensity) 183, 186–187, 193, 195

겹침수 (Multiplicity) 192

상대론적 전자 (Relativistic Electrons) 51

상보 MOS 논리 (Complementary MOS logic) 263

상자성 (Paramagnetism) 286, 316–317

퀴리, 상자성(자유 스핀)을 보시오 (Curie, see Paramagnetism of Free Spins)

정의 (Definition of) 270

랑주뱅, 상자성(자유 스핀)을 보시오 (Langevin, see Paramagnetism of Free Spins)

자유 전자, 상자성(파울리)을 보시오 (of Free Electrons, see Paramagnetism, Pauli)

자유 스핀의 (of Free Spins) 278–281, 284–286, 317

금속의, 상자성(파울리)을 보시오 (of Metals, see Paramagnetism, Pauli)

파울리 (Pauli) 44–46, 280, 283–284, 286, 327

밴블렉 (van Vleck) 280, 281

상자안입자 (Particle in a Box) 68, 254

상태밀도 (Density of States)

전자의 (Electronic) 41, 45, 50, 51, 245, 326

디바이 모형의 (of Debye Model) 15

1차원 진동 모형의 (of One-Dimensional Vibration Model) 108, 112

서머빌 대학, 옥스퍼드 (Somerville College, Oxford) 109, 197

섞이는 (Miscible)

정의 (Definition of) 254

선택 규칙, 체계적 부재를 보시오 (Selection Rules, see Systematic Absences)

표 (Table of) 192

소리 (Sound) 13, 15, 93, 103–105, 110, 119–120

소리 모드 (Acoustic Mode) 199, 123, 173

수소 결합 (Hydrogen Bond) 65, 77–78

수소유사 불순물 (Hydrogenic Impurity) 242–243

수정된 평면파 (Modified Plane Wave) 216

슈뢰딩거 방정식 (Schroedinger Equation) 4, 12, 55–56, 61, 65, 70–72, 128–130, 137, 138, 210, 216, 332

스멕틱 (Smectic) 85

스타워즈 (Star Wars) 148

스토너 강자성, 강자성(떠도는)을 보시오 (Stoner Ferromagnetism, see

Ferromagnetism, Itinerant)

스토너 기준 (Stoner Criterion) 326-326

스파게티 다이어그램 (Spaghetti Diagram) 172

스핀 경직도 (Spin Stiffness) 301

스핀-궤도 (Spin-orbit) 56, 236, 273

스핀파 (Spin Waves) 296-298

슬레이터 행렬식 (Slater Determinant) 38, 331

실격자 (Direct Lattice) 102

싱크로트론 (Synchrotron) 185, 199

쌍극자 모멘트, 전기 쌍극자 또는 자기 쌍극자를 보시오 (Dipole Moment, see
        Electric Dipole Moment or Magnetic Dipole Moment)

쌓음 원리 (Aufbau Principle) 57, 61, 271

아마존 (Amazon) 256

아이폰 (iPhone) 261

아인슈타인 고체 모형 (Einstein Model of Solids) 10-12, 18-19, 99, 108,
        125, 311

아인슈타인 온도 (Einstein Temperature) 12

아인슈타인 진동수 (Einstein Frequency) 10, 11

압축률 (Compressibility) 9, 92, 119

양자 대응 (Quantum Correspondence) 106, 110

양자 우물 (Quantum Well) 254-255, 264

양자 중력 (Quantum Gravity) 3

양자 컴퓨팅 (Quantum Computation) 255

양전자 (Positron) 235

애스터로이드 (Asteroids) 14

애플사 (Apple Corporation) 261

액정 (Liquid-Crystal) 84, 85

액체 (Liquid) 75, 84, 86, 197

앤더슨-힉스 메커니즘 (Anderson‐Higgs Mechanism) 3

앨리어싱 (Aliasing) 103

언쇼 정리 (Earnshaw's Theorem) 270

에너지 띠, 띠구조를 보시오 (Energy Band, see Band Structure)

역격자 (Reciprocal Lattice) 101-103, 109, 110, 137, 161-172, 173, 180-183,
        207, 208
        푸리에 변환으로서 (as Fourier Transform) 164-165

정의 (Definition of) 101, 161-162

역공간 (Reciprocal Space) 110

정의 (Definition of) 101

열용량, 비열을 보시오 (Heat Capacity, see Specific Heat)

다이아몬드의 (of Diamond) 9, 12-13

은의 (of Silver) 18, 19

기체의 (of Gases) 9, 31, 32

금속의 (of Metals) 19, 40-44, 50-51

고체의 (of Solids) 9-19

디바이 모형, 고체의 디바이 모형을 보시오 (Debye Model, see Debye Model of Solids)

아인슈타인 모형, 고체의 아인슈타인 무형을 보시오 (Einstein Model, see Einstein Model of Solids)

표, (Table of) 10

열 전도도 (Thermal Conductivity) 30-32

열 전도율 (Thermal Conductance) 140

열전 (Thermoelectric) 31

열전력 (Thermopower) 32, 43

열팽창 (Thermal Expansion) 9, 74, 93-97

영역 경계, 브릴루앙 영역 경계를 보시오 (Zone Boundary, see Brillouin Zone Boundary)

오팔 (Opal) 215

옥수수 전분 (Cornstarch) 86

우블렉 (Oobleck) 86

우생학 (Eugenics) 193, 261

운동론 (Kinetic Theory) 25, 30, 31, 34

운반자 동결 (Carrier Freeze Out) 244, 248

원자 반지름 (Atomic Radius) 59-62

원자 오비탈 선형 결합 (LCAO, Linear Combination of Atomic Orbitals) 71, 79, 80, 128

원자 형태 인자, 형태 인자를 보시오 (Atomic Form Factor, see Form Factor)

위그너-자이츠 낱칸 (Wigner - Seitz Unit Cell) 148, 153, 155, 159, 171-174

bcc 격자의 (of bcc Lattice) 152

fcc 격자의 (of fcc Lattice) 154

위상속도 (Phase Velocity) 104, 110

위상 양자장 이론 (Topological Quantum Field Theory) 3

위키피디아 (Wikipedia) 1

유동 속도 (Drift Velocity) 47, 50

유리 (Glass) 84

유효 질량 (Effective Mass) 133, 137, 213, 235–238, 249

유효 핵 전하 (Effective Nuclear Charge) 60

응집물질 (Condensed Matter)

    정의 (Definition of) 1

이동도 (Mobility) 27, 240, 249, 251

이온 결합 (Ionic Bond) 65–68, 70,80

이온 전도 (Ionic Conduction) 34

이온화 에너지 (Ionization Energy) 60–63, 66–67

    표 (Table of) 66

이징 모형 (Ising Model) 289, 294–298, 299, 300, 311–317

일반 상대론 (General Relativity) 20

임계 온도 (Critical Temperature) 315

입방격자, 단순입방격자를 보시오 (Cubic Lattice, see Simple Cubic or fcc
    or bcc)

입자-파동 이중성 (Particle–Wave Duality) 179

자기 감수율 (Magnetic Susceptibility) 50, 270, 279–282, 286, 288, 316,
    321, 327

자기 부상 (Magnetic Levitation) 270

자기화 (Magnetization) 33–34, 270, 279, 280, 282, 288, 289–294, 303, 311

자발적 질서 (Spontaneous Order) 271, 290

자성 (Magnetism) 44–46, 48, 227, 231, 265–287

    치명적 매력 (Animal) 269

자유 전자 레이저 (Free Electron Laser) 185

재규격화군 (Renormalization Group) 3

저주 (Curse) 231

전기 감수율, 분극율을 보시오 (Electric Susceptibility, see Polarizability)

전기 쌍극자 모멘트 (Electric Dipole Moment) 75

전기음성도 (Electronegativity) 65, 67

    멀리컨 (Mulliken) 67

전달 행렬 (Transfer Matrix) 297

전도도(Conductivity)

    금속의 (of Metals) 27

열, 열 전도도를 보시오 (Thermal, see Thermal Conductivity)

전도띠 (Conduction Band) 222, 229, 235, 241

전도율 양자 (Conductance Quantum) 140

전자 (Electron)

    g-인자, 전자의 g-인자를 보시오 (g-factor, see g-factor of Electron)

전자 결정학 (Electron Crystallography) 186

전자 수송 (Electron Transport)

전자 이동도 (Electron Mobility) 240

전자 주개, 주개를 보시오 (Electron Donor, see Donor)

전자 친화도 (Electron Affinity) 59-62, 66-67

    표 (Table of) 66

절연 게이트 전계 효과 트랜지스터 (IGFET) 262

절연체, 띠 절연체 또는 모트 절연체를 보시오 (Insulator, see Band Insulator or Mott Insulator Integral)

정공 (Hole) 235, 249

    유효 질량 (Effective Mass of) 235-238

    이동도 (Mobility of) 240

    속도 (Velocity of) 238

정규 모드 (Normal Modes) 100, 104-107, 110, 111

    셈 (Enumeration of) 104-105

정류 (Rectification) 258, 259

정방격자 (Tetragonal Lattice) 150, 156, 159

제동복사 (Bremsstrahlung) 199

제벡 효과 (Seebeck Effect) 32, 33, 43

제이만 결합 (Zeeman Coupling) 44, 277, 304

제이만 항 (Zeeman Term) 277

제타 함수, 리만 제타 함수를 보시오 (Zeta Function, see Riemann Zeta Function)

조화 진동자 (Harmonic Oscillator) 10, 106

좋은 책 (Good Books) 355-358

주개 (Donor) 241, 244

주기 경계 조건 (Periodic Boundary Conditions) 13-14, 38

주기율 경향 (Periodic Trend) 59-62

주기율표 (Periodic Table) 55-63, 65-67, 241

준강자성 (Ferrimagnetism) 293, 295, 300, 317

준결정 (Quasicrystal) 85

준자유 전자 모형 (Nearly Free Electron Model) 207-215, 223-226

중성자 (Neutrons) 179, 183-185, 191, 199-200, 207, 292

  X-선과 비교 (Comparison with X-rays) 185, 199

  원(원천) (Source) 199

  스핀 (Spin of) 186

증폭 (Amplification) 5, 261

지저분한 상태 (Squalid State) v

직방격자 (Orthorhombic Lattice) 150, 159

직접 띠틈 (Direct Band Gap) 222, 228-229

직접 전이 (Direct Transition) 229

직접 틈 (Direct Gap) 235

질량 작용 법칙 (Mass Action, Law of) 247-249

창발 (Emergence) 4

천 띠 (Chern Band) 134

첫째 브릴루앙 영역, 브릴루앙 영역을 보시오 (First Brillouin Zone, see Brillouin Zone, First)

체계적 부재 (Systematic Absences) 187-190, 200

체심입방격자 (Body-Centered Cubic Lattice) 151-159

  밀러 지수 (Miller Indices) 167

  선택 규칙 (Selection Rules) 190-192

초유체 (Superfluid) 5, 86, 283

초임계 (Supercritical) 84

초전도체 (Superconductor) 271, 280, 323

최소 결합 (Minimal Coupling) 184, 277

축구 (Soccer) 83

축구공, 축구를 보시오 (Football, see Soccer)

축약 영역 방식 (Reduced Zone Scheme) 119, 122, 123, 135, 170, 207

치즈, 브리 (Cheese, Brie) 101

카플러스-루팅거 비정상 속도 (Karplus - Luttinger Anomalous Velocity) 236

쿼크 (Quarks) v

퀴리 법칙 (Curie Law) 279, 280, 317

퀴리 온도 (Curie Temperature) 315

퀴리-바이스 법칙 (Curie - Weiss Law) 316

크로니-페니 모형 (Kronig - Penney Model) 219

클레치코프스키 규칙, 마델룽 규칙을 보시오 (Klechkovsky's Rule, see Madelung's Rule)

탄성율 (Elasticity) 92
태양 전지 (Solar Cell) 258
톰슨 산란 (Thomson Scattering) 184
트랜지스터 (Transistor) 261-263
2차원 전자 기체 (Two-Dimensional Electron Gas) 255, 264
특성 행렬식 (Characteristic Determinant) 118
특성 행렬식 (Secular Determinant) 118, 219

파 산란 (Wave Scattering) 179-191
파울리 배타 원리 (Pauli Exclusion Principle) 31, 37, 40, 239, 273, 274, 283, 327, 329, 331
파울리 상자성, 상자성(파울리)을 보시오 (Pauli Paramagnetism, see Paramagnetism, Pauli) 49, 50
판데르발스 결합 (Van der Waals Bond) 65, 75-82, 83
패러데이 법칙 (Faraday's Law) 271
페르미 (Fermi)
    에너지 (Energy) 38, 40, 42, 45, 49-51, 221, 223, 244
    준위, 페르미 에너지를 보시오 (Level, see Fermi Energy)
    운동량 (Momentum) 38
    점유 인자 (Occupation Factor) 37, 40-42, 245, 246
    바다 (Sea) 38, 40, 46-47, 223
    구 (Sphere) 39, 47
    통계 (Statistics) 31, 32, 37-40, 46, 49, 246, 249
    면 (Surface) 40, 42, 50, 133, 221, 223, 326
    온도 (Temperature) 38, 40, 43, 50, 51
    속도 (Velocity) 38, 40, 44, 47, 49, 50
    파수 (Wavevector) 38, 45, 50
페르미 액체 이론 (Fermi Liquid Theory) 49
페르미 황금률 (Fermi's Golden Rule) 179-180, 182
페르미-디락 통계, 페르미 통계를 보시오 (Fermi - Dirac Statistics, see Fermi Statistics)
펜로즈 타일링 (Penrose Tiling) 85
펠티어 효과 (Peltier Effect) 31-33

편극율 (Polarizability) 75–76

평균장 이론 (Mean Field Theory) 311–321, 325–328

평면도 (Plan View) 151, 153–154, 159

포논 (Phonon) 105–111, 131, 137, 230

　　　정의 (Definition of) 106

　　　다이아몬드 스펙트럼 (Spectrum of Diamond) 173

플라스마 진동 (Plasma Oscillation) 35

하이젠베르크 해밀토니언, 하인젠베르크 모형을 보시오 (Heisenberg
　　　Hamiltonian, see Heisenberg Model)

하인젠베르크 모형 (Heisenberg Model) 289–295, 299

하인젠베르크 불확실성 (Heisenberg Uncertainty) 330

합금 (Alloy) 253

핵 산란 길이 (Nuclear Scattering Length) 184, 185, 193, 195, 196, 202

핵파쇄 (Spallation) 199, 200

허바드 모형 (Hubbard Model) 323–334

허바드 상호작용 (Hubbard Interaction) 324, 330

형태 인자 (Form Factor) 193

　　　중성자의 (of Neutrons) 184, 185

　　　X–선의 (of X–rays) 184–185

호프 다이아몬드 (Hope Diamond) 231

호언장담 (rant) 3–4, 56

홀 비저항 (Hall Resistivity) 28–29, 32

홀 센서 (Hall Sensor) 28

홀 효과 (Hall Effect) 32–33, 46, 48, 240, 249

화학 결합 (Chemical Bond) 65–79

　　　공유, 공유 결합을 보시오 (Covalent, see Covalent Bond)

　　　요동 쌍극자, 판데르발스 결합을 보시오 (Fluctuating Dipolar, see Van
　　　der Waals Bond)

　　　수소, 수소 결합을 보시오 (Hydrogen, see Hydrogen Bond)

　　　이온, 이온 결합을 보시오 (Ionic, see Ionic Bond)

　　　금속, 금속 결합을 보시오 (Metallic, see Metallic Bond)

　　　분자, 판데르발스 결합을 보시오 (Molecular, see Van derWaals Bond)

　　　판데르발스, 판데르발스 결합을 보시오 (Van der Waals, see Van der Waals
　　　Bond)

화학 퍼텐셜 (Chemical Potential) 51

확장 영역 방식 (Extended Zone Scheme) 121–123, 135, 170, 213

환원주의 (Reductionism) 3–4, 56

회절 (Diffraction) 181–182, 292

훈트 규칙 (Hund's Rules) 271–281, 285, 289

히스테리시스 (Hysteresis) 303–307

힉스 보존 (Higgs Boson) 2

1차원 (One Dimension)

    이원자 사슬 (Diatomic Chain) 115–123

    단원자 사슬 (Monatomic Chain) 99–110

    꽉묶음 모형, 꽉묶음 모형(1차원)을 보시오 (Tight Binding Model, see Tight Binding Model of One–Dimensional Solid)

bcc 격자, 체심입방격자를 보시오 (bcc Lattice, see Body–Centered Cubic Lattice)

CMOS (CMOS) 263

CsCl (CsCl)

    bcc가 아닙니다 (Is not bcc) 157, 186

DNA (DNA) 78, 86, 197

fcc 격자, 면심입방 격자를 보시오 (fcc Lattice, see Face–Centered Cubic Lattice)

g–인자 (g–factor)

    유효 (Effective) 236

    전자의 (of Electron) 44

    자유 스핀의 (of Free spin) 278

$p-n$ 접합 ($p-n$ Junction) 256–265

p–형 도펀트 (p–Dopant, see Acceptor)

n–형 주개 (n–Dopant, see Donor)

Some Poor Dumb Fool (Some Poor Dumb Foo) 57

WKB 근사 (WKB approximation) 101

X–선 (X–rays) 179, 184–185, 190–191, 197, 207

    중성자와 비교 (Comparison with Neutrons) 185, 199

    원 (Sources) 199

X–선 형광 (X–ray fluorescence) 199

고체물리학 기초

초판 1쇄 발행 | 2020년 02월 25일
초판 3쇄 발행 | 2023년 08월 30일

지은이 | 스티븐 사이먼
옮긴이 | 정석민·김주진·이인호
펴낸이 | 조승식
펴낸곳 | (주)도서출판 북스힐

등 록 | 1998년 7월 28일 제22-457호
주 소 | 서울시 강북구 한천로 153길 17
전 화 | (02) 994-0071
팩 스 | (02) 994-0073

홈페이지 | www.bookshill.com
이메일 | bookshill@bookshill.com

정가 25,000원

ISBN 979-11-5971-260-9